高等学校计算机应用规划教材

Java 语言程序设计

邹秀斌　向金海　刘警　主编

清华大学出版社
北　京

内 容 简 介

Java 语言是当前非常热门的计算机编程语言,它深受广大计算机专业人员和编程爱好者的喜爱。本书根据读者学习计算机语言的思维训练要求以及编者长期从事计算机编程的教学经验,全面、系统地介绍了 Java 语言的开发技术。全书共分 17 章,其中第 1~3 章讲解 Java 语言的基础知识、结构化程序设计,重在传统编程思想训练,同时,让读者掌握 Java 编程环境(Netbeans)。第 4~12 章重点讲解 Java 面向对象程序设计的基础知识,主要包括简单的类和对象、数组、复杂的类和对象、常见类的使用、抽象类和接口、泛型和反射、Java 异常处理、Java 的图形界面设计基础、Swing 组件编程。第 13~17 章主要讲解 Java 应用方面的技术,主要包括 Java 的数据流、绘制图形和图像、线程、网络编程、数据库编程。

本书着重传统编程思维训练,根据 Java 语言知识点,精心设计典型实例,让读者感觉耳目一新、受益匪浅;通过综合实例讲解软件开发全过程;课后习题丰富,读者可根据自己的情况选择部分或者全部习题进行练习。

本书可作为高等学校计算机相关专业教材,也可供广大 Java 程序员参考。

本书封面贴有清华大学出版社防伪标签,无标签者不得销售。
版权所有,侵权必究。举报: 010-62782989, beiqinquan@tup.tsinghua.edu.cn。

图书在版编目(CIP)数据

Java 语言程序设计 / 邹秀斌,向金海,刘警 主编. —北京: 清华大学出版社,2019 (2024.8 重印)
(高等学校计算机应用规划教材)
ISBN 978-7-302-51208-0

Ⅰ. ①J… Ⅱ. ①邹… ②向… ③刘… Ⅲ. ①JAVA 语言一程序设计一高等学校一教材 Ⅳ. ①TP312.8

中国版本图书馆 CIP 数据核字(2018)第 207611 号

责任编辑: 刘金喜
装帧设计: 孔祥峰
责任校对: 牛艳敏
责任印制: 沈 露

出版发行: 清华大学出版社
    网 址: https://www.tup.com.cn, https://www.wqxuetang.com
    地 址: 北京清华大学学研大厦 A 座 邮 编: 100084
    社 总 机: 010-83470000 邮 购: 010-62786544
    投稿与读者服务: 010-62776969, c-service@tup.tsinghua.edu.cn
    质 量 反 馈: 010-62772015, zhiliang@tup.tsinghua.edu.cn
印 装 者: 北京建宏印刷有限公司
经 销: 全国新华书店
开 本: 185mm×260mm 印 张: 24.25 字 数: 683 千字
版 次: 2019 年 1 月第 1 版 印 次: 2024 年 8 月第 6 次印刷
定 价: 78.00 元

产品编号: 078924-03

前　　言

Java 程序设计语言是当前全球第一大编程语言，是一种跨平台、面向对象、网络化的高级编程语言，它是国内外大学必选的一门高级程序设计课程。为了配合计算机程序设计课程教学变化以及满足大学培养创新型人才的需要，编者结合长期教学、开发实践以及学生在学习编程语言过程中出现的各种问题，精心编写了本书。

依据 Java 语言的知识点以及计算机编程语言的教学要求，本书覆盖了 Java 语言绝大部分知识点。本书具有如下特点。

(1) 以训练编程思想为指导思路，且辅之于大量实例。

(2) 将 Java 语言的各知识点融合到项目开发过程中，使学生或自学者具备分析问题、解决问题的能力，同时提高其自身的编程技术能力。

(3) 课后习题丰富，且都是专为各章知识点量身定制，难度适中，学生或自学者可以自由选择部分或全部题目来练习。

全书共分 17 章，其中第 1~3 章讲解 Java 语言的基础知识、结构化程序设计，重在训练传统编程思想，同时，让读者掌握 Java 编程环境(Netbeans)；第 4~12 章重点讲解 Java 面向对象程序设计的基础知识，主要包括简单的类和对象、数组、复杂的类和对象、常见类使用、抽象类和接口、泛型和反射、Java 异常处理、Java 的图形界面设计基础、Swing 组件编程；第 13~17 章主要讲解 Java 应用方面的技术，主要包括 Java 的数据流、绘制图形和图像、线程、网络编程、数据库编程。

本书每章提供了大量的课后习题，而且针对性非常强。读者通过完成这些习题，可以深刻掌握 Java 知识，同时，还可以巩固所学知识，从而达到学以致用的目的。

编者还为本书编写了配套的实验教材《Java 程序设计实验教程》。读者学习时，配合该实验教材，学习效果会更好。

参加该书编写工作的教师有邹秀斌、向金海、刘警。具体分工情况是：第 1 和第 2 章由刘警编写；第 3~6 章由向金海编写；邹秀斌负责第 7~17 章的编写；全书最后由邹秀斌统编定稿。

在此，感谢江汉大学数计学院各级领导及本人所在教研室的同仁们，他们为本书编写提供了许多宝贵建议以及部分教学素材。感谢我的妻子高群玲女士，由于她一直默默操持家务，才使我有充足的时间编写此书。

在本书编写过程中，作者力求精益求精，但难免存在不足和纰漏，欢迎广大读者指正并提出宝贵意见和建议，可通过 xbz1234@163.com 邮箱直接与作者联系。

本书 PPT 课件和案例源文件可通过 http://www.tupwk.com.cn/downpage 下载。服务邮箱：wkservice@vip.163.com。

编　者
2018 年 11 月

目 录

第1章 了解 Java 语言 ……………… 1
1.1 Java 的发展史 ………………… 1
1.2 Java 技术 ……………………… 2
1.3 Java 语言的特点 ……………… 3
1.4 Java 的应用领域 ……………… 4
1.5 Java 开发环境 ………………… 5
1.6 NetBeans IDE 8.1 环境介绍 …… 6
1.7 一个简单的 Java 应用程序 …… 8
习题 1 ……………………………… 9

第2章 Java 语言基础知识 ………… 10
2.1 Java 的标识符 ………………… 10
 2.1.1 Java 的关键字 ………… 10
 2.1.2 分隔符 ………………… 11
2.2 注释 …………………………… 11
2.3 Java 的基本数据类型 ………… 13
2.4 常量 …………………………… 14
 2.4.1 整型常量 ……………… 14
 2.4.2 浮点常量 ……………… 14
 2.4.3 字符常量 ……………… 14
 2.4.4 字符串常量 …………… 15
2.5 变量 …………………………… 15
2.6 运算符和表达式 ……………… 16
 2.6.1 算术运算符 …………… 17
 2.6.2 关系运算符 …………… 18
 2.6.3 逻辑运算符 …………… 19
 2.6.4 位运算符 ……………… 19
 2.6.5 赋值运算符 …………… 21
 2.6.6 条件运算符 …………… 21
 2.6.7 其他运算符 …………… 22
 2.6.8 运算符优先级 ………… 22
习题 2 ……………………………… 23

第3章 结构化程序设计 …………… 24
3.1 结构化程序设计的基本结构 … 24
3.2 简单语句 ……………………… 25

3.3 数据的输入和输出 …………… 26
3.4 分支语句 ……………………… 28
 3.4.1 if 语句 ………………… 28
 3.4.2 switch 语句 …………… 30
3.5 循环语句 ……………………… 31
 3.5.1 while 语句和 do while 语句 … 31
 3.5.2 for 语句 ……………… 32
 3.5.3 continue 语句 ………… 34
习题 3 ……………………………… 35

第4章 简单的类和对象 …………… 38
4.1 面向对象技术 ………………… 38
4.2 属性和方法 …………………… 39
4.3 类的定义和创建对象 ………… 41
4.4 构造方法 ……………………… 42
 4.4.1 构造方法定义 ………… 43
 4.4.2 关键字 this …………… 45
4.5 对象成员属性的初始化 ……… 47
 4.5.1 static 修饰符 ………… 48
 4.5.2 变量的作用域 ………… 50
4.6 访问权限修饰符 ……………… 51
4.7 方法的参数传值方式 ………… 54
习题 4 ……………………………… 55

第5章 数组 ………………………… 57
5.1 一维数组 ……………………… 57
 5.1.1 一维数组定义 ………… 57
 5.1.2 一维数组初始化 ……… 59
5.2 多维数组 ……………………… 60
 5.2.1 二维数组定义 ………… 60
 5.2.2 二维数组初始化 ……… 61
5.3 数组综合举例 ………………… 62
5.4 Arrays 类 ……………………… 67
习题 5 ……………………………… 68

第6章 复杂的类和对象 …………… 70
6.1 子类的定义 …………………… 70

6.2 派生类的构造方法 ………………………… 71
6.3 方法继承、覆盖、重载 …………………… 75
    6.3.1 方法继承 …………………………… 75
    6.3.2 方法覆盖 …………………………… 76
    6.3.3 方法重载 …………………………… 77
    6.3.4 多态 ………………………………… 78
    6.3.5 异类集合 …………………………… 80
    6.3.6 final 关键字 ………………………… 83
习题 6 ……………………………………………… 85

第 7 章 常用类的使用 …………………………… 87
7.1 String 类 …………………………………… 87
    7.1.1 String 对象的初始化 ……………… 87
    7.1.2 String 类的主要方法 ……………… 88
7.2 StringBuffer 类 ……………………………… 91
7.3 正则表达式 ………………………………… 93
    7.3.1 正则表达式的相关知识 …………… 93
    7.3.2 Java 语言处理正则表达式 ………… 95
7.4 基本数据类型的包装类 …………………… 97
7.5 Object 类 …………………………………… 98
7.6 Math 类 ……………………………………… 99
习题 7 …………………………………………… 101

第 8 章 抽象类和接口 ………………………… 103
8.1 抽象类的概念 …………………………… 103
8.2 接口概念 ………………………………… 107
    8.2.1 接口定义 …………………………… 107
    8.2.2 接口的实现 ………………………… 108
8.3 枚举类 Enum ……………………………… 111
    8.3.1 为什么需要枚举类型 ……………… 111
    8.3.2 定义枚举类型 ……………………… 112
    8.3.3 自定义枚举类型 …………………… 113
习题 8 …………………………………………… 115

第 9 章 泛型和反射 …………………………… 117
9.1 泛型 ……………………………………… 117
    9.1.1 泛型概念 …………………………… 117
    9.1.2 泛型定义 …………………………… 118
    9.1.3 <? extends T>、<? super T> 和<?> …………………………… 120
9.2 常用的泛型接口和类 …………………… 124
    9.2.1 常用的泛型接口 …………………… 124
    9.2.2 常用的泛型类 ……………………… 127
9.3 反射 ……………………………………… 141
    9.3.1 反射概念 …………………………… 141
    9.3.2 与反射相关的类 …………………… 142
习题 9 …………………………………………… 148

第 10 章 Java 异常处理 ……………………… 151
10.1 Java 异常层次结构 ……………………… 151
10.2 Java 异常处理语法 ……………………… 152
10.3 抛出异常 ………………………………… 153
习题 10 ………………………………………… 155

第 11 章 Java 的图形界面设计基础 ………… 156
11.1 AWT ……………………………………… 156
    11.1.1 组件 ………………………………… 156
    11.1.2 GraphicsEnvironment 类 …………… 159
    11.1.3 颜色类 Color ……………………… 160
    11.1.4 Font 类 ……………………………… 160
11.2 容器概念 ………………………………… 162
11.3 窗格概念 ………………………………… 163
11.4 布局管理器概念 ………………………… 165
    11.4.1 流式布局管理器 …………………… 165
    11.4.2 边界布局管理器 …………………… 167
    11.4.3 网格布局管理器 …………………… 167
    11.4.4 卡式布局管理器 …………………… 168
11.5 Java 事件处理 …………………………… 170
    11.5.1 事件的种类 ………………………… 174
    11.5.2 事件适配器 ………………………… 177
习题 11 ………………………………………… 180

第 12 章 Swing 组件编程 …………………… 182
12.1 Swing 包的介绍 ………………………… 182
12.2 分析 NetBeans 环境下的 Swing 应用程序 …………………………… 184
12.3 常用对话框 ……………………………… 188
12.4 Swing 中常用控件类的使用 …………… 191
    12.4.1 字体和颜色 ………………………… 191
    12.4.2 JComponent ………………………… 191
    12.4.3 标签和图像位图 …………………… 192
    12.4.4 按钮 ………………………………… 193
    12.4.5 文本框 ……………………………… 197
    12.4.6 列表框和组合框 …………………… 202

	12.4.7	滑块……………………………… 207
	12.4.8	微调器……………………………… 208
	12.4.9	进度条……………………………… 210
12.5	菜单组件…………………………… 212
12.6	工具栏……………………………… 217
12.7	表格………………………………… 221
习题 12	………………………………………… 227

第 13 章 Java 的数据流…………………… 229
- 13.1 数据流的概念…………………… 229
- 13.2 基本字节数据流………………… 231
  - 13.2.1 文件数据流………………… 231
  - 13.2.2 过滤数据流………………… 232
  - 13.2.3 数据输入/输出流…………… 235
  - 13.2.4 对象流……………………… 238
- 13.3 基本字符流……………………… 240
  - 13.3.1 字符集……………………… 240
  - 13.3.2 与字符集相关的类………… 241
  - 13.3.3 基本字符流………………… 244
  - 13.3.4 字节流与字符流转换……… 245
  - 13.3.5 字符文件流………………… 247
- 13.4 文件与目录操作………………… 249
- 13.5 随机存取文件流………………… 256
- 习题 13 ………………………………… 259

第 14 章 图形、图像……………………… 260
- 14.1 图形……………………………… 260
  - 14.1.1 绘图类……………………… 260
  - 14.1.2 绘图设置…………………… 262
  - 14.1.3 绘制基本图形和文字……… 265
  - 14.1.4 图形操作…………………… 275
  - 14.1.5 图形运算…………………… 279
- 14.2 绘制图像………………………… 283
- 14.3 输入/输出图像…………………… 286
- 14.4 绘制组件………………………… 288
- 习题 14 ………………………………… 291

第 15 章 线程……………………………… 293
- 15.1 进程和线程的概念……………… 293
- 15.2 线程定义………………………… 294
- 15.3 线程状态………………………… 296
- 15.4 守护线程………………………… 301
- 15.5 线程调度………………………… 303
- 15.6 线程通信………………………… 305
  - 15.6.1 循环查询方式……………… 305
  - 15.6.2 线程同步…………………… 307
  - 15.6.3 等待/通知机制……………… 313
- 15.7 定时器…………………………… 316
- 15.8 Java 进程………………………… 319
  - 15.8.1 ProcessBuilder……………… 320
  - 15.8.2 Runtime 类………………… 320
  - 15.8.3 Process 类………………… 321
- 习题 15 ………………………………… 322

第 16 章 网络编程………………………… 324
- 16.1 网络基础知识…………………… 324
- 16.2 Java 地址类和接口……………… 326
  - 16.2.1 InetAddress 类……………… 326
  - 16.2.2 URL 类……………………… 327
  - 16.2.3 URLConnection 类………… 328
  - 16.2.4 NetworkInterface 接口…… 329
- 16.3 Socket 编程……………………… 329
- 16.4 UDP 编程………………………… 333
- 16.5 多播编程………………………… 337
- 16.6 广播编程………………………… 341
- 习题 16 ………………………………… 343

第 17 章 数据库编程……………………… 344
- 17.1 数据库基础知识………………… 344
  - 17.1.1 数据库基本概念…………… 344
  - 17.1.2 常用的 SQL 语句…………… 345
- 17.2 JDBC 基础知识………………… 347
  - 17.2.1 与数据连接相关的接口和类……………………… 348
  - 17.2.2 创建数据库连接方法……… 349
  - 17.2.3 与执行 SQL 语句相关的接口……………………… 351
- 17.3 访问常用数据库………………… 356
  - 17.3.1 访问 Access 数据库………… 356
  - 17.3.2 访问 mysql 数据库………… 357
- 17.4 数据操作………………………… 360
  - 17.4.1 查询操作…………………… 360
  - 17.4.2 更新记录集操作…………… 363
  - 17.4.3 插入记录操作……………… 365

  17.4.4 删除记录操作……………368
  17.4.5 JDBC 事务………………370
17.5 SQL 数据类型与 Java 数据类型
  相互转化………………………372
17.6 应用举例…………………………374
  17.6.1 数据表及其表结构…………374
  17.6.2 程序界面设计………………375

  17.6.3 在 DBCon 类中新创建的
    方法………………………375
  17.6.4 登录类 teacherLogin 的设计…376
  17.6.5 teacherSelectCourse 类………377
习题 17……………………………………378

参考文献……………………………………**380**

第1章　了解Java语言

本章知识目标：
- 了解 Java 语言的发展史、Java 技术、Java 语言的特点、Java 语言的应用领域。
- 掌握 Java 语言的开发环境、JDK 的安装以及 Netbeans IDE 8.1 开发平台。
- 掌握如何创建一个简单的 Hello 程序，使读者更加熟悉 Netbeans IDE 8.1 开发平台。

1.1　Java 的发展史

1991 年，美国 Sun 公司开始研究家用消费类电子设备。在 Sun 公司内部，James Gosling 领导的 Green 小组专注于软件方面的研究，该小组在开始阶段选择已经非常成熟的 C/C++语言进行开发和设计，可是却发现执行 C++程序需要消耗大量的内存，而且还不能兼容不同的设备。因此，在 C/C++语言的基础上，Green 小组开发出一种名为 Oak 的新语言(Java 语言的前身)。

当时，由于 Green 小组并未将 Oak 语言产品化，因而未给 Sun 公司产生经济效益，导致 Oak 语言面临夭折的危险。直到 1995 年，随着互联网的出现并迅速蓬勃发展，急需一种面向网络编程，能够在不同终端设备、不同的操作系统上运行的语言。与此同时，Marc Andreessen 开发的 Mosaic(后来称为 Netscape)启用 Oak 项目组成员，开发出基于 Oak 语言的 HotJava 浏览器，并得到 Sun 公司首席执行官 Scott McNealy 的全力支持，从而开启了 Oak 语言进军 Internet 的契机。由于 Oak 名字的版权问题，Sun 公司将 Oak 语言重新命名为 Java，同时图标亦设计成冒着热气的咖啡(以爪哇岛咖啡命名)。

随着互联网的进一步发展，以及 Java 语言与浏览器的结合，产生了 Applet 技术。尽管此技术现在已被 Flash 替代，但是此项技术使 Sun 公司的 Java 研发小组获得了重生，让 Java 语言成为迄今为止最伟大的计算机语言。

JDK 发布历程如下。

1995 年 3 月，Sun 公司正式向外界发布 Java 语言，Java 语言正式诞生。

1996 年 1 月，Sun 公司公开发布 JDK 1.0。

1997 年 2 月，Sun 公司公开发布 JDK 1.1。

1998 年 12 月，Sun 公司公开发布 JDK 1.2，这是 Java 语言的里程碑，Java 也被首次划分为 J2SE/J2EE/J2ME 3 种开发技术。

从此以后，国内开发者开始学习和使用 Java 语言。

2000 年 5 月，Sun 公司公开发布了 JDK 1.3。

2002 年 2 月，Sun 公司公开发布了 JDK 1.4。

2004 年 10 月，Sun 公司公开发布了 JDK 1.5，同时 Sun 公司还将 JDK 1.5 改名为 J2SE 5.0。

2006 年 6 月，Sun 公司公开发布了 JDK 1.6，也称 Java SE 6.0，同时 Java 的各版本去掉 2 的称号，J2EE 更名为 Java EE，J2SE 更名为 Java SE，J2ME 更名为 Java ME。

2006 年 12 月，Sun 公司发布 JRE 6.0。

2009 年 4 月，Oracle 公司(甲骨文公司)收购 Sun 公司，从而取得了 Java 的版权。

2011 年 7 月，Oracle 公司发布了 Java 7.0 的正式版。

2014 年 3 月，Oracle 公司发布了 Java 8.0 的正式版，该版本增加了 lambda、Default、Method 等特性。

2017 年 9 月，Oracle 公司发布了 Java 9.0 的正式版。

2018 年 4 月，Oracle 公司发布了 Java 10.0 的正式版。

当前 Java 语言编程已非常流行。TIOBE 编程语言社区排行榜是编程语言流行趋势的一个指标，每月更新，这份排行榜排名基于互联网上有经验的程序员、课程和第三方厂商的综合统计结果。2018 年 5 月，TIOBE(https://www.tiobe.com)编程语言排行榜如图 1-1 所示。

May 2018	May 2017	Change	Programming Language	Ratings	Change
1	1		Java	16.380%	+1.74%
2	2		C	14.000%	+7.00%
3	3		C++	7.668%	+2.92%
4	4		Python	5.192%	+1.64%
5	5		C#	4.402%	+0.95%

图 1-1　2018 年 5 月的 TIOBE 编程语言排行榜

1.2　Java 技术

Java 几乎是任何网络应用的基础，也是开发和提供嵌入式应用、游戏、Web 内容和企业软件的全球标准。Java 在全球拥有超过 900 万名开发人员，可高效地开发和部署功能强大的各种应用和服务。当前 Java 技术主要包括 Java 嵌入技术、Java SE、Java EE 以及 Java 云。

1. Java 嵌入技术

Java Embedded 产品经专门设计和优化，可出色满足微控制器、传感器和网关等各种嵌入式设备的独特需求，实现智能的 M2M 通信以及物联网系统，从而为各种设备赋予更加丰富的功能。M2M 是 Machine-to-Machine/Man 的简称，是一种以机器终端智能交互为核心的、网络化的应用与服务。M2M 协议规定了人机和机器之间交互需要遵从的通信协议。

2. Java SE

Java SE 平台(Java Platform Standard Edition)旨在为各种计算平台开发安全、可移植、高性能的应用。通过开发适用于异构环境的应用，企业能够大大提高用户的生产力，改善沟通与协作，并显著降低企业应用与消费类应用的拥有成本。

3. Java EE

Java EE 平台(Java Platform Enterprise Edition)是企业 Java 计算的行业标准。凭借一系列可增强 HTML5 支持、提高开发人员工作效率以及更好地满足企业需求的新特性，Java EE 有效降低了样板代码编写工作量，具有更好的新 Web 应用和框架支持，同时还为开发人员提供了更强大的可扩展性和更丰富的功能。

4. Java 云

Java 云服务为在云中开发和部署应用提供了一个企业级平台，不仅能够即时访问支持所有标准 Java EE 应用的云环境，还具有集成的安全性和数据库访问功能，以实现更高的工作效率——这一切均由 Oracle Web Logic Server 驱动。

1.3　Java 语言的特点

　　Java 语言是一种支持网络计算的面向对象程序设计语言。Java 语言吸收了 C++语言和 Smalltalk 语言的优点，并增加了其他特性，如支持网络通信、并发程序设计和多媒体数据控制等。Java 语言具有如下主要特点。

　　(1) 同 C++语言相比，Java 语言相对简单。其语法与 C++语言非常相似，这让大多数程序员学习和使用 Java 时都感到非常容易。另外，Java 抛弃了 C++语言中很少使用、难以理解、令人迷惑的一些特性，如多继承、操作符重载、自动强制类型转换等。特别是 Java 语言不再使用指针，并提供了自动废料收集机制，使编程者不必考虑内存管理的问题。

　　(2) Java 语言是一种面向对象的程序设计语言。Java 语言提供类、继承、接口等规则。为了简单和安全，Java 仅仅支持类之间的单向继承，抛弃了 C++语言类之间的多继承功能。而且 Java 还支持接口之间的继承，并支持类与接口之间的实现机制。Java 语言全面支持动态绑定，而 C 语言仅对虚函数使用动态绑定。总之，Java 语言是一种纯正的面向对象程序设计语言。

　　(3) Java 语言是面向计算机网络的高级编程语言，该语言可实现分布式编程。Java 语言支持 Internet 应用的开发。在基本的 Java 应用编程接口中有一个网络应用编程接口(java.net)，它提供了用于网络应用编程的各种类库，包括 URL、URLConnection、Socket、ServerSocket 等。Java 的 RMI(远程方法激活)机制还是开发分布式应用的一种重要手段。

　　(4) Java 语言是健壮的。Java 提供了异常处理、强类型机制、废料的自动收集等功能，这些都是 Java 程序健壮性的重要技术，对指针的放弃更是 Java 的明智之举。另外，Java 的安全检查机制使其更具健壮性。

　　(5) Java 语言是安全的。Java 通常用于网络环境中，为此 Java 提供了一个安全机制以防恶意代码的攻击。除了 Java 语言具有的许多安全特性以外，Java 对通过网络下载的类具有一种安全防范机制(类 ClassLoader)，例如，分配不同的名字空间以防替代本地的同名类。通过字节代码检查，提供了安全管理机制(类 SecurityManager)。

　　(6) Java 语言是跨平台的。Java 源程序(后缀名为 java 的文件)在 Java 平台上被编译为字节码文件(文件扩展名是 class 的文件)，该字节码文件可以在实现该 Java 平台的任何系统中运行。

　　(7) Java 语言是可移植的。Java 严格规定了各种基本数据类型的长度。Java 系统本身也具有很强的可移植性，Java 编译器是用 Java 实现的，Java 的运行环境是用 ANSI C 实现的。

　　(8) Java 语言支持即时编译器。Java 程序在 Java 平台上被编译为字节码格式，然后可以在任何系统中的 Java 平台上运行。在运行时，Java 平台中的 Java 解释器对这些字节码进行解释执行，执行过程中需要的类就会被载入运行环境中。

　　(9) Java 运行效率非常高。同那些解释型的高级脚本语言相比，Java 运行效率非常高。随着 JIT(Just-In-Time)编译器技术的发展，Java 的运行速度越来越接近于 C 语言。

　　(10) Java 语言支持多线程。在 Java 语言中，线程是一种特殊的对象，必须由 Thread 类或其子(孙)类来创建。Java 语言可用两种方法创建线程：其一，使用实现了 Runnable 接口的类来包装成一个线程；其二，从 Thread 类派生子类并且重新写 run 方法，使用该子类创建的对象即为线程。值得注意的是，Thread 类已经实现了 Runnable 接口，因此，任何一个线程均有自身的 run 方法，而 run 方法中包含了线程所要执行的代码。线程的活动由一组方法控制。Java 语言支持多个线程同时执行，并提供了多线程之间的同步机制。

　　(11) Java 语言支持动态加载。Java 语言的设计目标之一是适应于动态变化的环境。Java 将需要的各种类动态地加载到运行环境中,还可以通过网络来加载需要的类,这也有利于软件以后的升级。另外,Java语言能够进行运行时刻的类型检查。

Java语言的优良特性使Java应用具有无比的健壮性和可靠性,这不仅减少了维护应用系统的成本,而且Java支持面对象技术的特性和Java平台内嵌的API能够减少应用系统的开发时间和成本。Java编译一次随处可运行的特性使它能够提供一种随处可用的开放结构,并低成本地在多平台之间传递信息。特别是Java的企业应用编程接口(Java Enterprise APIs)为企业计算及电子商务应用系统提供了有关技术和丰富的类库。

1.4 Java的应用领域

Java主要应用于以下几个方面。

1. 各种手机应用程序 APP(Application)

目前,Android手机具有非常高的市场占有率,绝大部分Android手机的APP都是用Java编写的。如图1-2所示是Android手机界面,里面安装了支付宝、QQ等APP。

2. 行业和企业信息化

由于Sun、IBM、Oracle、BEA等国际厂商相继推出各种基于Java技术的应用软件和应用服务器,从而使Java在金融、电信、制造、互联网等领域日益得到广泛的应用。例如,Oracle公司就基于Java开发了Oracle数据库系统。

3. 电子政务及办公自动化

Java同样也在电子商务和网站开发上有着广泛的运用。

图1-2 Android手机界面

开发者利用架构框架Spring MVC、Struts 2.0或者相似框架开发的网站项目在政府、金融、医疗、保险、教育、国防等领域得到了广泛应用。

4. 嵌入式设备及消费类电子产品

目前,在手机等无线手持设备、通信终端、医疗设备、信息家电(如数字电视、机顶盒、电冰箱)、汽车电子设备上面的应用开发,一直是Java比较热门的应用领域。例如,几兆字节大小的Java程序能够在一块小芯片、传感器上运行。Java天生就是为嵌入式设备而设计的,这也体现了Java"立即编写,随处运行"的思想。

5. 大数据技术

目前,Java在大数据技术领域得到了更大的发展空间。Hadoop是基于Java编写的开源软件框架,用于分布式存储。大数据用户可以在不了解分布式底层细节的情况下,开发出分布式应用程序,充分利用集群进行高速运算和存储。Hadoop实现了一个分布式文件系统(Hadoop Distributed File System,HDFS)。Hadoop框架最核心的设计就是HDFS和MapReduce。HDFS为海量的数据提供了存储,MapReduce则为海量的数据提供了计算。

6. 高频交易领域

Java平台已经大大提高了即时编译技术和性能,并且Java也拥有C++级别的传输性能。因此,Java

也大量用于编写高频并发系统。虽然 Java 的传输性能不如 C++，但开发者可以不用考虑 Java 的安全性、可移植性以及可维护性等问题。

7. 软件工具

目前，很多有用的软件和开发工具都是运用 Java 编写和开发的，如 Eclipse、Netbeans IDE 都是编程者经常要使用的 Java 应用开发平台。甲骨文公司还基于 Java 语言开发了 Oracle 数据库软件。

当然，Java 还有其他方面的应用，在此省略不表。

1.5 Java 开发环境

虽然开发者可以通过记事本编辑 Java 源程序，并在 Windows 中的 MS-DOS 窗口中调试 Java 程序，但是这种编写 Java 程序的方法效率非常低下。目前，主要采用的集成开发环境有 Eclipse、MyEclipse 以及 NetBeans 等。建议使用 NetBeans 平台开发 Java 程序，这使开发 Java 应用程序非常高效、方便。本节重点讲解 NetBeans 开发平台的搭建过程。

1. 安装软件包

Java 是一种跨平台的编程语言，即用 Java 编写的程序可以在不同的操作系统(如 Windows、Linux、UNIX 等)上运行，而 Java 平台是指运行在各种终端(如 PC、服务器、移动设备、嵌入式设备)上的系统软件。开发者可以利用 Java SE、Java EE、Java ME 分别开发出 Java 应用程序、服务器端 Java 程序、移动设备 Java 程序。

JDK 是 Java 的开发工具包，主要包括 Java 的运行环境、Java 的基础类库以及 Java 工具。由于 Java 被 Oracle 收购，开发者可以从 Oracle 网站下载最新的 JDK 安装包。也可以从 www.netbeans.org 网站上下载 netbeans-8.1-windows.exe 软件。

2. 设置环境变量

在 Windows 7 中，开发者按 "控制面板" → "系统和安全" → "系统" → "高级系统设置" 顺序进行操作，弹出如图 1-3 所示的 "系统属性" 对话框。

单击图1-3 "高级" 选项卡中的 "环境变量" 按钮，设置 JAVA_HOME 变量，弹出如图1-4所示的对话框。

然后，重新设置 path 变量，即在原值的基础上增加;%JAVA_HOME%\bin，如图 1-5 所示。

图 1-3 "系统属性" 对话框

图 1-4 设置 JAVA_HOME 环境变量   图 1-5 设置 path 环境变量

最后，还需要设置 CLASSPATH 环境变量，其值是 .;%JAVA_HOME%\lib\dt.jar;%JAVA_HOME%\lib\tools.jar，如图 1-6 所示。

图 1-6　设置 CLASSPATH 环境变量

安装完 JDK 之后，可以安装 NetBeans 集成开发环境。

3. Java 运行环境

JRE(Java Runtime Environment)就是 Java 程序运行环境，如图 1-7 所示。通常情况下，利用 JDK 编写 Java 源程序，然后经过 javac 编译形成字节码文件(文件扩展名是.class)，该文件只能传给 JVM(即 Java 的虚拟机)，由 JVM 进行解释后被计算机执行。而 JVM 就在 JRE 中，也就是说 Java 程序的运行要由 JRE 负责。在大部分常用操作系统中，Java 都提供了相应的 JRE，绝大多数的 Java 字节码文件都不需要做任何修改，就可以在不同的 JRE 中运行。

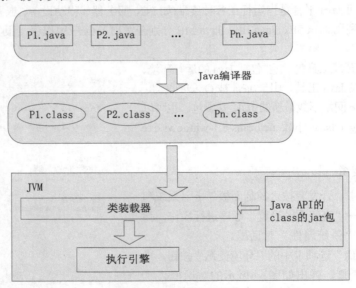

图 1-7　Java 程序运行环境

1.6　NetBeans IDE 8.1 环境介绍

进入 NetBeans IDE 8.1 编程环境后，可以看到最上方是功能菜单区，在功能菜单下是常用的快捷按钮。左上方是项目文件信息，左下方是当前编辑的 Java 类文件中的属性和方法信息。右下方是当前正在编辑的文件内容，如图 1-8 所示。

第 1 章　了解 Java 语言

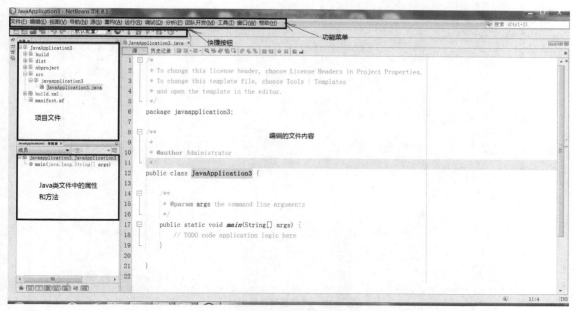

图 1-8　NetBeans IDE 8.1 界面

在"文件"菜单中，不仅可以创建、打开、关闭项目和文件，还可以设置项目属性，如图 1-9 所示。在"项目属性"设置窗口中，可以设置源包文件夹、Java 库、构建、运行、应用程序等信息，如图 1-10 所示。编程者可以添加外部存放 Java 源文件的文件夹，并选定文件的编码方式。如果选错了编码方式，打开的 Java 源文件内容就会出现乱码。

如图 1-11 所示，在"运行"菜单内，可以进行运行项目、测试项目、构建项目、清理并构建项目、运行文件等操作。

如果当前需运行的文件是项目主类，可以单击"运行项目"菜单项或者"运行文件"菜单项运行文件。如果需要运行文件而不是项目主类，则需要单击"运行文件"菜单项运行。

图 1-9　NetBeans IDE 8.1 "文件" 菜单

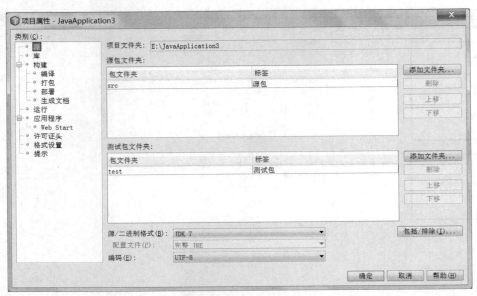

图 1-10 "项目属性"窗口

图 1-11 NetBeans IDE 8.1 "运行"菜单

1.7 一个简单的 Java 应用程序

启动 NetBeans IDE 8.1 并单击"文件"菜单，然后选择"新建项目"，创建一个 Java 应用程序项目，如图 1-12 所示。

输入项目名称和项目位置信息，单击"完成"按钮，即可以创建一个 Java 应用程序项目。此时系统自动创建了一个与项目名称相同的项目主类文件(例如，如图 1-13 中，创建的 Java 源程序是 JavaApplication4.java 文件)。输入如下程序代码：

```
public class JavaApplication4 {
    public static void main(String[] args) {
        System.out.println("Helloworld 程序");
    }
}
```

图 1-12　创建 Java 应用程序项目

图 1-13　输入 Java 应用程序项目的名称和位置

单击"运行"菜单栏，单击如图 1-11 所示的"清理并构建项目"菜单项(或按快捷键 Shift+F11)，该操作执行完成后，可以单击如图 1-11 所示的"运行文件"菜单项(或者按快捷键 Shift+F6)，就可以重新编译并运行程序。

习题 1

(1) 建立一个名为 FirstApp.java 的程序，输出如下信息：

这是第一个 Java 程序！

(2) 创建一个项目名称是 Pro1 的 Java 应用程序，并在该项目中创建 ProApp1.java、ProApp2.java、ProApp3.java、ProApp4.java，允许这些程序后，分别输出如下内容：

Hello,我是 ProApp1 程序！
Hello,我是 ProApp2 程序！
Hello,我是 ProApp3 程序！
Hello,我是 ProApp4 程序！

(3) 在外部文件夹 test 中，存在 Test1.java、Test2.java、Test3.java、Test4.java，将它们调入上面项目 Pro1 中，进行调试并运行。

第2章　Java语言基础知识

本章知识目标：
- 了解 Java 语言的标识符和 Java 语言的注释。
- 掌握 Java 语言的基本数据类型。
- 了解并掌握常量和变量。
- 理解并掌握 Java 运算符、表达式以及运算符的优先级。

2.1　Java 的标识符

Java 符号主要由标识符、关键字(有时又称保留字)、运算符、分隔符 4 种符号组成。它们各自既有不同的语法含义和组成规则，又相互配合，共同完成 Java 语言的语义表达。

在 Java 语言中，给各种变量、方法和类等命名的名称称为标识符。Java 标识符的命名规则是：以字母、下画线、美元符开头，其后是若干个字母、汉字、下画线、美元符或数字，且长度没有限制，在实际命名时不宜过长，应做到见名知义。例如，PI、$myfile、_systemTime、current_time 是合法的标识符，而#name、3times、*a 等是非法的标识符。

此外，定义标识符时应该注意以下情况。

(1) Java 标识符对大小写敏感，如 If、IF、iF 是不同的标识符。

(2) Java 的关键字不能作为标识符，如 int、char、if 等关键字。

(3) 命名 Java 标识符时应该遵循一些约定。①给类和接口命名时，每个标识符的首字母都应大写，例如，Shape、Triangle、Student 等。②给变量和方法命名时，常采用骆驼式命名法。当变量名或方法名是由一个或多个单词联结在一起时，第一个单词以小写字母开始；第二个单词的首字母大写或每一个单词的首字母都采用大写，例如，myFirstName、myLastName、changeName、setTime 等，这样的名字看上去就像驼峰一样此起彼伏，这种命名方法叫作驼峰式命名。③给常量命名时，基本数据类型的常量名中的字母都应该大写，字与字之间用下画线分隔，例如，BACK_COLOR、PI 等。

2.1.1　Java 的关键字

Java 的关键字对 Java 编译器有特殊的意义，它们用来表示基本的数据类型，或者表示访问控制、错误处理以及程序控制等，Java 关键字又称为保留字。Java 关键字都是由小写字母组成的。在编写程序过程中，编程者不能将关键字作为变量名、方法名、类名、包名和参数名。

表 2-1 中列出了 Java 语言的常用关键字。

表 2-1　Java 语言的常用关键字

关　键　字	使 用 场 合
private、public、protected	访问控制
abstract、class、extends、final、implements、interface、native、static、synchronized、transient、volatile、new	类、方法和变量修饰符

(续表)

关 键 字	使 用 场 合
break、continue、return、do、while、if else、switch、case、default、for、intanceof	程序控制语句
catch、finally、throw、throws、try	错误处理
import、package	包相关
boolean、byte、char、double、float、int、long、short、null、false、true	基本数据类型
this、super、void	变量引用

说明： goto 和 const 在 Java 语言中没有起作用，但它们仍被看成是 Java 语言的关键字。

2.1.2 分隔符

在 Java 语言中，分隔符主要有逗号(,)、分号(;)、空格、花括号({})、圆点(.)。其中分号表示语句的结束标记、for 循环中分隔不同表达式成分。逗号在方法声明或调用的参数列表中用于分隔多个参数，也可以在同一声明语句中同时声明多个属性或局部变量时起分隔作用。圆点在访问对象成员时标明调用和隶属关系。空格用于分隔源代码的不同部分。花括号用于限定语句块的范围，必须成对使用。

一条 Java 语句可以占多行，一行内也可以有多条 Java 语句。

2.2 注　　释

Java 注释是程序中不被执行的部分，其主要作用是提高程序可读性。
Java 注释主要有以下 3 种。
(1) 单行注释，在语句中以//开始至本行行尾。

```
// 注释一行
```

(2) 多行注释，以/*开始，以*/结束。 /*到*/之间的若干行内容都是注释内容。

```
/* …
注释若干行
… */
```

(3) 文档注释，以/**开始，以*/结束。注释若干行，并可以被 Java 文档工具写入 Javadoc 文档。每个文档注释都会被置于注释定界符 /**…*/中，注释文档将用来生成 HTML 格式的代码报告，所以注释文档必须书写在类、域、构造函数、方法以及字段(field)定义之前。注释文档由两部分组成——描述、块标记。注释文档的格式如下：

```
/**…
注释若干行，并写入 Javadoc 文档。
…*/
```

说明： Javadoc 是 JDK 中一个非常重要的工具，如果开发者按照规范在 Java 源代码中写好注释部分，那么它就可以生成相应的文档，以便其他开发者查看。一般注释可以分为类注释、方法注释、字段注释等。类注释应该在 import 语句的后面类声明的前面，可以使用@author 等标签；方法注释要紧靠方法的前面，可以在其注释中使用@param、@return、@throws 等标签。只有 public 的字段才需要字段注释，这些字段通常是 static 的。

例 2-1 生成 Javadoc 文档的例子。

```java
/**这是讲解注释的例子。 * @author 张三丰 */
public class Note {
    /**这是公共静态变量。 */
    public static String noteMsg="note";
    /** 输出消息
     * @param msg 是要输出的消息。
     * @return 无返回值
     */
    public void print(String msg){
        //下面是输出消息
        System.out.println("输出消息是:"+msg);
    }
    /**计算参数之和。
    @param 参数 a 是 int 类型。
    @param 参数 b 是 int 类型。
    @return 返回运算 int 类型结果。
    @see   sub(int a,int b)
    */
    public int add(int a,int b){
        int c;
        c=a+b;                          //计算 a 和 b 的值,并保存到变量 c
        //输出测试结果
        System.out.println(a+"+"+b+"="+c);  //注意 Java 的输出格式
        return c;                       //返回运算结果
    }
     /**计算参数之和。
    @param 参数 a 是 int 类型。
    @param 参数 b 是 int 类型。
    @return 返回运算 int 类型结果。
    @see   add(int a,int b)
    */
    public int sub(int a,int b){
        int c;
        c=a-b;                          //计算 a 和 b 的值,并保存到变量 c
        //输出测试结果
        System.out.println(a+"-"+b+"="+c);  //注意 Java 的输出格式
        return c;                       //返回运算结果
    }
}
```

选择"运行"菜单下的"生成 Javadoc"项,将生成 HTML 文件,如图 2-1 所示。例如,系统为 Note.Java 文件产生的相应的帮助文件是 Note.html。

图 2-1 运行生成 Javadoc 文档

2.3 Java 的基本数据类型

在程序设计过程中，需要使用和处理各种数据，计算机根据这些数据的含义和所占空间大小分为各种数据类型。Java 的数据类型可以分为简单数据类型和复合数据类型，如图 2-2 所示。

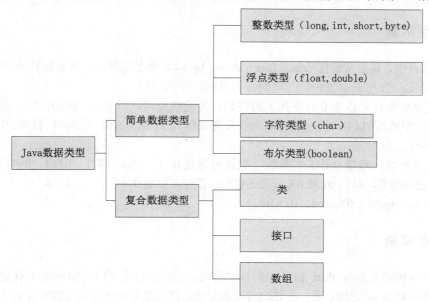

图 2-2　Java 的数据类型

简单数据类型是不能再简化的、内置的数据类型，一般由编程语言定义，表示实数、字符和整数、布尔值。更大、更复杂的数据类型可以采用简单数据类型的组合来定义。

Java 定义了两种实数的简单浮点类型(float 和 double)；另外，Java 还定义了 4 种简单整数类型(long、int、short 和 byte)。此外还有两种简单数据类型：char(字符类型)、boolean(布尔类型)。

Java 以字节为单位为各种数据类型分配相应的存储空间，数据类型不同，所分配的存储空间大小也不同。同时，系统为各种未初始化数据类型变量赋默认值。表 2-2 给出了各种简单的数据类型。

表 2-2　数值数据类型

关键字	数据类型	存储空间大小/B	默认值	取值范围
int	整型	4	0	$-2^{31} \sim 2^{31}-1$
long	长整型	8	0	$-2^{63} \sim 2^{63}-1$
short	短整型	2	0	$-2^{15} \sim 2^{15}-1$
byte	字节型	1	0	$-2^{7} \sim 2^{7}-1$
float	单精度浮点型	4	0f	$-1.4e^{-45} \sim 3.4e^{38}$
double	双精度浮点型	8	0d	$-4.9e^{-324} \sim 4.9e^{308}$
boolean	布尔型	1	false	false,true
char	字符型	2	0	0~65 535

2.4 常量

常量是指在程序运行时其值不会变化的量。在 Java 语言中，根据数据类型不同，常量可分为整型常量、浮点常量、字符常量、字符串常量、布尔常量。

2.4.1 整型常量

在 Java 语言中，整型常量包括 int、long、short、byte 4 种类型的常量。在 Java 语言中，整型常量有四种表示形式，分别是十进制、二进制、八进制、十六进制。

(1) 十进制整数，是以非 0 数字开头的整数，其他数位可以是 0~9，例如，10、70、100。

(2) 二进制整数，是以 0b 开头的整数，数位只有 0 和 1，例如，0b101、0b1001。注意：0108、0x4G、0b201 是错误的。

(3) 八进制整数，是以 0 开头的整数，数位可以是 0~7，例如，071、0314、067。

(4) 十六进制整数，是以 0x 或 0X 开头的整数，数位可以是 0~9、a、b、c、d、e、f、A、B、C、D、E、F，例如，0x31、0X4ab4、0xAB7。

2.4.2 浮点常量

Java 平台上的浮点数有 float 和 double 两种类型，它们分别是 IEEE 754 标准中所定义的单精度 32 位浮点数和双精度 64 位浮点数。在 IEEE 754 标准中，浮点数是将特定长度的连续字节的所有二进制位分隔为特定宽度的符号域、指数域和尾数域三个域，其内的值分别表示给定二进制浮点数中的符号、指数和尾数。这样，通过尾数和指数就可以表示出给定的数值。

Java 语言中，浮点常量有以下两种表示形式。

(1) 小数点形式，以小数点形式表示实型数值。例如，3.14、0.618。

(2) 指数形式(即科学记数法)，形如 AeB 或 AEB 样式，这里 A 是小数点形式的实数，而 B 必须是一个整数。例如，3.14e3 表示 3.14×10^3，-2.7218E4 则表示 -2.7218×10^4。

然而，为了区别是属于 float 还是 double 类型的常量，可以在常量数据后面加上 f 或 F 表示 float 类型的常量，而加上 d 或者 D 表示 double 类型的常量。未加上任何符号的浮点常量则表示该常量是 double 类型的常量。

例如，3.14e3f、2.7218F、-2.7e4F 都是 float 类型的浮点常量，而-2.7218e4、3.9e4d、0.6218e2D 则属于 double 类型的浮点常量。

2.4.3 字符常量

字符常量是用英文单引号括起来的单个字符或者用"\"开头的转义符，例如，'A'、'a'。

Java 最初采用 16 位 Unicode 编码(UTF-16)来表示字符，无论序号大小，每个 Java 字符都占用定长的 2 个字节，因此最多能表示 65 536 个不同的字符，这只是粗略的说法，实际上如果采用变通的方式进行字符编码，UTF-16 编码可以表示的字符远多于 65 536 个。而后扩充辅助字符是编码为两个连续的代码单元(32 位)，这实际上是将 UTF-16 也变成了可变长度编码。例如，'\u0041'表示字符'A'。

某些特殊的字符可以采用转义符来表示，如换行和制表符在源文件中直接出现会被当作分隔符而不是当作字符常量来使用。转义字符的另外形式是用"\编码值"来表示。在 Java 语言中，转义字符加编码形式有以下两种办法。
(1) '\xxx'：采用 1 到 3 位八进制数(xxx)来表示字符。
(2) '\uxxxx'：采用 4 位十六进制数(xxxx)来表示字符。
表 2-3 给出了常用的转义字符。

表 2-3 Java 中的常用转义字符

字　　符	unicode 值	说　　明
'\t'	u0009	制表符
'\n'	u000a	换行符
'\r'	u000d	回车符
'\''	u0027	单引号
'\"'	u0022	双引号
'\\'	u005c	反斜杠
'\b'	u0008	退格符

例 2-2　Const.Java 是关于转义字符使用的例子。

```
1   public class Const {
2       public static void main(String[] args) {
3
4           System.out.println("1:a\\b\\c/de");
5           System.out.println("2:a\tb\tc");
6           System.out.println("3:a\n");
7           //字符 A 的 ASCII 码是 65，对应于八进制是 101
8           //字符 a 的 ASCII 码是 97，对应于十六进制是 61
9           System.out.println("4:\101\u0061");
10          //\r\n 先回车再换行;
11          System.out.println("5:a\r\nb");
12          //\n\r 先换行再回车;
13          System.out.println("6:a\n\rb");
14      }
15  }
```

2.4.4　字符串常量

字符串常量是一对用双引号括起来的字符序列。双引号、反斜杠和换行符亦可以通过使用转义字符包含在字符串常量中。例如，"good morning"、"Java program!"、"a"、"边长\t边长\t边长\t面积\n"。需要注意的是，"a"与'a'是不同的，前者是字符串，后者是字符。

2.5　变　　量

变量是内存中的一段存储空间的名字，变量的值就是其对应存储空间内的值。变量的值随着程序的运行而动态变化。在 Java 语言中，变量必须先声明，然后才可以使用。声明变量即说明变量的数据类型和变量的名字。其格式如下：

数据类型　变量名称 1[[=value1][,变量名称 2[=value2]],…];

说明：在 Java 语言中，在定义变量的过程中，可以对变量值进行初始化。另外，可以同时定义若干个变量，各变量之间用逗号分隔。其格式如下：

```
float a,b,c;            //声明 3 个 float 类型的变量
double  i=3.1,j=4.2;    //声明两个变量 i,j，并对它们进行初始化
```

声明变量即创建变量，将变量与内存中的一段存储区间关联起来，也就是变量即内存中的一段存储区间的代号。在使用变量之前，Java 语言要求对变量进行初始化或者对变量进行赋值。

给变量赋值或初始化，即将数据值存入内存中的存储空间。例如上面声明了变量 i 和 j，同时它们分别被赋值为 3.1 和 4.2，如图 2-3 所示。

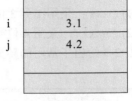

图 2-3　变量存储情况

赋值运算的格式如下：

变量=表达式；

说明：给变量赋值时，应该保证赋值号右边表达式的数据类型与赋值号左边的变量的数据类型相同。如果变量和表达式的数据类型不相同，则要求表达式数据类型的范围比变量数据类型的范围小，系统会自动转换；否则 Java 编译器认为发生了精度丢失错误。

例如：

```
int a,b;
float   c,d,e;
a=3;
c=3.14f;
d=c+100;     //
e=0.618 ;    //由于 0.618 是 double 类型，与变量 e 是不兼容的数据类型，因此发生语法错误
```

Java 数据类型自动转换的顺序是：double←float←long←int←char←short←byte。

如果变量和表达式的数据类型不相同，且表达式数据类型的范围比变量数据类型的范围大时，Java 语言规定，可以通过强制数据类型转换方式，将表达式的值赋给变量，但可能造成部分数据丢失。如果不进行强制类型转换，则编译时会报语法错误。强制数据类型转换方式如下：

变量=(强制数据类型)(表达式)；

说明：当表达式是一个简单变量或者是一个常量时，可以省略()。

例 2-3　关于强调数据类型的例子。

```
1    public class VaryTest {
2        public static void main(String[] args) {
3            int a,b;
4            float c;
5            char ch;
6            a=(int)(7.1+4.2);
7            b=(int)1.618f;
8            c=(float)3.14;
9            ch=(char)97;
10           System.out.println("a="+a+",b="+b+",c="+c);
11           System.out.println("ch="+ch);
12       }
13   }
```

说明：第 6、7、8 行语句如果不进行强制数据类型转换，则会出错。

2.6　运算符和表达式

运算符指明操作数的运算方式。组成表达式的运算符有很多种。运算符按照其要求的操作数数目来分，有单目运算符、双目运算符和三目运算符，它们进行运算时分别需要 1 个、2 个、3 个操作数。

(1) 单目运算符：即只对一个操作数进行运算的运算符。例如，-、++、--。
(2) 双目运算符：即对两个操作数进行运算的运算符。例如，+、*、/。
(3) 三目运算符：即需要 3 个操作数才能进行运算的运算符。Java 中只有条件运算符(?:)是三目运算符。

运算符按其功能来分，有算术运算符、关系运算符、逻辑运算符、位运算符、赋值运算符、条件运算符和其他运算符。

表达式是由操作数和运算符按照规定的语法规则组成的式子。例如，3+4、3*(2+a)等都是表达式。

2.6.1 算术运算符

算术运算符即算术运算符号，用于完成基本的算术运算(Arithmetic Operators)。在 Java 语言中，算术运算符可分为单目算术运算符和双目算术运算符。

表 2-4 列出了双目算术运算符的运算情况。

表 2-4 双目算术运算符

运算符	使用样式	功能描述	例 子
+	a+b	a 与 b 相加	3+4，3.1+2.4
-	a-b	a 减去 b	4-1，3.1-5.6
*	a*b	a 乘以 b	2*3，r*r*3.14(r 是变量，r=2)
/	a/b	a 除以 b	8/3，8.0/3.0
%	a%b	a 除以 b 后的余数(b≠0)	10%3，23%10，10.6%3.1

注意：①对于除法运算符/，操作数可以是整数和浮点数，但运算结果是不同的。如果操作数中至少有一个操作数是浮点数，则运算结果是浮点数，否则运算结果是整数。②对于模运算符%，如果两个操作数都是整数，则结果为整数，否则为浮点数。

例 2-4 关于算术运算符使用的例子。

```
1   public class OperateChar {
2       public static void main(String[] args) {
3           int a;
4           double b,s,r=2;
5           a=3+4;
6           b=3.1+2.4;
7           System.out.println("a="+a+",b="+b);
8           a=4-1;
9           b=3.1-5.6;
10          System.out.println("a="+a+",b="+b);
11          a=2*3;s=r*r*3.14;//(r 是变量,r=2)
12          a=8/3;
13          b=8.0/3.0;
14          System.out.println("a="+a+",b="+b);
15          System.out.println("10%3="+( 10%3));
16          System.out.println("23%10="+(23%10));
17          System.out.println("10.6%3.1="+(10.6%3.1));
18
19      }
20  }
```

表 2-5 给出了单目算术运算符的使用情况。

表 2-5 单目算术运算符

运算符	使用样式	功能描述	例子
++	a++或++a	a++，先使用a，然后a自增 ++a，先让a自增，然后使用a值	b=i++; c=++i;
--	a--或--a	a--，先使用a，然后a自减 --a，先让a自减，然后使用a值	b=i--; c=--i;
-	-a	得到a的相反数	b=-a;

例 2-5 关于自增、自减变量的例子。

```
1   public class SingleOperateChar {
2       public static void main(String[] args) {
3           int a,b,c,d;
4           a=4;b=6;
5           c=a++;d=++b;
6           System.out.println("1:a="+a+",b="+b+",c="+c+",d="+d);
7           a=4;b=6;
8           c=a--;d=--b;
9           System.out.println("2:a="+a+",b="+b+",c="+c+",d="+d);
10          a=4;b=6;
11          c=-a;d=-b;
12          System.out.println("3:a="+a+",b="+b+",c="+c+",d="+d);
13          a=4;b=6;
14          c=a+++a++;      //c=(a++)+(a++);
15          d=++b+(++b);    //d=(++b)+(++b);
16          System.out.println("4:a="+a+",b="+b+",c="+c+",d="+d);
17          a=4;b=6;
18          c=a+++a+++a++;  //c=(a++)+(a++)+(a++);
19          d=--b+--b+--b;  //d=(--b)+(--b)+(--b);
20          System.out.println("5:a="+a+",b="+b+",c="+c+",d="+d);
21      }
22  }
```

2.6.2 关系运算符

关系运算符指两个操作数之间的关系。在Java语言中，关系运算符包括>(大于)、<(小于)、>=(大于等于)、<=(小于等于)、==(等于)、!=(不等于)，关系运算的结果是布尔类型值，即true或者false。关系运算符使用规则如表2-6所示。

表 2-6 Java 的关系运算符

运算符	使用样式	功能描述	例子
>	a>b	a 大于 b	x>100
<	a<b	a 小于 b	b*b-4*a*c<0
<=	a<=b	a 小于等于 b	x<=0
>=	a>=b	a 大于等于 b	y>=0
==	a==b	a 等于 b	n%z=0
!=	a!=b	a 不等于 b	n%z !=0

例 2-6 对于一元二次方程 $ax^2+bx+c=0(a \neq 0)$，判断该方程有解的关系表达式：$b*b-4*a*c>=0$。

```
1   public class RelationChar {
2       public static void main(String[] args) {
3           float a,b,c,d=0,e=0;
4           a=3;b=4;c=5;
```

```
5       System.out.println("a="+a+",b="+b+",c="+c+",d="+d+",e="+e);
6       System.out.println("a>0:"+(a>0));
7       System.out.println("b<c:"+(b<c));
8       System.out.println("d<=0:"+(d<=0));
9       System.out.println("b*b-4*a*c>=0:"+(b*b-4*a*c>=0));
10      System.out.println("a!=b:"+(a!=b));
11      System.out.println("d==e:"+(d==e));
12    }
13  }
```

2.6.3 逻辑运算符

逻辑运算符指用于连接布尔型表达式的运算符。在 Java 语言中,逻辑运算符有&&(与)、||(或)、!(非),运算规则如表 2-7 所示。

表 2-7 Java 的逻辑运算符

运算符	使用样式	功能描述	例子
&&	a&&b	a 和 b 同时为 true 时,a&&b 为 true	x>3&&x<10
||	a||b	在 a 和 b 中,只要一个为 true 时,a||b 为 true	x<0||x>10
!	!a	等于 a 的相反值	!(x>=0&&x<=10)

例 2-7 判断 year 是否为闰年。判断闰年方法有:①能被 4 整除且不能被 100 整除的年份是闰年(如 2004 年就是闰年,2010 年不是闰年)。②能被 400 整除的年份是闰年(如 2000 年是闰年,1900 年不是闰年)。③对于数值很大的年份,如果能被 3200 整除,并且能被 172800 整除,则是闰年。所以得到判断闰年的逻辑表达式如下:

(year%4==0&&year%100!=0)||(year%400==0)||(year%3200== 0&&year%172800==0)

例 2-8 已知三条边边长为 a、b、c,则判断它们是否构成三角形的逻辑表达式是:(a>0&&b>0&&c>0)&&(a+b>c&&a+c>b&&b+c>a)。

例 2-9 判断数 a 是否在区间 $(-\infty,3]\cup[10,+\infty)$ 的逻辑表达式如下:

a<=3||a>=10

或者

!(3<a&&a<10)

2.6.4 位运算符

位运算是程序设计中对位模式按位或二进制数进行的一元或二元操作。通常位运算比乘除法运算要快很多。在 Java 语言中,位运算符包括~(取反)、&(相与)、|(相或)、^(按位异或)、<<(左移)、>>(右移)、>>>(无符号右移)。各位运算符运算规则如表 2-8 所示。

表 2-8 Java 的位运算符

运算符	使用样式	功能描述
~	~a	对 a 的每个二进制位(包括符号位)取反,即把 1 变为 0,把 0 变为 1
&	a&b	a 和 b 对应的二进制位相与。只有对应的两个二进制位均为 1 时,结果位才为 1,否则为 0
|	a|b	a 和 b 对应的二进制位相或。只要对应的两个二进制位有一个为 1,结果位就为 1
^	a^b	a 和 b 对应的二进制位相异或。当两个对应的二进制位相异或时,结果为 1
<<	a<<n	左移 n 位,最右边补零,就是乘以 2 的 n 次方
>>	a>>n	右移 n 位,最左边补符号位,就是除以 2 的 n 次方
>>>	a>>>n	无符号右移 n,忽略符号位,空位都以 0 补齐

数据编码方式主要有：原码、反码和补码。

原码是计算机中一种对数值的二进制定点的表示方法。原码表示法在数值前面增加了一位符号位(即最高位为符号位)：正数该位为 0，负数该位为 1(0 有两种表示：+0 和-0)，其余位表示数值的大小。

反码表示法规定正数的反码与其原码相同；负数的反码是对其原码逐位取反，但符号位除外。

在计算机系统中，数值一律用补码来表示。原因在于，使用补码可以将符号位和数值域统一处理；同时，加法和减法也可以统一处理。此外，补码与原码相互转换，其运算过程是相同的，不需要额外的硬件电路。

正整数的补码是其二进制表示，与原码相同；负整数的补码是其反码加 1。

例 2-10 a 和 b 是 byte 类型，a=6，b=-13，求~a 和~b 的值，如图 2-4 所示。

```
a 的原码：0000 0110        b 的原码：1000 1101
a 的反码：0000 0110        b 的反码：1111 0010
a 的补码：0000 0110        b 的补码：1111 0011
~a 的补码：1111 1001       ~b 的补码：0000 1100
~a 的反码：1111 1000       ~b 的反码：0000 1100
~a 的原码：1000 0111       ~b 的原码：0000 1100
```

图 2-4 求~a 和~b 的值

例 2-11 a 和 b 是 byte 类型，a=6，b=-13，求 a&b、a|b、a^b 的值，如图 2-5 所示。

```
a 的补码：0000 0110    a 的补码：0000 0110    a 的补码：0000 0110
b 的补码：1111 0011    b 的补码：1111 0011    b 的补码：1111 0011
--------------------   --------------------   --------------------
a&b 的补码：0000 0010  a|b 的补码：1111 0111  a^b 的补码：1111 0101
a&b 的反码：0000 0010  a|b 的反码：1111 0110  a^b 的反码：1111 0100
a&b 的原码：0000 0010  a|b 的原码：1000 1001  a^b 的原码：1000 1011
```

图 2-5 求 a&b、a|b、a^b 的值

例 2-12 a 和 b 是 byte 类型，a=6，b=-13，求 a>>2、b>>2 的值，如图 2-6 所示。

```
a 的补码：0000 0110                b 的补码：1111 0011

a>>2 的补码：0000 0001   10        b>>2 的补码：1111 1100   11
a>>2 的反码：0000 0001             b>>2 的反码：1111 1011
a>>2 的原码：0000 0001             b>>2 的原码：1000 0100
```

图 2-6 求 a>>2、b>>2 的值

例 2-13 a 和 b 是 byte 类型，a=6，b=-13，求 a<<2、b<<2 的值，如图 2-7 所示。

```
a 的补码：0000 0110                b 的补码：1111 0011

a<<2 的补码：0001 1000             b<<2 的补码：1100 1100
a<<2 的反码：0001 1000             b<<2 的反码：1100 1011
a<<2 的原码：0001 10001            b<<2 的原码：1011 0100
```

图 2-7 求 a<<2、b<<2 的值

例 2-14 a 和 b 是 byte 类型，a=6，b=-13，求 a>>>2、b>>>2 的值。

```
1   public class Bits {
2       public static void main(String[] args) {
3           byte a=6,b=-13;
```

```
 4         System.out.println("~a="+(~a)+",~b="+(~b));
 5         a=6,b=-13;
 6         System.out.println("a&b="+(a&b)+",a|b="+(a|b)+",a^b="+(a^b));
 7         a=6,b=-13;
 8         System.out.println("a>>2="+(a>>2)+",b>>2="+(b>>2));
 9         a=6,b=-13;
10         System.out.println("a<<2="+(a<<2)+",b<<2="+(b<<2));
11         a=6,b=-13;
12         System.out.println("a>>>2="+(a>>>2)+",b>>>2="+(b>>>2));
13     }
14 }
```

2.6.5　赋值运算符

最简单的赋值运算符是=，它的作用是将赋值运算符右边表达式的值赋值给左边的变量。其格式如下：

```
变量名=表达式;
```

例如：int a;

a=3+4*5;

组合赋值运算符，又称为带有运算符的赋值运算符。其格式如下：

```
变量 Δ=表达式;//相当于变量=变量 Δ(表达式);
```

注意：

Δ 是双目运算符。在 Java 语言中，Δ 可以是+、-、*、/、%、&、|、^、<<、>>等，先计算等号右边的表达式值，然后再计算"变量 Δ 表达式值"。当表达式是一个赋值表达式时，形成多重赋值表达式。

例如：

```
int a=2,b=3,c,d;
a+=3+4*5;       //相当于 a=a+(3+4*5)，则 a 的值为 25
b*=c=3+4*5;     //相当于 c=(3+4*5);b=b*c，这样操作完成后，c 的值为 23，而 b 的值为 69
```

2.6.6　条件运算符

条件运算符是一个三元运算符，其格式如下：

```
condition?expression1:expression2
```

表示如果条件 condition 成立，则运算结果为表达式 expression1，否则运算结果为表达式 expression2。

例 2-15　关于条件运算符的例子。

```
 1 public class IfOperateChar {
 2     public static void main(String[] args) {
 3         int a,b,max;
 4         a=3;b=4;
 5         max=(a>b)?a:b;
 6         System.out.println("a="+a+",b="+b+",max="+max);
 7         a=6;b=3;
 8         max=(a>b)?a:b;
 9         System.out.println("a="+a+",b="+b+",max="+max);
10     }
11 }
```

2.6.7 其他运算符

new 运算符的作用是：创建对象或者为数组分配空间。instanceof 运算符的作用是：判断对象是否是类的实例。

例 2-16 关于 instanceof 运算符的例子。

```
1  public class Instance {
2      public static void main(String[] args) {
3          Integer a=3;
4          if (a instanceof Integer)//Integer 是整型类型类
5              System.out.println(a+"是整数");
6          else
7              System.out.println(a+"不是整数");
8      }
9  }
```

2.6.8 运算符优先级

在一个表达式中可能包含用多个不同运算符连接起来、具有不同数据类型的数据对象。当表达式含有多种运算时，不同的运算顺序可能得出不同结果甚至出现运算错误，因为当表达式中含多种运算时，必须按一定顺序进行结合，才能保证运算的合理性和结果的正确性、唯一性。表 2-9 列出了 Java 运算符的优先级情况。

表 2-9 Java 运算符的优先级

优先级	运算符符号	名　　称	结合性(与操作数)	操作数目数	说　　明
1	.	点	从左到右		
	( )	圆括号			
	[ ]	方括号			
2	+	正号	从右到左	单目	
	-	负号		单目	
	++	自增		单目	前缀增，后缀增
	--	自减		单目	前缀减，后缀减
	~	按位非/取补运算		单目	
	!	条件取反		单目	
3	*	乘	从左到右	双目	
	/	除		双目	
	%	取余		双目	
4	+	加	从左到右	双目	
	-	减		双目	
5	<<	左移位运算符	从左到右	双目	
	>>	带符号右移位运算符		双目	
	>>>	无符号右移		双目	
6	<	小于	从左到右	双目	关系运算符"小于"说明
	<=	小于或等于		双目	
	>	大于		双目	
	>=	大于或等于		双目	
	instanceof	确定某对象是否属于指定的类	从左到右	双目	

(续表)

优先级	运算符符号	名　　称	结合性(与操作数)	操作数目数	说　　明
7	==	等于	从左到右	双目	关系运算符"=="说明
	!=	不等于		双目	
8	&	按位与	从左到右	双目	
9	|	按位或	从左到右	双目	
10	^	按位异或	从左到右	双目	
11	&&	与	从左到右	双目	
12	||	或	从左到右	双目	
13	?:	条件运算符	从右到左	三目	
14	=	赋值运算符	从右到左	双目	
15	+=、-=、*=、/=、%=、&=、|=、^=、<<=、>>=、>>>=	混合赋值运算符	从右到左	双目	a△=b 相当于 a=a△b，其中△可以是+、-、*等。

习题 2

(1) 已知长方体的长、宽、高分别是 a、b、c，求其表面积和体积。

(2) 已知 a、b 分别是椭圆的长半轴、短半轴的长，求其面积。

(3) 已知 x 的值，求 $y = x^3 - 3x^2 + 4x + 5$。

(4) 已知 a 和 b 的值，分别求 $\sqrt{a^2+b^2}$、2ab。

第3章 结构化程序设计

本章知识目标:
- 了解结构化程序设计思想。
- 理解并掌握传统流程图和 N-S 流程图的画法。
- 理解并掌握一些关于输入、输出的语句。
- 理解并掌握分支语句和循环语句。

3.1 结构化程序设计的基本结构

在设计复杂的程序时,人们一般采用的方法是:把大问题分成若干个子模块,而子模块还可以分解成更小的子模块,逐步细化,直至分解成非常容易解决的小模块,这就是结构化程序设计的概念。该概念最早由 E.W.Dijikstra 在 1965 年提出,是软件发展历程中的重要里程碑。

结构化程序设计的主要观点是采用自顶向下、逐步求精及模块化的程序设计方法。为了使程序能够易读,主要使用顺序、选择、循环三种基本程序控制结构。

结构化程序设计的规则如下。

(1) 主张使用顺序、选择、循环三种基本结构来构造具有复杂层次的结构化程序,严格控制goto语句的使用。用这样的方法编出的程序在结构上具有以下特点。

① 每个控制结构单位,只有一个入口、一个出口。
② 能够以控制结构为单位,从上至下顺序地阅读程序。
③ 由于程序的静态描述与执行时的控制流程容易对应,所以能够方便正确地理解程序。

(2) "自顶而下,逐步求精"的设计思想。其出发点是从问题的总体目标开始,抽象低层的细节,先专心构造高层的结构,然后再一层一层地分解和细化。这使设计者能把握主题,高屋建瓴,避免一开始就陷入复杂的细节中,使复杂的设计过程变得简单,并且能够控制把握。

(3) "模块功能独立,单出、单入口"的模块结构,减少模块的相互联系,使模块可作为插件或积木使用,从而降低模块间的耦合性。编写程序时,所有模块的功能通过相应的子程序(函数或过程)的代码来实现。编码原则使得程序流程简洁、清晰,增强可读性。

在进行程序设计时,可以采用传统的程序流程图描述算法。图 3-1 列出了传统流程图中常用到的一些符号。

适合结构化程序设计思想的主要描述工具是 N-S 图,它是由 Nassi 和 Shneiderman 共同提出的。

1. 顺序结构

在图 3-2 中,先执行 A 操作,然后执行 B 操作。A 和 B 是自上而下的顺序关系,它们之间的次序不能颠倒。其

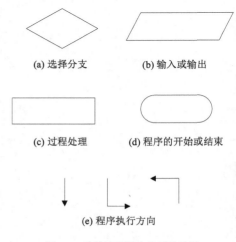

(a) 选择分支   (b) 输入或输出

(c) 过程处理   (d) 程序的开始或结束

(e) 程序执行方向

图 3-1 传统流程图中使用的符号

中图 3-2(a)是传统流程图中的顺序结构,而图 3-2(b)则是 N-S 图中的顺序结构。

2. 选择结构

在图 3-3 中,判断条件 P,如果条件 P 成立(即为真),则执行 A,否则执行 B(当条件 P 不成立,即 P 值为假)。其中图 3-3(a)是传统流程图的选择结构,而图 3-3(b)则是 N-S 图中的选择结构。

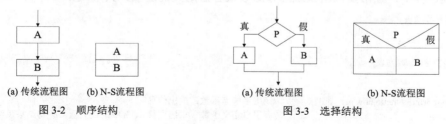

图 3-2 顺序结构　　　　　图 3-3 选择结构

3. 多分支结构

由上面的选择结构可扩展出多分支选择结构,如图 3-4 所示。根据 s 值,选择出执行哪个模块。如果 s 等于常量 $c_i(i=1,2,...,n)$,就执行 A_i 模块。其中图 3-4(a)是传统流程图中的多分支结构,而图 3-4(b)则是 N-S 图中的多分支结构。

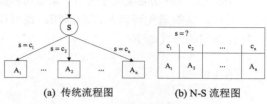

图 3-4 多分支结构

4. 循环结构

(1) 当型循环结构,见图 3-5。判断条件 P 是否成立,当条件 P 成立时,就执行循环体 A,并循环执行此过程,直至条件 P 不成立时跳出循环。在图 3-5 中,图 3-5(a)是传统流程图的当型循环结构,而图 3-5(b)则是 N-S 图中的当型循环结构。

(2) 直到型循环结构,见图 3-6。先执行循环体 A,再判断条件 P 是否成立,如果条件 P 成立,就执行循环体 A。如果条件 P 不成立,就跳出循环。在图 3-6 中,图 3-6(a)是传统流程图的直到型循环结构,而图 3-6(b)则是 N-S 图中的直到型循环结构。

图 3-5 当型循环结构　　　　　图 3-6 直到型循环结构

3.2 简 单 语 句

Java 的语句主要有:变量和函数声明性语句、表达式语句、函数调用语句、空语句、复合语句、控制语句(包括分支语句、循环语句等)。而简单语句包括表达式语句、函数调用语句、空语句。

1. 表达式语句

分号是语句的重要组成部分,表达式语句由表达式和分号构成,其形式如下:

```
表达式;
```

例如:

a++;++i;b=3+a;

2. 调用函数语句

在编程过程中,经常要调用系统的库函数或者自定义的函数。其形式如下:

函数名(参数列表);

或者

变量=函数名(参数列表);

例如:

```
System.out.println("hello,how are you!");    //调用系统库函数,输出信息
c=max(a,b);                                  //调用自定义函数,求出变量 a、b 中的最大值,并将结果赋给 c
```

3. 复合语句

很多时候,一些功能模块无法用一条语句来实现,这时需要用到复合语句。复合语句中可以包含若干条语句,这些语句可以是简单语句,也可以是复合语句。

复合语句的形式如下:

```
{
    [说明性语句]
    [执行性语句]
}
```

上面[]表示可选项,表示复合语句中可有或可无的说明性语句或可执行语句。

例如:

```
{   int t;
    t=a;a=b;b=t;
}   //上面的复合语句作用是交换 a 与 b 的值
```

注意:

有时候,复合语句中只有一条语句。

4. 空语句

在进行软件开发时,刚开始很多函数或模块都还没有编写出来。这时,可在调用这些函数或模块处,先添加一条空语句,以便将来调用这些函数或模块。

空语句的形式如下:

```
;    //在此,可以调用函数
```

3.3 数据的输入和输出

为了提高程序的交互性,Java 程序经常要使用到输入和输出语句。Java 提供了输入和输出的几个基本类。

系统类即 java.lang.System,是一个特殊的类,它是 Object 类的子类。其最主要的特点是使用前不需要用 new 语句进行初始化,因为在系统启动时,已自动对系统类进行初始化,分配了相应的内存区。

系统类 java.lang.System 中预先定义了以下 3 个流对象。

(1) System.in 表示标准输入设备(键盘)。

(2) System.out 表示标准输出设备(显示器)。

(3) System.err 表示标准错误设备(屏幕)。

1. 标准的输入

System 类通过对象 System.in 提供输入功能。System.in 最主要的功能是提供方法 System.in.read()，用来读字符。若没有读到字符，则返回值为-1。

2. Scanner 类

从 Java 的 SDK 1.5 开始，Java 新增加了 java.util.Scanner 类，这是一个用于扫描输入数据的实用类，可以结合使用正则表达式和从输入流中检索特定类型数据项。这样，除能使用正则表达式外，Scanner 类还可以任意地对字符串和基本类型(如 int 和 double)的数据进行分析。借助 Scanner，可以针对任何要处理的文本内容编写自定义的语法分析器。

可以使用 Scanner 类创建一个对象。

例如：

```
Scanner rd=new Scanner(System.in);
```

而 rd 对象分别通过调用 rd.nextByte()、rd.nextInt()、rd.nextLong()、rd.nextFloat()、rd.nextDouble()、rd.next()(或 rd.nextLine())等，为程序输入字节、整型、长整型、浮点型、双精度型、字符串型等类型的数据。

说明：上述各方法执行过程中都会造成停顿，等待用户在命令行输入数据并按回车键确认。除 Scanner 类的 nextLine()方法外，其他几个方法都以空格、回车换行符以及制表符为输入的分隔符。而 Scanner 类的 nextLine()则以回车换行符为输入的分隔符。

例 3-1 输入数据的例子。

```
1   public class Inputs {
2       public static void main(String[] args) {
3           float a;
4           int b;
5           String c;
6           Scanner rd=new Scanner(System.in);
7           a=rd.nextFloat();
8           System.out.println(a);
9           System.out.println(rd.hasNextFloat());
10          b= rd.nextInt();
11          System.out.println(rd.hasNextInt());
12          c=rd.nextLine();
13          System.out.println(c);
14      }
15  }
```

在执行上面第 7 行语句时，如果输入 314.27，则该程序把浮点型数据 314.27 赋值给变量 a，并且在刚输完数据后，rd.hasNextFloat()的值是 true。

在执行上面第10行语句时，如果输入123.45，则系统输入数据异常，变量b无法得到输入值。在执行上面第12行语句时，如果输入"Hello,how are you"，则字符串变量c的值是"Hello,how are you"。

但是，需要注意的是：next()方法输入字符串时，是以空格、Tab 键及回车键为分隔符的。

例如，有如下语句：

```
String s1,s2,s3;
Scanner rd=new Scanner(System.in);
```

```
s1=rd.next();
s2=rd.next();
s3=rd.next();
```

如果输入的内容是：

```
how are you↙
```

则 s1 的值是 "how"，s2 的值是 "are"，s3 的值是 "you"。

另外，要特别注意的是，如果需要输入汉字，则例 3-1 中的第 6 行语句应该改成如下形式：

```
Scanner rd=new Scanner(System.in, "gbk");
```

3. 标准的输出

System.out 最主要的方法有 print()、println()和 write()等。print()方法和 println()方法的作用基本相同，皆是打印字符串，只是后者自动在字符串后面加一个换行符而前者没有加。所以，下面两个语句是等效的：

```
System.out.print("Hello,how are you.\n");
```

与

```
System.out.println("Hello,how are you.");
```

由于 print 语句没有换行功能，所以在字符串后加"\n"，起到换行的作用。

3.4 分支语句

在 Java 语言中，分支语句主要有 if 语句和 switch 语句。

3.4.1 if 语句

if 语句的一般形式：

```
if(P)
    A
[else B]
```

在该语句中，P 是条件表达式，它可以是关系表达式或是逻辑表达式，条件表达式 P 的值是 boolean 类型值。其中语句 A 和语句 B 可以是简单语句或是复合语句。如果条件表达式 P 的值是 true 就执行语句 A，否则就执行语句 B。if 语句对应的流程图如图 3-3 所示。而很多时候，上面 if 语句中的 else B 可以省略。

即简单形式：

```
if(P)
    A;
```

另外，在 if 语句中，如果语句 A 或语句 B 也是 if 语句，此时就有了 if 语句嵌套问题，这时要特别注意 if 与 else 的配对问题。

例 3-2 输入一个数 n，判定它是否是奇数。N-S 流程图如图 3-7 所示。

说明： N-S 流程图是描述算法思想的工具，它不与程序代码完全一一对应。例如，变量的声明定义，输出提示等语句都不会在 N-S 流程图中，而且尽量不要出现所学编程语言的语句。

```
1    public class OddEven {
2        public static void main(String []args){
```

```
3       Scanner rd=new Scanner(System.in);
4       int n;
5       System.out.print("输入一个整数：");
6       n=rd.nextInt();
7       if (n%2==1)
8           System.out.println(n+"是奇数。");
9       else
10          System.out.println(n+"是偶数。");
11      }
12  }
```

说明：流程图的功能一般是使用自然语言描述，而且不应该出现所学计算机语言的语句。

例 3-3 输入两个数 a、b，求出其中较大值。N-S 流程图如图 3-8 所示。

图 3-7 判断奇偶数

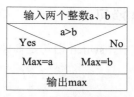

图 3-8 求两个数中的较大值

```
1   public class MaxValue {
2       public static void main(String []args){
3           Scanner rd=new Scanner(System.in);
4           int a,b,max;
5           System.out.println("输入两个整数：");
6           a=rd.nextInt();
7           b=rd.nextInt();
8           if (a>b)
9               max=a;
10          else
11              max=b;
12          System.out.println("对于"+a+","+b+",其中"+max+"是较大数。");
13      }
14  }
```

例3-4 输入一元二次方程的系数 a、b、c，求解方程 $ax^2+bx+c=0$ 的根。

说明：求一元二次方程 $ax^2+bx+c=0$ 的思路是求 $d=b^2-4ac$。如果 $d>0$，方程有两个不相等的实数根。而 $d=0$ 时，方程有两个相等的实数根。当 $d<0$ 时，方程无实数根。N-S 流程图如图 3-9 所示。

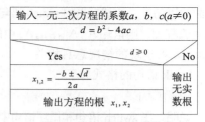

图 3-9 求一元二次方程的根

```
1   public class QuadraticEquation {
2       public static void main(String [] args){
3           Scanner rd=new Scanner(System.in);
4           double a,b,c,d;
5           double x1,x2;
6           System.out.println("输入一元二次方程的系数 a,b,c(其中 a≠0)：");
7           a=rd.nextDouble();
8           b=rd.nextDouble();
```

```
9           c=rd.nextDouble();
10          d=b*b-4*a*c;
11          if(d>=0)
12          {
13              x1=(-b+Math.sqrt(d))/(2*a);
14              x2=(-b-Math.sqrt(d))/(2*a);
15              System.out.println("输入一元二次方程的根：");
16              System.out.print("x1="+x1);
17              System.out.println(",x2="+x2);
18          }
19          else
20              System.out.println("该一元二次方程无实数根.");
21      }
22  }
```

3.4.2 switch 语句

在 Java 语言中，switch 语句是多条件分支语句。switch 语句的一般形式如下：

```
switch(s){
    case c₁:A₁;
    case c₂:A₂;
        …
    case cᵢ:Aᵢ;
        …
    case   cₙ:Aₙ;
    default:
        Aₙ₊₁;
}
```

说明：表达式 s 可以是整型表达式、字符表达式或字符串表达式，而 $c_1,c_2,…,c_n$ 可以是整型常量、字符常量或字符串常量，并且它们的数据类型与表达式 s 的数据类型保持一致。

switch 语句的执行流程是：首先计算 switch 后面圆括号中表达式 s 的值，然后用此值依次与常量表达式 $c_1,c_2,…,c_n$ 比较，若圆括号中表达式 s 的值与某个 case 后面的常量表达式 c_i 的值相等，就执行此 case 后面的语句 $A_i,A_{i+1},…,A_n,A_{n+1}$。如果在执行语句 $A_i,A_{i+1},…,A_n,A_{n+1}$ 过程中，遇见 break 语句就退出 switch 语句；若圆括号中表达式的值与所有 case 后面的常量表达式都不等，则执行 default 后面的语句 A_{n+1}，然后退出 switch 语句，程序流程转向开关语句的下一个语句。而要实现如图 3-4 所示的流程图，则语句 $A_i,A_{i+1},…,A_n$ 中的最后一条语句必须包含 break 语句。case 语句执行情况与 $c_1,c_2,…,c_n$ 出现的情况息息相关。

break 语句的格式如下：

```
break [标号];
```

说明：在 switch 语句和循环语句中，如果遇见了 break 语句，程序会跳转到标号所管辖的地方之外。而如果省略了标号，则退出当前的 switch 或循环语句。

例 3-5 某商家为了提高商品销量，对销售产品(假定统一零售单价为 20 元)实行打折活动：设用户购买该公司产品的数量为 m；如果 m<500，用户可以得到 1% 的优惠；如果 500≤m<1000，用户可以得到 3% 的优惠；如果 1000≤m<2000，用户可以得到 4% 的优惠；如果 m≥2000，用户可以得到 5% 的优惠。输入用户的购买数量 m，求用户实际花销。N-S 流程图如图 3-10 所示。

```
1   public class BuyProduct {
2       public static void main(String [] args){
```

```
3       Scanner rd=new Scanner(System.in);
4       int m,s;
5       double c,t;
6       System.out.println("输入产品数量：");
7       m=rd.nextInt();
8       s=m/500;
9       switch(s)
10      {
11          case 0:
12              c=0.01;
13              break;
14          case 1:
15              c=0.03;
16              break;
17          case 2:
18          case 3:
19              c=0.04;
20              break;
21          default:
22              c=0.05;
23      }
24      t=20*m*(1-c);
25      System.out.println("购买产品的花销是."+t);
26  }
27 }
```

输入产品数量m			
$s = \frac{m}{500}$ 的整数部分			
S=?			
0	1	2,3	默认
c=1%	c=3%	c=4%	c=5%
$t = 20m(1-c)$			
输出花销t			

图 3-10 求购买公司产品的实际花销

3.5 循环语句

在 Java 语言中，循环语句主要有 while 语句、do while 语句以及 for 语句。

3.5.1 while 语句和 do while 语句

while 语句的一般形式如下：

```
while (P)
    A;
```

其中条件 P 是条件表达式，它可以是关系表达式或者是逻辑表达式，条件表达式 P 的值是 boolean 类型值。A 是循环体语句，while 语句先判断条件 P 是否成立，如果成立，就执行循环体 A，这样反复执行循环体 A 若干次，一旦条件 P 不成立，就跳出循环。while 语句实现的流程图如图 3-5 所示。

do while 语句的一般形式如下：

```
do
    A
while (P);
```

P 和 A 如 while 语句所说一样。do while 语句是先执行循环体，反复执行若干次，直到条件 P 不满足时，就不执行循环体 A，程序就跳出该循环。do while 语句实现的流程图如图 3-6 所示。

例 3-6 输入一个大于 1 的正整数 n，求 1+2+3+…+n。N-S 流程图如图 3-11 所示。

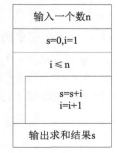

图 3-11 求 1+2+3+…+n

分析:输入 n=5;

```
初始条件  循环条件      循环体
s=0,i=1   i<=n(5)      [s=s+i,i=i+1]
          1<=5 Yes     [s=s+i=0+1=1,i=i+1=1+1=2]
          2<=5 Yes     [s=s+i=1+2=3,i=i+1=2+1=3]
          3<=5 Yes     [s=s+i=3+3=6,i=i+1=3+1=4]
          4<=5 Yes     [s=s+i=6+4=10,i=i+1=4+1=5]
          5<=5 Yes     [s=s+i=10+5=15,i=i+1=5+1=6]
          6<=5 No 跳出循环
```

输出结果 s=15。

```
1   public class Sum {
2       public static void main(String []args){
3           Scanner rd=new Scanner(System.in);
4           int n,i,s;
5           boolean flag=true;
6           System.out.println("输入一个正整数:");
7           n=rd.nextInt();
8           i=1;
9           s=0;
10          while (i<=n){
11              s=s+i;
12              i++;
13          }
14          System.out.println("和="+s);
15      }
16  }
```

3.5.2 for 语句

for 语句的一般形式如下:

```
for (表达式 1;表达式 2;表达式 3)
    A;
```

说明:其中表达式 2 的值是一个 boolean 类型的值,它可以是关系表达式或是逻辑表达式,表达式 2 的值是 boolean 类型值。A 是循环体语句,它可能会被反复执行多次。for 语句执行流程如图 3-12 所示。

其中表达式 1、表达式 2 以及表达式 3 都可以省略。特别是在省略表达式 2 时,它相当于如下 while 语句:

```
while (true)
    A;
```

但是对于下面简单的 for 语句:

```
for (i=a;i<=b;i=i+c)
    A;
```

其对应的流程图如图 3-13 所示。

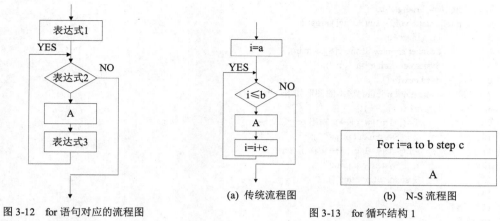

图 3-12 for 语句对应的流程图　　　　图 3-13 for 循环结构 1

而语句

```
for (i=a;i<=b;i=i+1) A;
```

对应的流程图可以写成图 3-14。

例 3-7 输入 n(下面 n=8)，输出如图 3-15 所示的图形。

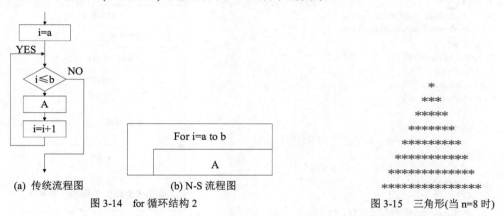

(a) 传统流程图　　　　(b) N-S 流程图

图 3-14 for 循环结构 2　　　　　　　图 3-15 三角形(当 n=8 时)

分析：对于图形每一行需输出若干个空格和若干个字符*。对于第 1 行，输出 39 个空格，一个字符*；对于第 2 行，输出 38 个空格，3 个字符*；所以可以推导出：第 i 行，需输出 40-i 个空格，2i-1 个字符*。于是得到 N-S 流程图，如图 3-16 所示。

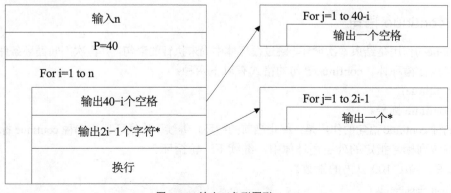

图 3-16 输出三角形图形

```
1    public class TriangleStar {
2        public static void main(String[] args) {
3            int n,i,j,p=40;
4            Scanner rd=new Scanner(System.in);
5            System.out.print("输入 n:");
6            n=rd.nextInt();
7            System.out.println("输出的图形如下：");
8            for (i=1;i<=n;i++){
9                for (j=1;j<=p-i;j++)//输出 p-i 个空格
10                   System.out.print(" ");
11               for (j=1;j<=2*i-1;j++)//输出 2*i-1 个*
12                   System.out.print("*");
13               System.out.println("");
14           }
15       }
16   }
```

例 3-8 输入一个数，判断它是否是素数。

思路分析：素数即只能被 1 和其本身整除的数，判断 n 是否为素数，只需判断 n 是否被 2 到 $\sqrt{n}+1$ 之间的任意整数整除，如果整除，则 n 不是素数，否则是素数。N-S 流程图如图 3-17 所示。

```
1    public class Prime {
2        public static void main(String []args) {
3            Scanner rd=new Scanner(System.in);
4            int n,i,t;
5            System.out.println("输入一个正整数:");
6            n=rd.nextInt();
7            t=(int)Math.sqrt(n);
8            for (i=2;i<=t;i++)
9            {
10               if (n%i==0)
11                   break;//该 break，程序会跳转到循环外
12               i++;
13           }
14           //break 跳转到此处
15           if (i>t)
16               System.out.println(n+"是素数。");
17           else
18               System.out.println(n+"不是素数。");
19       }
20   }
```

图 3-17 判断素数

3.5.3 continue 语句

continue 的作用是结束本次循环，跳过循环体中尚未执行的语句，并再次判断循环条件，从而决定是否继续执行循环体。continue 语句的格式有以下两种：

(1) continue；

(2) continue 标号。

第(1)种 continue 语句的作用是：终止当前的循环，继续下次循环。第(2)种 continue 标号语句的作用是：跳转到标号指定的外层循环体中，继续下一轮循环。

例 3-9 输出 100 以内的素数。

```
1    public class Primes {
2        public static void main(String []args) {
```

```
3            Scanner rd=new Scanner(System.in);
4            int n,i,t;
5            System.out.println("100 以内的素数如下:");
6            AllPrime:
7            for (n=2;n<100;n++){
8                t=(int)Math.sqrt(n);
9                for (i=2;i<=t;i++)
10               {
11                   if (n%i==0)
12                   continue AllPrime;        //该 continue，程序会跳转到循环外
13               }
14               if (i>t)
15               System.out.print(n+" ");
16           }
17           System.out.println("");
18       }
19   }
```

习题 3

(1) 输入三角形的三条边长 a、b、c，判断它是否构成三角形，如果构成三角形，则求其面积，否则，输出"不构成三角形"的信息。

(2) 输入三角形的三条边，判断该三角形的类型(等腰三角形、等腰直角三角形、等边三角形)。

(3) 有分段函数 $y=\begin{cases}2x-1(x<3)\\3x+1(3\leqslant x<10)\\4x+1(x\geqslant 10)\end{cases}$，输入 x 值，求 y 值。

(4) 某加油站对外出售 93#、97#、90#三种汽油，其单价分别是 7.3 元/升、7.6 元/升、7.2 元/升。在节假日期间，用户可以分别得到 3%(对应 93#汽油)、5%(对应 97#汽油)或 10%(对应 90#汽油)的优惠；非节假日期间，没有任何优惠。编写程序对用户输入加油量 a，汽油品种 b，分别输出用户在节假日期间和非节假日期间的油费 m。

(5) 输入一个数 n，求 1 至 n 之间的奇数之和。

(6) 输入正数 n，求 1，3，5，7，9，11，…前 n 项之和。

(7) 输入正数 n，求 1，3，6，10，15，21，28，…前 n 项之和。

(8) 输入正数 n，求 1，-3，6，-10，15，-21，28，…前 n 项之和。

(9) 输出所有的 3 位水仙花数。

(10) 打印如图 3-18 所示的图形。

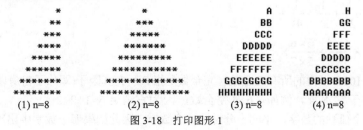

图 3-18　打印图形 1

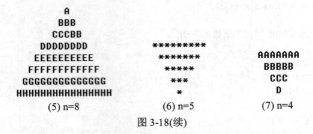

図 3-18(续)

(11) 打印如图 3-19 所示的图形。

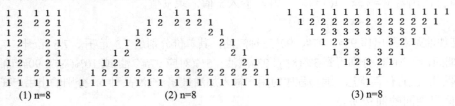

图 3-19 打印图形 2

(12) 打印如图 3-20 所示的图形。

```
1   1  1 1          1   1 1 1              1 1 1 1 1 1 1 1 1 1 1 1 1
1 2    2 2 1        1 2    2 2 2 1         1 2 2 2 2 2 2 2 2 2 2 2 1
1 2      2 1          1 2    2 1           1 2 3 3 3 3 3 3 3 3 3 2 1
1 2      2 1            1 2                1 2 3                3 2 1
1 2      2 1              1 2              1 2 3          3 2 1
1 2      2 1            1 2                1 2 3    3 2 1
1 2      2 1          1 2    2 1           1 2 3 2 1
1 2    2 2 1        1 2 2 2 2 2 2 1        1 2 1
1   1  1 1          1 1 1 1 1 1 1 1 1      1
   (1) n=8              (2) n=8                   (3) n=8
```

图 3-20 打印图形 3

(13) 输入两个整数，求其最大公约数及最小公倍数。

(14) 求 π 的近似值。请依据：

① $\dfrac{\pi}{4} = 1 - \dfrac{1}{3} + \dfrac{1}{5} - \dfrac{1}{7} + \dfrac{1}{9} + \cdots$

② $\dfrac{\pi^2}{6} = \dfrac{1}{1^2} + \dfrac{1}{2^2} + \dfrac{1}{3^2} + \dfrac{1}{4^2} + \cdots$

③ $\dfrac{\pi}{2} = \dfrac{2 \times 2}{1 \times 3} \times \dfrac{4 \times 4}{3 \times 5} \times \dfrac{6 \times 6}{5 \times 7} \times \cdots$

(15) 请找出 1000 以内的所有完全数。完全数是指其所有真因子(即除了自身以外的约数)的和(即因子函数)恰好等于它本身。例如，6 是完全数，因为它满足 6=1+2+3。

(16) 11 是一个孤独的数字，小明十分讨厌这个数字，因此如果哪个数字中出现了 11 或者该数字是 11 的倍数，他同样讨厌这个数字。现在问题来了，在闭区间[L,R]之间有多少个小明讨厌的数字？

输入：多组测试数据，每组两个整数 L,R(1≤L≤R≤100 000)。

输出：小明讨厌的数的个数。

样例输入:
1 11
11 111

样例输出:
1
11

(17) 利用牛顿迭代法求方程 $y = x^3 + 2x^2 + 10x - 20$ 的根,图形如图 3-21 所示。

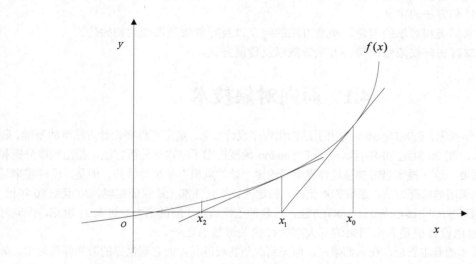

图 3-21 图形示例

第4章 简单的类和对象

本章知识目标：
- 了解面向对象技术的基本特征。
- 掌握属性和方法的定义。
- 理解并掌握类和对象的创建、构造方法的定义以及对象成员属性的初始化。
- 理解并掌握访问权限修饰符、方法参数以及传值方式。

4.1 面向对象技术

20 世纪 60 年代末，E.W.Dijkstra 提出了结构化程序设计概念，奠定了程序设计方法学的基础。随着软件越来越大，在 20 世纪 70 年代，美国 E.Youdon 教授提出了结构化分析方法，指出程序分析和设计比编码更重要，这一技术当时曾被软件界看成治愈"软件危机"的灵丹妙药。但是，软件越来越超大型化，而如果用结构化方法，系统的重要性、稳定性、扩充性都无法保证实现。20 世纪 80 年代，人们提出了面向对象(Object-Oriented，OO)方法，给软件工程增添了新的活力。进入 21 世纪，面向对象分析和面向对象设计更是人们用来编写大型软件的关键技术之一。

面向对象技术的基本思想：在人们眼中，所见到的是客观世界，而客观世界的万物都是对象，如汽车、树、建筑、石头等。面对客观世界的万千事物，运用人类认识世界普遍采用的方法论，自然、直观地去描述所存在的事物，从而使设计出的软件尽可能直接地描述现实世界，具有更好的可维护性，能适应用户需求的变化。

面向对象技术的基本特征包括抽象性、继承性、封装性以及多态性。

(1) 抽象性。人们在认识客观世界时普遍使用归纳、分类的思维方法。抽象是人们分类的惯用原则，所谓抽象就是把注意力集中到与当前目标有关的本质特征，忽视与目标无关的非本质特征，从而得出事物的共同特性。例如，猫、狗、马、兔子等，是不同的哺乳动物。如果研究哺乳动物的特征，那么可以抽象出哺乳动物的本质特征：身体表面有毛，一般分头、颈、躯干、四肢和尾五个部分；用肺呼吸；体温恒定，是恒温动物；脑较大而发达；哺乳，胎生；其中哺乳和胎生是哺乳动物最显著的特征。又如，大专生、本科生、研究生、博士生，可以抽象出一个学生类别，该学生的主要信息包括身份证号、姓名、年龄、所读学校、专业名称等信息。

(2) 继承性。在日常生活中，大家知道学生、教师、工人、商人等，他们都是人类，而且他们都有一些共性的东西，如身份证号、姓名、家庭地址、年龄、性别等信息，他们都具有吃东西、行走、说话等共同行为，而这些都是人类继承过来的属性和行为。在面向对象程序设计中，继承是使用已存在的类的定义作为基础建立新类的技术，新类的定义可以增加新的数据或新的功能，也可以用父类的功能，但不能选择性地继承父类。通过使用继承能够非常方便地使用以前的代码，这样一来，显著提高了开发程序的效率。

(3) 封装性。封装包括两个方面的含义：①把目标对象的全部内容结合成一个实体；②实体对外能够将内部细节隐藏起来，仅通过规定的外部接口与外界各事物进行联系。例如，汽车内部结构都很复杂，但司机根本不需要了解车的内部结构等信息，他只要根据路况操作好离合器、档位、方向盘等部件，就可以把车开好。封装信息具有隐蔽作用，反映了事物的相对独立性。这样可以只注意它的对外接口而不用关心其内部具体细节。通过封装，对象外的各事物不能够随意存取对象的内部属性，这样既可以防止外部事物对对象内部属性造成不良影响，又可以降低查错和排错难度。封装的运用提供了程序代码可用性，隐藏了程序代码的复杂性，从而降低了软件开发的难度。

(4) 多态性。面向对象技术的多态性是指不同类对象在收到相同的信息时产生不同的动作行为和操作。例如，对于"每年的9月1号，开学了"这个信息，老师、学生以及靠近学校周边的商店老板们对该信息都会有所反应。老师要好好备课，准备给学生上课；而学生则准备网上选课、备好各种学习物品，并开始调整心态好好学习；商店老板们则要准备好商店中的各种商品，以便学生来时，他们好做生意。

4.2 属性和方法

1. 属性

属性在描述一个对象时主要从两个方面进行，一看它有什么特性(即属性)，二看它能做什么(即方法)，这是外界认可它该有的功能。对象的属性，是对对象某方面的具体描述。例如，学生张三是大学生，其姓名属性是"张三"，性别属性是"男"，年龄属性是18，专业属性是"工商管理"等。知道了某对象的所有属性，就可以了解该对象。

2. 方法

在面向对象程序中，方法可以看成对象的功能或者类的功能。例如，张三可以进行相应的网上选课、听课等操作。而对象之间通过消息进行通信，即通过调用对象方法来实现。

方法定义的语法格式如下：

```
[修饰符] 方法返回值的类型 方法名字(形参列表){
    由若干条语句组成的方法体
}
```

说明：方法名字的命名规则与类名、属性名命名规则基本一致，但通常建议方法名以英文中的动词开头。例如，setName(String name)、sumScore()等。

此处的修饰符将在4.3节重点讲解。

方法返回值类型：返回值类型可以是Java语言允许的任何数据类型，包括基本类型和复合类型；如果声明了方法返回值类型，则方法体内必须有一个有效的return语句，该语句返回一个表达式(它的类型与方法的返回值类型一致)。此外，如果一个方法没有返回值，则必须使用void来声明没有返回值。

return语句的格式如下：

```
return 表达式;
```

形参列表：形参列表用于定义该方法可以接收的参数，形参列表由若干个"参数类型 形参名"构造而成，多组参数之间用英文逗号(,)分隔开，形参类型和形参名之间用英文空格隔开。一旦在定义方法时指定了形参列表，则调用该方法时必须传入与之相同类型的参数列表。有时候，方法没有参数，则在调用该方法时，就不带任何参数，但方法的括号不能省略。

例4-1 定义三角形类，其中有一求面积的方法。

```
1   public class Triangle4_1{
2       public static double getTriangleArea(double a,double b,double c){
```

```
3        double p,s;
4        p=(a+b+c)/2;
5        s=Math.sqrt(p*(p-a)*(p-b)*(p-c));
6        return s;
7    }
8    public static void main(String[] args) {
9        double a=3,b=4,c=5;
10           double s=getTriangleArea(3,4,5);
11           System.out.println("边长 a="+a+",b="+b+",c="+c+",面积="+s);
12   }
13 }
```

说明：public static double getTriangleArea(double a,double b,double c)方法的功能是计算三角形的面积。其中3个参数a、b、c的数据类型都是double，返回的数据类型是double。

3. 递归和递归方法

方法经常调用其他的方法，如例4-1中，getTriangleArea(…)在运行过程中，调用了Math.sqrt(…)方法。有些时候，存在一些方法，经常会调用自身，我们称这种方法调用方式为递归，称该方法为递归方法。

例4-2 输入整数n，求n!。

分析：n!=n*(n-1)!

```
…
3!=3*2!
2!=2*1!
0!=1!=1
```

所以，可以定义一个静态递归方法fun(int n)，负责求n!。

```
1  public class Recursion {
2    public static double fun(int n){
3        if (n==0||n==1)
4            return 1;
5        else
6            return n*fun(n-1);
7    }
8    public static void main(String[] args) {
9        double s=fun(4);
10           System.out.println("4!="+s);
11   }
12 }
```

说明：第1~7行定义了静态方法fun(int n)，该方法调用了自身(在第6行)，属于递归调用。而在main(…)方法中，调用了fun(int n)方法。在图4-1中，以调用fun(4)为例，分析递归调用过程。

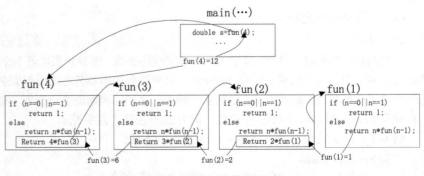

图4-1 求4!的递归调用过程

4.3 类的定义和创建对象

对象是系统用来描述客观事物的一个实体,是构成系统的一个基本单位。例如,张三同学、李四同学、邻居家的小黑狗、你最喜欢的书等。

类是对具有相同方法、属性的对象的概括描述。例如,某大学的张三、李四同学及其他大学的王五、赵六同学,他们都有学号、姓名、年龄、所学专业等信息,而且他们可以进行选课、查成绩、听课等行为。为此,可以概括出一个学生类,在学生类中可以包括学号、姓名、年龄、所学专业等信息,以及选课、查成绩、听课等操作,如图 4-2(a)所示。

又如,对于老虎、狮子、猫、狗、马、兔子,可以概括出一个动物类,在该类中可以包括腿数量、外形颜色、性别、是否胎生、是否哺乳等信息,同时还包括觅食、贮食、攻击(同类)、防御(不同类)、繁殖等行为,如图 4-2(b)所示。

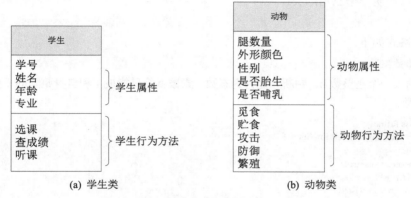

图 4-2 类的定义

对象是类的一个具体实例,而类是所有对象的抽象化描述。

在 Java 语言中,类的最简单定义形式如下:

```
[类的修饰符] class 类名 [extends 父类名]{
    [若干个属性定义]
    [若干个构造方法定义]
    [若干个其他非构造方法的方法定义]
}
```

在上面的语法定义格式中,类名要求必须是一个合法的标识符,但这仅仅满足的是 Java 的语法要求;而如果从程序的可读性方面来看,Java 的类名需见名知义。所以,通常的做法是:类名一般由若干个有意义的英文单词连接而成,每个单词(第一个单词除外)首字母大写,其他字母全部小写,单词与单词之间不要使用任何分隔符。

每个类可以有父类,父类可以通过"extends 父类名"来指定,如果定义类时省略"extends 父类名",则系统自动认定该定义类的父类是 Object 类(Object 类是所有类的父类)。父类很多时候又称为超类,而指定了父类的子类被称为派生类。有关父类问题,将在第 6 章重点讲述。

对一个类的定义来说,它可以包含 3 种最常见的成员:属性、构造方法、其他非构造方法的方法。上面定义中说到的若干,是指零个或多个。尽管 3 种成员都可以定义零个,如果它们都没有定义,意味着定义了一个空类,那是没有实际意义的。

类的修饰符可以是 public、final,或者完全省略这两个修饰符。

定义属性的语法格式如下：

[修饰符] 属性类型 属性名 [=默认值]

属性的语法格式说明如下。

(1) 修饰符。一般情况下修饰符可以省略，也可以是 private、protected、public、static、final。可以从 public、protected、private 3 个中选择一个修饰符，还可以与 static、final 组合起来修饰属性。

(2) 属性类型。属性类型可以是 Java 语言允许的任何数据类型，包括基本类型和复合类型。

(3) 属性名。属性名必须是一个合法的标识符，其要求与类名命名类似。

(4) 默认值。在定义属性时，还可以定义一个可选的默认值。

定义对象的格式如下：

类名　对象名;

定义一个对象是什么类型，但此时对象名对应变量的值是 null。

例如，可以声明一个三角形类：

Triangle t;

创建对象格式如下：

new　类名(参数类别);

例 4-3 输入一个正整数 n，判断 n 是否为素数。素数就是只能被 1 和自身整除的正整数，1 不是素数，2 是素数。

```
1   public class Prime {
2       public static Boolean isPrime(int n){
3           int i;
4           boolean yes=true;
5           if (n==1)
6               return false;
7           for (i=2;i<=Math.sqrt(n);i++)
8               if (n%i==0)
9                   return false;
10          return yes;
11      }
12      public static void main(String []args){
13          Prime p;                       //定义对象名
14          p=new Prime();                 //创建对象.
15          int n;
16          Scanner input=new Scanner(System.in);
17          System.out.println("输入一个整数：");
18          n=input.nextInt();
19          if (Prime.isPrime(n)==true) {
20              System.out.println(n+"是素数");
21          }
22          else
23              System.out.println(n+"不是素数");
24      }
25  }
```

说明：第 2~11 行定义了静态类方法 isPrime(int n)，该方法的功能是判断一个数是否是素数。

4.4　构　造　方　法

构造方法是一个特殊的方法，它的主要任务是对对象的成员属性进行初始化。

4.4.1 构造方法定义

定义构造方法的语法格式与定义方法的语法格式类似，定义构造方法的语法格式如下：

```
[修饰符] 构造方法名 (形参列表){
    由若干条语句组成的方法体
}
```

对构造方法的几点说明如下。

(1) 如果类中没有定义构造方法，则 Java 会提供一个不带任何参数的默认构造方法。但是，只要在程序中定义了构造方法，则再无法使用系统提供的默认构造方法(该方法不带任何参数)；而要使用不带任何参数的默认构造方法，除非重新定义一个不带任何参数的构造方法。

(2) 构造方法是系统在生成对象的过程中被自动调用的方法，而且用户自己不能在程序中调用它们。

(3) 构造方法在生成对象时会被调用，但并不是构造方法生成了对象。

(4) 构造方法的方法名必须与类名相同。在一个对象的生成周期中构造方法只用一次，一旦该对象生成，那么这个构造方法将失效，即它不能被再次调用。

(5) 实参列表应该和定义的方法的形参列表的格式完全一致。

值得注意的是，构造方法没有返回值类型，即不能使用修饰符 void 定义来说明构造方法没有返回值。如果给构造方法定义了返回值类型，或者使用了 void 来定义构造方法没有返回值，编译时不会出错，但 Java 会把这个所谓的构造方法当成一般方法来处理。

例 4-4 定义矩形类 Rectangle。

```
1   public class Rectangle {
2       private double a;              //边长 a
3       private double b;              //边长 b
4       private String name="矩形";    //
5       //自定义的默认矩形构造方法
6       public Rectangle(){
7           a=1; b=2; name="矩形";
8       }
9       //一般矩形的构造方法
10      public Rectangle(double x, double y) {
11          a = x; b = y;
12          adjustName();              //调整图形名字
13      }
14      //创建正方形的构造方法
15      public Rectangle(double x){
16          a=x; b=x;
17          adjustName();
18      }
19      public void Rectangle(double x,double y,String n){
20          a=x;b=y;name=n;
21      }
22      //判断图形是否是矩形的方法
23      public boolean isRectangle(){
24          if (a>0&&b>0)   return true;
25          return false;
26      }
27      //调整图形名字的方法
28      public void adjustName(){
29          if (isRectangle())
30              if (a==b)
```

```
31              name="正方形";
32          else name="长方形";
33      else
34          name="非长方形";
35  }
36  //求周长方法
37  public double getPerimeter(){ return (a+b)*2; }
38  //求面积方法
39  public double getArea(){return a*b;}
40  @Override
41  //图形对象的字符串表示方法
42  public String toString() {
43      String msg=name + ":边长 a=" + a + ",边长 b=" + b;
44      if (isRectangle())
45          msg=msg+",周长"+getPerimeter()+",面积="+getArea();
46      return msg;
47  }
48  public static void main(String[] args) {
49      Rectangle r[]=new Rectangle[5];
50      r[0]=new Rectangle();
51      r[1]=new Rectangle(3);
52      r[2]=new Rectangle(-2);
53      r[3]=new Rectangle(5,4);
54      r[4]=new Rectangle(-1,2);
55      int i;
56      for (i=0;i<r.length;i++)
57          System.out.println(r[i]);
58      Rectangle r1=new Rectangle();
59      r1.Rectangle(10, 20, "长方形");
60      System.out.println(r1);
61  }
62 }
```

上例分别定义了 3 个矩形的构造方法。第 19~21 行定义的方法不是构造方法。第 50 行，系统通过调用自定义的默认矩形构造方法来创建对象 r[0]；第 51、52 行，系统通过调用正方形的矩形构造方法来创建对象 r[1]、r[2]；第 53、54 行，系统调用一般矩形构造方法来创建对象 r[3]、r[4]。Rectangle 类中的 public String toString()方法的作用是：返回类对象的字符串表示。第 57 行语句中的 System.out.println(r[i])相当于 System.out. println(r[i].toString())。

例 4-5 定义 Person 类。

```
1   public class Person{
2       String id;           //身份证号
3       String name;         //姓名
4       int age;             //年龄
5       String address;      //地址
6       //定义了未带参数的构造方法
7       public Person(){
8           id="111";
9           name="未命名";
10          age=0;
11          address="未定";
12      }
13      @Override
14      public String toString() {
15          return "Person{" + "id=" + id + ", name=" + name + ", age=" + age + ", address=" + address + '}';
```

```
16      }
17      //定义了带参数的构造方法
18      public Person(String id1,String name1,int age1,String address1){
19          id=id1;
20          name=name1;
21          age=age1;
22          address=address1;
23      }
24      public static void main(String [] args){
25          //调用未带参数的构造方法
26          Person p1=new Person();
27          System.out.println("p1="+p1);
28          //带参数的构造方法
29          Person p2=new Person("101","张三",18,"湖北省武汉市");
30          System.out.println("p1="+p2);
31      }
32 }
```

例 4-5 中，在执行 Person p1=new Person();语句时，调用的是 Person 类中定义的未带参数的构造方法。在执行 Person p2=new Person("101","张三",18, "湖北省武汉市");语句时，调用的是 Person 类中带参数的构造方法。

4.4.2 关键字 this

Java 关键字 this 只能用于方法体内。当创建一个对象后，Java 虚拟机(JVM)给该对象分配了一个引用自己的指针，this 就是这个指针的名字。类中的非静态方法中可以使用 this，而静态方法和静态的代码块中绝对不能使用 this。这是因为 this 只能与特定的对象关联，而不会与类关联，同一个类的不同对象有不同的 this。

需要用到 this 的几种情况如下。

(1) 通过 this 调用另一个构造方法——this(参数列表)，这个仅仅在类的构造方法中使用，在别的地方不能这样用。

(2) 方法参数与方法中的局部变量和成员变量同名时，成员变量就会被屏蔽，此时若要访问成员变量则需要用 "this.成员变量名" 的方式来引用成员变量。当然，在没有同名的情况下，可以直接用成员变量的名字，而不用 this，但用了也不会出错。例如，可以将例 4-5 中如下的带参数的构造方法

```
public Person(String id1,String name1,int age1,String address1){
    id=id1;
    name=name1;
    age=age1;
    address=address1;
}
```

改为：

```
public Person(String id,String name,int age,String address){
    this.id=id;
    this.name=name;
    this.age=age;
    this.address=address;
}
```

(3) 在方法中，需要引用该方法所属类的当前对象时，就可以直接用 this。

例 4-6 定义三角形类 Triangle1。

```
1   public class Triangle1 {
2       private double a,b,c;
3       String name="三角形";
4       public Triangle1() {
5           this(10);
6       }
7       //等边三角形的构造方法
8       public Triangle1(double x){
9           this(x,x,x);
10      }
11      public Triangle1(double x,double y){
12          this(x,x,y);
13      }
14      //一般三角形的构造方法
15      public Triangle1(double a,double b,double c) {
16          this.a=a;
17          this.b=b;
18          this.c=c;
19          adjustName();              //调整三角形的名字
20      }
21      //调整图形的名称
22      public void adjustName(){
23          if(this.isTriangle()){     //如果是三角形
24              //a,b,c 由小到大
25              double t;
26              if(a>b){ t=a;a=b;b=t;}
27              if(a>c){t=a;a=c;b=t;}
28              if(b>c){t=b;b=c;c=t;}
29              name="三角形";
30              if(c*c==a*a+b*b)
31                  name="直角"+name;
32              if(a==b&&b==c)
33                  name="等边"+name;
34              else
35                  if(a==b||b==c)
36                      name="等腰"+name;
37          }
38          else
39              name="非三角形";
40      }
41      //判断是否是三角形
42      public boolean isTriangle(){
43          if(a>0&&b>0&&c>0&&a+b>c&&a+c>b&&b+c>a)
44              return true;
45          return false;
46      }
47      //求三角形的周长
48      public double getPerimeter(){
49          return a+b+c;
50      }
51      //求三角形的面积
52      public double getArea(){
53          double p,s;
54          p=(a+b+c)/2;
```

```
55              s=Math.sqrt(p*(p-a)*(p-b)*(p-c));
56              return s;
57          }
58          @Override
59          public String toString() {
60              String msg=name+"\t"+a+"\t"+b+"\t"+c;
61              if(isTriangle())
62                  msg=msg+"\t"+this.getPerimeter()+"\t"+this.getArea();
63              return msg;
64          }
65          public static void printHeader(){
66              System.out.println("图形名称\t\t边长 a\t边长 b\t边长 c\t周长\t面积");
67          }
68          public static void main(String[] args) {
69              Triangle1 t1,t2,t3,t4,t5;
70              t1=new Triangle1();              //系统调用默认的构造方法
71              Triangle1.printHeader();
72              System.out.println(t1);          //相当于 t1.toString()
73              t2=new Triangle1(6); t3=new Triangle1(3,4); t4=new Triangle1(3,4,5);
74              System.out.println(t2);
75              System.out.println(t3);
76              System.out.println(t4);
77          }
78      }
```

说明：第 5 行的 this(10)调用的是第 8~10 行定义的构造方法；第 9 行 this(x,x,x)调用的是第 15~20 行定义的构造方法；第 12 行 this(x,x,y)调用的是第 15~20 行定义的构造方法。第 22~40 行定义了方法 adjustName()，该方法的功能是：根据三角形边长 a、b、c 的值确定三角形的名字(如等边三角形、等腰三角形、直角三角形、非三角形)。

4.5 对象成员属性的初始化

在创建对象时，不仅要为对象分配存储空间，还需要初始化对象的属性值。如果在创建对象时没有初始化对象的属性值，系统则按照默认值初始化对象的属性值。例如，如果属性的数据类型是 int 或 double，则其默认值分别为 0 和 0.0。如果对象的属性是引用数据类型，则系统规定其默认值为 null。

当然，在定义类时，可以在声明类的属性变量时，进行初始化工作。例如，下面 Triangle 类中，定义边长 a、b、c，并将其初始值都初始化为 1。

```
public class Triangle {
    double a=1,b=1,c=1;
    String name;           //类别
    ...
}
```

在对对象进行初始化时，可以使用非静态初始化块对对象进行初始化。

```
public class Triangle {
    double a=1,b=1,c=1;
    String name;           //类别
    {
        a=10;b=10;c=10;
    }
    ...
}
```

注意：

初始化块的花括号{}不能省略。

4.5.1 static 修饰符

static 修饰的对象有类、方法、变量。

通常，在创建类的实例时，每个实例都会创建属于自己的属性变量。但是在变量的声明中使用了 static 修饰符，则表明该成员变量属于类本身，独立于类的任何对象。这种成员变量称为静态变量(静态属性或者是类成员变量)。方法的声明中也可以使用 static 修饰符，表明该方法属于类本身，该方法称为类成员方法；而没有使用 static 修饰的方法，称为非类成员方法。

静态属性和静态方法不需要创建实例就可以使用，它们称为类成员。

如果类中包含类成员，在定义类时，系统为类成员分配内存空间。在创建类的对象时，系统单独为每个对象的非类成员变量和非类成员方法分配内存空间。不能访问非类成员变量。

非类成员方法内访问类成员变量的方式是：类名.类成员变量。

非类成员方法内访问类成员方法的方式是：类名.类成员方法([参数列表])。其中[参数列表]是可选项。

当非类成员方法与类成员同属相同类时，在非类成员方法内访问类成员时，可以省略类名。

例 4-7 static 修饰符应用举例。

```
1   public class StaticField {
2       static int count=0;                  //类成员变量，由 static 修饰
3       String name="abc";                    //非类成员变量
4       public static void print0(){
5           System.out.println("我是 print0 类成员方法");
6       }
7       static void print1(){                //类成员方法
8           print0();                         //调用类成员方法
9           System.out.println("count:"+count);  //类成员方法可以访问类成员变量
10          //类成员方法不能访问非类成员变量
11          //System.out.println("name:"+name);
12      }
13      public void print2(){                //非类成员方法
14          System.out.println("count:"+count);
15      }
16      public  void print3(){
17          //由于 print3 方法是在 StaticField 类中，可以省略该类名
18          System.out.println("name:"+StaticField.count);
19          //非类成员方法可以访问类成员变量
20          System.out.println("count:"+count);
21          //非类成员方法可以访问非类成员变量
22          System.out.println("name:"+name);
23          //调用类成员方法 print1().
24          print1();
25      }
26      public static void main(String a[]){
27          StaticField s=new StaticField();
28          s.print3();
29      }
30  }
```

说明：在上面程序中，非类成员方法 public void print3()可以直接引用类成员变量 count 和类成员方法 print1()；类成员方法 public static void print1()，可以直接访问类成员(类成员 count 和类成员方法 public static void print0())。

对类成员变量使用静态初始化块进行初始化的方法如下：

```
static {
    类成员变量=表达式;
}
```

注意：

在静态初始化块中，不能对非类成员变量进行初始化。但在非静态初始化块中可以使用类成员变量和类成员方法。

Java 变量初始化工作过程流程图如图 4-3 所示。

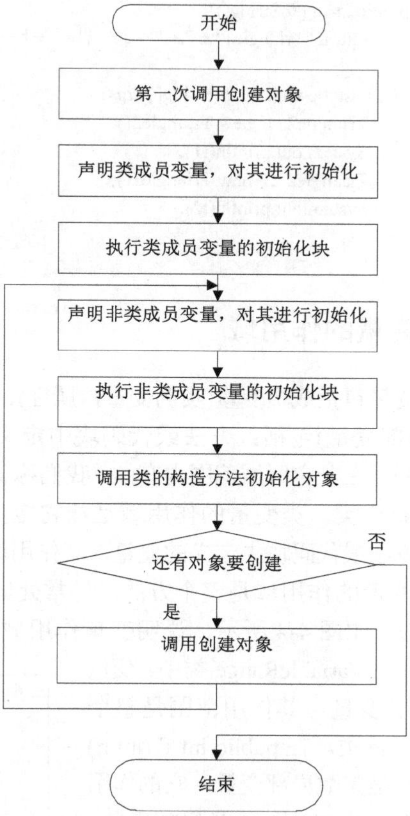

例 4-8 Java 对变量初始化工作举例。

```
1   public class Triangle2 {
2       //第一步:初始化
3       private static int id=1;      //图形的编号
4       double a=1,b=1,c=1;
5       String name="三角形";          //类别
6       //初始化对象的属性,注意{}不能省略
7       //第二步,执行静态的,且只执行一次
8       static
9       {
10          System.out.println("静态初始化(只执行一次)：id"+"----"+id);
11          id=100;
12          f1();
13      }
14      //第三步,执行动态的初始化
15      {
16          System.out.println("动态初始化:id="+id);
17          System.out.println("a="+a+",b="+b+",c="+c);
18          id=id+1;
19          a=10;b=10;c=10;
20          f2();           //调用类成员方法
21      }
22      public Triangle2() {
23          System.out.println("构造方法:"+id);
24          System.out.println("a="+a+",b="+b+",c="+c);
25          a=100;b=100;c=100;
26      }
27      public static void f1(){
28          System.out.println("我是类成员方法 f1()哦");
29      }
30      public static void f2(){
31          System.out.println("我是类成员方法 f2()哦");
32      }
```

图 4-3 变量初始化流程

```
33      @Override
34      public String toString() {
35          return "Triangle{" + "a=" + a + ", b=" + b + ", c=" + c + ", name=" + name + '}';
36      }
37      public static void main(String[] args) {
38          Triangle2 t1=new Triangle2();
39          System.out.println(t1);
40          Triangle2 t2=new Triangle2();
41          System.out.println(t2);
42      }
43  }
```

4.5.2 变量的作用域

Java 变量包括成员变量(实例变量，属性)、本地变量(局部变量)、类成员变量(静态属性)。其中本地变量(局部变量)包括：方法或代码块中定义的变量、方法参数变量、异常处理参数变量。

Java 变量在一定区域范围内有效，我们称 Java 变量起作用的区域为变量的作用域。其中成员变量作用域是整个类。类变量的作用域是从它定义之后。

对于方法或代码块中定义的变量，其作用域是从其声明位置开始到其所在的方法或代码块结束。方法参数变量的作用域是整个方法。异常处理参数变量的作用域是 catch 后面的所有异常处理块。

例 4-9 如图 4-4 所示，说明变量作用域情况。

说明： 在 VariableRange 类中，变量 sum 是成员变量，其作用范围是整个 VariableRange 类。在 public int f1(int n) 方法中，n 是参数局部变量，它的作用域是在整个方法 f1()中。s 是局部变量，其作用域是自其定义开始到 f1()方法结束。局部变量 i 作用范围是 A 区，即 for 语句。在 public void f2(int x,int y)方法中，x 和 y 是参数局部变量，其作用域是整个 f2()方法，即 B 区。B 区中还有语句块，定义了局部变量 x1 和 y1，x1 和 y1 作用域仅在该语句块中。需要特别说明的是：在 f2()方法中，还定义了一个局部变量 sum，它的作用域是自其定义开始到 f2()方法结束。局部变量 sum 与 VariableRange 类的成员变量 sum 相同，在 f2()方法中，除 this.sum 是成员变量外,其他的 sum 都是局部变量 sum。

另外，在方法中，若已经定义了参数局部变量或其他的局部变量，不能再定义与之同名的局部变量。例如，不能将 B 区语句块中如下语句：

```
int x1=4,y1=5;
System.out.println("x1="+x1+",y1="+y1);
```

```
public class VariableRange {
    int sum;//成员变量
    //f()方法是求1到n的奇数之和。
    public int f1(int n) {//n是参数变量
        int s=0;//局部变量
        //i是局部变量，只在下面循环体中有效
        for (int i=1;i<=n;i++)           A 区
            if (i%2!=0)
                s=s+i;
        return s;
    }
    public void f2(int x,int y) {//x,y是参数变量
        int sum=0;//局部变量
        sum=x+y;                                          B 区
        System.out.println("x="+x+",y="+y);
        {
            int x1=4,y1=5;
            System.out.println("x1="+x1+",y1="+y1);
        }
        System.out.println("x="+x+",y="+y);
        this.sum=sum;
    }
    public static void main(String[] args) {
        VariableRange vr=new VariableRange();
        System.out.print("1+...+10="+vr.f1(10));
        int x,y;//局部变量
        x=3;y=4;
        vr.f2(x, y);
        System.out.println(x+""+y+"="+vr.sum);//
    }
}
```

图 4-4 变量的作用域

更改为:
```
int x=4,y=5;
System.out.println("x="+x+",y="+y);
```
否则会犯重复定义变量的错误。

4.6 访问权限修饰符

1. 访问权限修饰符修饰成员变量和方法

在 Java 中,在成员变量和方法前面修饰的访问权限修饰符主要有 public、private、protected。有时成员变量和方法前面没有访问修饰符。其中,如果成员变量和方法前面有 public 修饰,表明该成员变量和方法是公有的,能够在任何情况下访问它们。如果成员变量和方法前面有 protected 修饰,表明必须在同一包中才能被访问。如果成员变量和方法前面有 private 修饰,则该成员变量和方法只能在本类的方法中引用。而成员变量和方法前面没有 public、protected 修饰的,称之为省略访问修饰符类型。

Java 语言的访问控制符访问权限情况如表 4-1、表 4-2 所示。

表 4-1 Java 访问控制符修饰属性和方法

访问控制修饰符 \ 范围	类内部	包内部	子类	包外部
默认(即可无访问修饰符)	是	是	否	否
public	是	是	是	是
private	是	否	否	否
protected	是	是	是	否

表 4-2 Java 访问控制符修饰的类

访问控制修饰符 \ 范围	类内部	包内部	子类	包外部
默认(即可无访问修饰符)	是	是	否	否
public	是	是	是	是
private	是	否	否	否
protected	是	否	否	否

说明:用 package 打包在一起的类,属于同一个包。

首先,对于用 public 修饰的类,可以直接访问它。但不能直接访问用 private 和 protected 修饰的类(内部类除外)。被 private、protected 修饰的类一定是内部类,而且内部类只能被定义所在的类内部访问,并且它们不能作为超类。其次,无任何修饰的类叫友好类,在另外一个类中使用友好类创建对象时,需要确保它们都在同一个包中。

例 4-10 观察 Java 访问控制符的区别。

说明:如图 4-5(a)所示是 PA.class 与 PB.class 文件在 PackageA 包中;而图 4-5(b) 所示是 PackageB 包中文件情况,其内有 TestProtected.class 文件,它与 PA.class、PB.class 文件不在同一包中。

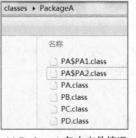
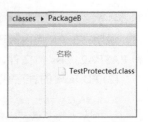

(a) PackageA 包中文件情况　　(b) PackageB 包中文件情况

图 4-5 类所在包中的情况

(1) PA.Java 的程序代码如下。

```
1   package PackageA;
2   public class PA {
3       //保护访问修饰的属性可以在本类或本包内被访问
4       protected int id;
5       //被私有访问修饰的属性可以在本类内访问
6       private String name;
7       String sex;              //默认访问方式
8       //PA 类内部定义的内部私有类 PA1
9       private class PA1   {
10          public void print(){
11              System.out.println("在 PA 类内部定义的私有类 PA1，仅供 PA 访问");
12          }
13      }
14      //PA 类内部定义的保护类 PA2
15      protected class PA2{
16          public void print(){
17              System.out.println("在 PA 类内部定义的保护类 PA2，仅供 PA 访问");
18          }
19      }
20      public PA(int i,String s){
21          id=i;
22          name=s;
23      }
24      protected int getId(){
25          return id;
26      }
27      //默认访问：只在类内部，本类所在包内部
28      String getSex(){
29          return sex;
30      }
31      public String getName(){
32          return name;
33      }
34      public void print(){
35          System.out.println("id="+id);
36          System.out.println("name="+name);
37          System.out.println("sex="+sex);
38      }
39      public void print1(){
40          PA1 pa1=new PA1();//访问私有类
41          pa1.print();
42          PA2 pa2=new PA2();//访问保护类
43          pa2.print();
44      }
45  }
```

说明：在 PA 类内部还定义了两个内部类 PA1 和 PA2，当编译后，产生了 PA.class、PA$PA1.class 和 PA$PA2.class 类文件，如图 4-5 所示。

(2) PB.Java 的程序代码如下。

```
1   PackageA;
2   public class PB {
3       public static void main(String [] args){
4           PA a=new PA(1,"张三");
5           a.print();                          //可以访问
```

```
6        a.id=2;                              //id 是 protected 类型的, 可以访问
7        a.name="李四";                        //name 是 private 的属性, 不能访问
8        System.out.println("id="+a.getId());  //可以调用 getId()方法
9        System.out.println("id="+a.getName()); //可以调用 getName()方法
10   }
11 }
```

(3) TestProtected.Java 程序的内容如下。

```
1  package PackageB;
2  import PackageA.*;
3  public class TestProtected {
4      public static void main(String [] args){
5          PA a=new PA(1,"张三");
6          a.print();                          //可以访问
7          //TestProtected.class 与 PA.class 不在同一包中, 所以下面出错
8          //保护方式修饰属性 id 不可以访问, 错误
9          // a.id=2;
10         //name 是 private 的属性, 不能访问
11         // a.name="李四";
12         //下面调用保护方式修饰的 getId()方法, 错误
13         //System.out.println("id="+a.getId());
14         //下面可以调用 getName()方法
15         System.out.println("id="+a.getName());
16     }
17 }
```

在面向对象设计编程过程中, 一般把对象类的属性修饰为 private, 然后再编写一个 public 类型的方法间接访问该属性, 这既是面向对象设计的封装特性体现, 又是面向对象设计的安全性体现。如上面 PA 类中, 属性 name 是 private 属性, 而为了让其他地方能够访问它, 为此还需编写一个 public 类型的 getName()方法。

(4) PC.Java 的程序代码如下。

```
1  package PackageA;
2  //PC 类没有任何访问修饰符修饰, 是友好类
3  class PC{
4      int id;
5      public PC(int id) {
6          this.id = id;
7      }
8      public void print(){
9          System.out.println("id="+id);
10     }
11 }
```

(5) PD.Java 的程序代码如下。

```
1  package PackageA;
2  public class PD {
3      public static void main(String [] args){
4          PC c=new PC(3); //如果 PD.Java 与 PC.Java 不在同一包中, 将出错
5          c.print();
6      }
7  }
```

在 PD.Java 中, 可以用 PC 类创建对象, 因为 PC.Java 与 PD.Java 都在同一包中。对于默认类, 如果使用它的类不与该默认类在同一包中, 则不能访问该默认类。

例如，将 TestProtected 类定义成如下形式是错误的。

```
public class TestProtected extends PC{
    ...
}
```

对于独立定义的类，其访问属性一般不能被定义为 private 或 protected。
例如，下面定义的类是错误的。
在 T1.Java 文件中定义 T1 类，在 T2.Java 文件中定义 T2 类。

```
private class T1 {
    ...
}
```

或是

```
protected class T2 {
    ...
}
```

2. 访问权限修饰符与继承

有关访问权限和继承的问题将在第 6 章进一步学习。

4.7 方法的参数传值方式

当变量作为方法参数时，是以传值方式将对象变量的引用传递给方法。在方法内部，该变量的引用值不能被改变。不过如果该变量是对象变量，可以修改该对象变量所指向的对象内容。

例 4-11 参数的传递方式讲解。

```
1   public class Para {
2       String value;              //参数的值
3       //对于简单变量，是传值方式
4       public static void value(String a,String b,String c,String d){
5           a=a.concat(b);
6           c=b;
7           d=new String(a);
8           System.out.println("改变变量值之后：a="+a+",b="+b+",c="+c+",d="+d);
9       }
10      public static void change(Para a,Para b,Para c,Para d){
11          a.value=a.value.concat(b.value);
12          c.value=b.value;
13          d.value=new String(a.value);
14          System.out.println("改变变量值之后：a="+a+",b="+b+",c="+c+",d="+d);
15      }
16      @Override
17      public String toString() {
18          return  value;
19      }
20      public static void main(String[] args) {
21          String a,b,c,d;
22          a="aaa"; b="bbb";c="ccc";d="ddd";
23          System.out.println("调用 value 之前：a="+a+",b="+b+",c="+c+",d="+d);
24          value(a,b,c,d);
25          System.out.println("调用 value 之后：a="+a+",b="+b+",c="+c+",d="+d);
26          Para a1,b1,c1,d1;
```

```
27        a1=new Para();b1=new Para();c1=new Para();d1=new Para();
28        a1.value="aaaa";b1.value="bbbb"; c1.value="cccc";d1.value="dddd";
29        System.out.println("调用 change 之前：a1="+a1+",b1="+b1+",c1="+c1+",d1="+d1);
30        change(a1,b1,c1,d1);
31        System.out.println("调用 change 之后：a1="+a1+",b1="+b1+",c1="+c1+",d1="+d1);
32    }
33 }
```

上例中，调用 change 方法之后输出结果是"a1=aaaabbbb,b1=bbbb,c1=bbbb,d1=aaaabbbb"，表明 public static void change()方法可以改变参数变量(当参数变量是对象变量的引用时)的属性值，但不能改变参数变量的引用，而 public static void value()方法无法改变参数变量的引用。

习题 4

(1) 创建 Watch 类，在程序中的任何地方调用其 startTime()、stopTime()、getTimeMicro()方法。其中，startTime()记录开始时刻，stopTime()记录结束时刻；getTimeMicro()方法表示时间段(即结束时刻－开始时刻，单位是微秒)。

(2) 定义一个圆柱体 Cylinder 类，其属性有半径 r、高 h，Cylinder 类有如下方法：①求表面积的方法；②求体积的方法；③根据 r、h，判断是否是圆柱体的方法。

(3) 定义一个复数类，该类中存在如下方法：加法、减法、乘法、除法。

(4) 定义一个分数类，该类中存在如下方法：加法、减法、乘法、除法。例如，$1+\frac{3}{4}=\frac{7}{4}$、$\frac{5}{6}-\frac{3}{4}=\frac{1}{12}$、$\frac{1}{2}+\frac{1}{2}=1$、$\frac{3}{4}\times\frac{5}{6}=\frac{5}{8}$、$\frac{3}{4}\div\frac{5}{6}=\frac{9}{10}$、$\left(\frac{3}{4}\right)^3=\frac{27}{64}$。

(5) 设计一个二元一次方程组 LinearEquation2Group 类，使其能够解决二元一次方程组的求解问题。

给定二元一次方程组 $\begin{cases} a_1x+b_1y=c_1 \\ a_2x+b_2y=c_2 \end{cases}$，求其解。例如，计算如下二元一次方程组的解。

① $\begin{cases} x-y=4 \\ 4x+2y=-1 \end{cases}$ ② $\begin{cases} \frac{x}{3}-\frac{y}{4}=1 \\ \frac{x}{2}+\frac{y}{3}=2 \end{cases}$ ③ $\begin{cases} \frac{x}{4}+\frac{y}{3}=7 \\ \frac{x}{3}+\frac{y}{2}=8 \end{cases}$ ④ $\begin{cases} 2x+y=4 \\ 4x+2y=2 \end{cases}$ ⑤ $\begin{cases} 2x+y=4 \\ 4x+2y=8 \end{cases}$

(6) 定义一矩阵类，该类有如下方法：①求矩阵的转置；②求矩阵的加法；③求矩阵的减法；④求矩阵的乘法；⑤相似矩阵。在线性代数中，相似矩阵是指存在相似关系的矩阵。相似关系是两个矩阵之间的一种等价关系。两个 n×n 矩阵 **A** 与 **B** 为相似矩阵，当且仅当存在一个 n×n 的可逆矩阵 **P**，使得 $P^{-1}AP = B$ 或 $AP = PB$。

(7) (ACM 竞赛试题) Z 城市居住着很多只跳蚤。在 Z 城市周六生活频道有一个娱乐节目。一只跳蚤将被请上一个高空钢丝的正中央。钢丝很长，可以看作是无限长。节目主持人会给该跳蚤发一张卡片。卡片上写有 N+1 个自然数。其中最后一个是 M，而前 N 个数都不超过 M，卡片上允许有相同的数字。跳蚤每次可以从卡片上任意选择一个自然数 S，然后向左或向右跳 S 个单位长度。而它最终的任务是跳到距离它左边一个单位长度的地方，并捡起位于那里的礼物。

例如当 N=2，M=18 时，持有卡片(10, 15, 18)的跳蚤，就可以完成任务：它可以先向左跳 10 个单位长度，然后再连向左跳 3 次，每次 15 个单位长度，最后再向右连跳 3 次，每次 18 个单位长度。而持有卡片(12, 15, 18)的跳蚤，则怎么也不可能跳到距它左边一个单位长度的地方。当确定 N 和 M 后，显然一共有 M^N 张不同的卡片。现在的问题是，在这所有的卡片中，有多少张可以完成任务。

输入：两个整数 N 和 M(N≤15，M≤100 000 000)。

输出：可以完成任务的卡片数。

例如输入：

2 4

结果输出：

12

这 12 张卡片分别是：(1, 1, 4)、(1, 2, 4)、(1, 3, 4)、(1, 4, 4)、(2, 1, 4)、(2, 3, 4)、(3, 1, 4)、(3, 2, 4)、(3, 3, 4)、(3, 4, 4)、(4, 1, 4)、(4, 3, 4)。

第5章 数　　组

本章知识目标：
- 理解一维数组和二维数组的定义。
- 掌握一维数组和二维数组的使用方法。

5.1 一维数组

在日常实际应用中，人们经常会遇到一些复杂的数据处理问题。例如，从数据文件中读取 1000 名学生的期末考试成绩，要求对这些数据进行排序并求出其平均成绩，而且还需要分别打印输出及格的成绩和不及格的成绩。如果运用基本数据类型，不仅需要定义很多简单变量，而且引用这些变量是件非常麻烦的事。

其实，不难发现，这些数据有些共性：它们都有相同的数据类型，彼此之间有固定联系，而且还有顺序。正因为如此，Java 语言提供了一种新型的数据类型——数组。

引入数组后，解决上述复杂数据处理问题就会得心应手。

数组是一系列有序数据的集合，数组中的每个数组元素具有相同的数组名，可以使用下标来唯一地确定数组中的元素。在 Java 语言中，数组是对象，类 Object 中定义的一些方法都可以用于数组对象。

5.1.1 一维数组定义

一维数组定义的格式如下：

    数据类型 数组名[];

或者

    数据类型 [] 数组名;

其中数组类型可以是 Java 语言中的任何数据类型，包括简单的数据类型和复合数据类型。数组名一般由编程人员自己起，一般建议该数组名能够见名知义。

例如，定义如下数组：

    int score[];
    String course[];
    double [] area;
    float [] mathScore,englishScore;

数组 score 用来存放学生的考试成绩，而数组 course 用来存放课程名字；定义数组 area 用于存放一些图形的面积；数组 mathScore、englishScore 分别存放学生的数学、英语课程的成绩。当然，还可以定义其他复杂的数据类型。例如，可以定义如下数组：

    Triangle t[];
    Person p[];

上面数组的数据类型都是类，其中数组 t 用来存放三角形类 Triangle 对象，而数组 p 用于存放 Person 类对象。

需要注意的是，Java 在数组定义中，并没有为数组元素分配存储空间，因而在中括号[]内没有指定数组元素的个数。

为数组分配存储空间的格式如下：

new 数据类型[数组大小];

当对数组分配存储空间后，如果数组元素是简单的数据类型，数组初始化，各数组元素都有一默认值。例如，如果数组的数据类型是 int 类型，则各数据元素值为 0。如果数组元素类型是 char 型，各数组元素默认值为'\0'；如果数组元素类型是 boolean 型，各数组元素的默认值为 false；而如果数组元素的类型为 String、Person 等时，则各数组元素的默认值是 null。因此，编程者一般要另外给各数组元素赋初始值。

引用数组元素格式是：数组名[整型表达式]。

注意：
整型表达式是数组元素的下标，其值大于等于 0，并且必须小于数组元素个数。

另外，获取数组元素的个数(即数组长度)的程序如下：

数组名.length

例 5-1 数组存储空间例子，注意数组元素的默认值。

```
1   public class TestArray1 {
2       public static void main(String b[]){
3           int a[] =new int[10];
4           Object c[]=new Object[10];
5           String d[]=new String[10];
6           float e[]=new float[10];
7           double f[]=new double[10];
8           char g[]=new char[10];
9           boolean h[]=new boolean[10];
10          for (int i=0;i<10;i++){
11              System.out.println(a[i]+" "+c[i]+" "+d[i]+"   "+e[i]+"   "+f[i]+"   "+g[i]+"   "+h[i]);
12          }
13      }
14  }
```

说明：数组 a、c、d 等的大小都是 10。因此，第 10、11 行输出它们的值时，其元素下标都必须小于 10。

例 5-2 初始化数组。

```
1   public class TestArray2 {
2       public static void main(String a[]){
3           String s[];
4           s=new String[3];
5           s[0]="aaa";           //系统为常量分配存储空间
6           s[1]="bbbb";
7           s[2]="ccc";
8           for (int i=0;i<s.length;i++)
9               System.out.println(s[i]);
10      }
11  }
```

说明：第 5~7 行的作用是初始化数组 s 的各个数组元素。

对于数组和集合类型，可以利用 foreach 循环语句访问其中所有的元素。foreach 循环语句格式如下：

```
for (元素类型 变量:数组或集合名)
    循环体
```

需要注意的是：元素类型一定要与数组或集合中的数据元素类型相同。foreach 语句是 for 循环语句的简化版本，但是 foreach 语句不能完全取代 for 循环语句，而任何 foreach 语句都可以改写为 for 循环语句。另外，如果要引用数组或者集合的索引，foreach 语句就无法做到了，因为 foreach 仅仅是遍历一次数组或者集合。

例 5-3　for 语句举例。

```
1   public class TestArray3 {
2       public static void main(String[] args) {
3           int a[]=new int[10];           //初始化时，各数组元素值为 0
4           int i;
5           for (i=0;i<a.length;i++)
6               a[i]=100+i;
7           System.out.println("1 处数组元素如下：：");
8           for (int j:a)
9               System.out.print(j+" ");
10          System.out.println();          //换行
11          for (int j:a)
12              j=j+1000;                  //注意，此处无法改变数组元素的值
13          System.out.println("2 处数组元素如下：");
14          for (int j:a)
15              System.out.print(j+" ");
16          System.out.println();
17      }
18  }
```

说明：第 5、6 行可以改变数组元素的值，而第 11、12 行无法改变数组元素的值。

5.1.2　一维数组初始化

在使用数组之前，常常需要对数组进行初始化。
在定义数组进行初始化后，其数组元素分别与其后的花括号括起来的值一一对应。
例如：

```
int a[]={1,2,3,4,5};
int b[]=new int[]{1,3,2};
String s[]={"aaa","bbb","ccc"};
```

说明：此处定义了数组 a，有 a[0]、a[1]、a[2]、a[3]、a[4] 5 个数组元素，其值分别是 1、2、3、4、5。为数组 b 动态地分配了 3 个 int 类型的整数存储空间，其值分别是 1、3、2。另外，还定义了字符串数组 s，其数组元素的值分别是"aaa"、"bbb"、"ccc"。

声明数组时，不应该规定数组元素的个数。例如：int b[5]这样定义数组 b 是错误的。

例 5-4　一维数组的使用。

```
1   public class TestArray4 {
2       public static void main(String[] args) {
3           int a[];                       //声明数组
4           a=new int[3];                  //为数组分配空间,a[0],a[1],a[2]
5           int i;
6           for (i=0;i<a.length;i++)
7               System.out.print(a[i]+" ");
8           int b[]={1,2,3};               //b 数组有 3 个元素,b[0],b[1],b[2]
9           int c[]=new int[]{1,2,3,4};    //c 数组有 4 个元素,c[0],c[1],c[2],c[3]
```

```
10            System.out.println("");
11            System.out.println("b 数组: ");
12            for (i=0;i<b.length;i++)
13                System.out.print(b[i]+" ");
14            System.out.println("");
15            System.out.print("c 数组:");
16            for (i=0;i<c.length;i++)
17                System.out.print(c[i]+" ");
18            System.out.println("");
19            for (i=0;i<a.length;i++)
20                //a[i]在区间[0,100]内
21                a[i]=(int)(Math.random()*101);        //Math.random()*101 (0,101)
22            for (i=0;i<a.length;i++)
23                System.out.print(a[i]+" ");
24        }
25  }
```

5.2 多维数组

二维数组可以看作是一维数组，但该一维数组的每个数组元素又都是一个一维数组。三维数组也可以看作是一维数组，只不过其数组元素是一个二维数组。其他多维数组依此类推，本节只讲二维数组。

5.2.1 二维数组定义

二维数组定义的格式如下：

数据类型 数组名[][];

或者

数据类型 [][] 数组名;

为二维数组分配存储空间的格式如下：

数组名=new 数据类型[m][n];

上面的定义为数组分配了 m×n 个数据元素的存储空间。

例如：

int a[][];
    a=new int[4][3];

上面定义了数组 a，该数组有 4×3 个数组元素。各数组元素的存储顺序如图 5-1 所示。

在 Java 语言中，并不要求多维数组的各维大小都相同，还可以根据需要动态决定数组的各维大小。

例如：

int a[][];
a=new int[3][];
a[0]=new int[3];
a[1]=new int[4];
a[2]=new int[2];

上面定义了数组 a，该数组的各数组元素的存储顺序情况如图 5-2 所示。

图 5-1　二维数组 a 的存储情况(各行的数据元素个数固定)　　图 5-2　二维数组 a 的存储情况(各行的数组元素个数不固定)

例 5-5　输入 n，产生 n 行杨辉三角。杨辉三角是二项式系数在三角形中的一种几何排列。如图 5-3 所示是 n 等于 8 时的杨辉三角情况。

```
        1
        1   1
        1   2   1
        1   3   3   1
        1   4   6   4   1
        1   5  10  10   5   1
        1   6  15  20  15   6   1
        1   7  21  35  35  21   7   1
```

图 5-3　杨辉三角(n=8)

```
1   public class YangHuiTriangle {
2       public static void main(String[] args) {
3           int a[][];
4           int n;
5           System.out.println("输入杨辉三角的行数：");
6           Scanner sc=new Scanner(System.in);
7           n=sc.nextInt();                    //要求 n>1
8           a=new int[n][];                    //
9           int i,j;
10          for (i=0;i<n;i++){
11              a[i]=new int[i+1];             //声明数组元素 a[i]是一维数组，其元素个数为 i+1
12              a[i][0]=a[i][i]=1;
13          }
14          for (i=2;i<a.length;i++)
15              for (j=1;j<i;j++)
16                  a[i][j]=a[i-1][j-1]+a[i-1][j];
17          System.out.println("输出的杨辉三角情况如下：");
18          for (i=0;i<a.length;i++){
19              for(j=0;j<a[i].length;j++)
20                  System.out.print(a[i][j]+" ");
21              System.out.println();          //换行
22          }
23      }
24  }
```

5.2.2　二维数组初始化

在定义数组的同时，还可为数组分配存储空间，并对各数组元素给定初值。其初始化是按行进行的。
(1) 分行给二维数组初值，每对花括号内的数组对应一行元素。
例如，int b[][]={{1,2,3},{4,5,6},{7,8,9},{10,11,12}};

该数组 b 可以看作 4 个一维数组 b[0]、b[1]、b[2]、b[3]，而且这些一维数组都有 3 个数组元素。

(2) 各行的数组元素个数不一样多。

例如，int c[][]={{1,2,3,4,5},{6,7}};

该数组 c 有两个数组元素 c[0]、c[1]，c[0]有 5 个数组元素(即 c[0][0]、c[0][1]、c[0][2]、c[0][3]、c[0][4])，其值分别是 1、2、3、4、5；而 c[1]有 2 个数组元素(c[1][0]、c[1][1])，其值分别是 6、7。

(3) 在定义时，动态分配存储空间，并为各个数组元素赋值。

例如：

int h[][]=new int[][]{{1,2,3},{4,5},{6,7,8}};

或者

int h[][];h=new int[][]{{1,2,3},{4,5},{6,7,8}};

例 5-6 二维数组初始化举例。

```
1   public class TestArray6 {
2       public static void main(String a[]){
3           int b[][]={{1,2,3},{4,5,6},{7,8,9},{10,11,12}};
4           int d[][]={{1},{0,1},{0,0,1},{0,0,0,1}};
5           String s1[][]={{"abc","de","fg"},{"hij","klm"},{"op","ddd"},{"eee"}};
6           int s2[][]={{1,2,3,4,5}};
7           for (int i=0;i<s1.length;i++){
8               System.out.println(s1[i].length);
9               for (int j=0;j<s1[i].length;j++)
10                  System.out.print(" "+s1[i][j]);
11              System.out.println("");
12          }
13      }
14  }
```

5.3 数组综合举例

例 5-7 输入若干个数，将最小数值与第一个元素交换。

```
1   public class MinSwap {
2       public static void main(String []args){
3           int a[],i,j,n,t;
4           System.out.println("输入数组的元素个数：");
5           Scanner sc=new Scanner(System.in);
6           n=sc.nextInt();
7           a=new int[n];
8           System.out.println("输入"+n+"个数组元素:");
9           for (i=0;i<a.length;i++)
10              a[i]=sc.nextInt();
11          j=0;
12          //记录最小值的数组元素下标
13          for (i=0;i<a.length;i++)
14              if (a[j]>a[i])
15                  j=i;
16          if  (j!=0) {           //如果最小值的数组元素下标不等于 0 时，则交换其值
17              t=a[j];a[j]=a[0];a[0]=t;
18          }
19          for (i=0;i<a.length;i++)
20              System.out.print(a[i]+" ");
21      }
22  }
```

例 5-8 冒泡排序。

冒泡排序思想：对于数组(有 n 个数组元素，其下标 i=0，1，2，…，n-1)，依次将其相邻的两个数进行比较，将大的数调到后面，小的数放在前面。冒泡排序需要进行 n-1 趟排序。第 1 趟排序，i=0，1，…，n-2，若 a[i-1]>a[i]，则交换它们，这样 a[0]，a[1]，a[2]，…，a[n-1]中最大数放到 a[n-1]。第 2 趟排序，i=0，1，…，n-3，若 a[i-1]>a[i]，则交换它们，这样 a[0]，a[1]，a[2]，…，a[n-2]中最大数放到 a[n-2]。使用同样方法进行若干趟排序，直至数据排序完成。

例如，以 7 个数"9、7、3、4、6、2、5"为例讲解冒泡排序。

第 1 趟排序情况：

数组下标	0	1	2	3	4	5	6
	9	7	3	4	6	2	5
第 1 次比较 a[0]与 a[1]，交换	<u>7</u>	<u>9</u>	3	4	6	2	5
第 2 次比较 a[1]与 a[2]，交换	7	<u>3</u>	<u>9</u>	4	6	2	5
第 3 次比较 a[2]与 a[3]，交换	7	3	<u>4</u>	<u>9</u>	6	2	5
第 4 次比较 a[3]与 a[4]，交换	7	3	4	<u>6</u>	<u>9</u>	2	5
第 5 次比较 a[4]与 a[5]，交换	7	3	4	6	<u>2</u>	<u>9</u>	5
第 6 次比较 a[5]与 a[6]，交换	7	3	4	6	2	<u>5</u>	<u>9</u>
	7	3	4	6	2	5	9

对于 7 个数"9、7、3、4、6、2、5"，第 1 趟排序过程中，比较了 6 次，交换了 6 次。将 7 个数中的最大值 9 放到了最后。

第 2 趟排序，只对"7、3、4、6、2、5"进行排序。

第二趟排序情况如下：

数组下标	0	1	2	3	4	5	6
	7	3	4	6	2	5	【9】
第 1 次比较 a[0]与 a[1]，交换	<u>7</u>	<u>3</u>	4	6	2	5	【9】
第 2 次比较 a[1]与 a[2]，交换	3	<u>7</u>	<u>4</u>	6	2	5	【9】
第 3 次比较 a[2]与 a[3]，交换	3	4	<u>7</u>	<u>6</u>	2	5	【9】
第 4 次比较 a[3]与 a[4]，交换	3	4	6	<u>7</u>	<u>2</u>	5	【9】
第 5 次比较 a[4]与 a[5]，交换	3	4	6	2	<u>7</u>	<u>5</u>	【9】
	3	4	6	2	5	【7	9】

对于 6 个数"7、3、4、6、2、5"，第二趟排序过程中，比较了 5 次，交换了 5 次，将 6 个数中的最大值 7 放到了最后。也就是第二趟排序结束后，排出了【7 9】。依此类推，第 3 趟排序后，可以排出【6 7 9】。第 4 趟排序后，可以排出【5 6 7 9】。第 5 趟排序后，可以排出【4 5 6 7 9】。第 6 趟排序后，可以排出【3 4 5 6 7 9】。最后，剩下了一个数 2，就不需要再排序了。

冒泡排序算法的 N-S 流程图如图 5-4 所示。

```
1   public class BubbleSort {
2       public static void main(String[] args) {
3           int a[],n;
4           Scanner sc=new Scanner(System.in);
5           System.out.println("输入要排序数的个数 n(n>1):");
6           n=sc.nextInt();          //要求
7           a=new int[n];
8           int i,j,t;
9           for (i=0;i<n;i++)
```

```
10       {
11           System.out.println("输入数组元素 a["+i+"]:");
12           a[i]=sc.nextInt();
13       }
14       for (i=0;i<a.length-1;i++)
15       {
16           for (j=0;j<a.length-i-1;j++)
17               if (a[j]>a[j+1])
18               {
19                   t=a[j];a[j]=a[j+1];a[j+1]=t;
20               }
21       }
22       System.out.println("冒泡排序结果: ");
23       for (i=0;i<a.length;i++)
24           System.out.print(a[i]+"\t");
25       System.out.println("");
26   }
27 }
```

例 5-9 简单选择排序。

简单排序思想：设排序序列的记录个数为n。i取 0、1、2、…、n-1，从所有n-i个记录$(R_i, R_{i+1},…,R_{n-1})$中找出关键字最小的记录，然后与第i个记录交换。执行n-1 趟之后就完成了记录序列的排序。简单选择排序的N-S流程图如图 5-5 所示。

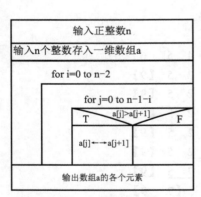

图 5-4　冒泡排序算法

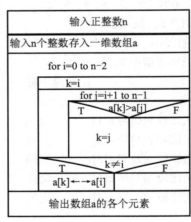

图 5-5　简单选择排序算法

```
1  public class SimpleSort {
2      public static void main(String[] args) {
3          int a[],n;
4          Scanner sc=new Scanner(System.in);
5          System.out.println("输入要排序数的个数 n(n>1):");
6          n=sc.nextInt();              //输入整数 n 的个数
7          a=new int[n];
8          int i,j,t,k;
9          for (i=0;i<a.length;i++){
10             System.out.print("输入数组元素 a["+i+"]:");
11             a[i]=sc.nextInt();       //输入数组元素
12         }
13         for (i=0;i<a.length;i++) {
14             k=i;
15             for (j=i+1;j<a.length;j++)
```

```
16              if (a[k]>a[j])
17                  k=j;
18              if (k!=i){ t=a[k]; a[k]=a[i]; a[i]=t;}
19          }
20          System.out.println("选择排序结果如下：");
21          for (i=0;i<a.length;i++)
22              System.out.print(a[i]+"\t");
23          System.out.println("");
24      }
25  }
```

例 5-10 顺序查找。对于没有排序的数组，如果需要在数组中查找数据，一般采用顺序查找方法。

```
1   public class SequenceQuery {
2       //输出数组
3       public static void print(int []r){
4           System.out.println("数据如下:");
5           for (int a:r)
6               System.out.print(a+" ");
7           System.out.println();              //换行
8       }
9       //顺序查找：在数组 r 中，查找值 value，如果找到，返回数组元素下标，否则返回-1
10      public static int squenceQuery(int r[],int value){
11          int i;
12          for (i=0;i<r.length−1;i++)
13              if (value==r[i])
14                  return i;
15          return −1;
16      }
17      public static void main(String[] args) {
18          Scanner sc=new Scanner(System.in);
19          int r[]={3,4,9,8,1,10,2,6,70,31,69,23,12,9};
20          print(r);
21          System.out.print("输入需查找的数据:");
22          int value,result;
23          value=sc.nextInt();
24          result=squenceQuery(r,value);
25          if (result>=0)
26              System.out.println("找到"+value+",它等于数组元素 r["+result+"]");
27          else
28              System.out.println("在数组 r 中，不存在"+value+"数组元素！");
29      }
30  }
```

说明：第3~8行定义了print(int []r)方法，该方法的功能是输出数组。第10~16行定义了squenceQuery(int r[],int value)方法，该方法用于实现顺序查找。

例 5-11 二分法查找。

二分法查找又称折半查找。对已经排序的数组而言，可以采用该方法查找数组元素。

对于已经排序的表$\{r_0,r_1,...,r_{n-1}\}$，假定该表有n个元素。如果需要查找value，二分法查找过程如下：先确定查找表元素下标范围是[low, high]，其中 low = 0，high = n−1。将表中间位置记录 $r[m]$($m=\frac{n}{2}$ 的整数部分)的值与查找的 value 比较，如果两者相等，则查找成功并返回记录下标；否则利用中间位置 m 记录，将表分成前、后两个子表，如果中间位置记录的关键字大于查找关键字，则进一步查找前一子表，它的表元素下标范围是[low, high]，此时 low = 0，high = m−1；否则进一步查找后一子表，它的表元素下标范围是[low，high]，此时 low = m + 1，high = n − 1。

重复以上过程，如果找到满足条件的记录，则查找成功。否则或直到子表(即它的表元素下标范围是[low，high]，此时 low > high)不存在为止，此时查找不成功，则终止查找。

下面程序使用数组来存储表数据。二分查找的 N-S 流程图如图 5-6 所示。

```
1    public class BinaryQuery {
2       //二分查找
3       public static int binaryQuery(int r[],int value){
4           int n=r.length-1;
5           int low=0,high=n,mid=-1;
6           while (low<=high){
7               mid=(low+high)/2;
8               if (r[mid]==value)
9                   break;
10              else
11                  if (r[mid]<value)
12                      low=mid+1;
13                  else
14                      high=mid-1;
15          }
16          if (low<high)
17              return mid;
18          else
19              return -1;
20      }
21      //简单排序
22      public static void simpleSort(int a[]){
23          int i,j,k,t;
24          for (i=0;i<a.length;i++){
25              k=i;
26              for (j=i+1;j<a.length;j++)
27                  if (a[k]>a[j])
28                      k=j;
29              if (k!=i)
30                  { t=a[k]; a[k]=a[i]; a[i]=t;}
31          }
32      }
33      //输出数组
34      public static void print(int []r){
35          System.out.println("数据如下:");
36          for (int a:r)
37              System.out.print(a+" ");
38          System.out.println();
39      }
40      public static void main(String[] args) {
41          Scanner sc=new Scanner(System.in);
42          int r[]={3,4,9,8,1,10,2,6,70,31,69,23,12,9};
43          simpleSort(r);
44          print(r);
45          System.out.print("输入需查找的数据:");
46          int value,result;
47          value=sc.nextInt();
48          result=binaryQuery(r,value);
49          if (result>=0)
50              System.out.println("找到"+value+",它等于数组元素 r["+result+"]");
51          else
```

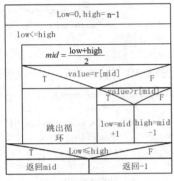

图 5-6 二分查找的 N-S 流程图

```
52              System.out.println("在数组 r 中，不存在"+value+"数组元素！");
53         }
54  }
```

说明：第 3~20 行定义了 binaryQuery(…)方法，该方法实现二分查找功能，如果找到指定元素，则返回该元素在数组中的位置，否则返回-1；第 22~32 行定义了 simpleSort(int a[])方法，该方法实现了简单排序功能；第 34~39 行实现了输出数组功能。

例 5-12 把矩阵的行换成相应的列，得到新的矩阵称之为转置矩阵。通常矩阵的第 i 列作为转置矩阵的第 i 行，第 i 行作为转置矩阵的第 i 列。在编程时，一般用二维数组保存矩阵。

```
1   public class Matrix {
2       public static void print(int a[][]){
3           int i;
4           for (i=0;i<a.length;i++){
5               for (int t:a[i])
6                   System.out.printf("%8d",t);
7               System.out.println();              //换行
8           }
9       }
10      public static void main(String[] args) {
11          int a[][]={{1,2,3,4},{5,6,7,8},{9,10,11,12},{13,14,15,16}};
12          System.out.println("转置之前：");
13          print(a);                              //输出数组
14          int b[][]=new int[a.length][];
15          int i;
16          for (i=0;i<a.length;i++)
17              b[i]=new int[a[i].length];
18          int j;
19          System.out.println("转置之后：");
20          for (i=0;i<a.length;i++){
21              for (j=0;j<i;j++){
22                  int t;
23                  t=a[i][j];a[i][j]=a[j][i];a[j][i]=t;
24              }
25          }
26          print(a);                              //输出数组
27      }
28  }
```

5.4 Arrays 类

Arrays 类定义了操作数组(比如排序和搜索)的各种方法，其主要方法如下。

static int binarySearch(E[] a, E key)：使用二进制搜索算法来搜索指定的 E 型数组，以获得指定的值。

static void fill(E[] a, E val)：将指定的 E 值分配给指定 E 型数组的每个元素。

static void fill(E[] a, int fromIndex, int toIndex, E val)：将指定的 E 值分配给指定 E 型数组指定范围中的每个元素。

static void sort(E[] a)：对指定的 E 型数组按数字升序进行排序。

static void sort(E[] a, int fromIndex, int toIndex)：对指定的E型数组的指定范围按数字升序进行排序。

说明：E 可以是 int、float、double、boolean、short、long、char 等。

static<T> int binarySearch(T[] a, T key, Comparator<? super T> c)：使用二进制搜索算法来搜索指定数组，以获得指定对象。

static <T> void sort(T[] a, Comparator<? super T> c)：根据指定比较器产生的顺序对指定对象数组进行排序。

static <T> void sort(T[] a, int fromIndex, int toIndex, Comparator<? super T> c)：根据指定比较器产生的顺序对指定对象数组的指定范围进行排序。

说明：T 可以是任何类。

例 5-13 利用 Arrays 类对数组初始化，并排序。

```
1   public class ArraysTest {
2     //输出数组
3     public static void print(int []r){
4        System.out.println("数据如下:");
5        for (int a:r)
6            System.out.print(a+" ");
7        System.out.println();
8     }
9     public static void main(String[] args) {
10       int r[];
11       r=new int[10];
12       Random random=new Random();        //定义随机类对象
13       Arrays.fill(r, 0);                 //数组初始化
14       int i;
15       for (i=0;i<r.length;i++)
16          r[i]=random.nextInt(100);       //数组元素值在范围(0,100)
17       Arrays.sort(r);                    //数组排序
18       print(r);                          //输出数组
19    }
20  }
```

说明：第 3~8 行代码的作用是输出数组。第 12 行定义了随机类对象，第 16 行代码的作用是给数组的各个数组元素赋值，而且其值在区间(0,100)。第 17 行的作用是对数组各元素进行排序。

习题 5

(1) 输入 n 个整数，找出其中最小者，并让它与数组中最前面的数组元素交换位置后再输出。

(2) 输入 n 个成绩，求其平均分。

(3) 计算矩阵中所有元素的和，矩阵用二维数组存储。

(4) 对于数组 a，有 n 个数组元素，而且对该数组进行从小到大排序。分别用线性查找和二分查找，查询若干个数据是否在该数组中。

(5) 求出矩阵 $\begin{bmatrix} a_{0,0} & \cdots & a_{0,M-1} \\ \cdots & \cdots & \cdots \\ a_{N-1,0} & \cdots & a_{N-1,M-1} \end{bmatrix}$ 中最大值以及其下标。

(6) 螺旋矩阵是指一个呈螺旋状的矩阵，它的数字由第一列第一位开始向下边不断变大，然后向右变大，向上变大，向左变大，如此反复循环。输入 n，产生 n 阶螺旋矩阵。如图 5-7 所示即为螺旋矩阵。

1	24	23	22	21	20	19
2	25	40	39	38	37	18
3	26	41	48	47	36	17
4	27	42	49	46	35	16
5	28	43	44	45	34	15
6	29	30	31	32	33	14
7	8	9	10	11	12	13

(a) n =7

1	12	11	10
2	13	16	9
3	14	15	8
4	5	6	7

(b) n=4

图 5-7　螺旋矩阵

(7) 输入一个正整数 n(1≤n≤10)和 n 阶方阵 a(方阵用二维数组存储)中的元素,如果 a 是上三角矩阵,输出"YES",否则,输出"NO"。上三角矩阵即主对角线以下(不包括主对角线)的元素都为 0 的矩阵,主对角线为从矩阵的左上角至右下角的连线。

(8) 产生 n 阶蛇形方阵,例如 5 阶蛇形方阵,如图 5-8 所示。

1	2	6	7	15	16
3	5	8	14	17	26
4	9	13	18	25	27
10	12	19	24	28	33
11	20	23	29	32	34
21	22	30	31	35	36

(a) n=6

1	2	6	7	15
3	5	8	14	16
4	9	13	17	22
10	12	18	21	23
11	19	20	24	25

(b) n=5

图 5-8　蛇形方阵

(9) 定义一个大学生类,该类有学号、姓名、5 门课程成绩及总分等属性。输入若干个大学生类的对象。然后,按总分属性为关键字排序后,将这些记录输出。

(10) 对于已经按从小到大排序的一维整数数组,请用二分查找方法查找指定的数据。

(11) (ACM 竞赛题)给定一个由整数组成二维矩阵(r×c),现在需要找出它的一个子矩阵,使得这个子矩阵内的所有元素之和最大,并把这个子矩阵称为最大子矩阵。

例子:$\begin{pmatrix} 0 & -2 & -7 & 0 \\ 9 & 2 & -6 & 2 \\ -4 & 1 & -4 & 1 \\ -1 & 8 & 0 & -2 \end{pmatrix}$,其最大子矩阵为:$\begin{pmatrix} 9 & 2 \\ -4 & 1 \\ -1 & 8 \end{pmatrix}$,其元素总和为 15。

输入:第一行输入一个整数 n(0<n≤100),表示有 n 组测试数据。

每组测试数据:第一行有两个整数 r 和 c(0<r, c≤100),r、c 分别代表矩阵的行和列;随后有 r 行,每行有 c 个整数。

输出:输出矩阵的最大子矩阵的元素之和。

第6章 复杂的类和对象

本章知识目标：
- 理解派生类的定义和派生类的构造方法。
- 理解并掌握方法继承、覆盖、重载以及多态。
- 理解异类集合和 final 关键字。

6.1 子类的定义

在面向对象程序设计中，编程者可以采用继承机制来组织、设计应用系统中的各类，这样做可以提高程序抽象程度，使之更合乎人类思维方式，同时还可以提高软件的开发效率，降低软件维护的工作量。

例如，教师和学生都是人，因此教师类和学生类具有人类的属性和行为方式。另外，统招生、自考生以及进修生是由学生类派生而来，因此，他们继承了学生类的属性和方法。

在面向对象程序设计中，继承又分为单重继承和多重继承。单重继承，是指子类(又称为派生类)的父类(也可以称为超类)，只有一个。这种继承关系单一，是简单的树状结构，因而很容易掌握和理解。如图 6-1 所示，子类由父类继承而来。

多重继承是指一个类有至少一个以上的父类。其结构是网状，尽管有点复杂，但和现实世界的很多系统的结构类似。

而 Java 语言出于安全考虑，仅支持单重继承。在 Java 语言中，子类的定义格式如下：

图 6-1 单一继承

```
public class 子类 A [extends 父类 B]{
    ...
}
```

在上面定义中，子类 A 是由父类 B 继承而来的。如果上面定义中省略了 extends 父类 B，在 Java 语言中，则认为子类 A 是由类 Object 继承而来的。而且 Object 类还是所有类的父类。

考虑现实生活中的人，一般的属性有身份证号、姓名、性别、家庭地址、出生日期以及其他相关信息等，所以可以定义一个 Person 类，这是最普通的人。大学生肯定是普通人，因此可以定义一个 CollegeStudent 类，它有学号、专业、学校、选课成绩等信息。如例 6-1 所示，为了简单，Person 类以及 CollegeStudent 类中只考虑它们各自的部分属性。

例 6-1 子类定义举例。

```
public class Person {
    private String id;           //身份证号
    private String name;         //姓名
    private String sex;          //性别
    private String birthday;     //出生日期
    ...
}
public class CollegeStudent extends Person{
```

```
    private   String schoolName;      //学校名字
    private   String studentId;       //学号
    private   String major;           //专业名称
    ...
}
```

在上面程序中，CollegeStudent 类继承了 Person 类的属性和方法，因为任何大学生都具有身份证号、姓名、性别、出生日期等信息。另外，大学生还具有自身的一些特性(包括学校、学号、专业名称等)；所以，CollegeStudent 类继承了 Person 类的属性和方法，同时，它自己还具有独特的属性和方法。

例 6-2 对于三角形、圆形、长方形等，一般都有编号和名称，另外它们还有各自的属性。如三角形有 3 条边，圆有半径，长方形有 4 条边。于是可以定义一个 Figure 类，该类有编号和名称属性，下面定义了 Triangle 类、Circle 类和 Rectangle 类，其实现情况如下：

```
public class Figure {
    String id;              //图形编号
    String name;            //图形名称
    static int count;       //统计图形的个数
    ...
}
public class Triangle extends Figure{
    float a,b,c;            //三角形的三条边长
    ...
};
public class Circle extends Figure {
    float r;                //圆的半径
    ...
};
public class Rectangle extends Figure {
    float a,b;              //长方形的边长
    ...
}
```

6.2 派生类的构造方法

在定义派生类的构造方法时，应该注意以下情况。

(1) 在创建一个派生类(子类)对象时，派生类的构造方法首先调用超类(父类)的构造方法，然后执行派生类构造方法中的语句，对派生类新增的成员进行初始化工作。

(2) 在派生类构造方法中，可以使用 super 方法调用超类的构造方法，调用 super 方法的语句要作为子类构造方法的第一条语句。

调用 super 方法的格式如下：

```
super(参数列表);
```

需要注意的是，父类中必须定义带有相应参数列表形式的构造方法。

(3) 如果派生类的构造方法中没有通过 super 方法来调用超类的构造方法，同时超类中也不存在带形参的构造方法，则 Java 首先自动地调用超类默认的构造方法，负责超类数据成员的初始化工作，否则编译系统认为存在语法错误。

(4) 如果超类定义了带有形参表的构造方法，派生类就应该定义带形参的构造方法，同时在超类构造方法的第一条语句给出一个带形参的 super 调用，从而能够将参数传递给超类构造方法，保证超类能够初始化自己的数据成员。

例 6-3 派生类举例，下面定义超类 Parent 和派生类 Child。
(1) 定义父类 Parent。

```
1   public class Parent {
2       String name;
3       public Parent() {
4           System.out.println("调用默认父类的构造方法进行初始化");
5           name=new String("未定");
6           System.out.println("父类中的 name:"+name);
7       }
8       public Parent(String name) {
9           System.out.println("调用带参数的父类构造方法进行初始化");
10          this.name=new String(name);
11          System.out.println("父类中的 name:"+this.name);
12      }
13  }
```

说明：在上面代码中，子类 Parent 定义了两个构造方法：第 3~7 行重新定义了默认的构造方法 Parent()，而第 8~12 行，定义了构造方法 public Parent(String name)。

(2) 定义派生类 Child。

```
1   public class Child extends Parent{
2       String nickName;
3       public Child() {
4           System.out.println("调用子类的默认构造方法");
5           nickName=new String("未定义");
6           System.out.println("子类的 nickName:"+nickName);
7       }
8       public Child(String nickName,String name){
9           super(name);           //调用父类的构造方法
10          System.out.println("调用子类带参数的构造方法");
11          this.nickName=new String( nickName);
12          System.out.println("子类的 nickName:"+nickName);
13      }
14      public static void main(String[] args) {
15          Child ch=new Child();
16          Child ch1=new Child("二狗","狗爸");
17      }
18  }
```

说明：在上面代码中，子类 Child 定义了两个构造方法：第 3~7 行定义了默认的构造方法 Child()，该方法内部没有显式调用父类的构造方法，但它会首先调用父类的默认构造方法。而第 8~13 行定义了构造方法 public Child(String nickName,String name)，它首先调用父类的构造方法 Parent(String name)，然后执行其他语句。

例 6-4 设计一图形类 Figure，它有编号和名称，而三角形类 Triangle、矩形类 Rectangle 以及圆类 Circle 都是由图形类 Figure 派生而来的。
(1) 定义父类 Figure。

```
1   public class Figure {
2       private int id;                //图形编号
3       private String name;           //图形名称
4       public static int count=0;     //统计图形的个数
5       public Figure() {              //不带参数的默认构造方法
6           count++;
```

```
7          id=count;
8          name="no name";
9       }
10      public Figure(String name){          //带参数的构造方法
11         count++;
12         id=count;
13         this.name=name;
14      }
15      @Override
16      public String toString() {
17         return id+"\t"+name;
18      }
19      public void setName(String name) {
20         this.name = name;
21      }
22      public String getName() {
23         return name;
24      }
25      public static void main(String []args){
26         Triangle t1=new Triangle(3,4,5);
27         Triangle t2=new Triangle(1,2,3);
28         Triangle t3=new Triangle();
29         Triangle t4=new Triangle(11,11,13);
30         System.out.println(t1);
31         System.out.println(t2);
32         System.out.println(t3);
33         System.out.println(t4);
34         Circle c=new Circle(3f);
35         System.out.println(c);
36         Rectangle r=new Rectangle(2,3);
37         Rectangle r1=new Rectangle();
38         System.out.println(r);
39         System.out.println(r1);
40      }
41  }
```

说明：在父类 Figure 中，定义了两个构造方法：不带参数的默认构造方法 Figure()和带参数的构造方法 Figure(String name)。同时，还重载了 toString()方法，该方法返回图形编号和图形名称信息。

(2) 定义子类 Triangle。

```
1   public final class Triangle extends Figure{
2       private   double a,b,c;          //三角形的三条边长
3       public Triangle(){
4          super();                      //调用父类的默认构造方法
5          a=0f;b=0f;c=0f;
6          adjustName();                 //调整图形名字
7       }
8       public Triangle(float a,float b,float c){
9          super("三角形");               //调用父类的构造方法
10         this.a=a;this.b=b;this.c=c;
11          adjustName();
12      }
13      //根据三角形的边长调整图形名称
14      public void adjustName()
15      {
16         if (a>0&&b>0&&c>0&&a+b>c&&a+c>b&&b+c>a){
```

```
17            String names="";
18            if (a==b||b==c||a==c){
19                names="等腰";
20                if (a==b&&b==c)
21                    names="等边";
22            }
23            if (a*a+b*b==c*c||a*a+c*c==b*b||b*b+c*c==a*a)
24                    super.setName(names+"直角三角形");
25            else
26                    super.setName(names+"三角形");
27        }
28        else
29            super.setName("非三角形");
30    }
31    public double getArea(){
32        double p,s;
33        p=(a+b+c)/2.0f;
34        s=(float)Math.sqrt(p*(p-a)*(p-b)*(p-c));
35        return s;
36    }
37    @Override
38    public String toString() {
39        if (getArea()>0)
40            return super.toString()+"\t"+a+"\t"+b+"\t"+c+"\t"+getArea();
41        else
42            return super.toString()+"\t"+a+"\t"+b+"\t"+c;
43    }
44 }
```

说明：子类 Triangle 增加了三角形的三条边长属性 a、b 和 c。定义了两个构造方法，一个是默认的构造方法 public Triangle()，另外一个是 public Triangle(float a,float b,float c)，而且它们都调用了父类的构造方法，同时还调用自定义方法 adjustName()，以便调整图形名称。最后，子类 Triangle 重载了 toString()方法，以便返回图形信息。

(3) 定义子类 Circle。

```
1  public class Circle extends    Figure{
2      double r;                  //圆的半径
3      public Circle(){
4          super("圆形");          //调用父类的构造方法
5          r=0f;
6      }
7      public Circle(float r){
8          super("圆形");          //调用父类的构造方法
9          this.r=r;
10     }
11     public double getArea(){   //求圆的面积
12         return r*r*3.14159;
13     }
14     @Override
15     public String toString() {
16         return super.toString()+"\t"+r+"\t"+getArea();
17     }
18 }
```

说明：类似于子类 Triangle，子类 Circle 定义了两个构造方法，并重载了 toString()方法。

(4) 定义子类 Rectangle。

```
1   class Rectangle extends    Figure{
2       double a,b;           //长方形的边长
3       public Rectangle(){
4           super("长方形");
5           a=1;b=1;
6       }
7       public Rectangle(double a,double b){
8           super("长方形");
9           this.a=a;this.b=b;
10      }
11      public double getArea(){
12          return a*b;
13      }
14      @Override
15      public String toString() {
16          return super.toString()+"\t"+a+"\t"+b+getArea();
17      }
18  }
```

说明：在子类 Rectangle 中，定义了两个构造方法，并重载了 toString()方法。

6.3　方法继承、覆盖、重载

6.3.1　方法继承

一般情况下，子类可以继承父类定义的一些方法(这些方法无访问权限修饰符修饰，也没有被 protected、public访问权限修饰符修饰)。如果子类中存在名字与之相同的方法，在子类中调用这些方法之前需加上"super."。另外，若在子类中不存在名字与之相同的方法，则在子类中可以直接调用父类的方法(即可以省略super.修饰符)。

例 6-5　定义父类 FatherClass 和其子类 SonClass。

(1) 定义 FatherClass。

```
1   public class FatherClass {
2       public void fun1(){
3           System.out.println("父类:具有功能 fun1()");
4       }
5       public void fun2(){
6           System.out.println("父类:具有功能 fun2()");
7       }
8       public void fun3(){
9           System.out.println("父类:具有功能 fun3()");
10      }
11  }
```

说明：父类 FatherClass 定义了 3 个方法 fun1()、fun2()、fun3()。

(2) 定义子类 SonClass。

```
1   public class SonClass extends FatherClass{
2       public void fun3(){
3           super.fun3();          //调用父类的 fun3()方法，此处的 super.不能省略
4           System.out.println("子类:fun3()");
```

```
5     }
6     public void fun4(){
7         super.fun1();        //调用父类的fun1()方法,此处的super.能省略
8         fun2();              //调用父类的fun2()方法,此处可以加上super.
9         System.out.println("子类:fun4()");
10    }
11    public void fun5(){
12        System.out.println("子类:fun5()");
13    }
14    public static void main(String[] args) {
15        SonClass son=new SonClass();
16        son.fun1();           //子类继承父类的方法
17        son.fun2();           //子类继承父类的方法
18        son.fun3();           //子类调用自己的方法
19        son.fun4();           //子类调用自己的方法
20        son.fun5();           //子类调用自己的方法
21    }
22 }
```

说明:子类 SonClass 继承了父类 FatherClass 的 fun1()、fun2(),子类重新定义了 fun3()、fun4()、fun5()。

6.3.2 方法覆盖

如果在子类中定义了一个方法,其名称、返回类型及参数列表正好与父类中某个方法的名称、返回类型及参数列表相匹配,那么可以说,子类的方法覆盖了父类的方法。子类要覆盖父类方法时,应该满足以下条件。

(1) 子类的方法名称、返回类型及参数表必须与父类的一致。
(2) 子类方法不能缩小父类方法的访问权限。
(3) 子类方法不能抛出比父类方法更多的异常。
(4) 方法覆盖只存在于子类和父类之间,同一个类中只能重载。也就是说同一类中,不能有两个名字、参数表等完全一致的方法。
(5) 父类的静态方法不能被子类覆盖成为非静态方法。
(6) 子类可以定义与父类的静态方法同名的静态方法,以便在子类中隐藏父类的静态方法(满足覆盖约束)。
(7) Java 虚拟机把静态方法和所属的类绑定,把实例方法和所属的实例绑定。
(8) 父类的非静态方法不能被子类覆盖为静态方法。
(9) 父类的私有方法不能被子类覆盖。
(10) 父类的抽象方法可以被子类通过两种途径覆盖(即实现和覆盖)。
(11) 父类的非抽象方法可以被覆盖为抽象方法。

当子类覆盖了父类方法时,如果子类方法或者子类对象调用该方法时,一般认为调用的方法是子类的方法。而如果需要调用父类的同名方法,在子类中则需要加上 super.修饰符。

例 6-6 有 ParentClass 类和 SubClass 类。

(1) 定义 ParentClass 类。

```
1  public class ParentClass {
2      public void funA() {
3          System.out.println("父类:funA 方法运行了");
4      }
```

```
5      public void funB() {
6          System.out.println("父类:funB 方法运行了");
7          funA();//调用 funA()方法
8          System.out.println("父类:funB 方法结束了");
9      }
10     public void funC() {
11         System.out.println("父类:funC 方法运行了");
12         System.out.println("父类:funC 方法结束了");
13     }
14 }
```

说明：在 ParentClass 类中，定义了 3 个方法，它们分别是 funA()、funB()和 funC()。

(2) 定义 SubClass 类。

```
1  public class SubClass extends ParentClass{
2      public void funA() {
3          System.out.println("子类：funA 方法运行了");
4          System.out.println("子类：funA 方法结束了");
5      }
6      public void funB() {
7          System.out.println("子类：funB 方法运行了");
8          super.funB();          //调用父类的 funB()方法
9          System.out.println("子类：funB 方法结束了");
10     }
11     public void funC() {
12         System.out.println("子类：funC 方法运行了");
13         funA();                //调用子类的 funA()方法，没有 super.修饰符
14         System.out.println("子类：funC 方法结束了");
15     }
16     public static void main(String s[]){
17         SubClass sc=new SubClass();
18         sc.funA();
19         sc.funB();
20         sc.funC();
21     }
22 }
```

说明：在 SubClass 类中，也定义了 funA()、funB()和 funC()方法，覆盖了父类(ParentClass 类)定义的 3 个方法。在 SubClass 类的 funB()方法中，通过 super.修饰符调用父类的 funB()方法。而在 SubClass 类的 funC()方法中，调用 funA()方法时，没有 super 修饰符，所以，调用 funA()方法是调用它自己的 funA()方法。

6.3.3 方法重载

如果有两个方法的方法名相同，但参数表(可以为空)不一致，就可以说一个方法是另一个方法的重载。方法重载的要求如下。

(1) 方法名相同。
(2) 方法的参数类型、个数顺序至少有一项不同。
(3) 方法的返回类型可以不同，也可以相同。
(4) 方法的修饰符可以不相同。

例 6-7 在类 Father 中，定义了几个方法，它们属于方法重载。

```
1  public class Father {
```

```
2    public void print(){
3        System.out.println("Father 类的打印方法:"+"无参数!");
4    }
5    public void print(int x,String y){
6        System.out.println("Father 类的打印方法:"+x+","+y);
7    }
8    public void print(String y,int x){
9        System.out.println("Father 类的打印方法:"+x+","+y);
10   }
11 }
```

说明：在Father类中，定义了3个print(…)，它们的参数列表的数据类型各不相同，属于方法重载。例如，在 Father 类中，如果还定义如下方法：

```
public void print(int a,String b){
    System.out.println("Father 类的打印方法:"+a+","+b);
}
```

该方法中的相应位置上的参数名字(a 和 b)虽然与上面 Father 类中方法的参数名字(x 和 y)不相同，但是这不属于方法重载，Java 编译系统将会提示错误。

例 6-8 定义 Son 类。

```
1  public class Son extends Father{
2      public void print(){
3          super.print();          //调用父类的 print()方法
4          System.out.println("Son 类："+"无");
5      }
6      public void print(int x,String y){
7          super.print(x, y);      //调用父类的 print(int x,String y)方法
8          System.out.println("Son 类： "+x+","+y);
9      }
10     public void print(String y,int x){
11         super.print(y, x);      //调用父类的 print(String y,int x)方法
12         System.out.println("Son 类的打印方法:"+x+","+y);
13     }
14     public static void main(String[] args) {
15         Son son=new Son();
16         son.print();
17         son.print("a", 10);
18         son.print(20, "b");
19     }
20 }
```

说明：在 Son 类中，分别覆盖了父类 Father 中的所有方法。

6.3.4 多态

面向对象的设计中有一条原则：父类出现的地方，子类一定可以出现，反之则不一定；多态即是这一原则的具体表现形式，设有父类为 ParentClass，其内包括一方法 fun()，SubClass1、SubClass2、…、SubClassn 都是父类 ParentClass 类的子类，每个子类都实现了各自的方法 fun()，当调用各子类对象的 fun()方法时，结果各子类对象将表现出不同的行为，这种现象即为多态。需注意的是：多态还屏蔽了父类的 fun()方法。如果需要调用父类的 fun()方法，则需要利用 super 关键字来调用父类的 fun()方法。

如果父类的某个方法不被子类继承，则可以在该方法前面加上 final 关键字修饰符。

例 6-9 定义一 Animal 类，它有 shout()、favoriteFood()和 fun()方法，其子类 Puppy 类和 Pussy 类

也包含有 cry()、favoriteFood()方法,但各类调用 cry()方法后,反映其叫声不同。而调用 favoriteFood()方法反映其所爱好食物不同。

(1) 定义 Animal 类。

```
1   public class Animal {
2       public void cry(){
3           System.out.println("Animal 的叫声: ");
4       }
5       public void favoriteFood(){
6            System.out.println("Animal 爱吃的食物: ");
7       }
8       public final void func(){
9           System.out.println("Animal:调用 func()方法");
10      }
11      public static void main(String s[]){
12          Animal a=new Animal();
13          Puppy puppy=new Puppy();
14          Pussy pussy=new Pussy();
15          a.cry();
16          a.favoriteFood();
17          puppy.cry();
18          puppy.favoriteFood();
19          pussy.cry();
20          pussy.favoriteFood();
21      }
22  }
```

说明: 在动物类 Animal 中,定义了 3 个方法,它们分别是 public void cry()、public void favoriteFood()以及 public final void func()。

(2) 定义 Puppy 类。

```
1   public class Puppy extends Animal{
2       public void cry(){
3           System.out.println("puppy:汪汪…");
4       }
5       public void favoriteFood(){
6           System.out.println("puppy 爱吃的食物有肉、骨头、狗粮等");
7       }
8   }
```

(3) 定义 Pussy 类。

```
1   public class Pussy extends Animal {
2       public void cry(){
3           System.out.println("Pussy:喵喵…");
4       }
5       @Override
6       public void favoriteFood() {
7           System.out.println("Pussy 爱吃的食物有老鼠、鱼等");
8       }
9   }
```

说明: Puppy 类、Pussy 类都重载了 Animal 的 cry()方法和 public void favoriteFood()方法。

例 6-10 定义一 Human 类,它有 TermBegin()方法;Human 类的子类 Student 类、Teacher 类、Merchant 类中也都有 TermBegin()方法。Human 类、Student 类、Teacher 类、Merchant 类的对象调用 TermBegin()方法,结果都不同。各类人(学生、老师、商人等)处理开学信息反应也不同。

(1) 定义 Human 类。

```
1   public class Human {
2       public void termBegin(){          //开学方法
3           System.out.println("人：我要做事。");
4       }
5       public static void main(String[] args) {
6           Human human=new Human();
7           Student student=new Student();
8           Teacher teacher=new Teacher();
9           Merchant merchant=new Merchant();
10          human.termBegin();              //
11          student.termBegin();
12          teacher.termBegin();
13          merchant.termBegin();
14      }
15  }
```

说明：在 Human 类中，定义了 public void termBegin()方法，该方法表示开学了，人需要做的事。

(2) 定义 Student 类。

```
1   public class Student extends Human {
2       public void termBegin(){
3           System.out.println("学生：返校、选课、检查课表，准备上课。");
4       }
5   }
```

(3) 定义 Teacher 类。

```
1   public class Teacher extends Human{
2       public void termBegin(){
3           System.out.println("教师：准备教材、备课、查课表，准备上课。");
4       }
5   }
```

(4) 定义 Merchant 类。

```
1   public class Merchant extends Human{
2       public void termBegin(){
3           System.out.println("商人：调查学生需要的各种商品、进货、摆好货物，供学生选购。");
4       }
5   }
```

需要说明的是：Student 类、Teacher 类、Merchant 类中不能定义 func()方法。

6.3.5 异类集合

很显然，可以给类的对象赋值相应的类变量。而在实际应用中，类对象和类变量可能不属于同一类。例如，定义了一图形类 Figure 和三角形类 Triangle，而且其中三角形类 Triangle 是图形类 Figure 的子类，则可以将 Triangle 类的实例赋值给图形类 Figure 的变量。

例 6-11 结合例 6-4 中定义的各类，本例又定义了 ParameterOfFunction 类，其中包含 getFigureName(Figure f)方法。该方法可以根据参数 f 是什么对象，返回图形的名称。

```
1   public class ParameterOfFunction {
2       public String getFigureName(Figure f) {
3           return f.getName();
4       }
```

```
5     public static void main(String s[]){
6         Triangle f1=new Triangle(3,4,5);
7         Triangle f2=new Triangle(3,3,3);
8         Rectangle f3=new Rectangle(3,4);
9         Circle    f4=new Circle(3);
10        ParameterOfFunction p=new ParameterOfFunction();
11        System.out.println("图形形状是："+p.getFigureName(f1));
12        System.out.println("图形形状是："+p.getFigureName(f2));
13        System.out.println("图形形状是："+p.getFigureName(f3));
14        System.out.println("图形形状是："+p.getFigureName(f4));
15    }
16 }
```

在一个集合中，所包含的元素对象属于不同类的实例，但这些元素具有共同的祖先。在 Java 语言中，可以创建具有公共祖先类的对象的集合。

例如，针对例 6-4 定义的各类，可以定义如下代码。

```
Figure   fs[ ];
fs=new Figure[3];
fs[0]=new Triangle(3,4,5);
fs[1]=new Rectangle(3,4);
fs[2]=new Circle(3);
```

数组 fs 的各元素的类型各不相同，它们分别属于 Triangle 类、Rectangle 类及 Circle 类，其中 Triangle 类、Rectangle 类及 Circle 类的父类都是由 Figure 类派生而来的。

由于类具有多态性，类变量是父类对象的引用，也可以是子类对象的引用。在程序中，可以使用 instanceof 运算符来判断类对象是属于哪个类的实例。

instanceof 运算符的使用方法如下。

类变量 instanceof 类名

在使用 instanceof 运算符判断类对象是属于类的实例之后，可以强制转换该对象，强制转换对象的格式如下。

(类名)类对象

例 6-12 定义 Person 类和 CollegeStudent 类，其中 CollegeStudent 类是 Person 类的子类。
(1) 定义 Person 类。

```
1  public class Person {
2      private long    id;           //身份证号
3      private String name;          //姓名
4      private Date birthday;        //出生日期
5      private int age;              //年龄
6      public Person(Person p){
7          this(p.getId(),p.getName(),p.getBirthday());
8      }
9      public Person(long id, String name, Date birthday) {
10         this.id = id;
11         this.name = name;
12         this.birthday = birthday;
13         Date now = new Date();
14         age=now.getYear()-birthday.getYear();   //下面是计算大致年龄
15         int mm=now.getMonth()-birthday.getMonth();
16         if (mm<0)
17             age=age-1;
18     }
```

```
19      //输出个人信息
20      public void printPerson(){
21          System.out.println("身份证号:"+id);
22          System.out.println("姓名:"+name);
23          System.out.print("出生日期:"+(1900+birthday.getYear())+"年");
24          System.out.println(birthday.getMonth()+"月"+birthday.getDay()+"日");
25          System.out.println("年龄： "+age);
26      }
27      public long getId() {
28          return id;
29      }
30      public String getName() {
31          return name;
32      }
33      public Date getBirthday() {
34          return birthday;
35      }
36  }
```

说明：在 Person 类中，定义了编号、姓名、出生日期以及年龄等信息，并定义了两个构造方法。Person 类还定义了 printPerson()方法，其功能是输出 Person 类的所有属性信息。

(2) 定义 CollegeStudent 类。

```
1   public class CollegeStudent extends Person{
2       private String schoolName;        //学校名字
3       private String major;             //专业名称
4       private float score;              //入学分数
5       public CollegeStudent(){
6       super(0, null, new Date());
7       }
8       public CollegeStudent(String sn, String major, float score, Person p) {
9           super(p);
10          this.schoolName = sn;
11          this.major = major;
12          this.score = score;
13      }
14      public void printStudent(){
15          super.printPerson();
16          System.out.println("所读学校： "+schoolName);
17          System.out.println("所读专业： "+major);
18          System.out.println("入学成绩:"+score);
19      }
20      public void print(Person p){
21          if (p instanceof CollegeStudent)
22              ((CollegeStudent)p).printStudent();
23          else
24              if (p instanceof Person)
25                  p.printPerson();
26      }
27      public static void main(String ss[]){
28          Person p1=new Person(1,"张三",new Date(2004—1900,8,10));
29          Person p2=new Person(2,"李四",new Date(2001—1900,7,3));
30          CollegeStudent s=new CollegeStudent("江汉大学","财务管理",527.0f,p2);
31          s.print(p1);
32          s.print(s);
33      }
34  }
```

说明：CollegeStudent 类定义了 printStudent()方法，该方法的功能是输出 CollegeStudent 类的所有信息。而且 CollegeStudent 类还定义了 public void print(Person p)，该方法的参数是 Person，该方法的流程是：先判断参数对象是否是 CollegeStudent 对象，如果是的话，则调用 CollegeStudent 类的 printStudent()方法；否则，则判断它是否是 Person 对象，是的话则调用 Person 类的 PrintPerson()方法。

注意，上面 Student 类的 print()方法不能改写成如下代码。

```
public void print(Person p){
    if (p instanceof Person)
        p.printPerson();
    else
    if (p instanceof CollegeStudent) {
        ((Student)p).printStudent();
    }
}
```

如果参数 p 属于 Person 类对象，虽然输出结果不会出错，但是，如果参数 p 属于 CollegeStudent 类，则必然属于 Person 类，因而无法输出学生所读学校、所读专业、入学成绩等信息。由此可知，在利用 instanceof 运算符时，应该最先判断是否是子类对象，最后才判断是否是父类对象。

6.3.6 final 关键字

基本类型前用 final 修饰，表示被修饰的变量为常数(即一旦确定值之后，就不能被修改)。而且该变量必须在定义时或构造方法中进行初始化，如果在其他地方对它赋值，将会报错。一个既是 static 又是 final 的变量表示它被保存在一段不能改变的内存空间中，而且在定义时就必须对它进行初始化。

final 用于修饰对象时，final 使该对象引用恒定不变。一旦引用被初始化指向一个对象，就无法再把它改为指向另一个对象。而对于对象引用，不能改变的是它的引用，而对象本身是可以修改的。一旦 final 引用被初始化指向一个对象，该引用将不能再指向其他对象。

例 6-13 final 关键字的使用。

```
1   public class FinalTest {
2       final int TRIANGLE;
3       final int CIRCLE;
4       final int RECTANGLE;
5       //PI 必须在定义时，就被初始化
6       static final float PI=3.14159f;
7       public FinalTest(){
8           this.TRIANGLE =0;
9           this.CIRCLE = 1;
10          this.RECTANGLE =2;
11      }
12      public FinalTest(int TRIANGLE, int CIRCLE, int RECTANGLE) {
13          this.TRIANGLE = TRIANGLE;
14          this.CIRCLE = CIRCLE;
15          this.RECTANGLE = RECTANGLE;
16      }
17      public void print()
18      {
19          System.out.println(TRIANGLE);
20          System.out.println(CIRCLE);
21          System.out.println(RECTANGLE);
22          System.out.println(PI);
23      }
```

```
24      public static void main(String s[]){
25          FinalTest ft1=new FinalTest(0,1,2);
26          FinalTest ft2=new FinalTest();
27          ft1.print();
28          ft2.print();
29      }
30  }
```

说明：在该类中，TRIANGLE、CIRCLE 以及 RECTANGLE 变量(它们都被 final 修饰)只能被初始化一次，而且可选择对这些变量定义时或者构造方法中初始化。但是如果变量还被 static 修饰，则变量只能在它定义时有效。

子类可以继承 final 修饰的方法，但子类不能重写被 final 修饰的方法。

例6-14 用final修饰方法的例子，定义FatherOfFinal类和SonOfFinal类，其中前者是后者的父类。

(1) 定义 FatherOfFinal 类。

```
1   public class FatherOfFinal {
2       //在子类中，不允许重载或覆盖
3       public final void funA(){
4           System.out.println("FatherOfFinal 运行 funcA()方法开始");
5           System.out.println("FatherOfFinal 运行 funcA()方法结束");
6       }
7       public final void funB(){
8           System.out.println("FatherOfFinal 运行 funcB()方法开始");
9           System.out.println("FatherOfFinal 运行 funcB()方法结束");
10      }
11      public void funC(){
12          System.out.println("FatherOfFinal 运行 funcC()方法开始");
13          System.out.println("FatherOfFinal 运行 funcC()方法结束");
14      }
15  }
```

说明：在 FatherOfFinal 类中，定义了 funA()、funB()和 funC()共 3 个最终方法。

(2) 定义 SonOfFinal 类。

```
1   public class SonOfFinal extends FatherOfFinal{
2       public void funA1(){              //该方法名不能改成 funA()
3           System.out.println("SonOfFinal 运行 funcA1()方法开始");
4           System.out.println("SonOfFinal 运行 funcA1()方法结束");
5       }
6       public void funC(){
7           System.out.println("SonOfFinal 运行 funcC()方法开始");
8           System.out.println("SonOfFinal 运行 funcC()方法结束");
9       }
10      public static void main(String[] args) {
11          SonOfFinal son=new SonOfFinal();
12          son.funA1();
13          son.funB();                   //调用父类的 funB()方法
14          son.funC();
15      }
16  }
```

说明：在 SonOfFinal 类中，第 2 行的方法 funA1()不能改成 funA()，否则，就会出错。第 13 行说明子类可以直接继承父类的最终方法。

习题 6

(1) 定义一个平面上的 Point 点类,该类中有一方法,求两点之间的距离。对于点 (x_1, y_1)、(x_2, y_2) 之间的距离 $d = \sqrt{(x_1 - x_2)^2 + (y_1 - y_2)^2}$,定义 Line 线类。该类中包含方法:①定义线的多个构造方法;②判断两线是否垂直;③判断两线是否平行;④求点 (x_0, y_0) 到线 $ax + by + c = 0$ 的距离 $d = \left| \dfrac{ax_0 + by_0 + c}{\sqrt{a^2 + b^2}} \right|$;⑤求过指定点并与指定线平行的线;⑥求过指定点并与指定线垂直的线。如图 6-2 所示,画出了若干个点和线。

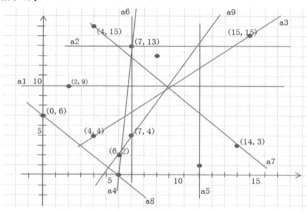

图 6-2 平面的线和点

(2) 定义一空间实体 Solid 类,该类包含以下方法:①求立方体的表面积;②求立方体的体积。定义圆锥体 Cone 类、长方体 Cuboid 类、圆柱体 Cylinder 类,这些类中都存在求表面积和体积的方法。而且圆锥体 Cone 类、长方体 Cuboid 类、圆柱体 Cylinder 类是空间实体 Solid 类的子类。图 6-3 给出了一些图形。请随机产生一些图形,要求按其表面积或者体积分别排序输出。

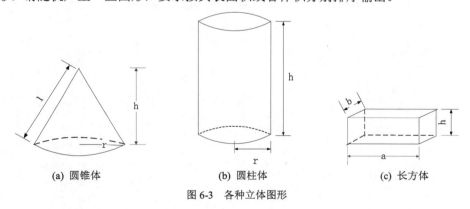

(a) 圆锥体　　(b) 圆柱体　　(c) 长方体

图 6-3 各种立体图形

说明:圆锥体的表面积计算公式: $s = \pi r l + \pi r^2$(公式中 r 为底面半径,l 为圆锥母线),体积 $v = \dfrac{\pi r^2 h}{3}$。

(3) 定义集合类 CSet,其中方法包括集合的运算(加、减、子集等)。

(4) 过河问题描述如下:现有一条河,共有八个人要过河,他们分别是妈妈、爸爸、两个儿子、两个女儿、一位犯人和一位警察。现有一条小木船,该船一次最多只能搭载两个人;在这八个人当中,只有爸爸、妈妈、警察会开船，即这个船上必须有爸爸、妈妈、警察三个中的一个，船才会开动。船过去后无法自动回来。并且要避免以下三件事发生：①如果警察不在，犯人就会伤害一家六口；②如果爸爸不在，妈妈就会伤害儿子；③如果妈妈不在，爸爸会伤害女儿。应当如何过河？请编写程序，得到过河方案。

第7章 常用类的使用

本章知识目标：
- 掌握 String 类、StringBuffer 类的使用。
- 掌握基本数据类型的包装类(如 Byte、Integer、Double 等)的使用。
- 掌握 Object 类、Math 类、Calendar 类的使用。

7.1 String 类

字符串是字符的有序序列。Java 语言一般使用 String 类和 StringBuffer 类的对象来保存字符串。其中 String 类的对象保存的是不变的字符串；而 StringBuffer 类保存的字符串可以被修改。

7.1.1 String 对象的初始化

由于 String 对象特别常用，所以在对 String 对象进行初始化时，Java 语言提供了一种简单的特殊语法，其格式如下：

```
字符串变量名=字符串常量;
```

例如：

```
String str= "this is Java program";
```

其是按照面向对象的标准语法，通过 new 操作符来创建对象的。
String 类的常用构造方法如下。
String(char[] value)：分配一个新的 String，它表示当前字符数组参数中包含的字符序列。
String(char[] value, int offset, int count)：分配一个新的 String，它包含来自该字符数组参数的一个子数组的字符。
String(String original)：初始化一个新创建的 String 对象，表示一个与该参数相同的字符序列；换句话说，新创建的字符串是该参数字符串的一个副本。
String(byte[] bytes, String charsetName)：构造一个新的 String，方法是使用指定的字符集解码指定的字节数组。

例如：

```
char    s[]={'j', 'a', 'v', 'a'};
String msg=new String(s);
String msg1=new String(s,0,2);
String msg2=new String("Java");
String msg3=new String(msg1.getBytes(),"utf-8");
```

例 7-1 String1.Java 文件——初始化字符串。

```
1   public class String1 {
2       public static void main(String[] args) {
3           String s1="这是一个字符串";
4           String s2;
5           s2=new String("this is a string1");
```

```
 6          String s3,s4,s5;
 7          char a[]={'这','是','一','个','字','符','串'};
 8          s3=new String(a);
 9          s4=new String(a,3,2);
10          s5=new String(s3);
11          System.out.println("s1="+s1);
12          System.out.println("s2="+s2);
13          System.out.println("s3="+s3);
14          System.out.println("s4="+s4);
15          System.out.println("s5="+s5);
16      }
17  }
```

7.1.2 String 类的主要方法

String 类的主要方法如下。

char charAt(int index)：返回指定索引处的 char 值。

int compareTo(String anotherString)：按字典顺序比较两个字符串。

int compareToIgnoreCase(String str)：不考虑大小写，按字典顺序比较两个字符串。

String concat(String str)：将指定字符串联到此字符串的结尾。

boolean endsWith(String suffix)：测试此字符串是否以指定的后缀结束。

boolean equals(Object anObject)：比较此字符串与指定的对象。

boolean equalsIgnoreCase(String anotherString)：将此String与另一个String进行比较，不考虑大小写。

int indexOf(int ch)：返回指定字符在此字符串中第一次出现处的索引。

int indexOf(String str)：返回第一次出现的指定子字符串在此字符串中的索引。

int length()：返回此字符串的长度。

String replace(char oldChar, char newChar)：返回一个新的字符串，它是通过用 newChar 替换此字符串中出现的所有 oldChar 而生成的。

String[] split(String regex)：根据给定的正则表达式的匹配来拆分此字符串。当使用字符 ch 来分隔字符串时，如果 ch 是转义字符，则 regex 的值为"\\ch"，例如，设 ch 为|字符，则 regex 的值为"\\|"。

String substring(int beginIndex[, int endIndex])：返回一个新字符串，它是此字符串指定位置 beginindex 开始到 endindex 位置的字符串，如果省略则表示到最后位置的字符串。

String toLowerCase()：使用默认语言环境的规则将此 String 中的所有字符都转换为小写。

String toUpperCase()：使用默认语言环境的规则将此 String 中的所有字符都转换为大写。

String trim()：返回字符串的副本，忽略前导空白和尾部空白。

static String valueOf(Type x)：返回 Type 类型的参数 x 的字符串表示形式。其中 x 可以是 boolean、char、char[]、double、float、int、long、Object 等。

例如，String[] aa = "aaaa|bbbb|cccc".split("|");是错误的，应该写成下面的语句。

```
String[] aa = "aaaa|bbbb|cccc".split("\\|");
```

例如，String s1,s2;。

```
s1="abcdef".substring(2);        //则 s1 等于"cdef";
s2="abcdef".substring(2,2);      //则 s1 等于"cd";
```

例如，字符串 bs，将若干个空格字符作为分隔字符串。

```
String bs="this is a split example.";
String arrayStr[]=bs.split("\\s+");
```

例 7-2 输入字符串，判断该字符串由多少个单词构成，单词之间用指定分隔符分隔。

```
1   public class SplitTest {
2       public static void main(String[] args) {
3           String words[];
4           String lines;
5           Scanner sc=new Scanner(System.in);
6           System.out.print("输入分隔符(只输入一个字符，例如，|,-,空格等)：");
7           chs=sc.nextLine();              //输入一个字符
8           System.out.print("输入一个字符串，各单词之间用|分隔。");
9           lines=sc.nextLine();            //输入一个字符串
10          words=lines.split("\\"+chs);
11          System.out.println("单词的个数="+words.length);
12          for(String a:words)
13              System.out.print(a+"\t");
14      }
15  }
```

说明：首先，程序中的语句chs=sc.nextLine();和lines=sc.nextLine();不能分别用chs=sc.next();和lines=sc.next();代替，如果代替的话，则用空格作为split方法的分隔符会发生错误。其次，语句words=lines.split("\\"+chs);中的"\\"+不能省略，否则会发生错误。

例 7-3 输入字符串，该字符串是简单的算术表达式(假定只能进行加、减、乘、除运算)，然后依据该表达式计算结果，其算法如图 7-1 所示。

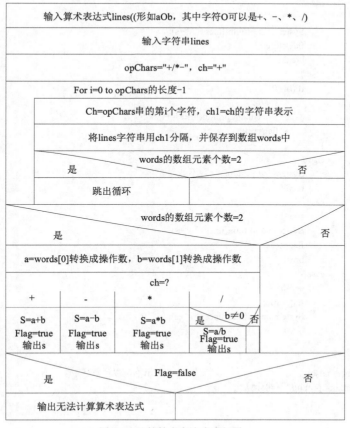

图 7-1 计算算术表达式流程图

```java
1  public class Compute {
2      public static void main(String[] args) {
3          String opChars="+-*/";
4          Scanner sc=new Scanner(System.in);
5          System.out.print("输入算术字符串(形如 aOb,其中字符 O 可以是+、-、*、/):");
6          String lines=sc.nextLine();
7          char ch;                        //保存运算符字符串
8          String words[]={""};            //保存两个操作数
9          boolean flag=false;             //flag 为 false 表示不能计算,flag 为 true 表示可以计算
10         double a,b,s;                   //a、b 分别保存两个操作数,而 s 保存算式运算的结果
11         int i;
12         ch1='+';
13         //下面循环找到运算的操作符
14         for (i=0;i<opChars.length();i++){
15             ch1=opChars.charAt(i);
16             String ch1=String.valueOf(ch);   //得到对应字符 ch 的字符串
17             words=lines.split("\\"+ch1);     //此处的"\\"不能省略
18             if (words.length==2)             //如果输入的表达式是正确的,则跳出循环
19                 break;
20         }
21         if (words.length==2) {               //如果输入的表达式是正确的
22             a=Double.valueOf(words[0]);      //得到操作数 1
23             b=Double.valueOf(words[1]);      //得到操作数 2
24             switch(ch){                      //ch 是操作符
25                 case '*':
26                     s=a*b;
27                     System.out.println(lines+"="+s);//
28                     flag=true;
29                     break;
30                 case '/':
31                     if (b!=0){
32                         s=a/b;
33                         System.out.println(lines+"="+s);
34                         flag=true;
35                     }
36                     else
37                         System.out.println("除数不能为 0");
38                     break;
39                 case '+':
40                     s=a+b;
41                     System.out.println(lines+"="+s);
42                     flag=true;
43                     break;
44                 case '-':
45                     s=a-b;
46                     flag=true;
47                     System.out.println(lines+"="+s);
48                     break;
49             }
50         }
51         if (flag==false)                     //表示不可以计算了
52             System.out.println("不能计算");
53     }
54 }
```

7.2 StringBuffer 类

虽然无法改变 String 类的对象中的内容，但可以创建 StringBuffer 类对象，并通过改变对象内容，达到节约内存的目的。

1. StringBuffer 对象的初始化

StringBuffer 对象初始化最简单的格式如下。

```
StringBuffer str1=new StringBuffer();
StringBuffer str2=new StringBuffer("abcd");
StringBuffer str3=new StringBuffer(str2);
```

但是，下面初始化 StringBuffer 对象是错误的。

```
StringBuffer str1="abc";              //初始化 StringBuffer 对象是错误的
StringBuffer str2=(StringBuffer)"abc";   //错误的，因为 StringBuffer 与 String 无继承关系
```

2. StringBuffer 类的主要方法

StringBuffer 类的主要方法如下。

StringBuffer append(Type x)：将 Type 类型的参数 x 的字符串表示形式追加到此序列。其中 x 可以是 boolean、char、char[]、double、float、int、long、Object 等。

char charAt(int index)：返回此序列中指定索引处的 char 值。

StringBuffer delete(int start, int end)：删除此序列的子字符串中的字符。

void getChars(int srcBegin, int srcEnd, char[] dst, int dstBegin)：将字符从此序列复制到目标字符数组 dst。

int indexOf(String str[, int fromIndex])：从指定的索引处开始，返回第一次出现的指定子字符串在该字符串中的索引。

StringBuffer insert(int offset, String str)：将字符串插入此字符序列中。

StringBuffer replace(int start, int end, String str)：使用给定 String 中的字符替换此序列的子字符串中的字符。

StringBuffer reverse()：将此字符序列用其反转形式取代。

void setCharAt(int index, char ch)：将给定索引处的字符设置为 ch。

String substring(int start, int end)：返回一个新的 String，它包含此序列当前所包含的字符子序列。

例7-4 输入一明文英文字符串，将该字符串中的每一英文字母向顺时针方向移动 n 个字符，变成密文。如图 7-2 所示，例如，n=2 时，a->c,b->d,…,y->a,z->b,A->C,B->D,…,Y->A,Z->B。随后，又将该密文解密，得到明文。

(a) 字母环

图 7-2 加密解密过程

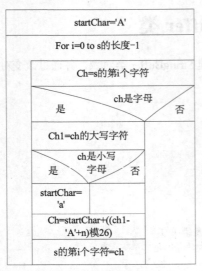 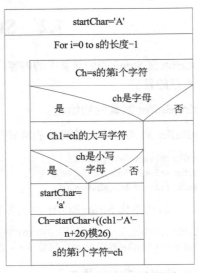

(b) encrypt(StringBuffer s,int n)加密　　　(c) decrypt(StringBuffer s,int n)解密

图 7-2(续)

```
1    public class Encrypt {
2    //加密方法
3        public static void encrypt(StringBuffer s,int n){
4            int i;
5            char ch,ch1;
6            char startChar='A';
7            for (i=0;i<s.length();i++){
8                ch=s.charAt(i);
9                if (ch>='a'&&ch<='z'||ch>='A'&&ch<='Z') {    //判断 ch 是字母
10                   ch1=ch;
11                   if (ch>='a'&&ch<='z'){
12                       startChar='a';ch1=(char)(ch-32);    //将 ch 转换成大写字母
13                   }
14                   ch=(char)(startChar+(ch1-'A'+n)%26);
15                   s.setCharAt(i, ch);
16               }
17           }
18       }
19   //解密方法
20       public static void decrypt(StringBuffer s,int n){
21           int i;
22           char ch,ch1;
23           char startChar='A';
24           for (i=0;i<s.length();i++){
25               ch=s.charAt(i);
26               if (ch>='a'&&ch<='z'||ch>='A'&&ch<='Z'){
27                   ch1=ch;
28                   if (ch>='a'&&ch<='z'){
29                       startChar='a';
30                       ch1=(char)(ch-32);
31                   }
32                   ch=(char)(startChar+(ch1-'A'-n+26)%26);
33                   s.setCharAt(i, ch);
```

```
34          }
35        }
36      }
37      public static void main(String[] args) {
38        Scanner sc=new Scanner(System.in);
39        System.out.print("输入字符串:");
40        //将 String 类型的串转化成 StringBuffer 类型的串
41        StringBuffer s=new StringBuffer(sc.nextLine());
42        int n;
43        System.out.println("输入 n(>0):");
44        n=sc.nextInt();
45        encrypt(s,n);
46        System.out.println("密文：" +s);
47        decrypt(s,n);
48        System.out.println("明文：" +s);
49      }
50    }
```

说明：public static void encrypt(StringBuffer s,int n)是加密方法，public static void decrypt(StringBuffer s,int n)是解密方法，此处是通过改变形参变量的内容，从而得到相应的操作结果。

7.3 正则表达式

在处理字符串时，编程者经常要使用到正则表达式，这给字符串操作带来了很多方便。所以，本节将讲解正则表达式的处理操作。

7.3.1 正则表达式的相关知识

正则表达式是对字符串操作的一种逻辑公式，就是用事先定义好的特定字符及这些特定字符的组合，组成一种规则字符串，该规则字符串可用来过滤字符串。正则表达式是一种文本模式，该模式描述在搜索文本时要匹配一个或多个字符串。

正则表达式中出现的字符包括普通字符、特殊字符、限定符以及定位符。

其中，普通字符包括没有显式指定为元字符的所有可打印字符和不可打印字符。可打印字符包括所有大写和小写字母、所有数字、所有标点符号和一些其他符号。非打印字符也是正则表达式的组成部分。非打印字符对应的转义序列如表 7-1 所示。

表 7-1 非打印字符对应的转义序列

非打印字符	转 义 序 列
\cx	匹配由 x 指明的控制字符。例如，\cM 匹配一个 Ctrl-M 或回车符。x 的值必须为 A-Z 或 a-z 之一。否则，将 c 视为一个原义的 c 字符
\f	匹配一个换页符。等价于\x0c 和\cL
\n	匹配一个换行符。等价于\x0a 和\cJ
\r	匹配一个回车符。等价于\x0d 和\cM
\s	匹配任何空白字符，包括空格、制表符、换页符等。等价于[\f\n\r\t\v]
\S	匹配任何非空白字符。等价于[^ \f\n\r\t\v]
\t	匹配一个制表符。等价于\x09 和\cI
\v	匹配一个垂直制表符。等价于\x0b 和\cK

特殊字符是指一些具有特殊含义的字符，各特殊字符代表的意义如表 7-2 所示。

表 7-2　特殊字符的特殊含义

符号	特殊含义
*	零次或多次匹配前面的子表达式。要匹配*字符，请使用*
+	一次或多次匹配前面的子表达式。要匹配+字符，请使用\+
.	匹配除换行符\n之外的任何单字符。要匹配 .字符，请使用\.
[	标记一个中括号表达式的开始。要匹配[字符，请使用\[
?	匹配前面的子表达式零次或一次，或指明一个非贪婪限定符。要匹配?字符，请使用\?
\	将下一个字符标记为特殊字符、原义字符、向后引用、八进制转义符。例如，n匹配字符n，\n匹配换行符。序列\\匹配\，而\(则匹配(
^	匹配输入字符串的开始位置，除非在方括号表达式中使用，此时它表示不接受该字符集合。要匹配^字符本身，请使用\^
{	标记限定符表达式的开始。要匹配{，请使用\{
|	指明两项之间的一个选择。要匹配|，请使用\\|

限定符用来指定正则表达式的一个给定组件必须要出现多少次才能满足匹配。有 *、+、?、{n}、{n,}、{n,m} 6 种。其具体使用方法如表 7-3 所示。

表 7-3　限定符的使用方法

符号	说明
*	匹配前面的子表达式零次或多次。例如，fo*能匹配 fo、foo 等。*等价于{0,}
+	匹配前面的子表达式一次或多次。例如，fo+可以匹配 fo 以及 foo，但不能匹配 z。+等价于{1,}
?	匹配前面的子表达式零次或一次。例如，do(es)?能匹配 do、does?等价于{0,1}
{n}	n 是一个非负整数。匹配确定的 n 次。例如，o{2}不可匹配 Bob 中的 o，但是能匹配 good 中的两个 o
{n,}	n 是一个非负整数。至少匹配 n 次。例如，e{2,}不可匹配 eb 中的 o，但能匹配 geeeed 中的所有 o。o{1,}等价于 o+，o{0,}则等价于 o*
{n,m}	m 和 n 均为非负整数，其中 n≤m。最少匹配 n 次且最多匹配 m 次。例如，o{1,4}将匹配 zooooood 中的前 4 个 o，o{0,1}等价于 o?。请注意在逗号和两个数之间不能有空格

定位符能够将正则表达式固定到行首或行尾。它们还能够创建正则表达式，这些正则表达式出现在一个单词内、一个单词的开头或者一个单词的结尾。正则表达式的定位符如表 7-4 所示。

表 7-4　正则表达式定位符的用法

定位符	意义
^	匹配输入字符串开始的位置。如果设置了 RegExp 对象的 Multiline 属性，^还会与\n 或\r 之后的位置匹配
$	匹配输入字符串结尾的位置。如果设置了 RegExp 对象的 Multiline 属性，$还会与\n 或\r 之前的位置匹配
\b	匹配一个字边界，即字与空格间的位置
\B	非字边界匹配
\d	匹配一个数字字符。等价于[0-9]
\D	匹配一个非数字字符，等价于[^0-9]
\w	匹配包括下画线的任何单词字符。类似但不等价于[A-Za-z0-9_]，这里的单词字符是 Unicode 字符
\W	匹配任何非单词字符。等价于[^A-Za-z0-9_]
\xn	匹配 n，其中 n 为十六进制转义值。十六进制转义值必须为确定的两个数字长。例如，\x41 匹配 A，\x041 则等价于\x04&1。正则表达式中可以使用 ASCII 编码
\num	匹配 num，其中 num 是一个正整数。对所获取的匹配的引用。例如，(.)\1 匹配两个连续的相同字符
\n	标识一个八进制转义值或一个向后引用。如果\n 之前至少有 n 个获取的子表达式，则 n 为向后引用。否则，如果 n 为八进制数字(0~7)，则 n 为一个八进制转义值

(续表)

定位符	意 义
\nm	标识一个八进制转义值或一个向后引用。如果\nm 之前至少有 nm 个获得子表达式，则 nm 为向后引用。如果\nm 之前至少有 n 个获取，则 n 为一个后跟文字 m 的向后引用。如果前面的条件都不满足，若 n 和 m 均为八进制数字(0~7)，则\nm 将匹配八进制转义值 nm
\nml	如果 n 为八进制数字(0~7)，且 m 和 l 均为八进制数字(0~7)，则匹配八进制转义值 nml
\< \>	匹配词(word)的开始(\<)和结束(\>)。例如，正则表达式\<the\>能够匹配字符串 for the wise 中的 the，但是不能匹配字符串 otherwise 中的 the。注意：这个元字符不是所有的软件都支持

需要注意的是：不能将限定符与定位符一起使用，例如，^?是错误的。

7.3.2 Java 语言处理正则表达式

在 Java.util.regex 包中，Java 定义了 Pattern、Matcher 两个重要类来处理正则表达式。其中 Pattern 类用于匹配字符序列与正则表达式指定模式的类。Pattern 类指定为字符串的正则表达式必须首先被编译为此类的实例。Matcher 类是通过解释 Pattern 对字符序列执行匹配操作的引擎。

1. Pattern 类

Pattern 对象指定为字符串的正则表达式必须首先被编译为 Pattern 类的实例。然后，可将得到的模式用于创建 Matcher 对象，依照正则表达式，该对象可以与任意字符序列匹配。执行匹配所涉及的所有状态都驻留在匹配器中，所以多个匹配器可以共享同一模式。

Pattern 类的主要方法如下。

static Pattern compile(String regex)：将给定的正则表达式编译到模式中。
static Pattern compile(String regex, int flags)：将给定的正则表达式编译到具有给定标志的模式中。
int flags()：返回此模式的匹配标志。
Matcher matcher(CharSequence input)：创建匹配给定输入与此模式的匹配器。
static boolean matches(String regex, CharSequence input)：编译给定正则表达式，并尝试将给定输入与其匹配。
String pattern()：返回在其中编译过此模式的正则表达式。
static String quote(String s)：返回指定 String 的字面值模式 String。
String[] split(CharSequence input)：围绕此模式的匹配拆分给定输入序列。
String[] split(CharSequence input, int limit)：围绕此模式的匹配拆分给定输入序列。

2. Matcher 类

Matcher 类是通过解释 Pattern 对字符序列执行匹配操作的引擎。Matcher 类的主要方法如下。

StringBuffer appendTail(StringBuffer sb)：实现终端追加和替换步骤。
int end()：返回最后匹配字符之后的偏移量。
int end(int group)：返回在以前的匹配操作期间，由给定组所捕获子序列的最后字符之后的偏移量。
boolean find()：尝试查找与该模式匹配的输入序列的下一个子序列。
boolean find(int start)：重置此匹配器，然后尝试查找匹配该模式、从指定索引开始的输入序列的下一个子序列。
String group()：返回由以前匹配操作所匹配的输入子序列。
String group(int group)：返回在以前匹配操作期间由给定组捕获的输入子序列。

int groupCount()：返回此匹配器模式中的捕获组数。
boolean hitEnd()：如果匹配器执行的最后匹配操作中搜索引擎遇到输入结尾，则返回 true。
boolean lookingAt()：尝试将从区域开头开始的输入序列与该模式匹配。
boolean matches()：尝试将整个区域与模式匹配。
Pattern pattern()：返回由此匹配器解释的模式。
static String quoteReplacement(String s)：返回用指定 String 的字面值替换的 String。
Matcher region(int start, int end)：设置此匹配器的区域限制。
int regionEnd()：报告此匹配器区域的结束索引(不包括)。
int regionStart()：报告此匹配器区域的开始索引。
String replaceAll(String replacement)：替换模式与给定替换字符串相匹配的输入序列的每个子序列。
String replaceFirst(String replacement)：替换模式与给定替换字符串匹配的输入序列的第一个子序列。
boolean requireEnd()：如果很多输入都可以将正匹配更改为负匹配，则返回 true。
Matcher reset()：重置匹配器。
Matcher reset(CharSequence input)：重置此具有新输入序列的匹配器。
int start()：返回以前匹配的初始索引。
int start(int group)：返回在以前的匹配操作期间，由给定组所捕获的子序列的初始索引。

使用正则表达式的步骤如下。
(1) 根据需要，设计正则表达式字符串 str。
(2) 调用 Pattern 类的静态方法 compile(str)方法，得到 Pattern 类的实例 p。
(3) 然后调用 p 对象的 matcher(str)方法，得到 Matcher 对象 matcher。
(4) 当执行对象 matcher 的 find()方法时，若匹配成功，则输出匹配的子序列，然后根据该序列做相应的处理操作。
(5) 重复步骤(4)的操作，直到不能匹配，即结束。

例 7-5 计算字符串中各课成绩的平均分。

```
1   public class Regex1 {
2       public static void main(String[] args) {
3           String str="计算机:86.5,大学英语:79,数据结构:80,大学语文:80";
4           String regex="[0123456789]+.{0,1}[0123456789]+";
5           Pattern   pattern=Pattern.compile(regex);
6           Matcher matcher=pattern.matcher(str);
7           double s=0;
8           int count=0;
9           while (matcher.find()){           //查找与模式匹配的输入序列的下一个子序列
10              String t=matcher.group();     //得到匹配的输入子序列
11              s=s+Double.parseDouble(t);
12              count++;
13          }
14          s=s/count;
15          System.out.println("平均分="+s);
16      }
17  }
```

例 7-6 从字符串中检测出所有合法的手机电话号码。

```
1   public class RegetTelephone {
2       public static void main(String[] args) {
3           String str="18971612345,15087654321,13912345678,139131,68932,232332232";
```

```
4         String regex="(13[0-9]|15[0|1|2|3|5|6|7|8|9]|18[0|1|2|3|5|6|7|8|9])\\d{8}";
5         Pattern pattern=Pattern.compile(regex);
6         Matcher matcher=pattern.matcher(str);
7         double s=0;
8         int count=0;
9         while (matcher.find()){                //查找与模式匹配的输入序列的下一个子序列
10            String t=matcher.group();           //得到匹配的输入子序列
11            System.out.println(t);
12        }
13    }
14 }
```

例 7-7 判断一个字符串是否是合法的 Email 地址，如果该串是合法的字符串，则输出该字符串。

```
1  public class RegexEmail {
2      public static void main(String[] args) {
3          String str="abc@163.com.cn";
4          String regex="^\\w+([-+.]\\w+)*@\\w+([-.]\\w+)*\\.\\w+([-.]\\w+)*$";
5          Pattern  pattern=Pattern.compile(regex);
6          Matcher matcher=pattern.matcher(str);
7          double s=0;
8          int count=0;
9          while (matcher.find()){              //查找与模式匹配的输入序列的下一个子序列
10             String t=matcher.group();         //得到匹配的输入子序列
11             System.out.println(t);
12         }
13     }
14 }
```

7.4 基本数据类型的包装类

Java 语言是一个面向对象的语言，但是 Java 中的基本数据类型却不是面向对象的类，这在实际使用时存在很多不便。为了解决该问题，在设计类时，Java 语言为每个基本数据类型设计了相应的类，这样八个基本数据类型对应的类统称为包装类，如表 7-5 所示。

表 7-5 基本数据类型和包装类

基本数据类型	包 装 类	基本数据类型	包 装 类
byte	Byte	int	Integer
boolean	Boolean	long	Long
short	Short	float	Float
char	Character	double	Double

假定 Cname 是一包装类类名，而 cname 是与包装类类名对应的基本数据类型名字，Cname 可以是 Byte、Boolean、Short、Character、Int、Long、Float、Double 等，而 Cname 可以是 byte、boolean、short、character、int、long、float、double 等。

Cname 类中的主要方法如下。

int compareTo(Cname anotherCname)：从数字上比较两个 Cname 对象。

Static Cname parseCname(String s)：返回一个新的 name 值，该值被初始化为用指定 String 表示的值，这与 Cname 类的 valueOf 方法产生的值类似。

static Cname valueOf(cname d)：返回表示指定的基本数据类型 cname 值的 Cname 实例。

static Cname valueOf(String s)：返回保持用参数字符串 s 表示的基本数据类型 cname 值的 Cname 对象。

cname Value()：返回此 Cname 对象的 cname 值。

例 7-8 输入三角形的三条边 a、b、c 数据，并以逗号分隔，求三角形的面积。

```
1   public class Area {
2       public static void main(String[] args) {
3           String line;
4           Scanner sc=new Scanner(System.in);
5           System.out.println("输入三角形的三条边长(以逗号分隔数据,假定输入的数据构成三角形)");
6           line=sc.nextLine();
7           String data[]=line.split("\\,");
8           double a=Double.parseDouble(data[0]);    //从字符串中解析出边长 a
9           double b=Double.parseDouble(data[1]);    //从字符串中解析出边长 b
10          double c=Double.parseDouble(data[2]);    //从字符串中解析出边长 c
11          double s,p=(a+b+c)/2;
12          s=Math.sqrt(p*(p-a)*(p-b)*(p-c));
13          System.out.println("三角形的面积="+s);
14      }
15  }
```

说明：输入时，要保证输入是以逗号分隔，并且输入的数据个数必须大于 3，否则将出现错误。

7.5 Object 类

类 Object 是类层次结构的根类。每个类都使用 Object 作为父类。Object 类的主要方法如下。

protected Object clone()：创建并返回此对象的一个副本。

boolean equals(Object obj)：指示某个其他对象是否与此对象"相等"。

Class<? extends Object>getClass()：返回一个对象的运行时类。

void notify()：唤醒在此对象监视器上等待的单个线程。

void notifyAll()：唤醒在此对象监视器上等待的所有线程。

String toString()：返回该对象的字符串表示。很多情况下，需要重载 toString()方法，这样得到应该满足自己所需的类对象字符串表示。

关于 clone()方法的说明如下。

(1) Object 类的 clone()方法是一个 native 方法，native 方法的效率一般来说都是远远高于 Java 中的非 native 方法。这也解释了为什么要用 Object 中的 clone()方法而不是先 new 一个类，然后把原始对象中的信息复制到新对象中，虽然这也实现了 clone 功能。

(2) Object 类中的 clone()方法被 protected 修饰符修饰。这也意味着如果要应用 clone()方法，必须继承 Object 类(在 Java 中所有的类是默认继承 Object 类的，也就不用关心这点了)，然后重载 clone()方法。还有一点要考虑的是为了让其他类能调用这个 clone 类的 clone()方法，重载之后要把 clone()方法的属性设置为 public。

(3) clone()方法返回一个 Object 对象，必须进行强制类型转换才能得到需要的类型。

(4) Java 中如果一个类需要支持 clone，必须要做如下事情：首先，继承 Cloneable 接口；其次，实现 clone()方法。否则将会发生 Java.lang.CloneNotSupportedException 异常错误。

例 7-9 下面程序定义了球类 Sphere(说明：球的表面积公式是 $s = 4\pi r^2$，球的体积公式是 $s = \dfrac{4}{3}\pi r^3$)。

```
1   public class Sphere implements Cloneable{    //实现 Cloneable 接口
2       final static   double   PI=3.14159;      //定义常量
3       private double r;
4       public Sphere(double r) {
5           this.r = r;
6       }
7       public double getArea(){
8           double s;
9           s=4*PI*r*r;
10          return s;
11      }
12      public void setR(double r) {
13          this.r = r;
14      }
15      public double getVolume(){
16          double v;
17          v=4.0/3.0*PI*r*r*r;
18          return v;
19      }
20      @Override
21      public String toString() {
22          return "球\t" + "半径 r=" + r + "\t 表面积 s="+getArea()+"\t 体积="+getVolume();
23      }
24      public static void main(String[] args) throws CloneNotSupportedException {
25          Sphere    b1=new Sphere(2.0);
26          System.out.println(b1.getClass());
27          Sphere    b2=(Sphere) b1.clone();
28          System.out.println("b1.toString()="+b1.toString());
29          System.out.println("b1="+b1);
30          System.out.println("b2="+b2);
31          b2.setR(3);                           //修改 b2 的半径
32          System.out.println("b1="+b1);
33          System.out.println("b2="+b2);         //注意此处输出
34          Sphere    b3=new Sphere(2.0),b4;
35          b4=b3;                                //b4 是 b3 的引用
36          System.out.println("b3="+b3);
37          System.out.println("b4="+b4);
38          System.out.println("b1=b2:"+b1.equals(b2));   //b1 和 b2 不是指向同一对象
39          System.out.println("b1=b3:"+b1.equals(b3));
40          System.out.println("b3=b4:"+b3.equals(b4));
41          b3.setR(4);                           //修改 b3 对象的半径，观察 b3 和 b4 的情况
42          System.out.println("b3="+b3);
43          System.out.println("b4="+b4);
44      }
45  }
```

7.6 Math 类

Math 类包含基本的数字操作，如指数、对数、平方根和三角函数等。Math 类中常用的主要方法如下。

Static T abs(T a)：返回 T 值的绝对值，T 是 double、float、int、long 等。

static double acos(double a)：返回角的反余弦，范围在 0.0 到 π 之间。

static double asin(double a)：返回角的反正弦，范围在 $-\frac{\pi}{2}$ 到 $\frac{\pi}{2}$ 之间。

static double atan(double a)：返回角的反正切，范围在 $-\frac{\pi}{2}$ 到 $\frac{\pi}{2}$ 之间。

static double atan2(double y, double x)：将矩形坐标(x, y)转换成极坐标(r, theta)。

static double ceil(double a)：返回最小的(最接近负无穷大)double 值，该值大于或等于参数，并且等于某个整数。

static double cos(double a)：返回角的三角余弦。

static double cosh(double x)：返回 x 值的双曲线余弦。

static double exp(double a)：返回 e^a 的值。

static double floor(double a)：返回最大(最接近正无穷大)的 double 值，该值小于或等于参数，并且等于某个整数。

static double log(double a)：返回 a 值(底数是 e)的自然对数。

static double log10(double a)：返回 a 值的底数为 10 的对数。

Static T max(T a, T b)：返回两个数 a 和 b 中较大的一个，其中 T 是 double、float、short、int、long 等数据类型。

Static T min(T a, T b)：返回两个数 a 和 b 中较小的一个，其中 T 是 double、float、short、int、long 等数据类型。

static double pow(double a, double b)：返回第一个参数的第二个参数次幂的值。

static double random()：返回带正号的 double 值，大于或等于 0.0，小于 1.0。

static long round(double a)：返回最接近参数的 long。

static int round(float a)：返回最接近参数 a 的 int 类型的值。

static T signum(T d)：返回参数的符号函数；如果参数是零，则返回零；如果参数大于零，则返回 1.0；如果参数小于零，则返回-1.0。其中 T 是 double、float 等数据类型。

static double sin(double a)：返回角的三角正弦。

static double sqrt(double a)：返回正确舍入的 double 值的正平方根。

static double tan(double a)：返回角的三角正切。

例 7-10 已知 $\theta = \frac{\pi}{5}$，计算 $3\tan\theta - 4\sin^3\theta$；已知 $x = 5$，计算 $\ln(x + \sqrt{x^2+1})$ 及 $\log_6^{(3x+5)}$。

```
1   public class MathTest1 {
2       public static double ln(double x){
3           return Math.log(x);
4       }
5       public static void main(String[] args) {
6           double a=Math.PI/5,v1;
7           double x=5,v2,v3;
8           v1=3*Math.tan(a)-4*Math.pow(Math.sin(a),3);
9
10          v2=ln(x+Math.sqrt(x*x+1));
11          v3=ln(x)/ln(6);
12          System.out.println("v1="+v1);
13          System.out.println("v2="+v2);
```

```
14          System.out.println("v3="+v3);
15     }
16 }
```

说明：由于在 Math 类中没有定义 ln(x)静态方法，所以在上面程序第 2~4 行定义了方法 ln(x)。

例 7-11 输入 a 及 b 两个整数(要求 b>a)，求产生若干个值在指定区间 (a,b) 的随机整数。

思路：先随机产生数 x，且 $x \in (0,1)$，则 $0 < (b-a)x < b-a$，于是有 $a < a+(b-a)x < b$。

```
1  public class MathTest2 {
2     public static void main(String[] args) {
3         double x,value;
4         int a,b,num;
5         Scanner sc=new Scanner(System.in);
6         System.out.println("输入 a,b 两个整数(要求 b>a)");
7         System.out.print("输入 a:");
8         a=sc.nextInt();
9         System.out.print("输入 b:");
10        b=sc.nextInt();
11        while (b<=a){
12           System.out.print("输入 a:");
13           a=sc.nextInt();
14           System.out.print("输入 b:");
15           b=sc.nextInt();
16        }
17        System.out.print("输入需要产生数的个数(num>0)：");
18        num=sc.nextInt();
19        int count=0;
20        while (count<num){
21           x=Math.random();              //Math.random()方法产生值在范围(0,1)
22           value=a+(b-a)*x;
23           if (count%10==0&&count!=0)    //一行最多输出 10 个数
24              System.out.println();      //换行
25           System.out.printf("%.1f\t",value);  //小数部分保留 1 位
26           count++;
27        }
28        System.out.println("");
29     }
30 }
```

说明：上面程序中的第 11~16 行代码保证输入的 a 和 b 满足条件 b>a。

习题 7

(1) 输入字符串，判断该字符串是否是连续的。例如，"123""4321""abcde""edcba"是连续的。而"1324""一二三四""aBcD"等不是连续的。

(2) 回文是指正读反读都能读通的字符串，它是古今中外都有的一种修辞方式和文字游戏。例如，"上海自来水来自海上"是回文，"abcdcba"是回文。在数学中也有一类数字有这样的特征，称为回文数，例如，"1234321"是回文，"12343321"不是回文。输入一个字符串，判断该字符串是否是回文。

(3) 已知 $\theta = \dfrac{\pi}{10}$，计算 $3\tan\theta - 4\tan^3\theta$；已知 $x=3$，计算 $\ln(x+\sqrt{x^2+1}) + 3\ln\left(\dfrac{x^2+\sqrt{x^3+3x^2}}{x+1}\right)$。

(4) (ACM 竞赛题)Catcher 是 MCA 国的情报员,他工作时发现敌国会用一些对称的密码进行通信,如 ABBA、ABA、A、123321 等,但是他们有时会在开始或结束时加入一些无关的字符以防别国破解,如进行下列变化 ABBA->12ABBA,ABA->ABAKK,123321->51233214。因为截获的串太长,而且存在多种可能的情况(abaaab 可看作是 aba 或 baaab 的加密形式),Cathcer 的工作量实在是太大了,他只能向电脑高手求助,你能帮 Catcher 找出最长的有效密码串吗?输入:测试数据有若干行字符串,包括字母(字母区分大小写)、数字、符号。输出:与输入相应,每一行输出一个整数,代表最长有效密码串的长度。样本数据的输入输出如表 7-6 所示。

表 7-6 样本数据的输入输出

样本输入	ABBA	12ABBA	A	ABAKK	51233214	abaaab
样本输出	4	4	1	3	6	5

(5) 输入一个字符串,将该字符串中的每个单词的首字符改为大写字母。

第8章 抽象类和接口

本章知识目标：
- 了解抽象类的概念。
- 理解并掌握抽象类的定义和使用方法。
- 理解并掌握接口的定义和实现。
- 理解并掌握枚举类 Enum 以及自定义枚举类。

8.1 抽象类的概念

在面向对象的概念中，类是对具有相同属性对象的高度抽象描述。但是反过来，并不是所有的类都是用来描绘对象的，如果一个类中没有包含足够的信息来描绘一个具体的对象，这样的类就是抽象类。而只有定义更具体的类，才可以清楚地描绘一部分对象。例如，人类 Person 无法描绘清楚所有人的工作、生活等信息，而学生类 Student 可以更进一步清楚地描述学生的有关情况，老师类 Teacher 也可以描绘出老师相关的工作和生活等信息。再如，动物类 Animal 不能描绘出所有动物的有关信息情况，而兔类 Rabbit 则可以描绘出兔子的有关信息。

在面向对象领域由于抽象的概念在问题领域没有对应的具体概念，所以用以表征抽象概念的抽象类是不能被实例化的。同时，抽象类体现了数据抽象的思想，是实现多态的一种机制。它定义了一组抽象方法，而这组抽象方法的具体实现由子类来实现。

抽象方法是一种特殊的方法：它只有声明，而没有具体的实现。抽象方法的声明格式如下。

```
abstract [返回值类型] 方法名称(参数列表);
```

抽象方法必须用 abstract 关键字进行修饰。如果一个类至少含有一个抽象方法，则称该类是抽象类，抽象类必须在类前用 abstract 关键字修饰。因为抽象类中含有无具体实现的方法，所以不能用抽象类创建对象。另外，在一个抽象类中，如果只有抽象方法，其他什么都没有，则使用接口更好。

在 Java 语言中，抽象类的定义如下。

```
[访问权限修饰符] abstract    class 抽象类名字{
    ...
    abstract [返回值类型] 方法名称1(参数列表);
    ...
}
```

注意，抽象类和普通类主要有以下几点区别。

(1) 抽象方法必须为 public 或者 protected(如果为 private，则不能被子类继承，子类便无法实现该方法)，缺省情况下默认为 public。

(2) 如果一个类继承于一个抽象类，则子类必须实现父类的所有抽象方法。如果子类没有实现父类的抽象方法，则必须将子类也定义为 abstract 类。

(3) 抽象类不能实例化，而非抽象类可以实例化。

在其他方面,抽象类和普通的类并没有区别。

例 8-1 假设定义了 Person 类、Student 类以及 Teacher 类,它们的类继承关系如图 8-1 所示。

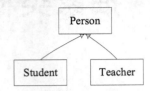

图 8-1　Person、Student、Teacher 类继承关系

(1) 定义抽象类 Person。

```
1   abstract public class Person {
2       String id;          //身份证号
3       String name;        //姓名
4       public Person(String id, String name) {
5           this.id = id;
6           this.name = name;
7       }
8       @Override
9       public String toString() {
10          return "我的有关信息：身份证号是" + id + ",姓名是" + name;
11      }
12  //抽象方法,没有具体的实现,Person 的子类中必须实现该方法
13      public abstract void work();
14  }
```

(2) 定义学生类 Student。

```
1   public class Student    extends Person {
2       String no;          //学号
3       String major;       //所学专业
4       public Student(String no, String major, String id, String name) {
5           super(id, name);
6           this.no = no;
7           this.major = major;
8       }
9       @Override
10      public String toString() {
11          return super.toString()+", 我的学号"  + no + ", 主修" + major;
12      }
13      @Override
14      public void work() {
15          System.out.println("我的工作就是学习");
16      }
17      public static void main(String[] args) {
18          Student t=new Student("1001","计算机","360001","张三");
19          System.out.println(t);
20          t.work();
21      }
22  }
```

(3) 定义教师类。

```
1   public class Teacher extends Person{
2       String tno;                 //工号
3       String course[];            //授课列表
4       public Teacher( String id, String name,String tno, String[] course) {
5           super(id, name);
6           this.tno = tno;
7           this.course=new String[course.length];
8           int i;
9           for (i=0;i<course.length;i++)
10              this.course[i]=new String(course[i]);
11      }
12      public String toString() {
13          String msg="";
14          int i;
15          for (i=0;i<course.length;i++)
16          {
17              if (i==0)
18                  msg=msg.concat(course[i]);
19              else
20                  msg=msg.concat(","+course[i]);
21          }
22          return super.toString()+", 我的工号是"  + tno + ", 我教授的课程有: "+ msg;
23      }
24      @Override
25      public void work() {
26          System.out.println("我的工作就是教书");
27      }
28      public static void main(String[] args) {
29          String course[]={"计算机","操作系统","Java 高级编程" };
30          Teacher t=new Teacher("01","赵晓天","T01",course);
31          System.out.println(t);
32          t.work();
33      }
34  }
```

说明：Person 类是抽象类，其内定义了 id(身份证号)、name(姓名)两个属性；同时还定义了抽象方法 work()，但该方法没有具体的实现。Student 类和 Teacher 类是 Person 类的子类。其中 Student 类定义了 no(学号)、major(所学专业)两个属性，而 Teacher 类中则定义了 no(工号)、course[](授课列表)两个属性。在 Student 类和 Teacher 类中，它们都具体实现了 work()方法。

例 8-2 定义抽象类 Animal 以及具体实现类(母鸡类 Hen 和狗类 Dog)，它们的类继承关系如图 8-2 所示。

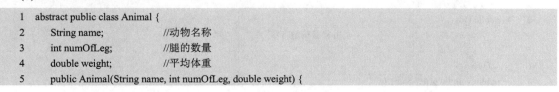

图 8-2 Animal、Hen、Dog 类继承关系

(1) 定义动物类 Animal。

```
1   abstract public class Animal {
2       String name;                //动物名称
3       int numOfLeg;               //腿的数量
4       double weight;              //平均体重
5       public Animal(String name, int numOfLeg, double weight) {
```

```
6          this.name = name;
7          this.numOfLeg = numOfLeg;
8          this.weight = weight;
9      }
10     @Override
11     public String toString() {
12         return "动物的基本情况:"+name + ", 腿的数量是：" + numOfLeg + ",平均体重" + weight+"千克";
13     }
14     //喜欢食物的方法
15     public abstract void favoriteFood();
16     //叫声的方法
17     abstract public void shout();
18     //技能方法
19     abstract public void skill();
20 }
```

(2) 定义母鸡 Hen 类。

```
1  public class Hen   extends Animal{
2      //默认构造方法
3      public Hen() {
4          super("母鸡", 2,2);          // 调用父类构造方法
5      }
6      @Override
7      //喜欢食物方法
8      public void favoriteFood() {
9          System.out.println("母鸡爱吃的食物有谷子、虫、草籽等。");
10     }
11     @Override
12     //叫声方法
13     public void shout() {
14         System.out.println("母鸡的叫声是咯咯, 特别是当它下完蛋时, 喜欢咯咯地叫。");
15     }
16     @Override
17     public void skill() {
18         System.out.println("我的本领是每天下又大又新鲜的鸡蛋。");
19     }
20     public static void main(String[] args) {
21         Hen h=new Hen();
22         System.out.println(h);
23         h.favoriteFood();
24         h.shout();
25     }
26 }
```

(3) 定义狗类 Dog。

```
1  public class Dog extends Animal{
2      //默认构造方法
3      public Dog() {
4          super("狗", 4, 24);          //调用父类构造方法
5      }
6      @Override
7      public void favoriteFood() {
```

```
8            System.out.println("狗爱吃的食物有肉、骨头。");
9        }
10       @Override
11       public void shout() {
12           System.out.println("狗的叫声是：汪汪。特别是当它看见陌生人时,喜欢汪汪地叫。");
13       }
14       @Override
15       public void skill() {
16           System.out.println("我的本领是帮主人看家。");
17       }
18       public static void main(String[] args) {
19           Dog d=new Dog();
20           System.out.println(d);
21           d.favoriteFood();
22           d.shout();
23       }
24   }
```

说明：Animal 类是抽象类，其内定义了 name(动物名称)、numOfLeg(腿的数量)及 weight(平均体重)3 个属性，同时还定义了 favoriteFood()、shout()以及 skill()3 个抽象方法，但这 3 个方法没有具体的实现。Hen 类和 Dog 类是 Animal 类的子类，它们都具体实现了 favoriteFood()、shout()以及 skill()方法。

8.2 接口概念

在现实生活中，每个公司或者部门都要处理相应的业务。例如，酒店向人们提供吃饭、住宿、娱乐等业务活动；证券公司向投资者提供开户、销户以及买卖股票等经纪业务；银行则向人们提供了存钱、取现、转账等业务；物流企业会根据客户需要，向人们提供海运、货运等业务。对于它们来说，接口是这些公司、企业、部门的相关业务活动集合，以便客户及自己处理业务。

8.2.1 接口定义

Java 语言通过使用 interface 定义接口。在接口定义中，编程者的主要工作就是定义若干个常量以及一些方法。其定义形式如下。

```
[访问权限修饰符] interface 接口名称 [extends 父接口名称表]{
    [public] [static] [final] 数据成员名称;
    ...
    [public] [abstract] 方法名称;
    ...
}
```

在定义接口时，需要注意以下几点。

(1) 一般情况下，接口名称要满足标识符的命名规则，而且接口名称的首字母一般要求是大写。

(2) extends 关键字是可选项，它的主要作用是指定父接口。一个类有且只有一个父类，但一个接口可以有多个父接口。而且父接口列表说明父接口由哪些接口组成，而且父接口列表中的各接口之间用逗号分隔。

(3) 由于接口主要包括若干常量和若干方法的定义，所以其数据成员都是 public static 类型的，如果省略 public static 两个关键字，则系统自动添加这两个修饰符。

(4) 在接口定义中，只需要书写方法的声明，不需要书写具体方法的方法体。

(5) 接口不像类有构造方法，如果有构造方法则是错误的；另外，接口也不能被实例化。

(6) 同 Java 的类文件相同，接口文件的文件名一定要与接口名相同。

(7) 访问权限修饰符是可选项，主要用于规定接口的访问权限，可以定义 public 或者默认权限。如果省略 public，则接口使用默认的访问权限。

例 8-3 对于银行各种业务，可以定义银行接口 BankInterface。

```
public interface BankInterface{
    public float drawMoney(String cardId,float m);      //取钱业务
    public void saveMoney(float m,String cardId);       //存钱业务
    public void printCurrentAccount(String cardId);     //打印资金流水账业务
    public String dispatchCard(String id);              //发行银行卡
    public void buyFiancialProduct(float m,String id);  //买理财产品
    public float returnFiancialProduct(String id);      //赎回理财产品
    …
}
```

例 8-4 平面图形需要求得面积，于是，定义图形接口 FigureInterface 如下。

```
public interface FigureInterface{
    public static double Pi=3.14159;     //定义常量
    public double getArea();             //求图形面积
}
```

例8-5 对于立体图形，它们不仅可以像平面图形一样求其表面积，还可以求体积，于是，定义立体图形的接口 SolidFigureInterface 如下。

```
public interface SolidFigureInterface extends FigureInterface{
    public double getVolume();           //求立体图形的体积
}
```

说明： SolidFigureInterface 立体图形接口由 FigureInterface 图形接口继承而来，而且它还增加了求立体图形的体积的 public double getVolume()方法。

8.2.2 接口的实现

在接口定义中，方法只是声明，没有具体的实现内容(即方法程序体)，但不能像类那样实例化。接口必须与类结合，在类实现接口中声明的所有方法。在 Java 语言中，主要是利用关键字 implements 来实现接口的。接口实现的一般形式如下。

```
[权限修饰符] class 类名 [extends 父类名]  [implements 接口列表] {
    …
    //fun₁, fun₂, …, funₙ是类中的方法，不包括接口中规定的方法
    [public] fun₁(…){
        …
    }
    [public] fun₂(…){
        …
    }
    …
```

```
        [public] funn(…){
            …
        }
//function1, function2,…, functionm 是接口中声明的方法
        [public] function1(…){
            …
        }
        [public] function2(…){
            …
        }
        [public] functionm(…){
            …
        }
}
```

说明：关键字 implements 用来指定类需要实现哪些接口。当使用 implements 关键字时，其后面必须有接口列表。当接口列表中有多个接口名时，各接口名之间可用逗号分隔。

例 8-6 定义三角形类 Triangle。

```
1   public class Triangle implements FigureInterface{
2       private double a,b,c;           //三角形的三条边长
3       Triangle(double a,double b,double c){
4           this.a=a;
5           this.b=b;
6           this.c=c;
7       }
8       public String toString() {
9           return "\t 边长 a="+a+"\t 边长 b="+b+"\t 边长 c="+c+"\t 面积 s="+getArea();
10      }
11      public double getArea(){        //接口中的方法实现
12          double p,s;
13          p=(a+b+c)/2.0;
14          s=Math.sqrt(p*(p-a)*(p-b)*(p-c));
15          return s;
16      }
17      public static void main(String []args){
18          Triangle t=new Triangle(3,4,5);
19          System.out.println(t);
20      }
21  }
```

说明：由于 FigureInterface 图形接口中声明了 getArea()方法，而三角形类 Triangle 实现了图形接口 FigureInterface，所以三角形类 Triangle 必须实现 getArea()方法。

例8-7 圆柱体图形如图8-3所示。定义圆柱体 Cylinder 类，实现立方图形 SolidFigureInterface 接口，Cylinder 类定义形式如下。

```
1   public class Cylinder implements SolidFigureInterface {
2       private double r;           //圆柱体的半径
3       private double h;           //圆柱体的高
4       Cylinder(double r,double h){
```

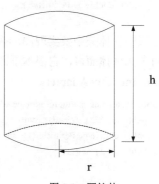

图 8-3　圆柱体

```
5            this.r=r;
6            this.h=h;
7        }
8        @Override
9        public String toString() {
10           return "圆柱体信息："+ "半径是"+r+",高是"+h+",表面积="+getArea()+",体积="+getVolume();
11       }
12       //接口中的方法实现，求圆柱体的表面积
13       public double getArea(){
14           double s;
15           s=2*r*PI*h+r*r*PI*2;
16           return s;
17       }
18       //接口中的方法实现，求圆柱体的体积
19       public double getVolume(){
20           double v;
21           v=r*r*PI*h;
22           return v;
23       }
24       public static void main(String []args){
25           Cylinder   c=new Cylinder(3,4);
26           System.out.println(c);
27       }
28   }
```

说明：由于立体图形 SolidFigureInterface 接口声明了求表面积 getArea()方法和求体积 getVolume()方法，而圆柱体 Cylinder 类实现了立体图形 SolidFigureInterface 接口，所以圆柱体 Cylinder 类必须实现求表面积 getArea()方法和求体积 getVolume()方法。

对于在接口中声明的方法，在类实现接口时，必须都实现这些方法。但很多时候，我们只关心接口中的个别方法，不想实现接口中的其他方法。这时可以先定义一个抽象类，该抽象类实现这些方法，并且这些方法的方法体部分是空的，没有具体内容。而由该抽象类派生而来的类，就可以实现接口中的个别方法，而不去实现其他方法。

例 8-8 定义图形接口 FigureInterface1，该接口多了一个方法 public double getPerimeter()，该方法的功能是求得图形周长。

```
public interface FigureInterface1 {
    public static double PI=3.14159;
    public double getArea();            //求图形面积
    public double getPerimeter();       //得到图形周长
}
```

如果圆柱体类中要实现图形接口 FigureInterface1，就必须实现该接口中的两个方法。但是，实际上，对于圆柱体而言，它根本不需要求图形周长。于是，可以定义实现了接口 FigureInterface1 的抽象类 FigureInterfaceAdapter。

```
public abstract class FigureInterfaceAdapter    implements FigureInterface1 {
    public double getArea(){ return 0.0;}
    public double getPerimeter(){return 0.0;}
    public void print(){}
}
```

说明：再次定义一圆柱体类 Cylinder1，在该类中没有实现接口 FigureInterface1 中的所有方法，只是实现了 getArea()方法，getPerimeter()和 print()方法并没有实现。

例 8-9 定义圆柱体类 Cylinder1，其类文件为 Cylinder1.java。

```
1   public class Cylinder1 extends FigureInterfaceAdapter{
2       private double r;              //圆柱体的半径
3       private double h;              //圆柱体的高
4       Cylinder1(double r,double h){
5           this.r=r;
6           this.h=h;
7       }
8       @Override
9       public String toString() {
10          return "圆柱体信息： " + "半径是"+r+",高是"+h+",表面积="+getArea()+",体积="+getVolume();
11      }
12      //接口中的方法实现，求圆柱体的表面积
13      public double getArea(){
14          double s;
15          s=2*r*PI*h+r*r*PI*2;
16          return s;
17      }
18      //接口中的方法实现，求圆柱体的体积
19      public double getVolume(){
20          double v;
21          v=r*r*PI*h;
22          return v;
23      }
24      public static void main(String []args){
25          Cylinder1    c=new Cylinder1(3,4);
26          System.out.println(c);
27      }
28  }
```

说明：类 Cylinder1 的父类必须是 FigureInterfaceAdapter(FigureInterfaceAdapter 是抽象类，它实现了接口 FigureInterface1 中的所有方法，只不过这些方法大部分没有什么实质上的内容)，而类 Cylinder1 只实现了接口 FigureInterface1 中的部分方法。

8.3 枚举类 Enum

在 JDK 1.5 之前，类或者接口定义常量的方法是：public static final 变量名。在很多时候，这样一些简单常量就可以满足程序需要。但是当程序复杂时，它们的可读性就很差。

8.3.1 为什么需要枚举类型

例 8-10 定义交通信号灯类 TrafficLight，其中分别用 RED、GREEN、YELLOW 表示红、绿、黄。

```
1   public class TrafficLight {
2       public final int GREEN=0;
```

```
3       public final int RED=1;
4       public final int YELLOW=2;
5       int lightState;
6       public TrafficLight() {
7           this.lightState =RED;          //默认灯的颜色是红色
8       }
9       @Override
10      public String toString() {
11          String msg="";
12          switch (lightState){
13              case GREEN:
14                  msg="绿";break;
15              case YELLOW:
16                  msg="黄";break;
17              case RED:
18                  msg="红";
19          }
20          return "灯:" + msg;
21      }
22      //改变灯的状态
23      public void change(){
24          lightState=lightState+1;lightState=lightState%3;
25      }
26      public static void main(String[] args) {
27          TrafficLight light=new TrafficLight();
28          int i;
29          for (i=0;i<10;i++){
30              System.out.println(light);
31              light.change();
32          }
33      }
34  }
```

说明：在 TrafficLight 类中，第 2~4 行定义了 3 个整型常量(GREEN、YELLOW、RED)。其实，如果只关注了其值(相当于枚举常量的序号)，可以用数值来代替整型常量，但这时可读性差些。而很多时候，需关注常量名称。

8.3.2 定义枚举类型

其实，Java 语言还提供枚举类型。在程序中，使用枚举类型，可以达到与常量同样的作用，并且还让程序可读性更好。

Java 语言定义枚举类型的方法如下：

enum 枚举类型名称 {常量1, 常量2, …, 常量n}

说明：常量1，常量2，…，常量n 一般是字符名称，也可以是汉字；系统默认各枚举常量的序号从 0 开始，依次枚举常量按次序依次编号。

例如，星期的枚举类型 WeekEnum 可以定义如下：

enum WeekEnum{Sunday,Monday,Tuesday,Wednesday,Thursday,Friday,Saturday};

Java 语言为枚举类型提供了如下主要方法。

int ordinal()：返回枚举常量的序数(它在枚举声明中的位置，其中初始常量序数为零)。

String name()：返回此枚举常量的名称，在其枚举声明中对其进行声明。

boolean equals(Object other)：当指定对象等于此枚举常量时，返回 true。

TEnum [] values()：以数组的形式返回所有的枚举常量值，TEnum 是定义的枚举类型。

例 8-11 关于枚举常量的例子：交通信号灯的颜色有绿、红和黄。下面是类文件 TrafficLight1.java。

```
1   enum LightColor{绿,红,黄}
2   public class TrafficLight1 {
3       LightColor lightState;
4       public TrafficLight1() {
5           this.lightState =LightColor.红;        //默认灯的颜色是红色
6       }
7       @Override
8       public String toString() {
9           return "当前灯的颜色："+ lightState.name();   //得到枚举常量的名称
10      }
11      //改变灯的状态
12      public void change(){
13          int order=lightState.ordinal();                //得到枚举常量的序数
14          LightColor lightColors[]=LightColor.values();  //得到所有枚举常量
15          order=(order+1)%lightColors.length;            //得到枚举常量的个数
16          lightState=lightColors[order];                 //
17      }
18      public static void main(String[] args) {
19          TrafficLight1    light=new TrafficLight1();
20          int i;
21          for (i=0;i<10;i++)
22          {
23              System.out.println(light);
24              light.change();
25          }
26          if (light.lightState.equals(LightColor.黄))
27              System.out.println("现在灯的颜色是：黄");
28      }
29  }
```

说明：在 TrafficLight1 类中，定义了 change()方法，该方法的作用是改变交通灯的颜色。

8.3.3 自定义枚举类型

很多时候，简单的枚举类型不能满足程序的需要，需要编程者重新定义枚举类型。自定义枚举类型的方法如下。

```
public enum 枚举类型名称{
    枚举常量1("枚举常量 1 的说明部分"，序号 1),
    枚举常量2("枚举常量 2 的说明部分"，序号 2),
    …
    枚举常量n("枚举常量 n 的说明部分"，序号 n);
    //
```

```
        String name;           //枚举常量的说明部分
        String order;          //序号
        …
}
```

说明：其实自定义枚举类型与类定义类似，首先，它有两个属性(枚举常量说明和序号)；其次，它也存在构造方法、setXXX(…)、getXXX()等方法。不同的是：

(1) 自定义枚举类型的构造方法被 private 修饰。

(2) 自定义枚举类型首先定义了若干个枚举常量，枚举常量之间用逗号分隔，最后一个枚举常量需要用分号。

(3) 各枚举常量后面的圆括号内的实参部分与自定义枚举类型构造方法的形参列表类型一致。

例 8-12 定义一个图形枚举类型 FigureEnum(枚举文件是 FigureEnum.java)，它有 TRIANGLE、RECTANGLE 和 CIRCLE 3 个枚举常量，分别代表三角形、长方形、圆形。

```
1   import java.util.Random;
2   public enum FigureEnum {
3       TRIANGLE("三角形",0),RECTANGLE("矩形",1),CIRCLE("圆形",2);
4       String description;              //枚举常量的说明部分
5       int order;                       //枚举常量的序号
6       private FigureEnum(String description,int order) {
7           this.description = description;
8           this.order = order;
9       }
10      public String getDescription() {
11          return description;
12      }
13      public void setOrder(int order) {
14          this.order = order;
15      }
16      public void setDescription(String description) {
17          this.description = description;
18      }
19      public String getDescription(int order){
20          for (FigureEnum f:FigureEnum.values()){
21              if (f.getOrder()==order)
22                  return f.getDescription();
23          }
24          return null;
25      }
26      @Override
27      public String toString() {
28          return  name()+ "("+description + "," + order + ')';
29      }
30      //得到随机序号,通过随机序号来返回相应的枚举常量
31      public static FigureEnum getRandomFigureEnum(){
32          int order1;
33          Random rand=new Random();
34          order1=rand.nextInt(FigureEnum.values().length);
35          FigureEnum   fes[]=FigureEnum.values();
36          return fes[order1];
```

```
37        }
38        public int getOrder() {
39            return order;
40        }
41 }
```

说明：

(1) name()和 getDescription()是有区别的，前者得到的是枚举常量名，后者得到的是枚举常量的说明部分。

(2) FigureEnum getRandomFigureEnum()方法通过随机产生序号，再返回对应序号的枚举常量。

(3) 在 FigureEnum 枚举类型中，定义了 3 个枚举常量，分别是 TRIANGLE("三角形",0)、RECTANGLE("长方形",1)、CIRCLE("圆形",2)。

例 8-13 测试枚举类型文件 TestFigureEnum.java。

```
1  public class TestFigureEnum {
2      public static void main(String[] args) {
3          FigureEnum type;                                    //定义一个枚举类型变量
4          for (int i=0;i<10;i++){
5              type=FigureEnum.getRandomFigureEnum();          //得到随机枚举类型的随机值
6              switch (type){
7                  case   TRIANGLE:
8                      System.out.println("输入三角形数据");break;
9                  case   RECTANGLE:
10                     System.out.println("输入长方形数据");break;
11                 case   CIRCLE:System.out.println("输入圆形数据");
12                     break;
13             }
14         }
15     }
16 }
```

说明：

(1) TRIANGLE、RECTANGLE 和 CIRCLE 是枚举常量值。

(2) type 是数据类型为枚举类型 FigureEnum 的变量。

习题 8

(1) 定义一个车抽象类，它包含名称、颜色、车重、车轮个数 4 个属性，其内还定义了 functions()、advantages()和 shortcomings() 3 个抽象方法。定义的 3 个子类为：自行车类、家庭轿车类、公交车类。其中：自行车的功能是代步、让人锻炼身体，优点是方便、节约空间，缺点是受天气影响很大、速度不快，只能搭载一两个人，活动范围有限。家庭轿车的功能是载人、舒适，优点是方便、让人活动范围不受具体限制，缺点是耗油、需要有车库、让人缺少锻炼。公交车的功能是载人出行，对个人来说，优点是出行方便、成本低廉；对于保护环境来说，优点是节约能源、减少污染；对于城市交通来说，优点是可以减少交通压力，缺点是有时需要等待、线路固定、让人活动范围受限制。

(2) 定义 4 个接口：说英语的接口 IEnglish(内包含 sayEnglish()方法)、说中文的接口 IChinese(内包含 sayChinese()方法)、说日语的接口 IJapanese(内包含 sayJapanese()方法)以及说法语的接口 IFrench(内包含 sayFrench()方法)。定义一个抽象类——Speaker 类，包括国籍、性别、年龄等属性，并且 Speaker 类实现了接口 IEnglish、IChinese、IJapanese 以及 IFrench，但各接口的方法无实质的内容。Speaker 类的子类是：English 类、Chinese 类、Japanese 类、French 类、EnglsihChinese 类、AllRoundSpeaker 类，其中 English 类、Chinese 类、Japanese 类、French 类分别重载了 sayEnglish()、sayChinese()、sayJapanese()、sayFrench()方法。EnglishChinese 类重载了 sayEnglish()、sayChinese()两种方法。AllRoundSpeaker 类重载了 sayEnglish()、sayChinese()、sayJapanese()、sayFrench()。

(3) 定义一个组装计算机接口 IBuildComputer，它包含的方法有：①准备机箱、电源等配件；②安装主板；③安装 CPU 以及 CPU 风扇等；④安装硬盘；⑤安装各种软件；⑥得到安装好的计算机。定义一个装配计算机平台类 Builder，该类中包含组装计算机接口 IBuildComputer 属性，而且它还包含方法 build，调用此方法可以得到组装好的计算机。

(4) 有一条船在一条河上来回运载客人，规定若干名船员才能驾驶船。客人有学生、教师、普通客人等，其中只有学生和教师的船票半价。定义枚举类型 DirectionEnum，它有 LEAVEDIRECTION(去方向)、RETURNDIRECTION(回方向)。定义船类 Boat，船有船员、载客数量以及行船方向。设置其来回运行情况，输出船员、乘客的名字和船票收费情况。

第9章 泛型和反射

本章知识目标：
- 掌握泛型概念，掌握、理解 Java 泛型的定义。
- 掌握常用泛型接口，如 Iterable 接口、Collection 接口、Iterator 接口、Map 接口。
- 掌握常用泛型类的使用方法，如 ArrayList 类、LinkedList 类、HashSet 类、TressSet 类、HashMap 类等。
- 掌握反射概念。掌握 Java 与反射相关的类，并利用反射技术得到类的相关信息。

9.1 泛 型

9.1.1 泛型概念

什么是泛型？在弄清楚这个概念之前，先分析下面的代码。

例 9-1 利用链表类保存数据的例子。

```
1   import java.util.ArrayList;
2   public class ListTest {
3       public static void main(String[] args) {
4           ArrayList    arrayList=new ArrayList();    //利用数组队列保持数据
5           arrayList.add("张三");                      //姓名
6           arrayList.add(18);                          //年龄
7           arrayList.add("女");                        //性别
8           arrayList.add(80);                          //分数
9           arrayList.add(94);                          //分数
10          arrayList.add(90);                          //分数
11          String msg;
12          for (int i=0;i<arrayList.size();i++){
13              msg=(String) arrayList.get(i);
14              System.out.println(msg);
15          }
16      }
17  }
```

上面程序第 5~10 行的代码，是分别将姓名、年龄、性别、三门功课的分数加入数组队列 arrayList 中，但在第 14 行将会出现下面的错误信息。

Exception in thread "main" java.lang.ClassCastException: java.lang.Integer cannot be cast to java.lang.String at ListTest.main(ListTest.java:14)

在如上的编码过程中，发现以下两个问题。

(1) 当将各种不同数据类型的对象放入数组队列 arrayList 中，该数组队列不会记住此对象的类型，当再次从该数组队列中取出此对象时，该对象的编译类型变成了 Object 类型，但其运行时，该对象的类型仍然为其加入数组队列时的数据类型。

(2) 在第 13 行处取出数值队列元素时，需要人为强制将其转化为具体的目标类型。但由于存在数值型的数据，而第 13 行只是简单地将所有数据强调转换成 String，所以出现"java.lang.ClassCastException"异常。

那么，有什么办法可以避免这类错误呢？为解决此问题，Java 语言提出了泛型。

泛型即"参数化类型"。提到参数，最熟悉的就是定义方法时有形参，然后调用此方法时传递实参。那么对参数化类型怎么理解呢？顾名思义，就是将类型由原来的具体的类型参数化，类似于方法中的变量参数，此时类型也定义成参数形式(可以称之为类型形参)，然后在使用/调用时传入具体的类型(类型实参)。

9.1.2 泛型定义

Java 语言中，泛型类定义如下。

```
public class 泛型类类名<T>{
    ....;            //相关代码
}
```

声明泛型变量的方法如下。

```
泛型类类名<具体类名> 变量名;
泛型类类名<具体类名> 变量名=new 泛型类类名<>(参数列表);
```

为泛型变量赋值的方法如下。

```
变量名=new 泛型类类名(参数列表);
```

或者

```
变量名=new 泛型类类名<>(参数列表);
```

说明：<T>声明是一个泛型的标记，T 可以是成员属性的类型、其内部方法的返回类型或者方法参数的类型。泛型类的构造方法的参数列表中，一定包含数据类型是其他类名的常量或变量。

泛型接口的定义如下。

```
public interface 接口名<T>{
    public void 方法 1(参数列表);
    public T 方法 2(参数列表);
    ...
}
```

泛型方法的定义如下。

```
public <T> T 方法名(参数列表){
    ....;            //相关代码
}
```

或者

```
public <T> void 方法名(参数列表){
    ....;            //相关代码
}
```

调用泛型的方法如下。

```
方法名(实参参数列表);
```

或者

```
变量=方法名(实参参数列表);
```

说明：<T>只是一个泛型方法的标记，T是返回的类型。泛型方法只在泛型类或者泛型接口中可见。T可以出现在泛型方法的参数列表中。

例9-2 定义 TestGenericFun，其内定义了泛型方法。

```
1   import java.util.Date;
2   public class TestGenericFun {
3       public static <T> void fun1(T t){
4           System.out.println("fun1:"+t);
5       }
6       public static <T> T fun2(T t){
7           System.out.println("fun2:"+t);
8           return t;
9       }
10      public static void main(String[] args) {
11          //调用泛型方法
12          fun1("string");
13          fun1(3.14159);
14          fun1(new Date());        //
15          String msg=fun2("abcdef");
16          System.out.println(msg);
17      }
18  }
```

例9-3 定义泛型类 Generic1。

```
1   import java.util.Date;
2   public class Generic1<T> {
3       private T data;              //属性 data 的数据类型是 T
4       public Generic1(T data) {
5           this.data = data;
6       }
7       public T getData() {         //方法返回值的类型是 T
8           return data;
9       }
10      @Override
11      public String toString() {
12          return "数据类型是："+data.getClass().getName() + ",值:" + data;
13      }
14      public static void main(String[] args) {
15          Generic1<String> g1=new Generic1<>("张三");
16          System.out.println(g1);
17          Generic1<Integer> g2=new Generic1(18);
18          System.out.println(g2);
19          Generic1<Date> g3= new Generic1(new Date());
20          System.out.println(g3);
21      }
22  }
```

例9-4 产生10个随机图形(此处主要是指三角形和长方形)。

(1) 定义泛型接口 IProducer。

```java
public interface IProducer<E> {
    public E next();
}
```

(2) 定义类 ProduceFigure，该类实现了接口 IProducer。

```
1   public class ProduceFigure implements IProducer<Figure>{
2       @Override
3       public Figure next() {
4           Random rand = new Random();
5           int t=rand.nextInt(2);              //产生
6           float a,b,c;
7           a=rand.nextFloat()*100;             //随机得到边长
8           b=rand.nextFloat()*100;
9           Figure f;
10          if (t==0)                            //产生长方形
11              f=new Rectangle(a,b);
12          else{                                //否则产生三角形
13              c=rand.nextFloat()*100;          //另外随机得到边长
14              f=new Triangle(a,b,c);
15          }
16          return f;
17      }
18      public static void main(String[] args) {
19          ProduceFigure producer=new ProduceFigure();
20          int i;
21          Figure f;
22          for (i=0;i<10;i++)   {               //产生 10 个随机图形
23              f=producer.next();
24              f.printFigure();                 //输出图形
25          }
26      }
27  }
```

说明：ProduceFigure 类实现了 IProducer 接口，该泛型接口的实参类型是 Figure。

9.1.3 <? extends T>、<? super T>和<?>

1. 为何要用通配符

为什么要用通配符？这是因为使用泛型的过程中，常常会碰见一种很尴尬的事情。例如，如图 9-1 所示，定义了食物类 Food、饮料类 Drink 以及饮料类 Drink 的子类(如 Milk 类、Wine 类、PureMilk 类、CarbonatedMilk 类)、水果类 Fruit 以及水果类 Fruit 的子类(如 Orange 类、Grape 类)。

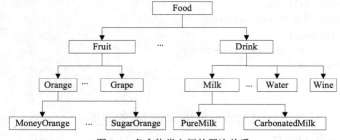

图 9-1 各食物类之间的层次关系

食物类 Food 的定义如下。

```
public class Food { }
```

饮料类 Drink 的定义如下。

```
1  public class Drink extends Food {
2      public Drink() {    }
3      @Override
4      public String toString() {
5          return "饮料";
6      }
7  }
```

牛奶类 Milk 的定义如下。

```
1  public class Milk extends Drink{
2      @Override
3      public String toString() {
4          return "牛奶"+"(属于"+super.toString()+")";
5      }
6  }
```

酒类 Wine 定义如下。

```
1  public class Wine   extends Drink {
2      @Override
3      public String toString() {
4          return "酒"+"(属于"+super.toString()+")";
5      }
6  }
```

此外，还定义了一个很简单的碗类 Bowl。碗类中可以存放一个泛型的"食物"(即该类内部可以有这些泛型的属性变量，对该物品做最简单的"放"和"取"的操作：setXXX( )和 getXXX( )方法。

```
1  public class Bowl<E> {
2      private E thing;
3      public Bowl(E drink) {
4          this.thing = drink;
5      }
6      public Bowl() {
7          this.thing = null;
8      }
9      public E getThing() {
10         return thing;
11     }
12     public void setThing(E thing) {
13         this.thing = thing;
14     }
15     @Override
16     public String toString() {
17         if (thing!=null)
18             return "我是一个碗"+",装了"+thing;
19         else
20             return "我是一个碗，但没有装东西";
21     }
22 }
```

现在，可以定义一个"饮料碗"；在人们生活常识中，饮料碗可以装牛奶。于是有人可能会给出如下定义。

```
Bowl<Drink> Bowl1=new Bowl<>(new Milk());
```

实际上 Java 编译器不允许进行这种操作，通常会报错，"装牛奶的碗"无法转换成"装饮料的碗"。这是因为 Java 编译器认为牛奶是饮料，但装牛奶的碗不是装饮料的碗，只是人们都认为装牛奶的碗也是装饮料的碗。

2. <? extends T>

为了解决上述问题，Java 语言提供了上界通配符<? extends T>，它表示由 T 类继承过来的所有子类，同时还包括 T。例如，在图 9-2 中，<? Extends Fruit>表示 Fruit 类和其派生类(Orange 类、Grape 类、MoneyOrange 类、SugarOrange 类等)，而<? Extends Drink>则表示 Drink 类和其所有的派生子类(Milk 类、Water 类、Wine 类、PureMilk 类和 CarbonatedMilk 类等)。

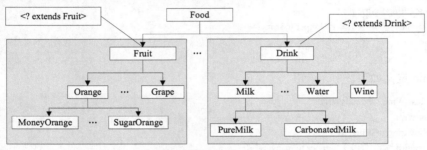

图 9-2 上界通配符的使用

对于类中声明了数据成员的数据类型是上界通配符<? extends T>规定的数据类型，则不能通过调用该类的 setXXX(…)方法设置数据成员属性，但可以通过调用该类的 getXXX()方法，得到数据成员属性值，其数据类型是 CAP#1，不能直接引用，只有将其强调转换成相应的数据类型之后，才可以给其他变量赋值。

例 9-5 上界通配符的使用。

```
1  public class TestUpWildcards {
2      public static void main(String[] args) {
3          Bowl<Drink> bowl1=new Bowl<>(new Drink());
4          System.out.println(bowl1);
5          //Bowl <Drink> bowl2=new Bowl<>(new Milk());该语句出现错误
6          Bowl <? extends Drink> bowl2=new Bowl<>(new Milk());
7          System.out.println(bowl2);
8          Bowl <? extends Drink> bowl3=new Bowl<>(new Drink());
9          System.out.println(bowl3);
10         bowl2=new Bowl<>();                  //bowl1 的属性
11         System.out.println(bowl2);
12         Wine wine1=new Wine();
13         //bowl2.setThing(wine1);该语句有错误
14         wine1=(Wine)bowl3.getThing();        //如果知道被取出对象的数据类型
15         System.out.println(wine1);
16     }
17 }
```

3. 下界通配符<? super T>

<? super T>是指下界通配符(Lower Bounds Wildcards)，它是指 T 类或者 T 类的父类。如图 9-3 所示，例如，<? Super Fruit>是指由 Fruit 类或者 Fruit 类的父类(此处是指 Food 类和 Object 类)；而<? Super Milk>是指 Milk 类或者 Milk 类的父类(Drink 类、Food 类以及 Object 类)。

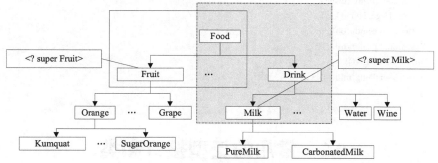

图 9-3　下界通配符的使用

如果类中声明了数据成员的数据类型是下界通配符<? super T>规定的数据类型，则能通过调用该类的 setXXX(…)方法设置数据成员属性，但通过调用该类的 getXXX()方法，可以得到数据属性，其数据类型是 CAP#1，因而不能直接引用。只有将其强调转换成相应的数据类型之后，才可以给其他变量赋值。

例 9-6　下界通配符的使用。

```
1   public class TestLowWildcards {
2       public static void main(String[] args) {
3           Bowl<? super Milk> bowl1=new Bowl<>(new Milk());
4           Milk milk1=new Milk();
5           bowl1.setThing(milk1);           //下界通配符可以
6           //milk1=bowl1.getThing();该语句有错误
7           System.out.println(bowl1);
8           bowl1=new Bowl<>(new Drink());
9           System.out.println(bowl1);
10          bowl1=new Bowl<>(new Food());
11          System.out.println(bowl1);
12          bowl1=new Bowl<>(new Object());
13          System.out.println(bowl1);
14      }
15  }
```

4. 通配符<?>

<?>可以指代任何类。对于类中声明了数据成员的数据类型是通配符<?>规定的数据类型，可以是包括 Object 在内的所有类；则不能通过调用该类的 setXXX(…)方法设置数据成员属性，但可以通过调用该类的 getXXX()方法，得到数据成员属性值，但其数据类型是 CAP#1，因而不能直接引用。只有将其强制转换成相应的数据类型之后，才可以给其他变量赋值。

例 9-7　任意通配符<?>的使用情况，文件为 TestWildcards.java。

```
1   public class TestWildcards {
2       public static void main(String[] args) {
3           Bowl<?> bowl1=new Bowl<>(new Milk());
```

```
4        System.out.println(bowl1);
5        Milk milk1;
6        Object ob;
7        milk1=(Milk)bowl1.getThing();          //如果没有强制转换,将出错
8        Drink drink=(Drink)bowl1.getThing();   //
9        System.out.println(drink);
10       ob=bowl1.getThing();
11       System.out.println(ob);
12       System.out.println(milk1);
13       milk1=new Milk();
14       //bowl1.setThing(milk1);该语句有错误
15   }
16 }
```

9.2 常用的泛型接口和类

9.2.1 常用的泛型接口

在 Java 语言中,定义很多泛型接口。图 9-4 列出了一部分接口。

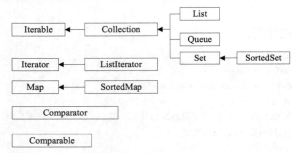

图 9-4 泛型接口层次图

1. Iterable 接口

Iterable 接口允许对象成为 foreach 语句的目标。Iterable 接口只定义了一个方法 iterator(),该方法的功能是: 返回一个在一组 T 类型的元素上进行迭代的迭代器。

Iterable 接口有一个 Collection 子接口,而 Collection 接口有 3 个子接口,它们分别是 List、Queue 以及 Set。其中 List 接口实现了对列表中每个元素的插入位置进行精确控制;根据元素的整数索引(在列表中的位置)访问元素,并搜索列表中的元素。Queue 接口实现了按先进先出方式或者后进先出方式对队列中的元素进行操作(插入、提取和检查)。Set 接口定义了元素不重复的集合操作。

2. Collection 接口

Collection 接口实现了集合操作。其内主要方法如下。
boolean add(E o):向列表的尾部追加指定的元素(可选操作)。
void add(int index, E element):在列表的指定位置插入指定元素(可选操作)。
boolean addAll(Collection<? extends E> c):追加指定 collection 中的所有元素到此列表的结尾,顺序是指定 collection 的迭代器返回这些元素的顺序(可选操作)。

boolean addAll(int index, Collection<? extends E> c)：将指定 collection 中的所有元素都插入列表中的指定位置(可选操作)。

void clear()：从列表中移除所有元素(可选操作)。

boolean contains(Object o) 如果列表包含指定的元素，则返回 true。

boolean containsAll(Collection<?> c)：如果列表包含指定 collection 的所有元素，则返回 true。

boolean equals(Object o)：比较指定的对象与列表是否相等。

E get(int index)：返回列表中指定位置的元素。

int indexOf(Object o)：返回列表中首次出现指定元素的索引，如果列表不包含此元素，则返回-1。

boolean isEmpty()：如果列表不包含元素，则返回 true。

Iterator<E> iterator()：返回以正确顺序在列表的元素上进行迭代的迭代器。

int lastIndexOf(Object o)：返回列表中最后出现指定元素的索引，如果列表不包含此元素，则返回-1。

ListIterator<E> listIterator()：返回列表中元素的列表迭代器(以正确的顺序)。

ListIterator<E> listIterator(int index)：返回列表中元素的列表迭代器(以正确的顺序)，从列表的指定位置开始。

E remove(int index)：移除列表中指定位置的元素(可选操作)。

boolean remove(Object o)：移除列表中出现的首个指定元素(可选操作)。

boolean removeAll(Collection<?> c)：从列表中移除指定 collection 中包含的所有元素(可选操作)。

E set(int index, E element)：用指定元素替换列表中指定位置的元素(可选操作)。

int size()：返回列表中的元素数。

List<E> subList(int fromIndex, int toIndex)：返回列表中指定的 fromIndex(包括)和 toIndex(不包括)之间的部分视图。

Object[] toArray()：返回以正确顺序包含列表中的所有元素的数组。

<T> T[] toArray(T[] a)：返回以正确顺序包含列表中所有元素的数组，返回数组的运行时类型是指定数组的运行时类型。

3. Iterator 接口

Iterator 接口是对集合进行迭代的迭代器，该接口的一个子接口有 ListIterator 接口。

Iterator 接口定义如下方法。

boolean hasNext()：如果仍有元素可以迭代，则返回 true。

E next()：返回迭代的下一个元素。

void remove()：从迭代器指向的集合中移除迭代器返回的最后一个元素(可选操作)。

另外，Enumeration 接口是 Iterator 迭代器的"古老版本"。从 JDK 1.0 开始，Enumeration 接口就已经存在了(Iterator 从 JDK 1.2 才出现)。Enumeration 接口只有以下两个方法。

boolean hasMoreElements()：如果此迭代器还有剩下的元素，则返回 true。

Object nextElement()：返回该迭代器的下一个元素。

4. Map 接口

Map 接口将键映射到值的对象。Map 接口的主要方法如下。

void clear()：从此映射中移除所有映射关系(可选操作)。

boolean containsKey(Object key)：如果此映射包含指定键的映射关系，则返回 true。

boolean containsValue(Object value)：如果此映射为指定值映射一个或多个键，则返回 true。

Set<Map.Entry<K,V>> entrySet()：返回此映射中包含的映射关系的 set 视图。

boolean equals(Object o)：比较指定的对象与此映射是否相等。

V get(Object key)：返回此映射中映射到指定键的值。

boolean isEmpty()：如果此映射未包含键—值映射关系，则返回 true。

Set<K> keySet()：返回此映射中包含的键的 set 视图。

V put(K key, V value)：将指定的值与此映射中的指定键相关联(可选操作)。

void putAll(Map<? extends K,? extends V> t)：从指定映射中将所有映射关系复制到此映射中(可选操作)。

V remove(Object key)：如果存在此键的映射关系，则将其从映射中移除(可选操作)。

int size()：返回此映射中的键—值映射关系数。

Collection<V> values()：返回此映射中包含的值的 collection 视图。

5. Comparable 接口

Comparable 接口是排序接口。若类实现了 Comparable 接口，则意味着该类支持排序。实现了 Comparable 接口的类的对象的列表或数组可以通过 Collections.sort 或 Arrays.sort 进行自动排序。

Comparable 接口只定义了以下一种方法。

int compareTo(T o)：比较此对象与指定对象的顺序。如果该对象小于、等于或大于指定对象，则分别返回负整数、零或正整数。

说明：对于自定义类，如果让类对象能够相互比较大小，则需要实现 Comparable 接口。

例 9-8　定义 Product 类，其属性包括(货号、供货商、品名、进价、零售单价、销量、利润)，请按利润大小比较其商品价值大小，其中利润=(零售单价-进价)×销量。

```
1    public class Product implements Comparable {
2        String id;              //货号
3        String productor;       //供货商
4        String name;            //品名
5        double inPrice;         //进价
6        double salePrice;       //零售单价
7        double vol;             //销量
8        double profit;          //利润
9        public Product(String id,String productor,String name,double inPrice,double salePrice,double vol) {
10           this.id = id;
11           this.productor = productor;
12           this.name = name;
13           this.inPrice = inPrice;
14           this.salePrice=salePrice;
15           this.vol = vol;
16       }
17       public static void printHeader(){
18           String msg;
19           msg="货号\t 供货商\t 品名\t 进价\t 零售单价\t 销量\t 利润";
20           System.out.println(msg);
21       }
22       @Override
23       public String toString() {
```

```
24            String msg=""+id + "\t" + productor + "\t" + name;
25            msg=msg+ "\t" + inPrice + "\t" + salePrice;
26            msg=msg+"\t" + vol + "\t" + getProfit();
27            return msg;
28        }
29        public double getProfit() {
30            profit=(salePrice-inPrice)*vol;
31            return profit;
32        }
33        public int compareTo(Object o) {
34            Product p=(Product)o;
35            int t=(int)(Math.signum(this.getProfit()-p.getProfit()));
36            return t;
37        }
38        public static void main(String[] args) {
39            Product p1,p2,p3;
40            p1=new Product("692782928","汉批","男式西裤",75.60,108.00,212.00);
41            p2=new Product("692782921","广发","男式西裤",60.60,198.00,102.00);
42            p3=new Product("692782927","新广发","裙子",75.60,108.00,212.00);
43            int t=0;
44            Product.printHeader();
45            System.out.println(p1);
46            System.out.println(p2);
47            System.out.println(p3);
48            System.out.println("p1-p2:"+p1.compareTo(p2));
49            System.out.println("p1-p3:"+p1.compareTo(p3));
50            System.out.println("p2-p1:"+p2.compareTo(p1));
51        }
52  }
```

说明：第 1 行声明了 Product 类实现类 Comparable 接口，因而在第 33~37 行重载了 Comparable 接口的 compareTo(Object o)方法。另外，该类重载了 toString()方法，以便可以直接输出 Product 类对象。第 29~32 行定义了得到利润的方法 getProfit()。

9.2.2 常用的泛型类

在实践编程过程中，需要用到很多泛型类。在此，只列出了一部分泛型类，如图 9-5 所示。本节重点讲解 ArrayList 类、LinkedList 类、Stack 类、HashSet 类、TreeSet 类、HashMap 类等。

1. ArrayList 类

ArrayList 就是一动态数组类，每个 ArrayList 对象都有一个容量。该容量是指用来存储列表元素的数组的大小。它总是至少等于列表的大小。随着往 ArrayList 中不断添加元素，其容量也自动增长。

ArrayList 类的主要构造方法如下。

ArrayList()：构造一个初始容量为 10 的空列表。

ArrayList(int initialCapacity)：构造一个具有指定初始容量的空列表。

例如，可以定义如下动态数组类对象。

```
ArrayList arrayList=new ArrayList();
```

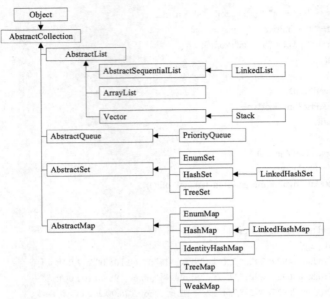

图 9-5 常用泛型类的层次图

ArrayList 类的其他主要方法如下。

boolean add(E o)：将指定的元素追加到此列表的尾部。

void clear()：移除此列表中的所有元素。

boolean contains(Object element)：如果此列表中包含指定的元素，则返回 true。

E get(int index)：返回此列表中指定位置上的元素。

int indexOf(Object element)：搜索给定参数第一次出现的位置，使用 equals 方法进行相等性测试。

boolean isEmpty()：测试此列表中是否有元素。

E remove(int index)：移除此列表中指定位置上的元素。

boolean remove(Object o)：从此列表中移除指定元素的单个实例(如果存在)，此操作是可选的。

E set(int index, E element)：用指定的元素替代此列表中指定位置上的元素。

int size()：返回此列表中的元素数。

说明：上面方法中的 E 是动态数组的数组元素的类型。

例 9-9 ArrayList 类的使用。

```
import java.util.ArrayList;
1   public class ArrayListTest {
2       public static void main(String[] args) {
3           ArrayList    list=new ArrayList();           //创建对象
4           list.add("张三");list.add("李四");list.add("王五");
5           list.add("赵七");list.add("张三丰");list.add("万海涛");
6           System.out.println("添加元素之后：");
7           for (Object a:list)
8               System.out.print(a+"\t");
9           list.remove("赵七");list.remove(1);
10          int i;
11          System.out.println("\n 删除元素之后：");
12          for (i=0;i<list.size();i++)
13          {
```

```
14              Object o=list.get(i);        //取得元素
15              System.out.print(o+"\t");
16          }
17      }
18  }
```

2. LinkedList 类

数据结构中的链表具有如下特点。

(1) 分配内存空间无须连续。

(2) 插入、删除操作快。

(3) 查找元素比较慢，必须得从第一个元素开始遍历查询，直到查找到或链表末端。

在 Java 语言中，LinkedList 类可以实现链接列表功能的类。当然，还可以利用 LinkedList 类对列和栈执行功能操作。

LinkedList 类提供了如下方法。

LinkedList()：构造一个空列表。

LinkedList(Collection<? extends E> c)：构造一个包含指定集合中的元素的列表，这些元素按其集合的迭代器返回的顺序排列。

boolean add(E o)：将指定元素追加到此列表的结尾。

void add(int index, E element)：在此列表中的指定位置插入指定的元素。

boolean addAll(Collection<? extends E> c)：追加指定 collection 中的所有元素到此列表的结尾，顺序是指定 collection 的迭代器返回这些元素的顺序。

boolean addAll(int index, Collection<? extends E> c)：将指定集合中的所有元素从指定位置开始插入此列表。

void addFirst(E o)：将给定元素插入此列表的开头。

void addLast(E o)：将给定元素追加到此列表的结尾。

void clear()：从此列表中移除所有元素。

E get(int index)：返回此列表中指定位置处的元素。

E getFirst()：返回此列表的第一个元素。

E getLast()：返回此列表的最后一个元素。

int indexOf(Object o)：返回此列表中首次出现的指定元素的索引，如果列表中不包含此元素，则返回-1。

int lastIndexOf(Object o)：返回此列表中最后出现的指定元素的索引，如果列表中不包含此元素，则返回-1。

ListIterator<E> listIterator(int index)：返回此列表中的元素的列表迭代器(按适当顺序)，从列表中的指定位置开始。

boolean offer(E o)：将指定元素添加到此列表的末尾(最后一个元素)。

E peek()：找到但不移除此列表的头(第一个元素)。

E poll()：找到并移除此列表的头(第一个元素)。

E remove()：找到并移除此列表的头(第一个元素)。

E remove(int index)：移除此列表中指定位置处的元素。

boolean remove(Object o)：移除此列表中首次出现的指定元素。

E removeFirst()：移除并返回此列表的第一个元素。
E removeLast()：移除并返回此列表的最后一个元素。
E set(int index, E element)：将此列表中指定位置的元素替换为指定的元素。
int size()：返回此列表的元素数。

例 9-10 定义链表，链表中的数据是学生成绩的对象，如图 9-6 所示。

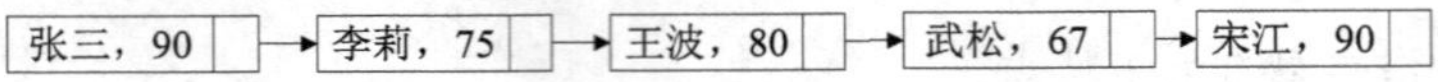

| 张三, 90 | → | 李莉, 75 | → | 王波, 80 | → | 武松, 67 | → | 宋江, 90 |

图 9-6 学生成绩链表

(1) 定义学生节点类 StudentNode。

```
1   public class StudentNode {
2       private String name;
3       private int score;
4       public StudentNode(String name, int score) {
5           this.name = name;
6           this.score = score;
7       }
8       public String getName() {
9           return name;
10      }
11      public int getScore(){
12          return score;
13      }
14      @Override
15      public String toString() {
16          return "(" + name + "," + score +") ";
17      }
18  }
```

(2) 定义测试类 LinkedListTest。

```
1   public class LinkedListTest {
2       //输入一个合法的分数，该分数在区间[0,100]。
3       public static int inputScore(Scanner sc){
4           int score;
5           System.out.print("输入学生成绩应该在[0,100]区间内:");
6           score=sc.nextInt();
7           while (score<0||score>100){
8               System.out.print("输入学生成绩应该在[0,100]区间内:");
9               score=sc.nextInt();
10          }
11          return score;
12      }
13      //输出链表中的数据
14      public static <E >void printLinkedList(LinkedList<E> list){
15          Iterator<E> it=list.iterator();
16          int c=0;
17          while (it.hasNext()){
18              if (c!=0)
19                  System.out.print("-->");
20              E studentNode=it.next();
```

```
21              System.out.print(studentNode);
22              c++;
23          }
24          System.out.println();
25    }
26    public static void main(String[] args) {
27        //创建空链表
28        LinkedList<E> list = new LinkedList<>();
29        Scanner sc=new Scanner(System.in,"gbk");        //可以输入汉字
30        String name;
31        int score;
32        System.out.print("输入姓名(输入 q 退出)：");
33        name=sc.next();
34        while (name.compareTo("q")!=0){
35            score=inputScore(sc);
36            E stu=new E(name,score);
37            list.add(stu);                              //将学生节点加到链表表尾
38            System.out.print("输入姓名(输入 q 退出)：");
39            name=sc.next();
40        }
41        System.out.println("链表数据如下：");
42        printLinkedList(list);
43    }
44 }
```

说明：在上面代码中，第 3~12 行定义了得到合法分数(在区间[0,100])的方法 public static int inputScore(Scanner sc)，而第 14~25 行定义了输出链表数据的方法 public static <E >void printLinkedList(LinkedList<E> list)。第 29 行代码的作用是输入汉字名字。

3. Stack 类

栈又叫作堆栈，它是一种操作受限制的线性表，它仅允许在栈顶进行插入和删除运算。相对地，把另一端称为栈底，如图 9-7 所示。向一个栈中插入元素称为进栈(或叫作入栈或压栈)，它是把新元素放到栈顶元素的上面，使之成为新的栈顶元素；从一个栈中删除元素称作出栈(或退栈)。如图 9-7 所示，进栈顺序是 a、b、c、d，则出栈的顺序应为 d、c、b、a。

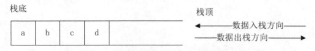

图 9-7　栈(数据元素进栈出栈遵循先进后出原则)

在 Java 语言中，Stack 类表示后进先出的对象堆栈，其父类是 Vector 类。它提供了通常的 push 和 pop 操作，以及取栈顶点的 peek 方法、测试堆栈是否为空的 empty 方法、在堆栈中查找项并确定到栈顶距离的 search 方法。

Stack 类中的主要方法如下。
boolean empty()：测试堆栈是否为空。
E peek()：查看栈顶对象而不移除它。
E pop()：移除栈顶对象并作为此函数的值返回该对象。
E push(E item)：把项压入栈顶。

int search(Object o)：返回对象在栈中的位置，以 1 为基数。

例 9-11 输入一个十进制数，将其转换成 n 进制数。

```
1   public class StackTest {
2       public static void print(int r,int n){
3           if (r>=n)
4               System.out.println("error");
5           else
6           {
7               switch (n){
8                   case 2:
9                   case 8:
10                      System.out.print(r);
11                      break;
12                  case 16:
13                      char ch;
14                      if (r>=10){
15                          ch=(char)('A'+r-10);
16                          System.out.print(ch);
17                      }
18                      else
19                          System.out.print(r);
20              }
21          }
22      }
23      public static void main(String[] args) {
24          Stack stack=new Stack();
25          Scanner sc=new Scanner(System.in);
26          int number,n=0;
27          System.out.println("输入一个整数：");
28          number=sc.nextInt();
29          while (!(n==2||n==8||n==16)){
30              System.out.println("输入需要转换的进制(2,8,16):");
31              n=sc.nextInt();
32          }
33          int r=0,s;
34          s=number;
35          while (s!=0){
36              r=s%n;
37              stack.push(r);              //余数进栈
38              s=s/n;
39          }
40          System.out.print(number+"转换成"+n+"进制数，结果是:");
41          while (!stack.empty()){
42              int t=(int)stack.pop();     //注意需要强制转化出栈的元素
43              print(t,n);
44          }
45          System.out.println("");         //换行
46      }
47  }
```

说明：第 2~22 行定义了 print(int r,int n)方法，该方法的作用是以 n 进制形式输出十进制数 r。在

main(…)方法中,第 29~32 行的目的是确保输入 n 的值是 2 或 8 或 16。第 35~39 行的作用是将余数依次入栈保存起来,而第 41~44 行的目的是将余数出栈输出来。

4. HashSet 类

HashSet 类是基于 Set 接口的实现类。

HashSet 具有如下特点。

(1) 不能保证元素的排列顺序,顺序有可能发生变化。

(2) 集合中的元素可以是 null,但只能放入一个 null。

(3) HashSet 集合判断两个元素相等的依据是两个对象通过 equals 方法比较相等,并且两个对象的 hashCode()方法返回值相同。

HashSet 类的主要方法如下。

HashSet():构造一个新的空集合。

HashSet(Collection<? extends E> c):构造一个包含指定 collection 中的元素的新 set。

HashSet(int initialCapacity):构造一个新的空集合。

boolean add(E o):如果此集合中还不包含指定元素,则添加指定元素。

void clear():从此集合中移除所有元素。

Object clone():返回此 HashSet 实例的浅表复制——并没有克隆这些元素本身。

boolean contains(Object o):如果此集合包含指定元素,则返回 true,否则返回 false。

boolean isEmpty():如果此集合不包含任何元素,则返回 true。

Iterator<E> iterator():返回对此集合中元素进行迭代的迭代器。

boolean remove(Object o):如果指定元素存在于此集合中,则将其移除。

int size():返回此集合中的元素的数量(集合的容量)。

例 9-12 创建集合 a 和集合 b,求 a∩b、a∪b。

```
1   public class SetTest {
2       public static void printSet(HashSet a){
3           System.out.print("{");
4           Iterator it=a.iterator();
5           int c=0;                          //统计输出元素的个数
6           while (it.hasNext()){
7               int t=(int)it.next();
8               if (c!=0)                     //输出非第 1 个元素
9                   System.out.print(","+t);
10              else
11                  System.out.print(t);      //输出第 1 个元素
12              c++;
13          }
14          System.out.println("}");
15      }
16      //得到集合 a 和集合 b 的交集 a∩b
17      public static HashSet interSection(HashSet a,HashSet b){
18          HashSet   c=new HashSet();
19          Iterator it=a.iterator();
20          while (it.hasNext()){
21              int t=(int)it.next();
22              if (b.contains(t))            //如果集合 b 中包含 t 时
```

```
23              c.add(t);
24          }
25          return c;
26      }
27      //得到集合 a 和集合 b 的并集 a∪b
28      public static HashSet unionSection(HashSet a,HashSet b){
29          HashSet c=new HashSet(a);
30          c.addAll(b);              //将集合 b 加入 c
31          return c;
32      }
33      //随机产生 n 个元素的集合,集合元素在区间[0,num),
34      public static HashSet getSet(int num,int n){
35          HashSet   h=new HashSet();
36          Random random=new Random();
37          int number;
38          int c=0;
39          while (c<n){
40              //随机产生在区间(0,100)的数
41              number=random.nextInt(num);
42              h.add(number);      //将 number 加入集合中
43              c++;
44          }
45          return h;
46      }
47      public static void main(String[] args) {
48          HashSet a,b,c,d;
49          a=getSet(10,6);
50          System.out.print("集合 a=");
51          printSet(a);              //输出集合 a
52          b=getSet(10,6);
53          System.out.print("集合 b=");
54          printSet(b);              //输出集合 b
55          c=interSection(a,b);      //得到集合 a 和集合 b 的交集 a∩b
56          System.out.print("集合 a∩b=");
57          printSet(c);              //输出集合 c
58          d=unionSection(a,b);      //得到集合 a 和集合 b 的并集 a∪b
59          System.out.print("集合 a∪b=");
60          printSet(d);              //输出集合 b
61      }
62  }
```

说明：第2~15行定义了方法public static void printSet(HashSet a)，该方法的功能是输出参数HashSet类型的对象a中的所有数据元素。第17~26行定义了方法public static HashSet interSection(HashSet a,HashSet b)，该方法的作用是求参数集合对象a和b的交集a∩b。第28~32行定义了方法public static HashSet unionSection(HashSet a,HashSet b)，得到参数集合a和参数集合b的并集a∪b。第34~46行定义了方法public static HashSet getSet(int num,int n)，该方法的功能是随机产生n个集合元素(集合元素在区间[0,num))的集合。

5. TreeSet 类

TreeSet 类亦是基于 Set 接口的实现类，而且 TreeSet 是 Set 的子接口 SortedSet 的实现类。

TreeSet类可以确保它的集合元素处于排序状态。TreeSet支持两种排序方式(自然排序和定制排序)，其中自然排序是默认的排序方式。向TreeSet中加入的应该是同一个类的对象。

TreeSet判断两个对象不相等的方式是两个对象通过equals方法返回false，或者通过CompareTo方法比较，若没有则返回0。

自然排序使用要排序元素的CompareTo(Object obj)方法来比较元素之间的大小关系，然后将元素按照升序排列。

例如，假设object1和object2都是相同类型的对象，如果object1.compareTo(object2)方法返回0，则说明它们的值相等。如果返回一个正数，则表明object1大于object2；如果返回一个负数，则说明object1小于object2。

如果两个对象的equals方法总是返回true，则这两个对象的compareTo方法返回0。

自然排序是根据集合元素的大小，以升序排列，如果要定制排序，集合元素所属的类需要使用Comparator接口，实现int compare(T o1,T o2)方法。

另外，如果TreeSet集合中的元素为自定义类型的对象，有以下两种方式可以自己设置排序方式。

(1) 自定义的类必须实现java.lang.Comparable接口，并且实现其中的抽象方法compareTo(Object o)。

(2) 根据自定义类写一个比较器的类，该比较器必须实现java.util.Comparator接口，并且实现接口的抽象方法，在创建TreeSet对象时，将比较器对象传入。

TreeSet类的主要方法如下。

TreeSet()：构造一个新的空集合，该集合按照元素的自然顺序排序。

TreeSet(Collection<? extends E> c)：构造一个新集合，包含指定collection中的元素，这个新set按照元素的自然顺序排序。

TreeSet(Comparator<? super E> c)：构造一个新的空集合，该集合根据指定的比较器进行排序。

TreeSet(SortedSet<E> s)：构造一个新集合，该集合所包含的元素与指定的已排序集合包含的元素相同，并按照相同的顺序对元素进行排序。

boolean add(E o)：将指定的元素添加到集合(如果尚未存在于该集合中)。

boolean addAll(Collection<? extends E> c)：将指定collection中的所有元素添加到此集合中。

void clear()：移除集合中的所有元素。

Comparator<? super E> comparator()：返回用于确定已排序集合顺序的比较器，或者，如果此树集合使用其元素的自然顺序，则返回null。

boolean contains(Object o)：如果集合包含指定的元素，则返回true。

E first()：返回已排序集合中的第一个(最小)元素。

SortedSet<E> headSet(E toElement)：返回此集合的部分视图，要求其元素严格小于toElement。

boolean isEmpty()：如果集合是空，则返回true，否则返回false。

Iterator<E> iterator()：返回对此集合中的元素进行迭代的迭代器。

E last()：返回已排序集合中当前的最后一个(最大)元素。

boolean remove(Object o)：将指定的元素从集合中移除(如果该元素存在于此集合中)。

int size()：返回集合中的元素个数(其容量)。

SortedSet<E> subSet(E fromElement, E toElement)：返回此集合的部分视图,其元素从 fromElement(包括)到 toElement(不包括)。

SortedSet<E> tailSet(E fromElement)：返回集合的部分视图，其元素大于或等于fromElement。

例 9-13 创建集合 A 和集合 B，计算笛卡尔积 $A \times B$，说明：$A \times B = \{(x, y) | \forall x \in A, \forall y \in B\}$。

(1) 定义自定义类 ENode 类，注意：ENode 类必须实现 java.lang.Comparable 接口，所以在 ENode 类中必须实现抽象方法 compareTo(T o)。

```java
1   public class ENode implements Comparable{
2       int x,y;
3       public ENode(int x, int y) {
4           this.x = x;
5           this.y = y;
6       }
7       @Override
8       public String toString() {
9           return "(" + x + "," + y + ')';
10      }
11      public int getX() {
12          return x;
13      }
14      public int getY() {
15          return y;
16      }
17      @Override
18      public boolean equals(Object obj) {
19        ENode object=(ENode)obj;
20        if (object!=null)
21            return this.x==object.getX()&&this.y==object.getY();
22        else
23            return false;
24      }
25      @Override
26      public int compareTo(Object o) {
27          ENode object1=(ENode) this;
28          ENode object2=(ENode) o;
29          if (object1.getX()>object2.getX()){
30              return 1;
31          }
32          else   //≤
33              if (object1.getX()<object2.getX())
34                  return -1;
35              else//x 相等
36              {
37                  if (object1.getY()>object2.getY())
38                      return 1;
39                  else
40                      if (object1.getY()<object2.getY())
41                          return -1;
42                      else
43                          return 0;
44              }
45      }
46  }
```

(2) 定义测试类 TreeSetTest。

```
1   public class TreeSetTest {
2       public static void printSet(Collection a){
3           System.out.print("{");
4           Iterator it=a.iterator();
5           int c=0;                            //统计输出元素的个数
6           while (it.hasNext()){
7               int t=(int)it.next();
8               if (c!=0)                       //输出非第 1 个元素
9                   System.out.print(","+t);
10              else
11                  System.out.print(t);        //输出第 1 个元素
12              c++;
13          }
14          System.out.print("}");
15      }
16      public static void print(TreeSet<ENode> ts){
17          System.out.print("{");
18          Iterator it=ts.iterator();
19          int c=0;                            //统计输出元素的个数
20          while (it.hasNext()){
21              ENode t=(ENode)it.next();
22              if (c!=0)//输出非第 1 个元素
23                  System.out.print(","+t);
24              else
25                  System.out.print(t);//输出第 1 个元素
26              c++;
27          }
28          System.out.print("}");
29      }
30      //随机产生 n 个元素的集合，集合元素在区间[0,num)
31      public static TreeSet getSet(int num,int n){
32          TreeSet   h=new TreeSet();
33          Random random=new Random();
34          int number;
35          while (h.size()<n){
36              //随机产生在区间(0,100)的数
37              number=random.nextInt(num);
38              h.add(number);                  //将 number 加入集合中
39          }
40          return h;
41      }
42      //得到集合 a 和集合 b 的笛卡尔积
43      public static TreeSet<ENode> getDecare(TreeSet a,TreeSet b){
44          //集合元素是 ENode 类型的元素
45          TreeSet<ENode> tts=new TreeSet<>();
46          Iterator ita=a.iterator();
47          while (ita.hasNext()){
48              int temp=(int)ita.next();
49              Iterator itb=b.iterator();
50              while (itb.hasNext()){
```

```
51                    int tb=(int)itb.next();
52                    ENode element=new ENode(temp,tb);
53                    tts.add(element);
54                }
55            }
56        return tts;
57    }
58    public static void main(String[] args) {
59        TreeSet A=getSet(10,2);
60        TreeSet B=getSet(10,3);
61        System.out.print("集合 A=");
62        printSet(A);
63        System.out.println("");
64        System.out.print("集合 B=");
65        printSet(B);
66         System.out.println("");
67        System.out.print("笛卡尔积 A×B=");
68        TreeSet<ENode> te=getDecare(A,B);
69        print(te);
70        System.out.println("");
71    }
72 }
```

说明：在上面程序中，第 2~15 行定义了方法 public static void printSet(Collection a)，该方法的作用是输出集合中的元素(元素类型是 int)。第 16~29 行定义了方法 public static void print(TreeSet<ENode> ts)，该方法的功能是输出集合中的元素(元素类型是 ENode)。第 31~41 行定义了方法 public static TreeSet getSet(int num,int n)，该方法的功能是随机产生 n 个整数的集合，整数在区间[0,num]内。第 43~57 行定义了方法 public static TreeSet<ENode> getDecare(TreeSet a,TreeSet b)，该方法的功能是得到集合 A 和集合 B 的笛卡尔积。

6. HashMap 类

HashMap 实际上是一个"链表散列"的数据结构，即数组和链表的结合体，如图 9-8 所示。

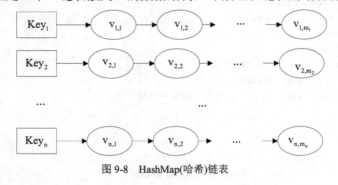

图 9-8 HashMap(哈希)链表

由 9-8 图可知：

(1) HashMap 用链地址法进行处理，多个 key 对应于表中的一个索引位置时进行链地址处理，HashMap 其实就是一个数组+链表的形式。

(2) 当有多个key的值相同时，HashMap中只保存具有相同key的一个节点，也就是说相同key的节点会被覆盖。

(3) 在 HashMap 中查找一个值，需要两次定位，先找到元素在数组的位置的链表，然后在链表上查找。在 HashMap 中的第一次定位是由 hash 值确定的，第二次定位由 key 和 hash 值确定。

(4) 节点在找到所在的链后，插入链采用的是头插法，也就是新节点都插在链表的头部。

(5) HashMap 类定义了一个内部类 Entry，相当于图 9-8 中的数据项，该类包括 next、key、value、hash 4 个属性，如图 9-9 所示。

其中 next 是一个指向 Entry 的指针，key 相当于上面节点的值 value 对应要保存的值，hash 值由 key 产生，HashMap 中要找到某个元素，需要根据 hash 值得到对应数组中的位置，然后再由 key 在链表中查找 Entry 的位置。

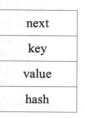

图 9-9　内部类 Entry 的属性

HashMap 类的主要方法如下。

HashMap()：构造一个具有默认初始容量(16)和默认加载因子(0.75)的空 HashMap。
HashMap(int initialCapacity)：构造一个带指定初始容量和默认加载因子(0.75)的空 HashMap。
HashMap(int initialCapacity, float loadFactor)：构造一个带指定初始容量和加载因子的空 HashMap。
HashMap(Map<? extends K,? extends V> m)：构造一个映射关系与指定 Map 相同的 HashMap。
void clear()：从此映射中移除所有的映射关系。
boolean containsKey(Object key)：如果此映射包含对于指定的键的映射关系，则返回 true。
boolean containsValue(Object value)：如果此映射将一个或多个键映射到指定值，则返回 true。
Set<Map.Entry<K,V>> entrySet()：返回此映射所包含的映射关系的 collection 视图。
V get(Object key)：返回指定键在此标识哈希映射中所映射的值，如果对于此键来说，映射不包含任何映射关系，则返回 null。
boolean isEmpty()：如果此映射不包含键—值映射关系，则返回 true。
Set<K> keySet()：返回此映射中所包含的键的 set 视图。
V put(K key, V value)：在此映射中关联指定值与指定键。
V remove(Object key)：如果此映射中存在该键的映射关系，则将其删除。
int size()：返回此映射中的键—值映射关系数。
Collection<V> values()：返回此映射所包含的值的 collection 视图。

例 9-14　人们要选出自己心中最厉害的军事家，其中候选人有司马懿、诸葛亮、陆逊、曹操、周瑜，而选民有若干人(人数不定)。投票完成后，统计各候选人的得票情况。

(1) 定义 Vote 类。

```
1   public class Vote {
2       private String voterNames;          //投票人列表
3       private int count;                  //得票数量
4       @Override
5       public String toString() {
6           return "得票数量:" + count +"\n 投票人列表:"+voterNames;
7       }                                   //默认构造方法，投票人列表为空，得票数量为 0
8       public Vote() {
9           voterNames="";
10          count=0;
11      }
12      public String getVoterNames() {
13          return voterNames;
14      }
```

```
15    //得到投票
16    public int getCount() {
17        return count;
18    }
19    //得票数量自动增加1,并设置投票人列表
20    public void increase(String voterName) {
21        this.voterNames =this.voterNames+","+voterName;
22        this.count++;
23    }
24 }
```

说明：为统计候选人的投票信息，定义了 Vote 类，包括投票人列表(voterNames)和得票数量(count)两个属性。第 8~11 行定义了默认的构造方法 Vote()，最开始投票人列表为" "，得票人数 count 等于 0。

(2) 定义测试类 HashMapTest。

```
1  public class HashMapTest {
2      public static void main(String[] args) {
3          HashMap<String,Vote> pollsMap=new HashMap<>();          //记录候选人得票情况
4          String candidateNames[]={"司马懿","诸葛亮","陆逊","曹操","周瑜"};
5          int i;
6          Vote vote;
7          for (i=0;i<candidateNames.length;i++){
8              vote=new Vote();
9              pollsMap.put(candidateNames[i], vote);              //初始化投票情况
10         }
11         int number;                                             //选票人数
12         String[] voter;                                         //保存投票人名字
13         Scanner sc=new Scanner(System.in,"gbk");
14         //输入选票人数
15         System.out.print("输入参加投票人数(大于20)：");
16         number=sc.nextInt();
17         voter=new String[number];
18         for (i=0;i<number;i++)
19             voter[i]="v"+(i+1);//设置投票人名
20         int count=0;
21         Random random=new Random();
22         while (count<number){
23             int select=random.nextInt(candidateNames.length);   //随机投票
24             Vote value=pollsMap.get(candidateNames[select]);    //得到指定关键字的值
25             value.increase(voter[count]);                       //更新选票统计情况
26             pollsMap.put(candidateNames[select], value);
27             count++;
28         }
29         for (i=0;i<candidateNames.length;i++){
30             System.out.println(candidateNames[i]+"得票情况");
31             Vote value=pollsMap.get(candidateNames[i]);
32             System.out.println(value);
33         }
34     }
35 }
```

说明： 第3行确定了 HashMap 类型的变量 pollsMap，保存各候选人的投票统计信息。第23行表示投票人随机选举候选人。第24、25行登记被投候选人的得票情况。

9.3 反　　射

9.3.1 反射概念

编程者编写的任何 Java 源文件都需要经过编译，才能生成字节码文件(文件扩展名是.class)。对于 Java 虚拟机而言，装载到其中的字节码文件是一个类型为 Class 类(注意与关键字 class 区分开来)的对象。

在讲反射之前，下面以图 9-10 所示的创建三角形类 Triangle 对象为例，讲解 Java 虚拟机加载类的过程。

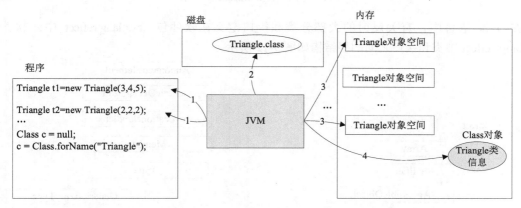

图 9-10　Java 虚拟机加载类过程(以加载 Triangle 类为例)

在图 9-10 中，执行 Triangle t1=new Triangle(3,4,5);语句时，Java 虚拟机在磁盘中找到 Triangle.class 文件，便可以在内存中创建 Triangle 对象空间，t1 是该对象空间的引用；同时，Java 虚拟机创建关于 Triangle 类的 Class 对象，以后不需要再次创建 Triangle 类的 Class 对象，该对象指出了所有 Triangle 类对象的一些共性东西(如属性和方法)。当程序中再次执行创建 Triangle 对象语句(Triangle t2=new Triangle(2,2,2);)时，Java 虚拟机则直接依据语句给定的参数在内存中创建相应的 Triangle 对象空间。

另外，只有类文件(如 Triangle.class)，但不知道类的任何信息(属性、各种方法)。一般没人能直接创建给定类的对象或者调用类方法等。所以，编程者需要分析给定类信息，这时就要用到反射。

很显然，任何类一般都包括构造方法、成员变量(字段属性)、成员方法等共有的信息。由此可以明白：Class 类应该会封装方法、字段、构造方法等共有特性。

图 9-11 演示了 JVM 虚拟机反射过程(以反射 Triangle 类为例)。

当执行 "c=Class.forName("Triangle");" 语句时，Java 虚拟机将从磁盘中把 Triangle.class 文件加载到内存，并产生关于 Triangle 类的 Class 对象，c 是该对象的引用。通过 c 可以得到 Triangle 类的相关信息。如果 Triangle 类定义了无参数的默认构造方法，则执行 "t=(Triangle)c.newInstance();" 语句，便可以得到 Triangle 对象。当然，还可以通过 Class 对象得到 Triangle 类的方法信息，可进一步调用 Triangle 内部定义的各种方法。

反射就是把普通 Java 类中的各种成分映射成对应的 Java 类。如一般的 Java 类包括方法、构造方法、属性字段以及修饰符等信息；而在 Java 语言中，Method、Constructor、Field 以及 Modifier 和这些成分一一对应。

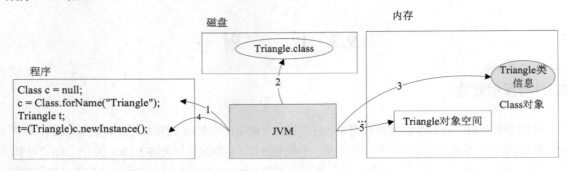

图 9-11 反射过程(以 Triangle 类为例)

在 Java 语言中，有关反射的大部分类和接口定义在软件包 java.lang.reflect 中。软件包 java.lang.reflect 中类和接口之间的层结构如图 9-12 所示。

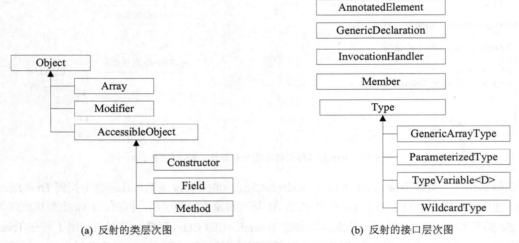

(a) 反射的类层次图　　　　　　　　　　(b) 反射的接口层次图

图 9-12 软件包 java.lang.reflect 的分层结构

9.3.2 与反射相关的类

1. Class 类

Java 程序在运行过程中，系统一直对全部的 Java 对象进行运行时类型标识(Run-Time Type Identification，RTTI)。该信息记录了每个对象所属的类。Java 虚拟机根据运行时类型标识自动选择正确的方法运行。Class 类正是用来保存这些类型信息的类。Class 类封装一个对象和接口运行时的状态，当装载类时，会自动创建 Class 类型的对象。

Class 类中给出的主要方法如下：

T cast(Object obj)：将一个对象强制转换成此 Class 对象所表示的类或接口。

static Class<?> forName(String className)：返回与带有给定字符串名的类或接口相关联的 Class 对象。

Class[] getClasses()：返回一个包含某些 Class 对象的数组，这些对象表示属于此 Class 对象所表示的类的成员的所有公共类和接口,包括从超类和公共类继承的以及通过该类声明的公共类和接口成员。

Class[] getDeclaredClasses()：返回 Class 对象的一个数组，这些对象反映声明为此 Class 对象所表示的类的成员的所有类和接口，包括该类所声明的公共、保护、默认(包)访问及私有类和接口，但不包括继承的类和接口。

Field getField(String name)：返回一个 Field 对象，它反映此 Class 对象所表示的类或接口的指定公共成员字段。

Field[] getFields()：返回一个包含某些 Field 对象的数组，这些对象反映此 Class 对象所表示的类或接口的所有可访问公共字段。

Type[] getGenericInterfaces()：返回表示某些接口的 Type，这些接口由此对象所表示的类或接口直接实现。

Type getGenericSuperclass()：返回表示此 Class 所表示的实体(类、接口、基本类型或 void)的直接超类的 Type。

Class[] getInterfaces()：确定此对象所表示的类或接口实现的接口。

Constructor[] getConstructors()：返回一个包含某些 Constructor 对象的数组，这些对象反映此 Class 对象所表示的类的所有公共构造方法。

Constructor[] getDeclaredConstructors()：返回 Constructor 对象的一个数组，这些对象反映此 Class 对象表示的类声明的所有构造方法。

Method[] getMethods()：返回一个包含某些 Method 对象的数组，这些对象反映此 Class 对象所表示的类或接口(包括由该类或接口声明的及从超类和超接口继承的类或接口)的公共 member 方法。

Method[] getDeclaredMethods()：返回 Method 对象的一个数组，这些对象反映此 Class 对象表示的类或接口声明的所有方法，包括公共、保护、默认(包)访问和私有方法，但不包括继承的方法。

String getName()：以 String 的形式返回此 Class 对象所表示的实体(类、接口、数组类、基本类型或 void)名称。

Package getPackage()：获取此类的包。

T cast(Object obj)：将一个对象强制转换成此 Class 对象所表示的类或接口。

static Class<?> forName(String className)：返回与带有给定字符串名的类或接口相关联的 Class 对象。

int getModifiers()：返回此类或接口以整数编码的 Java 语言修饰符。

String getName()：以 String 的形式返回此 Class 对象所表示的实体(类、接口、数组类、基本类型或 void)名称。

Package getPackage()：获取此类的包。

Class<? super T> getSuperclass()：返回表示此 Class 所表示的实体(类、接口、基本类型或 void)的超类的 Class。

T newInstance()：创建此 Class 对象所表示的类的一个新实例。

例 9-15 Reflect 类(Reflect.java)创建了如下静态方法：outputMsgOfClass(…)、outputFields(Class c)、outputConstructors(Class c)、outputMethods(Class c)、outputAllInformationOfClass(Class c)。

(1) 定义静态方法 outputMsgOfClass(Class c)。

```
1    //输出类或接口定义的部分信息
2    public static void outputMsgOfClass(Class c){
3        String msg="";
```

```
4       int modifiers=c.getModifiers();          //得到修饰符编码值
5       msg=getModifierStr(modifiers);           //得到类修饰符字符串
6       if (c.isInterface())
7           msg=msg+" interface";
8       else
9         if (c.isEnum())
10            msg=msg+" enum";
11        else
12            msg=msg+    " class";
13      msg=msg+ " "+c.getName();
14      System.out.print(msg);
15      //得到父类
16      Class parent=c.getSuperclass();          //得到父类
17      Object ob=new Object();
18      Class obc=ob.getClass();
19      //如果父类不是 Object 时，就输出 extends 父类名
20      if (parent!=null&&parent.getName().compareTo(obc.getName())!=0){
21          System.out.print(" extends "+parent.getCanonicalName());
22      }
23      Class[] interfaces = c.getInterfaces();  //得到接口数组
24      for (int i=0;i<interfaces.length;i++)
25      {
26          if (i==0)                            //输出第一个接口
27          {
28              System.out.print(" implements ");
29              System.out.print(interfaces[i].getName());
30          }
31          else                                 //输出非第一个接口
32              System.out.print(","+interfaces[i].getName());
33      }
34      System.out.println("{");
35  }
```

说明：对于类的定义如图 9-13 所示。

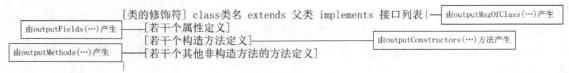

图 9-13 各方法反射情况图

outputMsgOfClass(Class c)方法反射得到的部分是"[类的修饰符] class 类名 extends 父类 implements 接口列表{"。其流程如下：首先，该程序通过 Class 类的 getModifiers()返回此类或接口以整数编码的 Java 语言修饰符，然后通过自定义方法 getModifierStr()得到类的修饰符的字符串。其次，通过调用 Class 类的 getSuperclass()方法，得到参数 c 的父类，并判断其父类不是 Object 时，输出"extends 父类"。最后，通过调用 Class 类的 getInterfaces()，得到接口数组，然后输出"implements 接口列表{"。

(2) 定义静态方法 outputFields(Class c)。

```
1       //输出类中的所有属性
2       public static void outputFields(Class c){
3           Field fs[];
```

```
4          int i;
5          fs=c.getDeclaredFields();//得到类中所有的成员属性，保存到数组中
6          //输出所有属性
7          for (i=0;i<fs.length;i++)
8              outputField(fs[i]);//输出单个方法
9      }
```

说明：此处反射过程中，没有通过调用 Class 类的方法 getFields()得到类中所有的成员属性，而是通过调用 Class 类的方法 getDeclaredFields()得到类中所有的成员属性，原因是前者得到的成员属性还包括父类的所有成员属性。自定义方法 outputField(…)的作用是输出单个方法，但不包括方法体。

(3) 定义静态方法 outputConstructors(Class c)。

```
1  //输出所有的构造方法
2  public static void outputConstructors(Class c){
3      Constructor[] constructors;
4      //得到类中所有公共构造方法的数组
5      constructors=c.getDeclaredConstructors();
6      for (Constructor constructor:constructors){
7          outputConstructor(constructor); //输出一个构造方法
8      }
9  }
```

说明：该静态方法的作用是输出所有的构造方法，但每个构造方法不包括方法体。在静态方法 outputConstructors 中，首先调用 Class 类的方法 getDeclaredConstructors()得到所有公共构造方法的数组，当然，也可以使用 Class 类的方法 getConstructors()得到所有公共构造方法的数组，两者区别不大。在该方法多次调用自定义静态方法 outputConstructor(…)时，该方法的主要作用是输出一个构造方法的信息，但不包括方法体。

(4) 定义静态方法 outputMethods(Class c)。

```
1  //输出指定类中声明的所有方法
2  public static void outputMethods(Class c){
3      Method ms[];
4      int i;
5      ms=c.getDeclaredMethods();        //得到类中声明的所有方法
6      for (i=0;i<ms.length;i++)
7          outputMethod(ms[i]);          //输出单个方法
8  }
```

说明：该静态方法的作用是输出所有的非构造方法，但每个方法不包括方法体。可以通过 Class 类的方法 getDeclaredMethods()得到类中声明的所有非构造方法。需要注意的是，不能用 Class 类的方法 getMethods()来代替 Class 类的方法 getDeclaredMethods()，这是因为方法 getMethods()不仅得到类中所有的非构造方法，而且还得到了父类中所有的非构造方法。自定义方法 outputMethod(…)输出单个方法，但不包括方法体。

(5) 定义静态方法 outputAllInformationOfClass(Class c)。

```
1  //输出类对象的所有信息，包括超类的所有信息
2  public static void outputAllInformationOfClass(Class c) throws Exception{
3      //得到 c 对象的父类
4      Class parent=c.getSuperclass();
5      Object ob=new Object();
6      Class obc=ob.getClass();
```

```
7        //如果父类不是 Object,则输出父类的所有信息
8        if(parent!=null&&parent.getName().compareTo(obc.getName())!=0)
9            outputAllInformationOfClass(parent);
10       String msg;
11       msg=(c.isInterface()?"接口":(c.isEnum()?"枚举":"类"));
12       System.out.println("反射"+c.getCanonicalName()+msg);
13       System.out.print("-------------------------------------");
14       System.out.println("-------------------------------------");
15       outputMsgOfClass(c);//输出类对象 c 的部分信息
16       outputFields(c); //输出对象 c 的属性成员信息
17       outputConstructors(c);//输出对象 c 的构造方法
18       outputMethods(c);//输出对象 c 的非构造方法
19       System.out.println("}");
20       outputInterfaces(c);//如果类对象 c 实现了部分接口,则输出这些接口信息
21   }
```

说明:该自定义静态方法的功能是输出类对象 c 的所有信息,包括超类的所有信息。

2. 修饰符类 Modifier

一般类中的属性、构造方法、一般的方法都应该被 public、private、protected、static 等修饰符修饰。而 Modifier 类提供了 static 方法和常量,对类和成员访问修饰符进行解码。修饰符集被表示为整数,用不同位置表示不同的修饰符。

为了判断是否被某些修饰符修饰,Modifier 提供了如下方法。

static boolean isXy(int mod):如果整数参数包括 xy 修饰符,则返回 true,否则返回 false。其中 xy 可以是 abstract、final、interface、native、private、protected、public、static、strictfp、synchronized、transient、volatile 等。而 Xy 与 xy 一样,只不过其首字母要大写。

例 9-16 Reflect 类(在 Reflect.java 文件中)定义了得到修饰符串的静态方法 getModifierStr(int mode)。

```
1    //依据修饰符代码值得到修饰符串
2    public static String getModifierStr(int mod){
3        String msg="";
4        if (Modifier.isPublic(mod))//被 public 修饰
5            msg=msg +" public";
6        if (Modifier.isPrivate(mod))//被 private 修饰
7            msg=msg+" private";
8        if (Modifier.isProtected(mod))//被 protected 修饰
9            msg=msg+" protected";
10       if (Modifier.isStatic(mod))//被 static 修饰
11           msg=msg+" static";
12       if (Modifier.isSynchronized(mod)) //被 synchronized 修饰
13           msg=msg+" synchronized";
14       if (Modifier.isStrict(mod)) //被 strict 修饰
15           msg=msg+" strict";
16       if (Modifier.isTransient(mod))//被 transient 修饰
17           msg=msg+" transient";
18       if (Modifier.isVolatile(mod))//被 volatile 修饰
19           msg=msg+" volatile";
20       if (Modifier.isAbstract(mod))//被 abstract 修饰
21           msg=msg+" abstract";
22       if (Modifier.isFinal(mod)) //被 final 修饰
```

```
23              msg=msg+" final";
24          return msg;
25      }
```

3. AccessibleObject 类

AccessibleObject 类是 Field、Method 和 Constructor 对象的基类。它提供了将反射的对象标记为在使用时取消默认 Java 语言访问控制检查的能力。对于公共成员、默认(打包)访问成员、受保护成员和私有成员，在分别使用 Field、Method 或 Constructor 对象来设置或获得字段、调用方法，或者创建和初始化类的新实例时，会执行访问检查。

4. Field 类

Field 提供有关类或接口的单个字段的信息，以及对它的动态访问权限。反射的字段可能是一个类(静态)字段或实例字段。

例 9-17 Reflect 类定义了输出一个成员属性的静态方法 outputField(Field fs)。

```
1   //输出一个成员属性
2   public static void outputField(Field fs){
3       String msg;
4       int modifiers=fs.getModifiers();//得到属性的修饰符编码值
5       msg=getModifierStr(modifiers);//得到属性的修饰符字符串
6       System.out.print(msg+" ");
7       Type tp=fs.getType();//得到属性的数据类型
8       System.out.println(tp+"   "+fs.getName()+";");//得到属性的名称
9   }
```

5. Constructor 类

Constructor 提供关于类的单个构造方法的信息以及对类的访问权限。

Constructor 允许在将实参与带有基础构造方法的形参的 newInstance()匹配时进行扩展转换。

例 9-18 Reflect 类(在 Reflect.java 文件中)定义了输出一个构造方法的静态方法 outputConstructor (Constructor constructor)。

```
1   //输出一个构造方法
2   public static void outputConstructor(Constructor constructor){
3       String msg;
4       int modifiers=constructor.getModifiers();//得到修饰符编码值
5       msg=getModifierStr(modifiers);//得到修饰符字符串
6       System.out.print(msg+" ");//输出修饰符
7       System.out.print(constructor.getName()+"("); //输出构造方法名称
8       Type [] tps=constructor.getParameterTypes(); //得到构造方法参数列表
9       int i;
10      //输出所有参数
11      for (i=0;i<tps.length;i++){
12          if(i==0)
13              System.out.print(tps[i]+" "+(char)('a'+i));//输出参数
14          else
15              System.out.print(","+tps[i]+" "+(char)('a'+i));//输出参数
16
17      }
18      System.out.println(");");
19  }
```

6. Method 类

Method 类提供关于类或接口上单独某个方法(以及如何访问该方法)的信息。

例 9-19 Reflect 类(在 Reflect.java 文件中)定义了输出一个方法的静态方法。

```
1    //输出一个方法
2        public static void outputMethod(Method ms){
3            String msg;
4            int modifiers=ms.getModifiers();              //得到方法的修饰符编码值
5            msg=getModifierStr(modifiers);                //得到方法的修饰符串
6            System.out.print(msg+" ");
7            //ms.getReturnType()方法得到的返回值类型
8            System.out.print(ms.getReturnType().getCanonicalName()+" ");
9            System.out.print(ms.getName()+"(");           //得到方法的名称
10           //得到方法类的参数类型，保存到数组中
11           Type [] tps=ms.getGenericParameterTypes();
12           int i;
13           for (i=0;i<tps.length;i++){
14               if (i==0)
15                   System.out.print(tps[i]+" "+(char)('a'+i));    //输出参数
16               else
17                   System.out.print(","+tps[i]+" "+(char)('a'+i));//输出参数
18           }
19           System.out.println(");");
20       }
```

7. Reflect 类

Reflect 类的 main(…)定义如下。

```
1    public static void main(String[] args) throws Exception{
2        Class c = null;
3        c = Class.forName("Triangle");
4        outputAllInformationOfClass(c);
5        Triangle t=null;
6        c = Class.forName("Triangle");
7        //创建 Triangle 类的默认实例
8        System.out.println("创建 Triangle 类的默认实例");
9        t=(Triangle)c.newInstance();
10       t.setA(3);
11       t.setB(4);
12       t.setC(5);
13       t.adjustName();
14       t.printFigure();
15   }
```

习题 9

(1) 假设已经定义了如下接口，请定义类 Data，该类实现了接口 IT，其中泛型 T 可以是 String。

```
public interface IT <T>{
    //统计 value 在数组 ar 中出现的次数
```

```
    int count(T [] ar,T value);
    //统计 value 在数组 ar 中第一次出现的位置。如果没有出现,则返回-1
    int firstPosition(T[] ar,T value);
}
```

(2) 依据图 9-14,定义一些类(可以是 Person、Student、CollegeStudent、Undergraduate 等),然后再定义一个泛型类 Book,说明该书是适合哪些学生看的。在实例过程中,请还使用通配符<? extends T>、<? super T>和<?>。

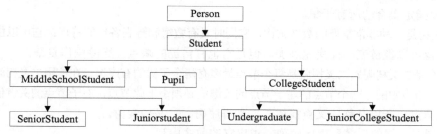

图 9-14 各类人的类层次图

(3) 已知存在如下类文件的 Class 文件。

```
public class Person {
    public static int count=0;
    private int id;//编号
    private String name;
    //默认构造方法
    public Person() {
        count++;
        id=count;
        name="no name";
    }
    public Person(String name) {
        count++;
        id=count;
        this.name = name;
    }
}
```

请利用 Class 类和 Constructor 类的 newInstance(…)创建对象。

(4) 针对上面的 Person 类,请利用反射操作得到 Person 类的所有属性,设置并得到 Person 类的属性值。注意:不能通过 Person 类的 setXXX(…)方法、getXXX(…)方法。

(5) (ACM 竞赛题)括号配对问题:现在,有一行括号序列,请检查这行括号是否配对。

输入:第一行输入一个数 N(0<N≤100),表示有 N 组测试数据。后面的 N 行输入多组输入数据,每组输入数据都是一个字符串 S(S 的长度小于 10000,且 S 不是空串),测试数据组数少于 5 组。数据保证 S 中只含有"[""]""(""")"4 种字符。

输出:每组输入数据的输出占一行,如果该字符串中所含的括号是配对的,则输出Yes,如果不配对,则输出No。

样例输入:

3
[(])

(])
(([])0])

样例输出:

No
No
Yes

(6) 创建集合 A 和 B, 求 $A-B$。

(7) 创建指定集合的所有子集。

(8) 二叉树是一种非常重要的数据结构,它同时具有数组和链表各自的特点:它可以像数组一样快速查找,也可以像链表一样快速添加。但是它也有自己的缺点:删除操作复杂。

那么什么是二叉树呢? 二叉树就是每个节点最多有两个子树的有序树,在使用二叉树时,数据并不是随便插入节点中的,一个节点的左子节点的关键值必须小于此节点,右子节点的关键值必须大于或者等于此节点,所以又称二叉查找树、二叉排序树、二叉搜索树。

给出一棵二叉树的后序和中序序列,求出它的前序序列。

第10章 Java异常处理

本章知识目标：
- 了解 Java 语言异常层次结构。
- 掌握 Java 语言的异常处理机制以及异常处理语法规则。
- 理解并掌握 Java 语言如何抛出异常方法。

在编写程序过程中，程序出错不可避免，我们当然可以处理这些错误。例如，求三角形面积，输入三条边，如果输入的三条边长不构成三角形，求面积时就出错了。在处理这些错误时，用判断语句处理即可。可是，在实际编程过程中，有很多错误都是交给编程人员处理的，这样既麻烦又琐碎。非常幸运的是，Java 语言提出了异常处理。所有的异常都可以用一个类型来表示，不同类型的异常对应不同的子类异常(这里的异常包括错误概念)，定义异常处理的规范在 Java 1.4 版本以后增加了异常链机制，从而便于跟踪异常！这是 Java 语言设计者的高明之处，也是 Java 语言中的一个难点。

10.1 Java 异常层次结构

Java 将异常作为对象来处理，而且定义一个基类 java.lang.Throwable 作为所有异常类的父类。在 Java 中定义了许多异常类，这些异常类分为两大类：错误类 Error 和异常类 Exception。Java 异常类层次图如图 10-1 所示。

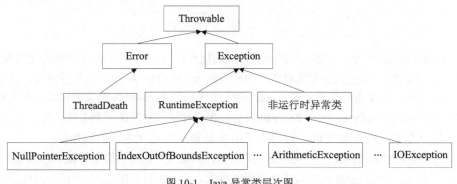

图 10-1 Java 异常类层次图

说明：Error 是程序无法处理的错误，如 ThreadDeath、OutOfMemoryError 等。这些异常发生时，Java 虚拟机一般会选择线程终止。而 Exception 是程序本身可以处理的异常，这种异常分两大类：运行时异常和非运行时异常。

这两种异常有很大的区别，亦称之为不检查异常(Unchecked Exception)和检查异常(Checked Exception)。运行时异常类包括 RuntimeException 类及 RutimeException 的子类，如 ArithmeticException、IndexOutOfBoundsException、NullPointerException 等，这类异常不被检查，程序可以选择捕获并处理这些异常，也可以不处理这些异常。这些异常一般是由程序逻辑错误引起的，所以，程序应该从逻辑角度方面尽可能避开这类异常的发生。

非运行时异常类是 RuntimeException 以外的异常,都属于 Exception 类及其子类。从程序语法角度讲是必须进行处理的异常,如果不处理这些异常,程序将不能通过编译,如 SQLException、IOException 以及编程人员自定义的 Exception 等。

10.2 Java 异常处理语法

Java 异常处理涉及五个关键字,分别是:try、catch、finally、throw、throws。
异常处理的基本语法在 Java 中,异常处理的完整语法如下。

```
try{
    A
} catch(ExceptionType₁ e₁){
    B₁
}
catch(ExceptionType₂ e₂){
    B₂
}
…
catch(ExceptionTypeₙ eₙ){
    Bₙ
}
finally{
    C
}
```

说明:在以上语法中,try 语句块 A 表示要尝试的运行代码,try 语句块 A 中代码受异常监控,即其中代码发生了异常时,就会抛出异常对象。当捕获到 try 代码块 A 中发生的异常时,就会在 catch 语句块 B_1、B_2、…、B_n 中进行异常处理,catch 语句中带一个 Throwable 类型的参数,在上面代码中,$ExceptionType_1$、$ExceptionType_2$、…、$ExceptionType_n$ 表示被捕获异常的类型名称,而 e_1、e_2、…、e_n 分别表示被捕获异常类型的参数变量,它的作用范围是紧跟其定义之后的程序块。

当 try 中出现异常时,catch 会捕获到发生的异常,并依次与各异常类型匹配。若匹配,则执行相应 catch 块中的代码,并将 catch 块参数指向所抛的异常对象。而且匹配上后,就不再尝试匹配其他的 catch 块。通过异常对象可以获取异常发生时完整的 Java 虚拟机中的堆栈信息,以及异常信息和异常发生的原因等。

finally 语句块 C 是紧跟 catch 语句后的语句块,这个语句块总是会在方法返回前执行,而不管 try 语句块 A 是否发生异常,并且这个语句块 C 总是在方法返回之前执行。这样做的目的是给程序一个补救的机会。

需要注意的问题如下。

(1) try、catch、finally 3 个语句块都不能独自使用,三者可以组成如下 3 种结构。

```
try{
   …
}
catch (异常类型名  e){
   …
}
finally {
   …
}
```

```
try{
   …
} catch (异常类型名  e){
   …
}
```

```
try{
   …
}
finally {
   …
}
```

catch 语句可以有一个或多个，而 finally 语句最多只能有一个。

(2) try、catch、finally 3 个代码块中变量的作用域为代码块内部，各自独立且不能相互访问。如果要在 3 个块中都可以访问，则需要将变量定义到这些块的外面。

(3) 发生异常时，只会匹配其中一个异常类并执行相应的 catch 块代码，而不会再执行别的 catch 块，并且匹配 catch 语句的顺序是由上到下。

10.3 抛 出 异 常

抛出异常主要是通过 throw 和 throws 语句。在方法体内，用 throw 来抛出一个异常，throw 抛出异常的语法格式如下。

throw 异常对象名字;

throws 表示用来声明方法可能会抛出异常类别，用在方法名后，语法格式如下。

[修饰符] 方法名([参数列表]) throws 异常类型 1, 异常类型 2, …, 异常类型 n

throws 关键字用于方法体外部的方法声明部分，用来声明方法可能会抛出某些异常。仅当抛出了检查异常，该方法的调用者才必须处理或者重新抛出该异常。当方法的调用者无力处理该异常时，应该继续抛出。

throwable 类中的常用方法如下。

getCause()：返回抛出异常的原因。如果原因不存在或未知，则返回 null。

getMessage()：返回异常的消息信息。

printStackTrace()：对象的堆栈跟踪输出至错误输出流 System.err。

例 10-1 下面给出一个异常的简单例子，三角形类 Triangle10_1、异常类 TriangleException1、异常类 TriangleException2。

(1) 定义异常类 TriangleException1，该异常类指出存在小于或等于 0 的边长情况。

```
1    class TriangleException1 extends Exception{
2        private String msg;
3        TriangleException1(){
4            msg="存在小于或等于 0 的边长。";
5        }
6        @Override
7        public String toString() {
8            return "异常:" + msg;
9        }
10   }
```

说明：TriangleException1 是由 Exception 类派生而来的。第 7~9 行重载了 toString()方法。

(2) 定义异常类 TriangleException2，该异常类报告三角形的任意两条边边长之和小于或等于第三条边边长错误。

```
1   class TriangleException2 extends Exception{
2       String msg;
3       TriangleException2(){
4           msg="异常：三角形的任意两条边边长之和小于或等于第三条边边长。";
5       }
6       public String toString() {
7           return msg;
8       }
9   }
```

说明：TriangleException2 是由 Exception 类派生而来的。

(3) 定义三角形类 Triangle10_1。

```
1   public class Triangle10_1 {
2       private double a,b,c;
3       Triangle10_1(double a,double b,double c){
4           this.a=a;
5           this.b=b;
6           this.c=c;
7       }
8       /*注意下面语句，该方法可能会抛出异常类 TriangleException1,TriangleException2
9         的异常。*/
10      public double getArea ()    throws TriangleException1,TriangleException2 {
11          TriangleException1 t1=new TriangleException1();
12          TriangleException2 t2= new TriangleException2();
13          if (a<=0||b<=0||c<=0)
14              throw   t1;                         //抛出异常
15          if (a+b<=c||b+c<=a||a+c<=b)
16              throw t2;                           //抛出异常
17          double p,s;
18          p=(a+b+c)/2.0;
19          s=Math.sqrt(p*(p-a)*(p-b)*(p-c));
20          return s;
21      }
22      public static void main(String []args){
23          Scanner s=new Scanner(System.in);
24          double a,b,c;
25          System.out.print("输入三角形的 3 条边长:");
26          a=s.nextDouble();
27          b=s.nextDouble();
28          c=s.nextDouble();
29          try{
30              Triangle10_1    t1=new Triangle10_1(a,b,c);
31              System.out.println("三角形的面积为："+t1.getArea());
32          }catch (TriangleException1 e1){         //可能发生异常 e1
33              System.out.println(e1);
34          }
35          catch(TriangleException2 e2){           //可能发生异常 e1
```

```
36                       System.out.println(e2);
37              }
38              finally{
39                  //该语句无论上面是否发生异常,都会执行
40                  System.out.println("求三角形面积!");
41              }
42      }
43 }
```

说明：本例中，首先定义了三角形的以下两种异常。

(1) TriangleException1 是说明三角形边长异常"存在小于或等于 0 的边长"。

(2) TriangleException2 是说明异常"三角形的任意两条边边长之和小于或等于第三条边边长"。这两个异常类都是 Exception 类的子类。而在 Triangle10_1 类中的 public double getArea ()中使用了 throw 语句分别抛出 TriangleException1、TriangleException2 两类的对象变量 t1、t2。而且方法 getArea ()定义处使用 throws 语句指明抛出了 TriangleException1、TriangleException2 两种类。

习题 10

(1) 求一元二次方程 $ax^2+bx+c=0$，如果 a 等于 0，抛出不是一元二次方程异常。如果方程无实数根，则抛出一元二次方程无实数根异常。如果方程有实数根，则求出方程的实数根。

(2) 输入一个字符串，判断该字符串是否是合法的电话号码。如果该字符串长度少于或者大于 11，则抛出电话号码长度异常；如果该字符串中含有非数字字符，则抛出该字符串含有非法字符异常，说明不是合法的电话号码。如果该字符串不是以 137、177、139、189、180、181、135 开头，则抛出该字符串不是合法的电话号码异常。

(3) 输入一个字符串，判断该字符串是否是合法的 E-mail 地址。

(4) 输入一个字符串，判断该字符串是否是合法的日期字符串，如果是合法的日期字符串，只要将该字符串转换成日期即可；如果发生异常，怎样抛出异常，并进行异常处理。

第11章 Java的图形界面设计基础

本章知识目标:
- 了解 AWT; 理解容器、窗格、布局管理器等概念。
- 理解和掌握布局管理器以及常用的布局管理器(如 FlowLayout、BorderLayout、BoxLayout、GirdBagLayout、GirdLayout 和 CardLayout)。
- 理解 Java 的事件处理机制、Java 语言的事件种类以及事件适配器。

11.1 AWT

在计算机软件发展过程中,图形用户接口(Graphic User Interface,GUI)的广泛应用给人们带来了操作上的便利,使我们不再需要死记硬背大量的操作命令;我们只要点击窗口、菜单、鼠标、按钮等元件,就可以非常方便地操作各种软件。

在 Java 图形库中,目前最著名的三大 GUI 库分别是:

(1) 抽象窗口工具包(Abstract Window Toolkit,AWT),包含在所有的 Java SDK 中。
(2) 高级图形库 Swing,亦包含于 Java 开发包中 Java 开发工具集。
(3) 标准窗口部件库(Standard Widget Toolkit,SWT),在 Eclipse 中可以利用。

抽象窗口工具包是 API 为 Java 程序提供的建立图形用户界面工具集。

java.awt 包中提供了 GUI 设计所使用的类和接口,在图 11-1 中,可以看到主要 GUI 类之间的继承关系。

java.awt 包提供了基本的 Java 程序的 GUI 设计工具。编程人员必须搞清楚3个概念:组件(Component)、容器(Container)、布局管理器(Layout Manager)。

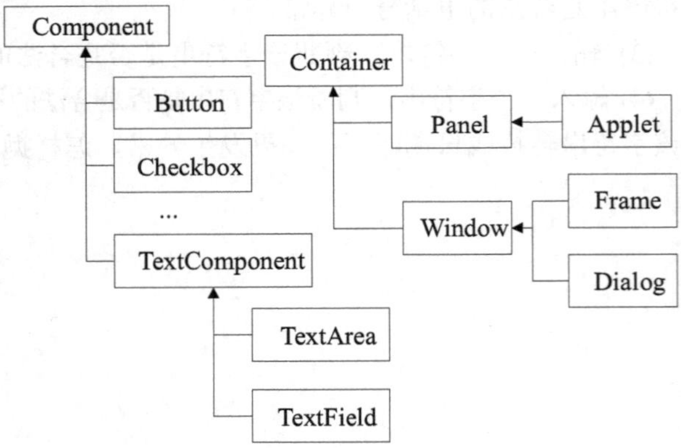

图 11-1 AWT 包中类的继承关系

11.1.1 组件

Java 图形用户界面的最基本组成部分是组件(Component),它是一个以图形化的方式显示在屏幕上并能与用户进行交互的对象,如一个按钮、一个标签等。组件不能独立地显示出来,必须将组件放在一定的容器中才可以显示出来。

类 java.awt.Component 是许多组件类的父类,Component 类中封装了组件通用的方法和属性,如图形的组件对象、大小、显示位置、前景色和背景色、边界、可见性等,因此许多组件类也就继承了 Component 类的成员方法和成员变量,其相应的主要成员方法包括如下几项。

1. 与颜色有关的方法

public void setBackground(Color bc)：设置背景色。
public void setForeground(Color fc)：设置前景色。
public Color getBackground(Color gbc)：获取背景色。
public Color getForeGround(Color gfc)：获取前景色。
ColorModel getColorModel()：获得用于在输出设备上显示组件的 ColorModel 实例。

其中 Color 类是 Java.awt 包中的类。用 Color 类的构造方法 public Color(int red,int green,int blue)创立颜色对象，参数 red、green、blue 取值范围为 0~255。Color 类还有 Color.red、Color.blue、Color.green、Color.orange、Color.cyan、Color.yellow、Color.pink 等常量。

2. 与字体有关的主要方法

public void setFont(Font font)：设置字体。
public Font getFont(Font font)：获取字体。
FontMetrics getFontMetrics(Font font)：获得指定字体的字体规格。

3. 大小与位置的主要方法

public void setSize(int w,int h)：设置组件大小(包括宽度和高度)。
public void setLocation(int x,int y)：设置组件在容器中的位置。
public Dimension getSize()：返回组件的大小(组件的宽度和高度)。
public Point getLocation(int x,int y)：返回组件在容器中的位置(左上角坐标)。
public void setBounds(int x,int y,int width,int height)：设置组件在容器中的位置及组件大小。
public Rectangle getBounds()：返回组件在容器中的位置和大小。

4. 与激活、可见性以及焦点有关的主要方法

void setVisible(boolean b)：根据参数 b 的值显示或隐藏此组件。
void setEnabled(boolean b)：根据参数 b 的值启用或禁用此组件。
Container getParent()：获得此组件的父级。
void validate()：确保组件具有有效的布局。
void invalidate()：使此组件无效。
void doLayout()：提示布局管理器布局此组件。
void requestFocus()：请求此 Component 获得输入焦点，并且此 Component 的顶层祖先成为获得焦点的 Window。

5. 重绘方法

void paint(Graphics g)：绘制此组件。
void paintAll(Graphics g)：绘制此组件及其所有子组件。
void repaint()：重绘此组件。
void repaint(int x, int y, int width, int height)：重绘组件的指定矩形区域。

void repaint(long tm)：重绘组件。

void repaint(long tm, int x, int y, int width, int height)：在 tm 毫秒内重绘组件的指定矩形区域。

void update(Graphics g)：更新组件。

6. 与组件图形配置等相关方法

Graphics getGraphics()：为组件创建一个图形上下文。

GraphicsConfiguration getGraphicsConfiguration()：获得与此 Component 相关的 GraphicsConfiguration。

7. 与组件大小位置等相关的主要方法

int getHeight()：返回组件的当前高度。

int getWidth()：返回组件的当前宽度。

int getX()：返回组件原点的当前 X 坐标。

int getY()：返回组件原点的当前 Y 坐标。

Point getLocation()：获得组件的位置，形式是指定组件左上角的一个点。

Point getLocation(Point rv)：将组件的(x,y)原点存储到"返回值"rv 中并返回 rv。

Point getLocationOnScreen()：获得组件的位置，形式是指定屏幕坐标空间中组件左上角的一个点。

Component getComponentAt(int x, int y)：确定此组件或其直接子组件之一是否包含(x,y)位置，并且如果是，则返回包含该位置的组件。

Component getComponentAt(Point p)：返回包含指定点的组件或子组件。

boolean contains(int x, int y)：检查组件是否"包含"指定的点，其中 x 和 y 是相对于此组件的坐标系统定义的。

boolean contains(Point p)：检查组件是否"包含"指定的点，其中该点的 x 和 y 坐标是相对于此组件的坐标系统定义的。

Rectangle getBounds()：以 Rectangle 对象的形式获得组件的边界。

Rectangle getBounds(Rectangle rv)：将组件的边界存储到"返回值"rv 中并返回 rv。

void setBounds(int x, int y, int width, int height)：移动组件并调整其大小。

void setBounds(Rectangle r)：移动组件并调整其大小，使其符合新的有界矩形 r。

void setLocation(int x, int y)：将组件移到新位置。

void setLocation(Point p)：将组件移到新位置。

Dimension getSize()：以 Dimension 对象的形式返回组件的大小。

void setSize(Dimension d)：调整组件的大小，使其宽度为 d.width，高度为 d.height。

void setSize(int width, int height)：调整组件的大小，使其宽度为 width，高度为 height。

AWT 组件和 Swing 组件最大的不同是：Swing 组件不含本地代码，可以不受硬件平台限制。而 AWT 组件含有本地代码，与硬件平台密切相关。由于 AWT 功能非常有限，在建立图形用户界面时，我们一般都不会用它，而是利用 Java 中功能更强大的 Swing。Swing 属于 Java 基础类库(Java Foundation Classes，JFC)的一部分，它主要帮助我们建立用户界面。

Swing 中主要类的继承关系如图 11-2 所示。

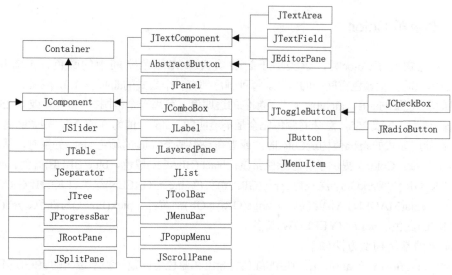

图 11-2　Swing 中主要类的继承关系

11.1.2　GraphicsEnvironment 类

GraphicsEnvironment类是抽象类，描述了Java应用程序在特定平台上可用的GraphicsDevice对象和Font对象的集合。此GraphicsEnvironment中的资源可以是本地资源，也可以位于远程机器上。GraphicsDevice对象可以是屏幕、打印机或图像缓冲区，并且都是Graphics2D绘图方法的目标。每个GraphicsDevice都有许多与之相关的GraphicsConfiguration对象。这些对象指定了使用GraphicsDevice所需的不同配置。

GraphicsEnvironment 类的主要方法如下。

abstract Graphics2D createGraphics(BufferedImage img)：返回一个呈现指定BufferedImage的Graphics2D对象。

abstract Font[] getAllFonts()：返回一个数组，它包含此 GraphicsEnvironment 中所有可用字体的像素级实例。

abstract String[] getAvailableFontFamilyNames()：返回一个包含此 GraphicsEnvironment 中所有字体系列名称的数组。

abstract String[] getAvailableFontFamilyNames(Locale l)：返回一个包含此 GraphicsEnvironment 中所有字体系列名称的数组，它针对默认语言环境进行了本地化。

Point getCenterPoint()：返回 Windows 应居中的点。

abstract GraphicsDevice getDefaultScreenDevice()：返回默认的屏幕 GraphicsDevice。

static GraphicsEnvironment getLocalGraphicsEnvironment()：返回本地 GraphicsEnvironment。

Rectangle getMaximumWindowBounds()：返回居中 Windows 的最大边界。

abstract GraphicsDevice[] getScreenDevices()：返回所有屏幕 GraphicsDevice 对象的一个数组。

static boolean isHeadless()：测试此环境是否支持显示器、键盘和鼠标。

boolean isHeadlessInstance()：返回此图形环境是否支持显示器、键盘和鼠标。

void preferLocaleFonts()：指示在逻辑字体到实际字体的映射关系中特定于语言环境的字体的首选项。

11.1.3 颜色类 Color

java.awt 包定义了 Color 类，该类用于封装默认 sRGB 颜色空间中的颜色，或者用于封装由 ColorSpace 标识的任意颜色空间中的颜色。每种颜色都有一个隐式的 alpha 值 1.0，或者有一个在构造方法中提供的显式的 alpha 值。alpha 值定义了颜色的透明度，可用一个范围在 0.0~1.0 或 0~255 的浮点值表示。alpha 值为 1.0 或 255，意味着颜色完全是不透明的，alpha 值为 0 或 0.0，则意味着颜色是完全透明的。在使用显式的 alpha 值构造 Color 时，或者在获得某个 Color 的颜色/alpha 分量时，从不将颜色分量预乘 alpha 分量。Color 类提供了静态颜色常量：black(BLACK)黑色、blue(BLUE)蓝色、cyan(CYAN)青色、DARK_GRAY(darkGray)深灰色、gray(GRAY)灰色、green(GREEN)绿色、LIGHT_GRAY(lightGray)浅灰色、magenta(MAGENTA)洋红色、orange(ORANGE)桔黄色、pink(PINK)粉红色、red(RED)红色、white(WHITE)白色、yellow(YELLOW)黄色。

Color 类的常用构造方法如下。

Color(float r, float g, float b)：用指定的红色、绿色和蓝色值创建一种不透明的 sRGB 颜色，这 3 个颜色色值范围都为 0.0~1.0。

Color(float r, float g, float b, float a)：用指定的红色、绿色、蓝色和 alpha 值创建一种 sRGB 颜色，这些值范围都为 0.0~1.0。

Color(int rgb)：用指定的组合 RGB 值创建一种不透明的 sRGB 颜色，此 sRGB 值的 16~23 位表示红色分量，8~15 位表示绿色分量，0~7 位表示蓝色分量。

Color(int rgba, boolean hasalpha)：用指定的组合 RGBA 值创建一种 sRGB 颜色，此 RGBA 值的 24~31 位表示 alpha 分量，16~23 位表示红色分量，8~15 位表示绿色分量，0~7 位表示蓝色分量。

Color(int r, int g, int b)：用指定的红色、绿色和蓝色值创建一种不透明的 sRGB 颜色，这 3 个颜色值范围都为 0~255。

Color(int r, int g, int b, int a)：用指定的红色、绿色、蓝色和 alpha 值创建一种 sRGB 颜色，这些值范围都为 0~255。

例如：

```
Color color1,color2,color3;
Color1=new Color(100,100,100);
Color2=new Color(0.4,0.5,0.6);
Color3=Color.red;
```

11.1.4 Font 类

java.awt 包定义了表示字体。

Java 平台可以区分两种字体：物理字体和逻辑字体。其中物理字体是实际的字体库，包含字形数据和表，这些数据和表使用字体技术(如 TrueType 或 PostScript Type 1)将字符序列映射到字形序列。Java 平台的所有实现都支持 TrueType 字体，对其他字体技术的支持是与实现相关的。物理字体可以使用字体名称，如 Helvetica、Palatino、HonMincho 或任意数量的其他字体名称。通常，每种物理字体只支持有限的书写系统集合，例如，只支持拉丁文字符或只支持日文和基本拉丁文。可用的物理字体集合随配置的不同而不同。要求特定字体的应用程序可以使用 createFont 方法来捆绑这些字体，并对其进行实例化。

另外，逻辑字体是由必须受所有 Java 运行时环境支持的 Java 平台所定义的五种字体系列：Serif、SansSerif、Monospaced、Dialog 和 DialogInput。这些逻辑字体不是实际的字体库。而是由 Java 运行时环境将逻辑字体名称映射到物理字体。映射关系与实现和通常语言环境相关，因此它们提供的外观和规格各不相同。

Font 类的主要构造方法有如下。

Font(String name, int style, int size)：根据指定名称、样式和点大小，创建一个新 Font。

boolean canDisplay(char c)：检查此 Font 是否具有指定字符的字形。

static Font createFont(int fontFormat, File fontFile)：返回一个使用指定字体类型和指定字体文件的新 Font。

static Font createFont(int fontFormat, InputStream fontStream)：返回一个使用指定字体类型和输入数据的新 Font。

static Font decode(String str)：返回 str 参数所描述的 Font。

static Font getFont(String nm)：从系统属性列表返回一个 Font 对象。

float getItalicAngle()：返回 Font 的斜角。

int getNumGlyphs()：返回 Font 中的字形数量。

String getFamily()：返回 Font 的系列名称。

String getFontName()：返回 Font 的字体外观名称。

String getName()：返回 Font 的逻辑名称。

String getPSName()：返回 Font 的 postscript 名称。

int getSize()：返回 Font 的点大小，舍入为整数。

float getSize2D()：返回 Font 的点大小(以 float 值表示)。

int getStyle()：返回 Font 的样式。

boolean isBold()：指示 Font 对象的样式是否为 BOLD。

boolean isItalic()：指示 Font 对象的样式是否为 ITALIC。

boolean isPlain()：指示 Font 对象的样式是否为 PLAIN。

boolean isTransformed()：指示 Font 对象是否具有影响其大小以及 Size 属性的变换。

例 11-1 列出本地所有字体的名称等信息。

```
1   public class Fonts {
2       public static void printFont(Font f){
3           System.out.print("系列名称:"+f.getFamily()+",名字：");
4           System.out.println(f.getFontName()+",逻辑名字: "+f.getName());
5       }
6       public static void main(String[] args) {
7           GraphicsEnvironment ge;
8           ge=GraphicsEnvironment.getLocalGraphicsEnvironment();
9           Font []fonts=ge.getAllFonts();
10          for (Font font:fonts)
11              printFont(font);
12      }
13  }
```

说明：第 2~5 行定义了 printFont(Font f)方法，该方法输出字体对象 Font 名称等信息。第 8 行得到本地的 GraphicsEnvironment 对象。然后，程序调用该对象的 getAllFonts()方法可以得到本地字体数组。

11.2 容器概念

容器(Container)是 Component 的子类，因此容器本身也是一个组件，具有组件的所有性质。但与一般组件，如按钮、标签、文本输入框等不同，容器的主要功能是容纳其他组件。有的容器还可以嵌套其他的容器。我们称最外层的容器是顶层容器。除顶层容器之外的容器便是中间容器，每个中间容器可以包含若干个基本组件和其他的中间容器。

Container 的主要方法如下。

Component add(Component comp)：将指定组件追加到此容器的尾部。

Component add(Component comp, int index)：将指定组件添加到此容器的给定位置上。

void remove(Component comp)：从此容器中移除指定组件。

void remove(int index)：从此容器中移除 index 指定的组件。

void removeAll()：从此容器中移除所有组件。

void addContainerListener(ContainerListener l)：添加指定容器的侦听器，以接收来自此容器的容器事件。

LayoutManager getLayout()：获得此容器的布局管理器。

void doLayout()：使此容器布置其组件。

Component findComponentAt(int x, int y)：对包含指定位置的可视子组件进行定位。

Component getComponent(int n)：获得此容器的第 n 个组件。

Component getComponentAt(int x, int y)：获取在点(x, y)位置的组件。

int getComponentCount()：获得此面板中的组件数。

Component[] getComponents()：获得此容器中的所有组件。

ContainerListener[] getContainerListeners()：返回已在此容器上注册的所有容器侦听器的数组。

void removeContainerListener(ContainerListener l)：移除指定容器的侦听器，从而不再接收来自此容器的容器事件。

Swing 提供了 4 种顶层容器，它们分别是 JWindow、JDialog、JFrame 和 JApplet。JWindow 是一个不带标题行和控制按钮的窗口，在实际编程中，我们很少用到它。创建应用程序时，我们主要用到 JFrame，它是带标题行和控制按钮的窗口。在浏览器窗口中，我们需要用到的容器是 JApplet。在创建对话框时我们可以使用 JDialog。JWindow、JDialog、JFrame 和 JApplet 4 个类中共有的主要方法如下。

Container getContentPane()：返回此窗体的 contentPane 对象。

void setContentPane(Container contentPane)：设置 contentPane 属性。

JRootPane getRootPane()：返回此窗体的 rootPane 对象。

protected void setRootPane(JRootPane root)：设置 rootPane 属性。

Component getGlassPane()：返回此窗体的 glassPane 对象。

void setGlassPane(Component glassPane)：设置 glassPane 属性。

JLayeredPane getLayeredPane()：返回此窗体的 layeredPane 对象。

JLayeredPane setLayeredPane()：设置此窗体的 layeredPane 对象。

int getDefaultCloseOperation()：返回用户在此窗体上发起"关闭"时执行的操作。

void setDefaultCloseOperation(int operation)：设置用户在此窗体上发起"关闭"时默认执行的操作。

JMenuBar getJMenuBar()：返回此窗体上设置的菜单栏。

void setJMenuBar(JMenuBar menubar)：设置此窗体的菜单栏。
void remove(Component comp)：从该容器中移除指定组件。
void setIconImage(Image image)：设置此 frame 要显示在最小化图标中的图像。

例11-2 使用 JFrame 创建一个简单的 Hello 应用程序(HelloJFrame 类)，如图11-3所示。

图 11-3 "hello 系统"运行界面

```
1   public class HelloJFrame    {
2       public static void main(String s[]){
3           //创建窗口实例，并设置标题
4           JFrame f=new JFrame("hello 系统");
5           //创建按钮实例
6           JButton b=new JButton("进入系统");
7           Container c=null;
8           JLabel lb=new JLabel("欢迎使用本系统");
9           //设置标签的字体颜色为蓝色
10          lb.setForeground(Color.BLUE);
11          //得到 JFrame 中的 conentPane 对象，返回 Container 对象
12          c=f.getContentPane();
13          //将标签对象 lb 放入 Container 对象 c 中心
14          c.add(lb,BorderLayout.CENTER);      //将标签 lb 放到窗口的中部
15          c.add(b,BorderLayout.EAST);         //将按钮对象 b 放到窗口东边
16          f.setSize(300, 200);                //设置窗口对象 f 的大小
17          f.setDefaultCloseOperation(JFrame.EXIT_ON_CLOSE);
18          f.setVisible(true);                 //显示窗口
19      }
20  }
```

11.3 窗 格 概 念

窗格也叫作面板，如根窗格可以叫根面板，层窗格也叫分层面板等。而窗格与窗体不同。AWT 中的 Frame 窗体与 Swing 中的 JFrame 窗体有一些差异。JFrame 由它的窗体本身加上其上的根窗格、层窗格、内容窗格、玻璃窗格以及菜单栏(可选项，可以不包括在内)等部分组成。其中根窗格、层窗格分别由 JRootPane 类、JLayeredPane 类实现，它们都是 JComponent 的子类，它们之间的关系如图 11-4 所示。而内容窗格 containPane 和玻璃窗格 glassPane 无专门对应的类来实现。

(1) 根窗格。它是在 JFrame 窗体创建时就自动添加进来的，是所有其他窗格的载体，它覆盖窗体的除标题栏和边条之外的整个表面。

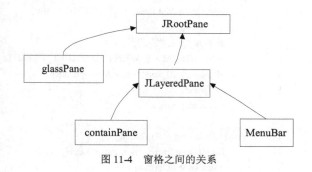

图 11-4 窗格之间的关系

根窗格在默认情况下不可见。根窗格负责管理其他窗格(层窗格、玻璃窗格)，如使其他窗格覆盖整个 JFrame 窗体等。

(2) 层窗格。它是其他窗格的父级窗格,在根窗格的上面。它再次覆盖窗体的整个表面,内容窗格和菜单栏被添加到层窗格上。当添加菜单栏时,菜单栏被添加到层窗格的顶部,剩下的部分被内容窗格填充。层窗格分很多层,每一层使用一个相应的数字来表示,而内容窗格就位于层窗格中的某一层。在后面的内容中可以看到层窗格可以设计出相互重叠的内部窗体,层窗格将负责管理各种内部窗体的叠放问题。层窗格的每一层都相当于是一个容器,因此可以直接向层窗格中添加组件。

(3) 内容窗格。内容窗格是层窗格中的某一层。默认的内容窗格是不透明的,而且是一个 JPane 对象。该窗格在窗体中起着工作区的作用,当向窗体添加组件时就应该添加到这一层上,而不能像 AWT 那样直接添加到窗体上。实际上该组件也是被添加到内容窗格上的,若窗体未设置内容窗格,则组件无法显示。如例 11-2 中,第 12 行调用 getContentPane()方法的作用是返回内容窗格的引用,这是访问默认的内容窗格的方法。

(4) 玻璃窗格。该窗格总是存在的,而且它位于最上面,默认情况下玻璃窗格是不可见的,玻璃窗格用于接收鼠标事件和在其他组件上绘图。

(5) JPanel 窗格。它是一个容器,可以在它之上放置按钮、滑块等组件,也可以在它之上绘图。在窗格上直接绘图的方法:首先创建 JPanel 类的子类,然后覆盖 paintComponent(Graphics g)方法。该方法定义在 JComponent 类中,类型为 Graphics 的参数对象 g 保存着用于绘制图像和文本的设置。在 Java 中,所有的绘图都必须通过 Graphics 对象,其中包括绘制图案、图像和文本的方法。在应用程序需要重新绘图时,这个方法将被自动调用,不需要自己调用。如果需要强制刷新屏幕,可调用 repaint 方法。

例 11-3 关于窗格的应用程序,本例程序运行结果如图 11-5 所示。

(1) 定义显示文字信息窗格 MessagePanel 类。

```
1   class MessagePanel extends JPanel {
2   //重载方法
3       protected void paintComponent(Graphics g) {
4           super.paintComponent(g);
5           g.drawString("消息窗格",10,20);
6       }
7   }
```

(2) 定义 panelFrame 类,包含显示信息窗格。

```
1   class PanelFrame extends JFrame {
2       private static final int DEFAULT_WIDTH = 500;
3       private static final int DEFAULT_HEIGHT = 300;
4       public PanelFrame() {
5           setTitle("消息框架");
6           setSize(DEFAULT_WIDTH, DEFAULT_HEIGHT);          //设置框架大小
7           MessagePanel panel = new MessagePanel();         //给框架添加窗格
8           add(panel);
9           setVisible(true);
10      }
11      public static void main(String[] args){
12          PanelFrame frame = new PanelFrame();
13          frame.setVisible(true);                          //显示框架
14      }
15  }
```

说明:在例 11-3 中,首先,定义窗格 Panel 类的派生类 MessagePanel,该类的主要作用是在窗格 MessagePanel 上输出消息;其次,定义 PanelFrame 类,它是 JFrame 的派生类,在该框架上添加了自

定义窗格 MessagePanel。而 PanelFrame 类中的 public static void main(String[] args)方法的主要作用是创建并显示一个 panelFrame 框架。

例 11-3 的运行结果如图 11-5 所示。

图 11-5　例 11-3 的运行界面

11.4　布局管理器概念

每个容器都有一个布局管理器(Layout Manager)，当容器需要对某个组件进行定位或判断其大小时，将调用其对应的布局管理器。

在 Java 语言中总共有 6 种布局管理器，编程者通过使用 6 种布局管理器组合，能够设计出复杂的界面，而且在不同的操作系统平台上都有一致的显示界面。这 6 种布局管理器分别是 FlowLayout、BorderLayout、BoxLayout、GirdBagLayout、GirdLayout 和 CardLayout。其中 CardLayout 必须和其他 5 种配合使用，不是特别常用的。

需要注意的是，开发者在容器中安排组件的位置和大小时，应该注意以下两点。

(1) 容器中的布局管理器负责各个组件的大小和位置，用户无法在这种情况下设置组件的这些属性。如果试图使用 Java 语言提供的 setLocation()、setSize()、setBounds()等方法，则都会被布局管理器覆盖。

(2) 如果用户确实需要亲自设置组件大小或位置，则应取消该容器的布局管理器，方法为 setLayout(null)。

11.4.1　流式布局管理器

流式布局管理器(FlowLayout)把容器看成一个行集，一行填满了，再填下一行。每行行高由该行中的控件高度决定。流式布局管理器是窗格(Panel)和所有 JApplet 的默认布局。在生成流式布局管理器时就能够指定显示控件的对齐方式，流式布局管理器可以设置的控件对齐方式有 FlowLayout.LEFT、FlowLayout.RIGHT、FlowLayout.LEADING、FlowLayout.TRAILING 以及 FlowLayout.CENTER(默认情况下的对齐方式)。其中 FlowLayout.LEADING 指示容器内的每一行组件都应该与容器方向的开始边对齐，例如，对于从左到右的方向，则与左边对齐。若父容器设置的是从右开始，则组件从右开始对齐。

FlowLayout 的构造方法如下。

FlowLayout()：生成一个默认的流式布局，组件在容器中居中，每个组件之间留下 5 个像素的距离。

FlowLayout(int alinment)：可以设定每行组件的对齐方式。

当容器的大小发生变化时，用 FlowLayout 管理的组件布局就会发生变化，其变化规律是组件的大小不变，但是相对位置会发生变化。

例 11-4 使用流式布局管理器管理按钮控件。

```
1   public class FlowJFrame {
2       public static void main(String s[]){
3           //创建窗口实例，并设置标题
4           JFrame f=new JFrame("流式布局管理器例子");
5           Container c=null;
6           //得到 JFrame 中的 contentPane 对象，返回 Container 对象
7           c=f.getContentPane();
8           FlowLayout flowlayout=new FlowLayout();          //容器默认的对齐方式(FlowLayout.CENTER)
9           flowlayout.setAlignment(FlowLayout.RIGHT);       //设置右对齐方式
10          c.setLayout(flowlayout);
11          //创建按钮数组，数组大小为 9
12          JButton b[]=new JButton[9];
13          int i;
14          for (i=0;i<9;i++)
15          {
16              b[i]=new JButton("按钮"+i);
17              b[i].setBackground(Color.LIGHT_GRAY);        //设置按钮的背景颜色
18              c.add(b[i]);                                  //加入按钮 Container 对象
19          }
20          f.setSize(600, 200);                              //设置窗口对象 f 的大小
21          f.setVisible(true);                               //显示窗口
22      }
23  }
```

说明：在程序中，可以修改第 8 行容器的对齐方式。得到该程序的运行情况，如图 11-6 所示。

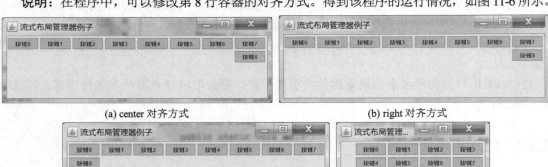

(a) center 对齐方式　　　　　　　　　　　　(b) right 对齐方式

(c) left 对齐方式　　　　　　　　　　　　(d) trailing 对齐方式

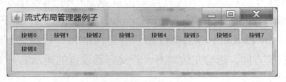

(e) leading 对齐方式

图 11-6　流式布局管理器管理按钮控件

11.4.2 边界布局管理器

边界布局(BorderLayout)管理器是一种非常简单的布局策略。它把容器内的空间简单地划分为东、西、南、北、中 5 个区域，每加入一个组件都应该指明把这个组件放在哪个区域中，默认的情况是加入到中间。但是，不一定所有的区域都必须有组件，如果四周的区域(West、East、North、South)没有组件，则由 Center 区域补充。如果 Center 区域也没有组件，则容器保持空白。BorderLayout 是顶层容器 JFrame、JDialog 以及 JApplet 的默认布局管理器。

BorderLayout 的构造方法如下。

BorderLayout()：构造一个组件之间没有间距的新边界布局。

BorderLayout(int h, int v)：用指定的组件之间的水平间距构造一个边界布局。

例 11-5 边界管理器布局程序示例。

```
1   public class BorderJFrame {
2       public static void main(String s[]){
3           //创建窗口实例，并设置标题
4           JFrame f=new JFrame("边界布局管理器");
5           Container c=null;
6           //得到 JFrame 中的 contentPane 对象，返回 Container 对象
7           c=f.getContentPane();
8           c.setLayout(new BorderLayout());
9           String direction[]={BorderLayout.EAST,BorderLayout.SOUTH,
10              BorderLayout.WEST,BorderLayout.NORTH,BorderLayout.CENTER};
11          //创建按钮数组，数组大小为 5
12          JButton b[]=new JButton[5];
13          for (int i=0;i<5;i++){
14              b[i]=new JButton("按钮"+Integer.toString(i));
15              b[i].setBackground(Color.LIGHT_GRAY);
16              c.add(b[i],direction[i]);
17          }
18          f.setSize(200, 200);          //设置窗口对象 f 的大小
19          f.setVisible(true);           //显示窗口
20      }
21  }
```

该程序的运行结果如图 11-7 所示。

图 11-7　边界管理器布局程序运行情况

11.4.3　网格布局管理器

网格布局(GridLayout)管理器将成员按网状型排列，每个成员尽可能地占据网格的空间，每个网格

也同样尽可能地占据空间，从而各个成员按一定的大小比例放置。如果改变大小，GridLayout 将相应地改变每个网格的大小，以使各个网格尽可能地大，占据 Container 容器的全部空间。

GridLayout 的构造方法如下。

GridLayout()：创建具有默认值的网格布局，即每个组件占据一行一列。

GridLayout(int r, int c)：创建具有指定行数 r 和列数 c 的网格布局。

另外，我们可以通过下面两个方法来改变网格布局中的行列数。

void setColumns(int c)：设置布局中的列数为 c。

void setRows(int r)：设置布局中的行数为 r。

例 11-6 网格布局。

```
1   public class GridJFrame {
2       public static void main(String s[]){
3           //创建窗口实例，并设置标题
4           JFrame f=new JFrame("网格布局管理器");
5           Container c=null;
6           //得到 JFrame 中的 contentPane 对象，返回 Container 对象
7           c=f.getContentPane();
8           c.setLayout(new GridLayout(5,4));    //5 行 4 列网格
9           //创建按钮数组，数组大小为 5
10          JButton b[]=new JButton[9];
11          for (int i=0;i<9;i++){
12              b[i]=new JButton("按钮"+Integer.toString(i));
13              b[i].setBackground(Color.LIGHT_GRAY);
14              c.add(b[i]);
15          }
16          f.setSize(200, 200);                 //设置窗口对象 f 的大小
17          f.setVisible(true);                  //显示窗口
18      }
19  }
```

该程序的运行结果如图 11-8 所示。

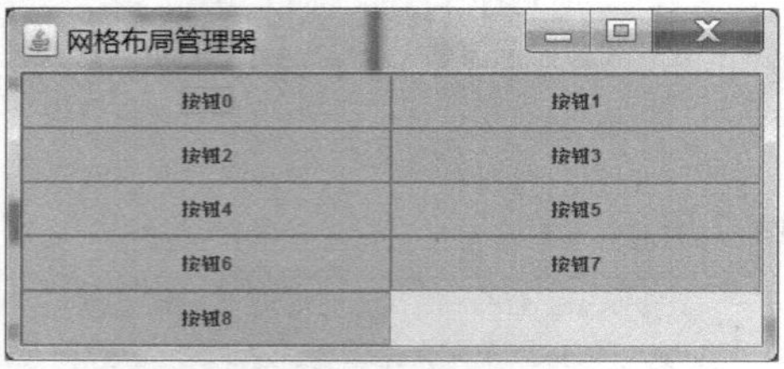

图 11-8 网格布局情况

11.4.4 卡式布局管理器

卡式布局(CardLayout)管理器能够帮助用户处理两个及更多的成员共享同一显示空间，它把容器分成许多层，每层的显示空间占据整个容器的大小，但是每层只允许放置一个组件，当然每层都可以利用 Panel 来实现复杂的用户界面。布局管理器就像一副叠得整整齐齐的卡片，但是我们只能见到最上面的一张，一张卡片就相当于布局管理器中的一层。

CardLayout 的构造方法如下。

CardLayout()：创建一个间隙大小为 0 的新卡片布局。

CardLayout(int hgap, int vgap)：创建一个具有指定的水平和垂直间隙的新卡片布局。

例 11-7　卡式布局管理器。

```
1   public class CardFrame extends MouseAdapter{
2       private JFrame f;
3       private CardLayout card;
4       private Container c=null;
5       CardFrame(){
6           f=new JFrame("卡式布局管理器");
7           c=f.getContentPane();           //得到容器
8           card=new CardLayout();          //创建卡式分布器对象
9       }
10      public static void main(String s[]){
11          CardFrame cf=new CardFrame();
12          cf.init();
13      }
14      public void init(){
15          c.setLayout(card);              //设置容器内组件布局方式
16          //创建窗格数组，数组大小为 5
17          JPanel p[]=new JPanel[5];
18          //创建标签数组，数组大小为 5
19          JLabel lb[]=new JLabel[5];
20          //创建按钮数组，数组大小为 5
21          JButton b[]=new JButton[5];
22          for (int i=0;i<5;i++){     p[i]=new JPanel();
23              p[i].setBackground(Color.LIGHT_GRAY);
24              lb[i]=new JLabel("这是第"+i +"卡片。");
25              b[i]=new JButton("按钮"+i);
26              p[i].add(lb[i]);
27              p[i].add(b[i]);
28              p[i].addMouseListener(this);
29              c.add(p[i],"卡片"+i);
30          }
31          f.setSize(200, 200);            //设置窗口对象 f 的大小
32          f.setVisible(true);             //显示窗口
33      }
34      public void mouseClicked(MouseEvent e){
35          card.next(c);
36      }
37  }
```

说明：卡式布局 CardFrame 类是 MouseAdapter 类的子类，其内有 3 个私有属性：JFrame 类的对象 f、卡式布局 CardLayout 类的对象 card 以及容器类 Container 的对象 c。CardFrame 类的构造方法功能是：初始化一个 CardFrame 类的对象 f、初始化容器类的对象 c、初始化卡式布局 card。CardFrame 类中 init()的作用是向容器中加入 5 个标签和 5 个按钮。同时，重载了 CardFrame 类的 mouseClicked(MouseEvent e)方法。例 11-7 的运行结果如图 11-9 所示。

图 11-9　卡式布局管理情况

11.5 Java 事件处理

用户在图形界面应用程序时,用户只要进行某种操作(如移动鼠标、按下键盘等),应用程序就应该响应用户的操作,完成用户希望做的工作。

Java 中的事件处理机制的参与者有以下 3 种角色。

事件对象(Event Object):可将它作为事件监听者相应方法的参数。

事件源(Event Source):具体操作的对象。例如,单击一个按钮,那么该按钮就是事件源。

事件监听者:也称为事件监听器或者事件适配器(Event Listener),是指实现事件监听接口中部分或全部方法的类。

在Java事件处理过程中,伴随着事件的发生,相应的状态通常都封装在事件状态对象中,该对象必须继承自java.util.EventObject。根据EventObject的定义(Public Class EventObject Extends Object Implements Serializable),所有事件对象在构造时都引用了对象。

对于每个明确事件的发生,都相应地定义一个明确的方法。这些方法都集中定义在事件监听者(Event Listener)接口中,这个接口继承于 java.util.EventListener。

说明:在图 11-10 中,需要定义事件、事件源、事件监听者、事件监听接口。其中,事件源的构造方法需通过 addxxxxListener(…)方法注册事件监听者。事件源的 notifyListeners(事件…)的作用是:当参数事件发生后,事件源通知所有事件监听者,而只有所监控的事件是属于事件监听者所监控对象,它调用重载事件监听接口后的方法才会起作用。只有操作者调用 firexxxx()方法,才可以实现触发相应事件。事件监听者是实现了事件监听接口中的部分或者全部方法的类。

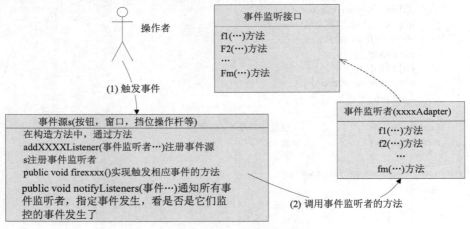

图 11-10 Java 的事件处理机制

Java 的事件处理机制如下。

(1) 操作者在事件源上触发事件操作,即调用 firexxxx()方法。例如,单击按钮,将调用按钮单击事件。

(2) firexxxx()方法创建事件对象,说明该事件已经发生了,然后通知事件监听者(或者叫作事件适配器)。

(3) 由于事件监听者实现了事件监听接口中的方法,事件监听者根据事件调用事件监听接口中的方法。

(4) 只有与所触发事件关联的事件监听者能调用事件处理方法。

例 11-8 通过汽车换挡处理来演示 Java 事件处理过程。

(1) 汽车换挡操作事件 ShiftEvent 类。

```
1   public class ShiftEvent extends EventObject{
2       String shiftState;              //汽车换挡状态 D,D1,D2,P,R
3       public ShiftEvent(Object source,String shiftState) {
4           super(source);              //调用 EventObject 构造方法，初始化父类
5           this.shiftState=new String(shiftState);
6       }
7       //得到汽车换挡状态
8       public String getShiftState() {
9           return shiftState;
10      }
11  }
```

(2) 换挡监听接口 ShiftListener。

```
import java.util.EventListener;
1   public interface ShiftListener extends EventListener {
2       public void  shiftEvent(ShiftEvent e);
3   }
```

(3) 监控换到挡位 D1 的事件监控器。

```
1   public class ShiftListenerD1Adapter implements ShiftListener {
2       @Override
3       public void shiftEvent(ShiftEvent e) {
4           if (e.getShiftState() != null && e.getShiftState().compareTo("D1")==0)
5               System.out.println("换到挡位"+"D1");
6       }
7   }
```

(4) 监控换到挡位 D2 的事件监控器。

```
1   public class ShiftListenerD2Adapter implements ShiftListener{
2       @Override
3       public void shiftEvent(ShiftEvent e) {
4           if (e.getShiftState() != null && e.getShiftState().equals("D2"))
5               System.out.println("换到挡位"+"D2");
6       }
7   }
```

(5) 监控换到挡位 D 的事件监控器。

```
1   public class ShiftListenerDAdapter implements ShiftListener{
2       @Override
3       public void shiftEvent(ShiftEvent e) {
4           if (e.getShiftState() != null && e.getShiftState().equals("D"))
5               System.out.println("换到挡位"+"D");
6       }
7   }
```

(6) 监控换到挡位 P 的事件监控器。

```
1   public class ShiftListenerPAdapter implements ShiftListener{
2       @Override
```

```
3    public void shiftEvent(ShiftEvent e) {
4        if (e.getShiftState() != null && e.getShiftState().equals("P"))
5            System.out.println("换到挡位"+"P");
6    }
7  }
```

(7) 监控换到挡位 R 的事件监控器。

```
1  public class ShiftListenerDAdapter implements ShiftListener{
2      @Override
3      public void shiftEvent(ShiftEvent e) {
4          if (e.getShiftState() != null && e.getShiftState().equals("R"))
5              System.out.println("换到挡位"+"R");
6      }
7  }
```

(8) 挡位操作杆类 ShiftMananger。

```
1   public class ShiftManager {
2       private Collection listeners=null;
3       public ShiftManager(){
4           listeners=new HashSet();
5           //加入换挡操作事件的监视器
6           this.addShiftListener(new ShiftListenerD1Adapter());
7           this.addShiftListener(new ShiftListenerD2Adapter());
8           this.addShiftListener(new ShiftListenerDAdapter());
9           this.addShiftListener(new ShiftListenerPAdapter());
10          this.addShiftListener(new ShiftListenerRAdapter());
11      }
12      //添加监视器
13      public void addShiftListener(ShiftListener listener){
14          if (listeners==null){
15              listeners= (new HashSet());
16          }
17          listeners.add(listener);
18      }
19      //删除监视器
20      public void removeShiftListener(ShiftListener listener){
21          listeners.remove(listener);
22      }
23      //触发转到 D1 挡事件
24      protected void fireShiftD1(){
25          ShiftEvent shiftEvent=new ShiftEvent(this,"D1");
26          notifyListeners(shiftEvent);
27      }
28      //触发转到 D2 挡事件
29      protected void fireShiftD2(){
30          ShiftEvent shiftEvent=new ShiftEvent(this,"D2");
31          notifyListeners(shiftEvent);
32      }
33      //触发转到 D 挡事件
34      protected void fireShiftD(){
35          ShiftEvent shiftEvent=new ShiftEvent(this,"D");
36          notifyListeners(shiftEvent);
```

```java
37   }
38   //触发转到 P 挡事件
39   protected void fireShiftP(){
40       ShiftEvent shiftEvent=new ShiftEvent(this,"P");
41       notifyListeners(shiftEvent);
42   }
43   //触发转到 D 挡事件
44   protected void fireShiftR(){
45       ShiftEvent shiftEvent=new ShiftEvent(this,"R");
46       notifyListeners(shiftEvent); // * 通知所有的事件监听者*/
47   }
48   /**
49    * 通知所有事件监听者*/
50   private void notifyListeners(ShiftEvent e) {
51       Iterator iter = listeners.iterator();
52       //iter 是事件监听者，由于只需要调用其事件监听接口中的方法,不考虑它是何种事件监听者
53       //所以下面只需要定义事件监听者接口就行了
54       while (iter.hasNext()) {
55           ShiftListener listener = (ShiftListener) iter.next();
56           listener.shiftEvent(e);
57       }
58   }
59 }
```

(9) 定义 Driver 类，该类对象相当于驾驶员，其操作挡位换挡杆 **ShiftMananger** 对象。

```java
1  public class Driver {
2      public void    operateBus(){
3          ShiftManager shiftManager =new ShiftManager();
4          System.out.println("启动汽车：");
5          System.out.println("慢慢松开刹车板");
6          //换到挡位 D1
7          shiftManager.fireShiftD1();
8          System.out.println("完全松开刹车板");
9          //换到挡位 D2
10         shiftManager.fireShiftD2();
11         System.out.println("继续加速");
12         //换到挡位 D
13         shiftManager.fireShiftD();
14         System.out.println("运行一段时间后……");
15         //换到挡位 D2
16         shiftManager.fireShiftD2();
17         System.out.println("减速");
18         //换到挡位 D1
19         shiftManager.fireShiftD1();
20         System.out.println("靠路边慢慢行驶");
21         System.out.println("找到停车位置");
22         //换到挡位 R
23         shiftManager.fireShiftR();
24         System.out.println("将车停好");
25         //换到挡位 P
26         shiftManager.fireShiftP();
27         System.out.println("车熄火");
28     }
```

```
29      public static void main(String[] args) {
30          Driver driver=new Driver();
31          driver.operateBus();
32
33      }
34  }
```

说明：

(1) 此处首先定义了汽车换挡操作事件 ShiftEvent 类，它是 EventObject 的子类；ShiftEvent 类只有属性 shiftState(汽车换挡状态)，其值可以是 D、D1、D2、P、R。

(2) 定义了换挡监听接口 ShiftListener，该接口中只有一个换挡事件方法 shiftEvent(ShiftEvent e)。

(3) 定义了 5 个事件监视器(ShiftListenerD1Adapter、ShiftListenerD2Adapter、ShiftListenerDAdapter、ShiftListenerPAdapter、ShiftListenerRAdapter)，可以分别监视换挡 D1 挡事件、换挡 D2 挡事件、换挡 D 挡事件、换挡 P 挡事件、换挡 R 挡事件)，因为它们都实现了接口 ShiftListener 中的方法。

(4) 大家可以将 ShiftMananger 类想象成汽车的挡位操作杆，在其构造方法中利用 addShiftListener(ShiftListener listener) 方法添加了换挡操作事件监视器，需要注意的是，addShiftListener(ShiftListener listener)方法的形参是接口 ShiftListener 的对象，而在 ShiftMananger 的构造方法中调用该方法的实参数是 5 个事件监视器，这是可以的，其原因是：5 个监视器中已经实现 ShiftListener 接口的全部方法，而且只关心这些方法。

(5) 同时，ShiftMananger 类中定义了触发 D1 事件方法 fireShiftD1()、触发 D2 事件方法 fireShiftD2()、触发 D 挡事件方法 fireShiftD()、触发 P 挡事件方法 fireShiftP()、触发 R 挡事件方法 fireShiftR()。ShiftMananger 类还定义了通知所有事件监视器方法(即 notifyListeners(ShiftEvent e))。

(6) Driver 类相当于驾驶员，操作挡位换挡杆 ShiftMananger。

11.5.1 事件的种类

Java 中定义了很多事件类，这些事件类的继承关系层次图如图 11-11 所示。

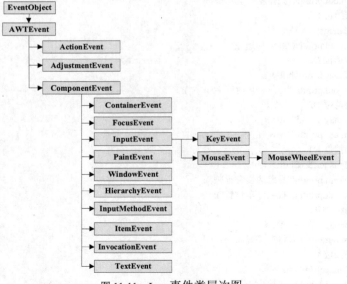

图 11-11　Java 事件类层次图

在 Java 语言中，所有事件类的最顶层类是 AWTEvent 类，其父类是 java.util.EventObject 类，而 java.util.EventObject 又是从 java.lang.Object 类派生而来的。

Java 把事件类大致分为两种：底层事件和语义事件。其中直接继承来自 AWTEvent 的事件，称为语义事件，如 AdjustmentEvent、ActionEvent 以及 ComponentEvent 等。继承来自 ComponentEvent 类的事件是低级事件，如 WindowEvent、KeyEvent、ContainerEvent、FocusEvent 等。Java 中的各事件情况如表 11-1 和表 11-2 所示。

表 11-1 低级事件列表

事件名称	事件说明	触发条件
ComponentEvent	组件事件	显示、移动、缩放或隐藏组件
InputEvent	输入事件	键盘操作(按下键或释放键)
MouseEvent	鼠标事件	鼠标操作(鼠标移动、按下或释放)
FocusEvent	焦点事件	组件得到或失去焦点
ContainerEvent	容器事件	向容器内增加、减少组件
WindowEvent	窗口事件	窗口最大化、最小化、关闭等

表 11-2 组件事件列表

事件名称	事件说明	事件源	触发条件
ActionEvent	行为事件	文本框、按钮、组合框、定时器	点击按钮；文本框输入时，按回车键；定时器时间到
ItemEvent	选项事件	复选框、单选按钮、选项、列表	选择列表选项
TextEvent	文本事件	文本框、文本区域	输入或改变文本内容
AdjustmentEvent	调整事件	滚动条	调整滚动条

Java 中的每种事件都存在一个对应的接口，该接口中声明了若干个抽象的事件处理程序方法，凡是需要接收并处理事件对象的类，就必须实现相应的接口。表 11-3 列出了常用的事件类型及与之对应的接口名字、接口中的抽象方法。

表 11-3 常用的事件类型、与之对应的接口名字以及接口中的抽象方法

事件类型	接口名字	接口中的方法
ComponentEvent	ComponentListener	void componentHidden(ComponentEvent e) void componentMoved(ComponentEvent e) void componentResized(ComponentEvent e) void componentShown(ComponentEvent e)
ContainerEvent	ContainerListener	void componentAdded(ContainerEvent e) componentRemoved(ContainerEvent e)
FocusEvent	FocusListener	void focusGained(FocusEvent e) void focusLost(FocusEvent e)
KeyEvent	KeyListener	void keyPressed(KeyEvent e) void keyReleased(KeyEvent e) void keyTyped(KeyEvent e)
MouseEvent	MouseListener	void mouseClicked(MouseEvent e) void mouseEntered(MouseEvent e) void mouseExited(MouseEvent e) void mousePressed(MouseEvent e) void mouseReleased(MouseEvent e)
MouseWheelEvent	MouseWheelListener	mouseWheelMoved(MouseWheelEvent e)

(续表)

事件类型	接口名字	接口中的方法
MouseEvent	MouseMotionListener	void mouseDragged(MouseEvent e) void mouseMoved(MouseEvent e)
WindowEvent	WindowListener	void windowActivated(WindowEvent e) void windowClosed(WindowEvent e) void windowClosing(WindowEvent e) void windowDeactivated(WindowEvent e) void windowDeiconified(WindowEvent e) void windowIconified(WindowEvent e) void windowOpened(WindowEvent e)
ActionEvent	ActionListener	actionPerformed(ActionEvent e)
ItemEvent	ItemListener	itemStateChanged(ItemEvent e)
TextEvent	TextListener	textValueChanged(TextEvent e)
AdjustmentEvent	AdjustmentListener	adjustmentValueChanged(AdjustmentEvent e)
Ancestor	AncestorListener	void ancestorAdded(AncestorEvent event) void ancestorMoved(AncestorEvent event) void ancestorRemoved(AncestorEvent event)
CaretEvent	CaretListener	caretUpdate(CaretEvent e)
ChangeEvent	ChangeListener	void stateChanged(ChangeEvent e)
DocumentEvent	DocumentListener	void changedUpdate(DocumentEvent e) void insertUpdate(DocumentEvent e) void removeUpdate(DocumentEvent e)
TreeExpansionEvent	TreeExpansionListener	void treeCollapsed(TreeExpansionEvent event) void treeExpanded(TreeExpansionEvent event)
TreeExpansionEvent	TreeWillExpandListener	void treeWillCollapse(TreeExpansionEvent event) void treeWillExpand(TreeExpansionEvent event)
TreeModelEvent	TreeModelListener	void treeNodesChanged(TreeModelEvent e) void treeNodesInserted(TreeModelEvent e) void treeNodesRemoved(TreeModelEvent e) void treeStructureChanged(TreeModelEvent e)
UndoableEditEvent	UndoableEditListener	undoableEditHappened(UndoableEditEvent e)
MenuKeyEvent	MenuKeyListener	void menuKeyPressed(MenuKeyEvent e) void menuKeyReleased(MenuKeyEvent e) void menuKeyTyped(MenuKeyEvent e)
MenuEvent	MenuListener	void menuCanceled(MenuEvent e) void menuDeselected(MenuEvent e) void menuSelected(MenuEvent e)
PopupMenuEvent	PopupMenuListener	void popupMenuCanceled(PopupMenuEvent e) void popupMenuWillBecomeInvisible(PopupMenuEvent e) void popupMenuWillBecomeVisible(PopupMenuEvent e)
MenuDragMouseEvent	MenuDragMouseListener	void menuDragMouseDragged(MenuDragMouseEvent e) void menuDragMouseEntered(MenuDragMouseEvent e) void menuDragMouseExited(MenuDragMouseEvent e) void menuDragMouseReleased(MenuDragMouseEvent e)

例 11-9 定义进入系统按键处理的程序。

(1) 自定义 MyButton 类,其超类是 JButton,实现 MouseListener 接口,除 public void mouseClicked(MouseEvent e)方法外,其他各方法是空的。

```
1   public class MyButton extends JButton implements MouseListener{
2       private JLabel lb;
3       MyButton(String s,JLabel lb){
4           super(s);
5           this.lb=lb;
6           addMouseListener(this);//注册鼠标按键事件监听程序
7       }
8       //下面实现接口 MouseListener 中的方法
9       public void mousePressed(MouseEvent e){      }
10      public void mouseReleased(MouseEvent e){     }
11      public void mouseEntered(MouseEvent e){      }
12      public void mouseExited(MouseEvent e){      }
13      public void mouseClicked(MouseEvent e){
14          lb.setText("欢迎您进入系统,谢谢! ");
15      }
16  }
```

(2) 定义 Hello1 类。

```
1   public class Hello1 {
2       public static void main(String s[]){
3           //创建窗口实例,并设置标题
4           JFrame f=new JFrame("hello1 系统");
5           JLabel lb=new JLabel("欢迎使用本系统");
6           //创建自定义按钮实例
7           MyButton b=new MyButton("进入系统",lb);
8           Container c=null;
9           //设置标签的字体颜色为蓝色
10          lb.setForeground(Color.BLUE);
11          //得到 JFrame 中的 contentPane 对象,返回内容窗格对象
12          c=f.getContentPane();
13          //将标签对象 lb 放入 Container 对象 c 中心,
14          c.add(lb,BorderLayout.CENTER);          //将标签 lb 放到窗口的中部
15          c.add(b,BorderLayout.EAST);             //将按钮对象 b 放到窗口东边
16          f.setSize(300, 200);                    //设置窗口对象 f 的大小
17          f.setDefaultCloseOperation(JFrame.EXIT_ON_CLOSE);
18          f.setVisible(true);                     //显示窗口
19      }
20  }
21  }
```

当用户按下进入系统按钮时,显示信息"欢迎您进入系统,谢谢!",运行情况如图 11-12 所示。

说明:在本例中,事件源是 MyButton 类的对象。在 MyButton 类的构造方法中注册了监听者是 MyButton 类的对象。所以,MyButton 类必然要实现 MouseListener 接口中的 5 个方法,这点非常不方便。为此,Java 提供了事件适配器来解决此问题。

图 11-12 例 11-9 的运行结果

11.5.2 事件适配器

在 Java 语言中,需要创建形如 XListener(其中 X 是 Component、Item、Mouse、Key 等)接口的类,但是 XListener 接口中的方法都是抽象的,为了实现这些接口,必须实现这些方法。例如,上面例子自

定义了 MyButton 类，该例实现了接口 MouseListener。

尽管编程者只需要实现 MouseClicked(MouseEvent e)，而 MouseListener 接口中其他 4 个方法也必须实现，哪怕方法内部是空的。能否不实现接口不需要的方法？为了解决该问题，Java 引入了事件适配器的概念。

事件适配器实现了形如XListener接口的抽象类，同时实现了XListener接口中的方法，且这些方法是空的。例如，在Java语言中，存在实现了KeyListener接口的事件适配器KeyAdapter，其定义如下。

```
public abstract class KeyAdapter extends Object implements    KeyListener{
    …
    //按下某个键时调用此方法
    void keyPressed(KeyEvent e) {}
    //释放某个键时调用此方法
    void keyReleased(KeyEvent e) {}
    //键入某个键时调用此方法
    void keyTyped(KeyEvent e) {}
    …
}
```

所以，以后我们要实现形如 XListener 接口的类，只要需要定义的类派生于形如 XAdapter 的事件适配器(其中 X 可以是 Component、Item、Mouse、Key 等)。这样新定义的类只要实现 XListener 接口中需要的方法即可。在 Java 语言中，常用的事件适配器如表 11-4 所示。

表 11-4 事件适配器列表

事件适配器名称	说　　明	实现接口名称
ComponentAdapter	接收组件事件的抽象适配器类	ComponentListener
ContainerAapter	接收容器事件的抽象适配器类	ContainerListener
FocusAdapter	接收键盘焦点事件的抽象适配器类	FocusListener
KeyAdapter	接收键盘事件的抽象适配器类	KeyListener
MouseAdapter	接收鼠标事件的抽象适配器类	MouseListener
MouseMotionAapter	接收鼠标移动事件的抽象适配器类	MouseMotionListener
WindowAdapter	接收窗口事件的抽象适配器类	WindowListener
AbstractAction	JFC Action 接口的默认实现	ActionListener

例 11-10 编写窗体应用程序，输入三角形的三条边长，求面积。

(1) 自定义按钮适配器 ButtonAdapterOfTriangle。

```
1   public class ButtonAdapterOfTriangle extends MouseAdapter{
2       private AreaOfTriangle f;
3       public ButtonAdapterOfTriangle(AreaOfTriangle f) {
4           this.f = f;
5       }
6       @Override
7       public void mouseClicked(MouseEvent e) {
8           double a[]=new double[3];
9           JTextField [] jt=f.jt;
10          int i;
11          try {
12              for (i=0;i<3;i++){
13                  a[i]=Double.valueOf(jt[i].getText().trim());
14              }
```

```
15          } catch(Exception ee){
16              f.result.setText("没有输入数据或者输入数据不合法！");
17              return ;
18          }
19          //定义三角形对象
20          Triangle11 t=new  Triangle11(a[0],a[1],a[2]);
21          //如果是三角形
22          if(t.isTriangle()){
23              f.result.setText(t.toString());
24          }
25          else
26              f.result.setText(t.toString());
27      }
28  }
```

说明：第 7~27 行的代码重载了 public void mouseClicked(MouseEvent e)方法。

(2) 自定义按钮 ButtonOfTriangle。

```
1  public class ButtonOfTriangle extends JButton {
2      private AreaOfTriangle f;
3      public ButtonOfTriangle(String s,AreaOfTriangle f) {
4          super(s);
5          this.f = f;
6          this.addMouseListener(new ButtonAdapterOfTriangle(f));   //注册事件适配器
7      }
8  }
```

(3) 求三角形面积类 AreaOfTriangle。

```
1   public class AreaOfTriangle {
2       JLabel lb=new JLabel("输入三角形的三条边长:");
3       JLabel result=new JLabel("面积是： ");
4       JTextField jt[]=new JTextField[3];
5       private JFrame f;
6       private ButtonOfTriangle b=new ButtonOfTriangle("求面积",this);
7       public AreaOfTriangle(){
8           f=new JFrame();
9           f.setTitle("求三角形的面积");
10          Container   c=f.getContentPane();
11          c.setLayout(new GridLayout(3,1));       //3 行 1 列网格
12          JPanel p1=new JPanel();
13          p1.setLayout(new GridLayout(1,12));    //1 行 12 列网格
14          p1.add(lb);
15          for (int i=0;i<jt.length;i++){
16              jt[i]=new JTextField();
17              p1.add(jt[i]);
18          }
19          c.add(p1);
20          c.add(result);
21          JPanel p2=new JPanel();
22          p2.setLayout(new GridLayout(1,3));     //1 行 12 列网格
23          c.add(p2);
24          p2.add(new JLabel(""));
```

```
25          p2.add(b);
26          p2.add(new JLabel(" "));
27          f.setSize(1000, 200);           //设置窗口对象f的大小
28          setFont("楷体",18);             //设置窗体上所有控件的字体
29          f.setDefaultCloseOperation(JFrame.EXIT_ON_CLOSE);
30          f.setVisible(true);             //显示窗口
31      }
32      //设计界面控件上字体
33      public void setFont(String fontName,int size){
34          Font font=new Font(fontName, Font.PLAIN, size);
35          int i;
36          lb.setFont(font);
37          for (i=0;i<jt.length;i++)
38              jt[i].setFont(font);
39          result.setFont(font);
40          b.setFont(font);
41      }
42      public static void main(String[] args) {
43          AreaOfTriangle a=new AreaOfTriangle();
44      }
45  }
```

说明：本例定义了 ButtonAdapterOfTriangle 类、ButtonOfTriangle 类、AreaOfTriangle 类以及 Triangle11 类。其中 ButtonAdapterOfTriangle 类是事件适配器 MouseAdapter 类的派生类，它有 AreaOfTriangle 类型的属性 f，主要目的是在 public void mouseClicked(MouseEvent e)方法中能够引用窗体程序组件。ButtonOfTriangle 类是 JButton 类的派生类，它有 AreaOfTriangle 类型的属性 f，在其构造方法中注册了事件适配器 ButtonAdapterOfTriangle。在 AreaOfTriangle 类中，将窗体中的各组件定义为该类的属性。其中数组 JTextField jt[]保存了输入的三角形的三条边的边长。三角形的面积信息显示在标签 result 上。

该例运行结果如图 11-13 所示。

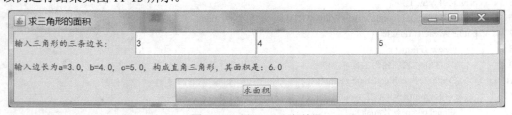

图 11-13　例 11-10 运行结果

习题 11

(1) 编写窗体应用程序，输入华氏温度，得到摄氏温度。方法是在一个文本框中输入华氏温度，单击转换按钮，便可在标签中显示摄氏温度。

(2) 编写窗体应用程序，在两个文本框中分别输入两个整数，在另一个文本框中输出这两个整数的最大公约数。

(3) 编写窗体应用程序,在一个文本框中输入一字符串,单击变换按钮,将该字符串每一个单词的首字母改为大写。

(4) 编写窗体应用程序,在三个文本框中,分别输入三个数,单击排序按钮,三个数即从小到大排列。

(5) 编写窗体应用程序,在一个文本框中输入一个正整数,判断该数是否是素数。

第12章 Swing组件编程

本章知识目标：
- 了解 Swing 包。
- 了解 Netbeans 环境下 Swing 应用程序的架构分析。
- 掌握 Java 语言的常用对话框。

理解并掌握 Swing 常用控件类的使用，主要包括字体类、颜色类、组件类(JComponent)、标签类、按钮、文本框、列表、组合框、滑块、微调器、进度条、菜单、工具栏以及表格等。

12.1 Swing 包的介绍

Java 基础类库(Java Foundation Classes，JFC)给 Java 应用程序增加了图形界面、丰富的功能性以及与用户的交互性。表 12-1 列出了 JFC 所具有的特性。

表 12-1 JFC 的特性

特性	说明
Swing 组件	主要支持各种图形界面
可插拔式的外观和感觉支持	Swing 应用程序的外观和感觉是可插拔式的，例如，同一程序可以用 Java 或者 Window 的外观样式，另外，还支持 GTK+的外观样式
国际化	允许编程人员构建可以与世界各地的用户进行交互的应用程序，尽管这些用户有自己的语言和文化习俗。而且输入法框架开发人员可以构建应用程序，以便接受各种不同语言的文字符号

从 JDK1.2 开始，Java 语言就开始推出了 Swing 组件。同 AWT 组件相比，Swing 组件更加美观、漂亮，而且组件数量更多。Swing 组件是从 AWT 组件继承拓展而来的。它的绝大多数组件类名是以大写字母 J 开头。例如，JLabel、JLayeredPane、JList、JMenuBar 等。Swing 组件是轻量级组件，它没有本地代码又无须操作系统的支持。与之相反，AWT 组件中的图形方法与操作系统所提供的图形方法之间存在一一对应的关系。Swing 组件程序运行速度比 AWT 组件程序要慢一些。

另外，Swing 组件与 AWT 组件的事件处理机制相同。

Swing 组件的类层次图如图 12-1 所示。

按功能分类，Swing 组件包括以下六类组件。

(1) 顶层容器，如 JWindow、JFrame、JDialg 以及 JApplet。
(2) Swing 容器，如 JPanel、JOptionPane、JScrollPane、LayeredPane、JRootPane 等。
(3) Swing 控件，如 JTextField、JButton、JLabel 以及 JList。
(4) Swing 菜单，如 JMenuBar、JPopupMenu 等。
(5) Swing Filler 组件，它们参与布局但没有视图的轻量级组件。
(6) Swing 窗口，如对话框、颜色选择器、文件选择器等。

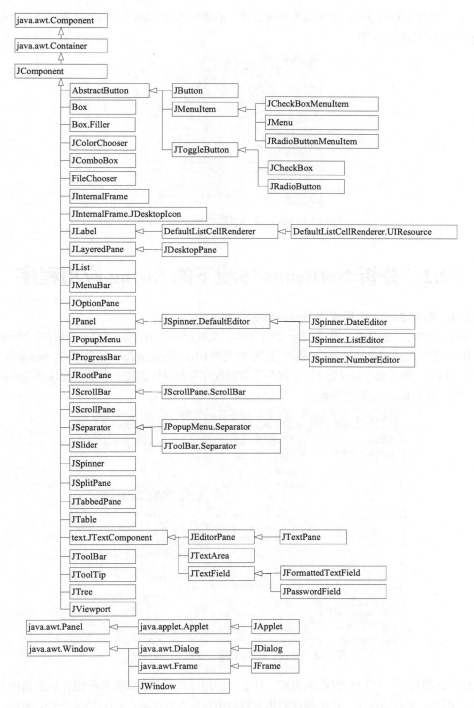

图 12-1 Swing 组件的类层次图

在 Netbean IDE 开发环境下,组件面板布局如图 12-2 所示。

从第 11 章我们了解到:要编写一个应用程序,需要用 AWT 代码设计图形界面,非可视化设计实在不方便。Swing 是 Java 平台的图形界面,它充当处理用户和计算机之间全部交互的软件,它能够让编程人员进行可视化界面设计，使用起来非常方便。本章将重点介绍在 Netbeans 集成环境下，如何使用 Swing 组件编写应用程序。

图 12-2 Netbeans 开发环境的 Swing 组件分类

12.2 分析 NetBeans 环境下的 Swing 应用程序

例 12-1 创建 Swing 应用程序 HelloSystem 程序。

(1) 新建文件时，选择类别为 Swing GUI 窗体，文件类型为 JFrame 窗体，如图12-3所示。此处建立了窗体应用程序HelloSystem，将产生两个文件(HelloSystem.form 和 HelloSystem.java)。其中HelloSystem.form文件类似于xml文件，它保存了应用程序界面设计的相关参数，而HelloSystem.java是应用程序类，它是JFrame类的子类。

图 12-3 例 12-1 创建 Swing GUI 窗体应用程序

(2) 在设计模式下，可以通过拖放方式，从右边的组件面板把需要的各种组件放到窗体上，并合理摆放好各组件。默认情况下，各组件在窗体上以自由设计方式摆放，如图 12-4 所示；另外，左上部是类文件视图，左下方是窗体上的组件组成视图。编程人员可以单击源按钮，进入代码编辑状态，如图 12-5 所示。

第 12 章 Swing 组件编程

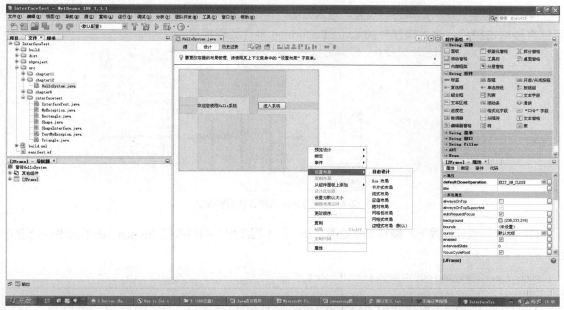

图 12-4 Swing 窗体界面设计模式

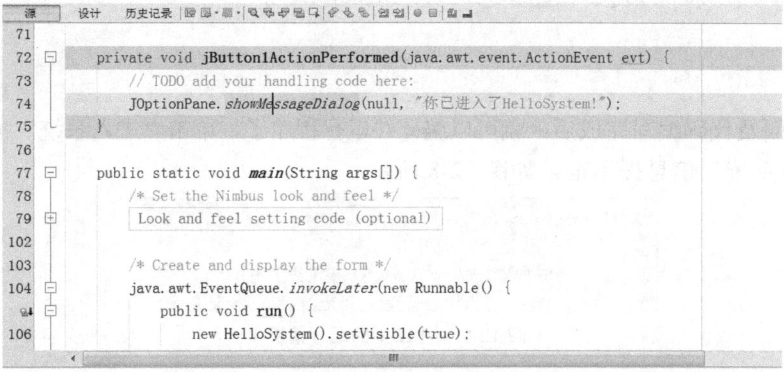

图 12-5 程序代码编辑模式

(3) 设置各组件的具体属性。选择某个组件，右击后在弹出的菜单中选择"属性"选项，进入属性窗口，设置其属性值，如图 12-6 所示。当然，编程者还可以设置组件的事件等操作。

图 12-6 Swing 组件的属性窗口

(4) 设置各组件的关联事件,设置"进入系统"按钮的事件,如图 12-7 所示。当然,编程人员还可以直接双击控件,进入该控件的 actionPerformed 事件处理程序。

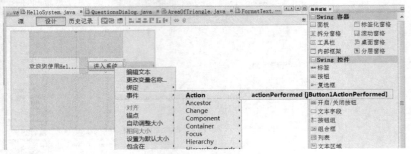

图 12-7 编辑 Swing 组件事件处理程序

(5) 在代码设计模式下,编写事件处理方法。在本程序中,编写按钮 jButton1 的单击事件处理方法。

```
public class HelloSystem extends javax.swing.JFrame {
    …
    private void jButton1ActionPerformed(java.awt.event.ActionEvent evt) {
        JFrame f=new JFrame();
        JOptionPane.showMessageDialog(f, "你已进入了 HelloSystem!");
    }
    …
}
```

(6) 设计界面及代码编写完成后,就可以编译并运行程序了。单击"进入系统"按钮,弹出"欢迎您使用 Hello 系统"信息提示框,如图 12-8 所示。

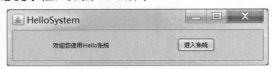

图 12-8 例 12-1 的运行情况

HelloSystem 窗体程序代码说明如下。

(1) 应用程序代码整体框架,HelloSystem 类的父类是 JFrame,HelloSystem 类的私有成员属性(当编程者添加组件在窗体上,由系统自动加入),包括 javax.swing.JButton 类型的 jButton1 按钮和 javax.swing.JLabel 类型的 jLabel1 标签,它们都被放在类定义的末尾。在 HelloSystem 类的构造方法中调用了 initComponents()方法,且 initComponents()方法由系统产生。设计界面时,定义的组件属性值都会在此产生相应的代码,编程者根本无须编写此方法,而且系统禁止编程者直接在编写代码模式下修改此方法。

```
public class HelloSystem extends javax.swing.JFrame {
    public HelloSystem() {          //构造方法,初始化应用程序界面
        initComponents();
    }
    /*该方法仅由构造方法调用,而且不能在代码模式下修改该方法,进行窗体设计完成后,该方法的内容由系统自动产生。*/
    private void initComponents() {
        …
    }
```

```
//编写按下"进入系统"按钮后的事件处理程序
private void jButton1ActionPerformed(java.awt.event.ActionEvent evt) {
    JFrame f=new JFrame();
    //调用 JOptionPane 类提示框的常用方法
    JOptionPane.showMessageDialog(f, "你已进入了 HelloSystem!");
}
public static void main(String args[]) {
    …
}
}
//在设计时加入的组件,是应用程序类的私有属性
private javax.swing.JButton jButton1;
private javax.swing.JLabel jLabel1;
}
```

(2) initComponents 方法,该方法由系统自动产生,编程者无法直接编辑该方法中的代码,但编程者进行界面设计,界面设计结果都会在此方法中产生相应的代码。

```
private void initComponents() {
    //初始化窗体上的组件对象
    jLabel1 = new javax.swing.JLabel();
    …
    pack();
}// </editor-fold>
```

(3) 设置应用程序外观和感觉。Swing 的框架设计的目的是编程人员可以更改应用程序图形界面的外观和感觉(L&F)。外观是指图形用户界面组件的外观,感觉是指组件表现的行为方式,NetBean 提供的外观样式有:Metal、Nimbus、CDE/Motif、Windows、Windows Classic。Swing 组件通过将组件分开成两个不同的类(JComponent 子类和相应的 ComponentUI 子类)。下面灰色代码的作用是:查找设置的外观和感觉是否是 Java 系统支持的外观和感觉。如果是的话,则设置当前的外观和感觉。编程人员可以将"Nimbus"改成其他外观样式(如 Windows Classic)。另外,编程人员可以将字符底纹的代码替换成如下代码。

```
javax.swing.UIManager.setLookAndFeel(javax.swing.UIManager.getSystemLookAndFeelClassName());
```

需要注意的是,一般应用程序外观和感觉应该在创建程序类时设置好。创建完程序类后,若想再次修改,其应用程序外观和感觉效果则不明显。

HelloSystem 类的 main(…)方法的代码如下。

```
public static void main(String args[]) {
    try {
        for (javax.swing.UIManager.LookAndFeelInfo info : javax.swing.UIManager.getInstalledLookAndFeels()) {
            if ("Nimbus".equals(info.getName())) {/* 设置 Nimbus 外观和感觉样式 */
                javax.swing.UIManager.setLookAndFeel(info.getClassName());
                break;
            }
        }
        …
    }
```

说明: Java 应用程序默认的外观和感觉样式是 Nimbus,但是编程人员根据情况更改其他样式(如 Metal、CDE/Motif、Windows 以及 Windows Classic 等)。

(4) 在界面设计时，编程人员在界面设计模式下添加的组件，系统都会在类尾部声明组件对象变量。

```
private javax.swing.JButton jButton1;
    private javax.swing.JLabel jLabel1;
}
```

(5) 最后，执行下面代码，其作用是创建窗体并显示窗体界面。

```
java.awt.EventQueue.invokeLater(new Runnable() {
    public void run() {
        new HelloSystem().setVisible(true);
    }
});
```

说明：EventQueue 类是一个与平台无关的类，它将来自基础同位体类和受信任的应用程序类的事件列入队列。EventQueue 类封装了异步事件指派机制，该机制从队列中提取事件，然后通过对此 EventQueue 调用 dispatchEvent(AWTEvent)方法来指派事件(事件作为参数被指派)。而调用 invokeLater(Runnable runnable)方法，会导致 runnable 的 run()方法在 EventQueue 的指派线程上被调用。

12.3 常用对话框

JOptionPane 类要求用户输入数据或向用户发出通知标准对话框。该类主要提供了以下几种类型的对话框静态方法，而且每种类型的对话框都重载了多种方法。

(1) showConfirmDialog：询问一个确认问题，如 yes/no/cancel。showConfirmDialog 方法的定义形式如下。

static int showConfirmDialog(Component parentComponent, Object message[, String title, int optionType[, int messageType[, Icon icon]]]);

(2) showInputDialog：提示要求某些输入。showInputDialog 方法的定义形式如下。

showInputDialog([Component parentComponent,] Object message[[, String title[, int messageType, Icon icon, Object[] selectionValues,]] Object initialSelectionValue]) ；

(3) showMessageDialog：通知用户某件事已经发生。showMessageDialog 方法的定义形式如下。

static void showMessageDialog(Component parentComponent, Object message[, String title, int messageType[, Icon icon]])

(4) showOptionDialog：它是上面 3 种对话框的综合。showOptionDialog 方法的定义形式如下。

static int   showOptionDialog(Component parentComponent, Object message, String title, int optionType, int messageType, Icon icon, Object[] options, Object initialValue)

上述所有方法还可能以 showInternalXxx 的风格形式出现，该风格使用内部窗体来保存对话框。其中，Xxx 可以是 Input Dialog、OptionDialog、MessageDialog 等。所有对话框都是模态的，即只有用户交互完成后，才可以从调用的对话框中退出来。有关参数说明如下。

(1) parentComponent 参数。它作为此对话框的父对话框的 Component。该参数可以是 null，在这种情况下，默认的 Frame 用作父级，并且对话框将居中位于屏幕上(取决于 L&F)。

(2) message 参数。它是要置于对话框中的描述消息。在最常见的应用中，message 就是一个 String 或 String 常量。不过，此参数类型实际上是 Object，其解释依赖于其类型。

(3) Object[]参数。它是纵向堆栈中排列的一系列 message(每个对象一个)。解释是递归式的，即根据其类型解释数组中的每个对象。

(4) Component 参数。它是在对话框中显示的组件。

(5) Icon 参数。它是被包装在 JLabel 中且在对话框中显示的图标。

(6) messageType 参数。它是定义 message 的样式。外观管理器布置的对话框可能因此值而异，并且往往提供默认图标。可能的值为：INFORMATION_MESSAGE、ERROR_MESSAGE、QUESTION_MESSAGE、PLAIN_MESSAGE 以及 WARNING_MESSAGE。

(7) optionType 参数。它是定义在对话框底部显示的选项按钮集合。其值可以是：DEFAULT_OPTION、YES_NO_CANCEL_OPTION、OK_CANCEL_OPTION、YES_NO_OPTION。用户并非仅限于使用选项按钮的此集合。使用 options 参数可以提供想使用的任何按钮。

(8) Options 参数。它对将在对话框底部显示的选项按钮集合进行更详细的描述。options 参数的常规值是 String 数组，但是参数类型是 Object 数组。根据对象进行的类型为每个对象创建按钮。

(9) title 参数。它是对话框的标题。

(10) initialValue 参数。它是对话框中的默认输入值。

在 OptionPaneTest.java 类中，列出了对话框的使用例子。其主要包括例 12-2、例 12-3、例 12-4、例 12-5、例 12-6、例 12-7、例 12-8 及例 12-9，如图 12-9 所示。

图 12-9 OptionPane 例子

例 12-2 显示"你喜欢水果"对话框，并显示你所选择选项。

```
1    private void jButton1ActionPerformed(java.awt.event.ActionEvent evt) {
2        int select;
3        //窗口标题是：选择一个选项
4        select=JOptionPane.showConfirmDialog(null, "你喜欢水果吗");
5        String msg="没有选择";
6        switch (select){
7            case JOptionPane.OK_OPTION:
8                msg="你喜欢水果。";break;
9            case JOptionPane.CANCEL_OPTION:
10               msg="你没有选择哦。";break;
11           case JOptionPane.NO_OPTION:
12               msg="你不喜欢水果。";break;
13       }
14       JOptionPane.showMessageDialog(null, msg);//显示选择结果
15   }
```

例 12-3 显示一个错误信息对话框，该对话框显示的消息为"输入边长不构成三角形"，运行情况如图 12-10 所示。

```
private void jButton2ActionPerformed(java.awt.event.ActionEvent evt) {
    JOptionPane.showMessageDialog(null, "不构成三角形", "错误信息", JOptionPane.ERROR_MESSAGE);
}
```

例 12-4 显示一个信息面板，其按钮选项为"是"和"否"，其消息是"你是否喜欢编程"，运行情况如图 12-11 所示。

```
private void jButton3ActionPerformed(java.awt.event.ActionEvent evt) {
    JOptionPane.showConfirmDialog(null,"你是否喜欢编程", "爱好选择", JOptionPane.YES_NO_OPTION);
}
```

图 12-10　程序运行界面 1

图 12-11　程序运行界面 2

例 12-5　显示一个输入信息对话框，消息是"你喜欢什么水果？"，然后将输入的信息显示出来，运行情况如图 12-12 所示。

```
1  private void jButton4ActionPerformed(java.awt.event.ActionEvent evt) {
2      String msg;
3      String result;
4      result=JOptionPane.showInputDialog(null, "你喜欢什么水果？ ");
5      msg="你喜欢的水果是："+result+"哦";
6      if (result!=null&&!result.trim().equals(""))
7          msg="你喜欢的水果是："+result+"哦";
8      else
9          msg="你喜欢的水果是："+"没有选择哦";
10     JOptionPane.showMessageDialog(null, msg);
11 }
```

例 12-6　显示一个警告对话框，其按钮选项为"是"和"取消"，标题为"注意"，消息为"单击是继续"，运行情况如图 12-13 所示。

```
private void jButton5ActionPerformed(java.awt.event.ActionEvent evt) {
    Object[] options = { "是", "取消" };
    JOptionPane.showOptionDialog(null, "单击是继续", "注意",JOptionPane.DEFAULT_OPTION,
        JOptionPane.WARNING_MESSAGE,null, options, options[0]);
}
```

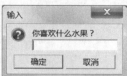
图 12-12　例 12-5 运行结果

图 12-13　例 12-6 运行结果

例 12-7　显示一个要求用户键入字符串的对话框，运行情况如图 12-14 所示。

```
private void jButton6ActionPerformed(java.awt.event.ActionEvent evt) {
    String inputValue = JOptionPane.showInputDialog("请输入： ");
    JOptionPane.showMessageDialog(null,"你输入的数据是："+inputValue);
}
```

例 12-8　显示一个要求用户选择图形类别的对话框，运行情况如图 12-15 所示。

```
private void jButton8ActionPerformed(java.awt.event.ActionEvent evt) {
    Object[] possibleValues = { "圆形", "三角形", "矩形" };
    Object selectedValue = JOptionPane.showInputDialog(null,"请选择图形类别： ","数据输入",
        JOptionPane.INFORMATION_MESSAGE, null,possibleValues, possibleValues[0]);
}
```

图 12-14　例 12-7 运行结果

图 12-15　例 12-8 运行结果

例 12-9　显示一个内部信息对话框，其 options 为 JOptionPane.DEFAULT_OPTION，message 消息是"你是否爱唱歌"，并且对话框的标题是"爱好选择"，运行情况如图 12-16 所示。

```
private void jButton7ActionPerformed(java.awt.event.ActionEvent evt) {
    JFrame frame=new JFrame();
    frame.setSize(300, 400);
    frame.setVisible(true);
    JInternalFrame jf=new JInternalFrame();
    frame.add(jf);
    jf.setVisible(true);
    JOptionPane.showInternalMessageDialog(jf, "你是否爱唱歌","爱好选择", JOptionPane.INFORMATION_MESSAGE);
}
```

图 12-16　例 12-9 运行结果

说明：在上例中，框架对象 frame 内都包含一个内部框架对象 jf，而选项框的父对话框是 jf。

12.4　Swing 中常用控件类的使用

12.4.1　字体和颜色

Java 提供的字体类 Font 和颜色类 Color 不属于 Swing 控件，而属于 AWT 组件。Swing 控件又没有定义新的字体类和颜色类，所以 Swing 控件仍然沿用 AWT 中的字体和颜色类，此处不再详述。

12.4.2　JComponent

Swing 的 JComponent 类是一个抽象类，所以编程者不能创建 JComponent 的实例。JComponent 的直接已知子类包括 AbstractButton、Box、Box.Filler、JColorChooser、JComboBox 等。JComponent 类包含了许多函数。下面列出 JComponent 的一些主要方法，其子类都可以调用这些方法。

　　void add(JComponent jc)：添加其他 JComponent 组件。
　　JRootPane getRootPane()：返回根窗格。
　　String getToolTipText()：返回组件提示信息。
　　void paint(Graphics g)：由 Swing 发起的绘制组件。
　　void setBackground(Color bg)：设置背景颜色。

void setBorder(Border border)：设置组件边界。
void setEnabled(boolean enabled)：设置组件是否可见。
void setFont(Font font)：设置组件字体。
void setForeground(Color fg)：设置组件前景颜色。
void setOpaque(boolean isOpaque)：设置前景是否透明。
void setVisible(boolean aFlag)：设置组件是否可见。
void requestFocus()：请求此组件获得输入焦点。

12.4.3 标签和图像位图

1. 标签

标签的主要作用是显示提示性信息，通常用来标注一些本身不具有标题属性的控件，例如用标签来描述文本框、组合框、列表框等控件附加信息。Swing 组件中的标签类是 JLabel。

JLabel 对象可以显示文本、图像或同时显示两者。该类的主要构造方法如下。

JLabel()：创建无图像且其标题为空字符串的 JLabel。
JLabel(Icon image)：创建具有指定图像的 JLabel 实例。
JLabel(String text)：创建具有指定文本的 JLabel 实例。
JLabel(String text, Icon icon, int h)：创建指定文本、图像和水平对齐方式的 JLabel 实例。

标签方法包括设置文本、图片、对齐以及标签描述的其他组件，其主要方法如下。

get Text()/setText()：获取/设置标签的文本。
get Icon()/setIcon()：获取/设置标签的图片。
get HorizontalAlignment ()/setHorizontalAlignment()：获取/设置文本的水平位置。
getDisplayedMnemonic/setDisplayedMnemonic()：获取/设置标签的访问键(下画线文字)。
getLableFor/setLableFor()：获取/设置该标签附着的组件，所以当用户按下 Alt+访问键时，焦点转移到指定的组件。

2. 图像位图

Java 提供的图像位图类是 ImageIcon，其作用是根据 Image 绘制 Icon。ImageIcon 类的构造方法如下。

ImageIcon()：创建一个未初始化的图像图标。
ImageIcon(byte[] imageData)：根据字节数组创建一个 ImageIcon，这些字节读取自一个包含受支持图像格式(如 GIF、JPEG 或从 1.3 版本开始的 PNG)的图像文件。
ImageIcon(byte[] imageData, String description)：根据字节数组创建一个 ImageIcon，这些字节读取自一个包含受支持图像格式(如 GIF、JPEG 或从 1.3 版本开始的 PNG)的图像文件。
ImageIcon(Image image[, String description])：根据图像创建一个 ImageIcon。
ImageIcon(String filename[, String description])：根据指定的文件创建一个 ImageIcon。
ImageIcon(URL location[, String description])：根据指定的 URL 创建一个 ImageIcon。

如果要将标签设为图像标签，则需要做以下两件事。

(1) 创建图像位图 ImageIcon 对象。
(2) 调用标签的 setIcon(…)方法，装载该图像的位图对象，当参数为 null 时，取消标签的图像。

例 12-10 创建窗体应用程序(LabelFrame 类)，该程序是关于标签的例子。其界面设计如图 12-17 所示，左边是标签 jLabel1 对象，右边是两个按钮 jButton1 和 jButton2。

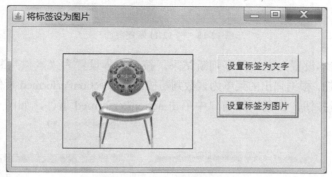

图 12-17　例 12-10 的界面图

(1) 设置标签文字按钮的 ActionPerformed 事件的代码如下。

```
1    private void jButton1ActionPerformed(java.awt.event.ActionEvent evt) {
2        String inputValue = JOptionPane.showInputDialog("请输入文字：");
3        jLabel1.setText(inputValue);
4        jLabel1.setIcon(null);
5        this.setTitle("将标签设为文字");
6    }
```

说明： 如果要去掉图像标签，则编程人员需要调用标签的 setIcon(null)方法，才能达到目的。

(2) 设置图片按钮的 ActionPerformed 事件的代码如下。

```
1    private void jButton2ActionPerformed(java.awt.event.ActionEvent evt) {
2        ImageIcon img=new ImageIcon("E:\\2018JavaBook\\code\\12Swing 组件\\images\\chair.jpg");
3        jLabel1.setIcon(img);
4        this.setTitle("将标签设为图片");
5    }
```

12.4.4　按钮

Java 按钮主要包括简单按钮、单选按钮和复选框。

1. 简单按钮

JButton 是最简单的按钮，其构造方法如下。

JButton()：创建按钮，但没有设置名称和按钮图标。

JButton(Action a)：创建按钮，所具有的属性是由类型为 Action 的参数 a 提供的。

JButton(Icon icon)：创建带有图标的按钮。

JButton(String text[, Icon icon])：创建带有名称和图标的按钮。

例 12-11 建立窗体程序(LabelTest.java)，输入一个正整数，判断该数是否是素数。界面设计如图 12-18 所示。

图 12-18 例 12-11 程序界面

说明：将标签文本设置为空，保存判断结果，按钮文本设置为"素数判断"。

右击素数判断按钮，根据弹出的菜单为素数判断按钮添加 actionPerformed 事件，如图 12-19 所示。或者，选择素数判断按钮，在其属性窗口中单击 actionPerformed 事件，如图 12-20 所示。

图 12-19 通过弹出菜单设置事件

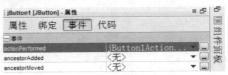

图 12-20 通过属性窗口添加事件

素数判断按钮 actionPerformed 事件的代码如下。

```
1    private void jButton1ActionPerformed(java.awt.event.ActionEvent evt) {
2        //通过对话框输入数据
3        String inputValue = JOptionPane.showInputDialog("请输入一个整数");
4        int r=Integer.valueOf(inputValue);//将字符串转换成整数
5        int i;
6        boolean flag=true;       //当 flag 值为 true，表示是素数，否则不是素数
7        //判断 r 是否被 2…r/2 的整数整除，如果有整除的，说明不是素数
8        for (i=2;i<r/2;i++)
9            if (r%i==0) {flag=false;break;}
10       if (flag)
11           jLabel1.setText(r+"是素数");
12       else
13           jLabel1.setText(r+"不是素数");
14   }
```

说明：在上面的程序代码中，第 3 行通过对话框输入数据，得到的是字符串，第 4 行将该字符串转换成整数后，才可以得到 int 类型的数据。

2. 单选按钮

JRadioButton 类实现了一个单选按钮，此按钮项可被选择或被取消选择，并可为用户显示其状态。与 ButtonGroup 对象配合使用可创建一组按钮，但一次只能选择其中的一个按钮。

JRadioButton 类的主要构造方法如下。

JRadioButton([Icon icon[, boolean selected]])：创建一个具有指定图像和选择状态的单选按钮，但无文本。

JRadioButton(String text[, Icon icon]|[, boolean selected])：创建一个具有指定文本、图像和选择状态的单选按钮。

JRadioButton 的其他主要方法有 isSelect()，表示是否选中了单选按钮。

ButtonGroup 类是 Object 类的子类，它用于为一组按钮创建一个多斥(multiple-exclusion)作用域。使用相同的 ButtonGroup 对象创建一组按钮意味着"开启"其中一个按钮时，将关闭组中的其他所有按钮。一般情况下，可将 ButtonGroup 用于任何从 AbstractButton 继承的对象组。通常，按钮组包

含 JRadioButton、JRadioButtonMenuItem 或 JToggleButton 的实例。但将 JButton 或 JMenuItem 的实例放入按钮组中并没有什么意义，因为 JButton 和 JMenuItem 不实现选择状态。

例 12-12 创建一个 JDialog 窗体应用程序(QuestionDialog 类)，进行食物喜好问题调查。界面设计如图 12-21 所示。

图 12-21　例 12-12 的界面设计

设置面板 jPanel2 的标题边框方法是：进入面板 jPanel2 的属性窗口，选择 border 属性，单击 按钮，出现如图 12-22 所示的对话框界面；在可用边框中选择带标题的边框，并在属性中设置标题为"你喜欢吃蔬菜吗？"，然后单击"确定"按钮即可。进行相同操作，设置 jPanel3 面板的标题。

图 12-22　为面板设置带标题的边框

另外，还需加入 ButtonGroup 类对象 buttonGroup1、buttonGroup2。否则，将会出现单选按钮无法相互排斥选择。右击图 12-21 中的 buttonGroup1 对象，在弹出的菜单中选择"定制代码"菜单项，将出现"代码定制器"对话框，如图 12-23 所示。

当然，编程人员也可以在应用程序的构造方法中加入上述代码，这也可以达到单选按钮无法相互排斥选择的目的，如应用程序的构造方法，加入下面第 4~6 行代码。

```
1    public QuestionsDialog(java.awt.Frame parent, boolean modal) {
2        super(parent, modal);
3        initComponents();
4        buttonGroup1.add(jRadioButton1);
5        buttonGroup1.add(jRadioButton2);
6        buttonGroup1.add(jRadioButton3);
7    }
```

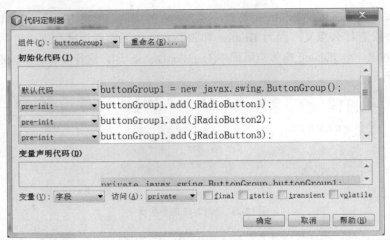

图 12-23 命令组的代码定制器

用同样的办法，对 buttonGroup2 对象进行相同的操作。

最后，编写结果按钮的 ActionPerformed 事件方法如下。

```
1   private void jButton1ActionPerformed(java.awt.event.ActionEvent evt) {
2       //得到面板 jPanel2 上的组件
3       Component[]c1=jPanel2.getComponents();
4       int i;
5           String msg1="";
6           JRadioButton jrb;
7       for (i=0;i<c1.length;i++) {
8           //将 Component 对象转换成 JRadioButton 类型的对象
9           jrb =(JRadioButton)c1[i];
10          if (jrb.isSelected())          //如果选择了此单选按钮
11              msg1=jrb.getText();
12      }
13      //得到面板 jPanel3 上的组件
14      Component[]c2=jPanel3.getComponents();
15      String msg2="";
16      for (i=0;i<c1.length;i++){
17          jrb =(JRadioButton)c2[i];
18          if (jrb.isSelected())
19              msg2=jrb.getText();
20      }
21      String msg;
22      msg="你喜欢吃蔬菜吗？"+"你的回答是："+msg1;
23      msg=msg+",你喜欢吃蔬菜吗？"+"你的回答是："+msg2;
24      JOptionPane.showMessageDialog(null, msg);
25  }
```

3. 复选框

JCheckBox 类是复选框的实现，复选框是一个可以被选定和取消选定的项，它将其状态显示给用户。按照惯例，可以选定组中任意数量的复选框。

JCheckBox 类的构造方法如下。

JCheckBox([String text[, Icon icon]][, boolean selected]])：创建一个带文本和图标的复选框，并指定其最初是否处于选定状态。

JCheckBox 类的主要方法有 isSelect()，表示是否选中了复选按钮。

例12-13 创建基于 JFrame 的窗体程序(StudentInfo 类)，进行学生信息调查，主要调查男生、女生的爱好情况。界面设计如图12-24所示。其中面板 jPanel1对象上放了男、女单选按钮，为此，还增加了 ButtonGroup 类的对象 buttonGroup1；而面板 jPanel2 对象上放了四个复选框(它们的标题分别是唱歌、跳舞、读书、旅游)。标签 jLabel1显示调查结果，此处还为该标签设置了带标题的边框(标题是调查结果)。

图 12-24　例 12-13 程序界面设计

(1) StudentInfo 类的构造方法如下。

```
1   public StudentInfo() {
2       initComponents();//系统产生
3       //向组按钮中添加两个 JCheckBox 按钮
4       buttonGroup1.add(boy);
5       buttonGroup1.add(girl);
6   }
```

(2) 调查按钮的 actionperformed 事件方法代码如下。

```
1   private void jButton1ActionPerformed(java.awt.event.ActionEvent evt) {
2       String s="";
3       int i;
4       boolean flag=false;//没有选择性别时，初始化 flag 标志
5       //jPanel1.getComponentCount()方法返回面板 jPanel1 中的组件对象的个数
6       for (i=0;i<jPanel1.getComponentCount();i++){
7           if (((JRadioButton)jPanel1.getComponent(i)).isSelected()){
8               flag=true;
9               s="性别是"+((JRadioButton)jPanel1.getComponent(i)).getText()+"    ";
10          }
11      }
12      if (!flag){ //当没有选择性别时，flag=false;
13          JOptionPane.showMessageDialog(null, "你没有选择性别，请重新选择!");
14          return ;
15      }
16      s=s+"爱好有：";
17      for (i=0;i<jPanel2.getComponentCount();i++){
18          if (((JCheckBox)jPanel2.getComponent(i)).isSelected())
19              s=s+" "+((JCheckBox)jPanel2.getComponent(i)).getText();
20      }
21      jLabel2.setText(s);//将结果显示在标签 jLabel2 上
22  }
```

12.4.5　文本框

文本框是一个文本编辑区域，还可以在区域中输入、修改和显示文本内容。在 Swing 中的文本框

包括简单文本框(JTextField)、输入密码框(JPassword)以及多行文本框(JTextArea)。

1. 简单文本框

JTextField 类是一个轻量级组件，它允许编辑单行文本。该类的构造方法如下。

JTextField([Document doc][,String text]|[, int columns])：构造一个用指定文本和列初始化的新文本框。

JTextField 类的其他主要方法如下。

int getColumns()：返回此 TextField 中的列数。

protected int getColumnWidth()：返回列宽度。

void setColumns(int columns)：设置此 TextField 中的列数，然后验证布局。

例 12-14 创建基于 JFrame 类的窗体应用程序()，计算三角形的面积。界面设计如图 12-25 所示。本程序通过 jTextField1、jTextField2 和 jTextField3 3 个对象输入三角形的边长。标签 jLabel4 显示计算结果或错误信息。

图 12-25 例 12-14 的界面设计

计算按钮的 actionPerformed 事件代码如下。

```
1    private void jButton1ActionPerformed(java.awt.event.ActionEvent evt) {
2        double a,b,c;
3        String msg="";
4        if (jTextField1.getText().trim().length()==0)
5            msg=msg+"边长 a";
6        if (jTextField2.getText().trim().length()==0)
7            msg=msg+",边长 b";
8        if (jTextField3.getText().trim().length()==0)
9            msg=msg+",边长 c";
10       jLabel4.setText("结果："+msg);
11       if (msg.length()!=0){
12           msg=msg+"，没有输入数据！";
13           jLabel4.setText(msg);
14           return ;
15       }
16       else{
17           //得到三角形的三条边，分别保存在 a、b、c
18           a=Double.valueOf(jTextField1.getText().trim());
19           b=Double.valueOf(jTextField2.getText().trim());
20           c=Double.valueOf(jTextField3.getText().trim());
21           //创建三角形对象
22           Triangle12 t=new Triangle12(a,b,c);
23           try{
24               double s=t.getArea();//求得三角形的面积
25               jLabel4.setText("三角形的面积="+Double.toString(s));
```

```
26              }catch (Exception e) {
27                  jLabel4.setText(e.toString());
28              }
29         }
30     }
```

说明：通过文本框输入的数据是字符串类型，当需要其他数据类型的数据时，需要将输入的数据转换成程序需要的数据。在本例中，编程人员利用 Double.valueOf(…)方法将文本框输入的数据转换成 double 类型数据。另外，定义了三角形类 Triangle12，通过调用该类对象方法 getArea()可以求得三角形的面积。

2. 输入密码框

JPasswordField 是 JTextField 的子类，它是一个轻量级组件，允许编辑一个单行文本，其视图指示键入内容，但不显示原始字符。JPasswordField 类的构造方法与 JTextField 的构造方法类似，此处不重复。JPasswordField 类的其他方法如下。

boolean echoCharIsSet()：如果此 JPasswordField 对象具有回显设置的字符，则返回 true。

char getEchoChar()：返回要用于回显的字符。

char[] getPassword()：以字符数组的形式返回此 JPasswordField 对象输入的密码。

void setEchoChar(char c)：设置 JPasswordField 对象的回显字符。

例 12-15 创建基于 JFrame 的窗体程序(LoginSystem.java)，界面设计如图 12-26 所示。本程序通过 JPasswordField 类的对象 jPasswordField1 对象来保存输入的密码。

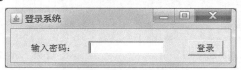

图 12-26　例 12-15 的界面设计

登录按钮的 actionPerformed 事件代码如下。

```
1   private void jButton1ActionPerformed(java.awt.event.ActionEvent evt) {
2       //得到输入的密码
3       String s=new String(jPasswordField1.getPassword());
4       if (s.compareTo("abc123")==0)
5           JOptionPane.showMessageDialog(null, "输入密码成功");
6       else
7           JOptionPane.showMessageDialog(null, "输入密码不成功，请重新输入！ ");
8   }
```

3. 多行文本框

JTextArea 类是一个显示纯文本的多行区域。作为一个轻量级组件，它与 java.awt.TextArea 类兼容。JTextArea 具有两个属性 columns 和 rows，分别表示多行文本框的列数和行数。

JTextArea 类的主要方法如下。

JTextArea([Document doc][, String text][, int rows, int columns])：构造具有指定行数和列数，给定文本、模型的新的 JTextArea。

Dimension getPreferredSize()：返回 TextArea 的首选大小。

protected int getRowHeight()：定义行高的意义。

int getLineCount()：确定文本区中所包含的行数。
int getRows()：返回 TextArea 中的行数。
void setRows(int rows)：设置此 TextArea 的行数。
int getColumns()：返回 TextArea 中的列数。
void setColumns(int columns)：设置此 TextArea 中的列数。
boolean getLineWrap()：获取文本区的换行策略。
void setLineWrap(boolean wrap)：设置文本区的换行策略。
boolean getWrapStyleWord()：获取换行方式(如果文本区要换行)。
void setWrapStyleWord(boolean word)：设置换行方式(如果文本区要换行)。
void append(String str)：将给定文本追加到文档结尾。
void insert(String str, int pos)：将指定文本插入指定位置。

例 12-16 编写个人信息录入程序(PostPersonInfo 类)，其界面如图 12-27 所示；数据输入完成后，提交显示所录入的数据(PersonInfByPost 类)，如图 12-28 所示。

图 12-27 例 12-16 的录入界面设计

图 12-28 例 12-16 的提交信息界面设计

(1) "提交"按钮的 ActionPerformed 事件处理程序代码如下。

```
1   private void jButton1ActionPerformed(java.awt.event.ActionEvent evt) {
2       String sId=studentId.getText().trim();                //得到输入的学号信息
3       String sName=studentName.getText().trim();            //得到学生姓名信息
4       int iAge=Integer.valueOf(age.getText().trim());       //年龄只能输入数值
5       String sPassword=new String(password.getPassword());  //得到输入密码信息
6       if (sId.equals("")){
7           message.setText("学号不能为空！");
8           studentId.requestFocus();                         //获得输入焦点
9           return;
10      }
11      if (sName.equals("")) {
12          message.setText("姓名不能为空！");
13          studentName.requestFocus();                       //获得输入焦点
14          return;
15      }
16      if (iAge<16){
17          message.setText("年龄要大于 16！");
18          age.requestFocus();                               //获得输入焦点
19          return;
20      }
21      if (sPassword.equals("")){
```

```
22              message.setText("密码不能为空！");
23              password.requestFocus();        //获得输入焦点
24              return;
25          }
26          message.setText("");
27          String msg="";
28          PersonInfByPost t=new PersonInfByPost(this);
29          //将提交的信息显示出来
30          msg="学号:"+sId;
31          t.append(msg);
32          msg=msg+"姓名:"+sName;
33          t.append(msg);
34          msg="年龄:"+age.getText().trim();
35          t.append(msg);
36          msg="密码:"+sPassword;
37          t.append(msg);
38          msg="个人信息:";
39          t.append(msg);
40          t.append(information.getText());
41          // t.append(message.getText());
42          this.setVisible(false);
43          t.setVisible(true);              //显示提交信息
44      }
```

(2) "清除"按钮的 ActionPerformed 事件处理程序代码如下。

```
1   private void jButton2ActionPerformed(java.awt.event.ActionEvent evt) {
2       // TODO add your handling code here:
3       studentId.setText("");
4       studentName.setText("");
5       age.setText("");
6       password.setText("");
7       information.setText("");
8   }
```

(3) 创建 PersonInfByPost 类，该类的定义如下。

```
public class PersonInfByPost extends javax.swing.JFrame {
    PostPersonInfo   postPersonInfo;
    public PersonInfByPost(PostPersonInfo pi) {
        postPersonInfo=pi;
        initComponents();
        this.setSize(500,400);
    }
    public void append(String s){
        inf.append(s+"\n");
    }
    private void jButton1ActionPerformed(java.awt.event.ActionEvent evt) {
        this.setVisible(false);
        postPersonInfo.setVisible(true);
    }
    }
    …
}
```

12.4.6 列表框和组合框

列表框用来显示一个项目列表,用户可以选择其中的一项或多项。如果项目比较多而又不能一次性全部显示出来的话,列表框会自动加上滚动条,用户可以通过拖动滚动条查看所有项目。

组合框是合并了文本框和列表而形成的一种控件。组合框可以像文本框那样接收用户输入的信息,还能够像列表框一样列出多个项目供用户选择。

Swing 中的列表框是 JList,组合框是 JComboBox。

1. 列表框

JList 列表框允许用户从列表中选择一个或多个对象。

如图 12-29 所示,JList 有以下 3 种布局方式。

(1) "报纸样式"布局。项目按先纵向后横向流动,如列表 1。
(2) "报纸样式"布局。项目按先横向后纵向流动,如列表 2。
(3) 默认布局。一列项目,如列表 3。

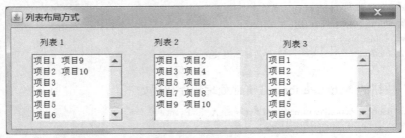

图 12-29 JList 的 3 种布局方式

单独的列表模型 ListModel 表示列表的内容。使用构建 ListModel 实例的 JList 构造方法,可以方便地显示对象的数组或向量。

JList 类的主要方法如下。

JList():构造一个使用空模型的 JList。

JList(ListModel dataModel):构造一个 JList 对象,其使用指定的 ListModel 对象显示元素。

JList(Object[] listData):构造一个 JList,使其显示指定数组中的元素。

JList(Vector<?> listData):构造一个 JList,使其显示指定 Vector 中的元素。

void clearSelection():清除选择,调用此方法后,isSelectionEmpty 将返回 true。

protected ListSelectionModel createSelectionModel():返回 DefaultListSelectionModel 实例。

ListModel getModel():返回保存由 JList 组件显示的项列表的数据模型。

void setModel(ListModel model):设置表示列表内容或"值"的模型,并在通知 PropertyChangeListener 之后清除列表选择。

int getSelectedIndex():返回所选的第一个索引;如果没有选择项,则返回-1。

void setSelectedIndex(int index):选择单个单元。

int[] getSelectedIndices():返回所选的全部索引的数组(按升序排列)。

void setSelectedIndices(int[] indices):选择一组单元。

Object getSelectedValue():返回所选的第一个值,如果选择为空,则返回 null。

Object[] getSelectedValues()：返回所选单元的一组值。
int getSelectionMode()：返回允许单项选择还是多项选择。
ListSelectionModel getSelectionModel()：返回当前选择模型的值。
void setSelectionModel(ListSelectionModel selectionModel)：将列表的 selectionModel 设置为非 null 的 ListSelectionModel 实现。
int getVisibleRowCount()：返回首选可见行数。
void setVisibleRowCount(int visibleRowCount)：设置不使用滚动条可以在列表中显示的首选行数，这一点由最近的 JViewport 祖先(如果有)确定。
boolean isSelectedIndex(int index)：如果选择了指定的索引，则返回 true。
boolean isSelectionEmpty()：如果什么也没有选择，则返回 true。
void setListData(Object[] listData)：根据一个 object 数组构造 ListModel，然后对其应用 setModel。
void setListData(Vector<?> listData)：根据 Vector 构造 ListModel，然后对其应用 setModel。
void setSelectionMode(int selectionMode)：确定允许单项选择还是多项选择。

JList还需和列表接口ListModel、类DefaultListModel结合起来使用。其中接口ListModel用于获取列表中每个项目的值以及列表的长度，而类DefaultListModel则以松散方式实现 java.util.Vector的API。

更新 JList 的项列表的方法有以下几项。

(1) 使用Vector，编程人员可将数据项都存放在Vector对象中，然后调用JList类的setListData()方法。

```
Vector vector=new Vector();
JList jList=new JList();
vector.add("张三");
vector.add("李斯");
jList.setListData(vector);
```

(2) 通过构造函数添加数据。

```
String[] data = {"one", "two", "three", "four"};
JList list = new JList(data);
```

(3) 通过 DefaultListModel 对象添加需要的数据，然后调用 JList 类的 setModel(…)方法。

```
DefaultListModel dm=new DefaultListModel();
int I,n=10;
for(int i=0;i<n;i++){
    dm.addElement(…);
}
JList list =new JList();
list.setModel(dm);
```

例12-17 创建窗体应用程序(SelectCourse 类)，其界面如图12-30所示，左侧列表框 jList1中列出了7门课程，右边列表框 jList2中显示了当前已经选择的课程，当单击"添加"按钮时，可以将左侧列表框中被选择的课程加入右侧列表框，当单击"清除"按钮时，右侧列表框列出的所有课程将会被清除掉。

在本窗体应用程序中，SelectCourse 类的构造方法初始化左边列表框 jList1 的列表项。

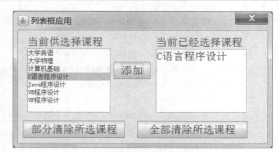

图 12-30 程序界面设计

(1) SelectCourse 类的构造方法如下。

```
public SelectCourse(java.awt.Frame parent, boolean modal) {
    super(parent, modal);
    initComponents();
    //设置列表框 jList1 的项目值
    String data[]={"大学英语","大学物理","计算机基础","C 语言程序设计","Java 程序设计","VB 程序设计","VF 程序设计"};
    jList1.setListData(data);
}
```

当然，还可以在左边列表框 jList1 的属性窗口设置 model 属性以初始化其列表项，如图 12-31 所示。

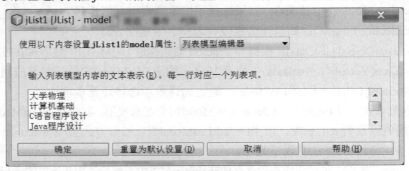

图 12-31　设置列表框的 model 属性

(2) "添加"按钮的 actionPerformed 事件处理程序代码如下。

```
1   private void jButton1ActionPerformed(java.awt.event.ActionEvent evt) {
2       // TODO add your handling code here:
3       ListModel lm1;//
4       //利用 DefaultListModel 类的对象保存 jList2 的项目列表
5       DefaultListModel lm2= new DefaultListModel();
6       int i;
7       //保持列表框 jList2 的原来数据
8       lm1=jList2.getModel();
9       for (i=0;i<lm1.getSize();i++)
10          lm2.addElement(lm1.getElementAt(i));
11      int a[]=jList1.getSelectedIndices();
12      //得到列表框 jList1 的 ListModel 接口的对象
13      lm1= jList1.getModel();
14      boolean flag1=false;//flag1 表示选择加入的课程是否存在于已选课课程中
15      boolean flag2=false;//flag2 表示所有选择加入的课程是否不存在于已选课课程中
16      String msg="";
17      //检查从列表框 jList1 中所选的数据是否存在于列表框 jList2 中，如果存在，则先加入
18      for (i=0;i<a.length;i++){
19          String t=(String)lm1.getElementAt(a[i]);
20          //查找 t 是否在 DefaultListModel 类的对象 lm2 中，如果不在
21          if (!isContainValue(lm2,t)){
22              flag2=true;//
23              lm2.addElement((String)t); //则加入 lm2 中
24          }

25          else{
26              //msg 保存已经存在于选择的课程名
```

```
27            if (msg.compareTo("")==0)
28                 msg=t;
29            else
30                 msg=msg+","+t;
31            flag1=true;
32        }
33     }
34     if(flag2)//更新数据
35         jList2.setModel((ListModel)lm2);
36     msg="当前你选择的课程("+msg+"),您已经选了。";
37     if(flag1)//显示已经存在的课程名称。
38         JOptionPane.showMessageDialog(null, msg);
39 }
40 private void jButton3ActionPerformed(java.awt.event.ActionEvent evt) {
41     // TODO add your handling code here:
42     Vector v=new Vector();//通过 Vector 初始化列表框 jList2 的列表项
43     jList2.setListData(v);
44 }
```

(3) "部分清除所选课程"按钮的 actionPerformed 事件处理程序代码如下。

```
1  private void jButton2ActionPerformed(java.awt.event.ActionEvent evt) {
2      // TODO add your handling code here:
3      ListModel lm1;//列表项接口
4      //DefaultListModel 类的对象 lm2 保存没有选择的项目数据
5      DefaultListModel lm2= new DefaultListModel();
6      lm1=jList2.getModel();//lm2 保存列表框 jList2 的列表项接口
7      //得到列表框 jList2 的已选择的项目下标数组 a
8      int a[] =jList2.getSelectedIndices();
9      int i,j;
10     //将列表框 jList2 中没有被选择的项目加入 lm2 中
11     for (i=0;i<lm1.getSize();i++){
12          String t=(String)lm1.getElementAt(i);//t 保存的是第 i 项项目
13          boolean flag=true;
14     //判断第 i 项项目是否在已选择项中,如果在,flag 值为 false;否则为 true
15          for (j=0;j<a.length;j++){
16              String temp=(String)lm1.getElementAt(j);
17              if ((t.compareTo(temp)==0)){
18                  flag=false;
19                  break;
20              }
21          }
22     //如果第 i 项项目不在已选项项目中,则将它加入 lm2 中
23          if (flag)
24              lm2.addElement(t);
25     }
26     //更新列表框 jList2 的数据
27     jList2.setModel(lm2);
28 }
```

(4) "全部清除所选课程"按钮的 actionPerformed 事件处理程序代码如下。

```
1  private void jButton3ActionPerformed(java.awt.event.ActionEvent evt) {
2      Vector v=new Vector();//通过 Vector 初始化列表框 jList2 的列表项
```

```
3        jList2.setListData(v);
4    }
```

2. 组合框

组合框是文本框和列表框的组合，Swing 中的 JComboBox 就是组合框。

JComboBox 类的主要方法如下。

JComboBox()：创建具有默认数据模型的 JComboBox 对象。

JComboBox(ComboBoxModel cbModel)：创建一个 JComboBox 对象，其项取自现有的 ComboBoxModel。

JComboBox(Object[] items)：创建包含指定数组 items 中的元素的 JComboBox。

Object getItemAt(int index)：返回指定索引处的列表项。

int getItemCount()：返回列表中的项数。

int getMaximumRowCount()：返回组合框不使用滚动条可以显示的最大项数。

int getSelectedIndex()：返回列表中与给定项匹配的第一个选项。

Object getSelectedItem()：返回当前所选项。

Object[] getSelectedObjects()：返回包含所选项的数组。

void insertItemAt(Object anObject, int index)：在项列表中的给定索引处插入项。

void removeAllItems()：从项列表中移除所有项。

void removeItem(Object object)：从项列表中移除项。

void removeItemAt(int pos)：移除 pos 处的项。

void setEditable(boolean flag)：确定 JComboBox 字段是否可编辑。

void setModel(ComboBoxModel m)：设置 JComboBox 用于获取项列表的数据模型。

void setSelectedIndex(int index)：选择索引 index 处的项。

void setSelectedItem(Object object)：将组合框显示区域中的所选项设置为参数中的对象。

在编程过程中，JComboBox 一般还与 DefaultComboBoxModel 类一起使用。

例 12-18 创建设置字体应用程序(SetFont 类)，如图 12-32 所示，设计文本框的字体、字号大小以及颜色。最左边的组合框 jComboBox1 保存了字体名称，中间是字体大小组合框 jComboBox2，最右边是字体颜色组合框 jComboBox3，下面是文本框 jTextField1。

图 12-32 例 12-18 的界面设计

(1) SetFont 类的构造方法如下。

```
1    public SetFont(java.awt.Frame parent, boolean modal) {
2        super(parent, modal);
3        initComponents();
4        //得到本地图形环境
5        GraphicsEnvironment ge = GraphicsEnvironment.getLocalGraphicsEnvironment();
6        String[] fonts = ge.getAvailableFontFamilyNames();
```

```
7       //设置字体组合框
8       for(String font : fonts){
9           jComboBox1.addItem(font);
10      }
11      int i;
12      //设置字体大小组合框
13      for (i=0;i<100;i++)
14      jComboBox2.addItem(String.valueOf(i));
15      //设置颜色组合框
16      String colors[]={"黑色","蓝色","青色","深灰色","灰色","绿色","洋红色","粉红色","黄色"};
17      for (i=0;i<colors.length;i++)
18          jComboBox3.addItem(colors[i]);
19  }
```

上述方法调用了 GraphicsEnvironment 类的静态方法 getLocalGraphicsEnvironment()，获得本地图形环境，然后可从中读取本地所支持的字体。

(2) "确定"按钮的 ActionPerformed 事件处理程序，代码如下。

```
1   private void jButton1ActionPerformed(java.awt.event.ActionEvent evt) {
2       // TODO add your handling code here:
3       //得到所选择字体名称
4       String  fontName=(String)jComboBox1.getSelectedItem();
5       //得到字体大小
6       String sizeStr=((String)jComboBox2.getSelectedItem());
7       int fontSize=Integer.parseInt(sizeStr);
8       //得到所选择颜色
9       Color color=selectColor((String)jComboBox3.getSelectedItem());
10      //设置文本框的字体、字体大小、颜色
11      Font font=new Font(fontName,Font.TRUETYPE_FONT,fontSize);
12      jTextField1.setFont(font);//设置字体
13      jTextField1.setForeground(color);//改变前景颜色
14  }
```

上述代码中，主要通过调用组合框的 getSelectedItem()来获得组合框的选择项。其中自定义方法 selectColor(…)的作用是根据颜色名称得到颜色 Color 的常量值。

12.4.7 滑块

滑块控件是让用户以图形方式在有界区间内通过移动滑块来选择值的组件。滑块可以显示主刻度标记和次刻度标记。Swing 中定义的 JSlider 类是滑块。

JSlider 类的主要方法如下。

JSlider([int orientation][, int min, int max][, int value])：用指定的方向和指定的最小值、最大值以及初始值创建滑块。

int getExtent()：返回滑块所"覆盖"的值的范围。

boolean getInverted()：如果滑块显示的值范围反转，则返回 true。

int getMajorTickSpacing()：此方法返回主刻度标记的间隔。

int getMinorTickSpacing()：此方法返回次刻度标记的间隔。

void setMinorTickSpacing(int n)：此方法设置次刻度标记的间隔。

int getMaximum()：返回滑块所支持的最大值。
int getMinimum()：返回滑块所支持的最小值。
int getOrientation()：返回滑块的垂直或者水平方向。
void setMajorTickSpacing(int n)：设置主刻度标记的间隔。
void setMaximum(int maximum)：设置模型的最大值属性。
void setMinimum(int minimum)：设置模型的最小值属性。
void setOrientation(int orientation)：将滚动条的方向设置为 Vertical 或者 Horizontal。
void setValue(int n)：设置滑块的当前值。

例 12-19 创建设计字体应用程序(SetFont2 类)。如图 12-33 所示，左边是 JSlider 组件对象 jSlider1，利用滑块来设置中间的文本框 jTextField1 的字体大小。其中利用 jLabel2 显示字体大小，按"退出"按钮退出程序。

图 12-33　设置字体大小的界面

(1) jSlider1 对象的 StateChanged 事件处理程序如下。

```
1    private void jSlider1StateChanged(javax.swing.event.ChangeEvent evt) {
2        // TODO add your handling code here:
3        Font f=jTextField1.getFont();//得到文本框的原来字体
4        //创建新字体，仅利用滑块的值来改变文本框字体的大小
5        f=new Font(f.getFontName(),f.getStyle(),jSlider1.getValue());
6        jTextField1.setFont(f);//
7    }
```

(2) "退出"按钮的 ActionPerformed 事件处理程序如下。

```
1    private void jButton1ActionPerformed(java.awt.event.ActionEvent evt) {
2        System.exit(0);//退出程序
3    }
```

12.4.8　微调器

微调器通常提供一对带小箭头的按钮，以便逐步遍历序列元素，键盘的向上/向下方向键也可循环遍历元素，用户也可在微调器中直接输入合法值。Swing 中定义的 JSpinner 就是微调器。

JSpinner 类的主要方法如下。

JSpinner()：构造一个 spinner，使其具有初始值为 0 并且无任何最小值或者最大值的限制。

JSpinner(SpinnerModel m)：构造具有一对 next/previous 按钮和 SpinnerModel 编辑器的完整微调器。

void commitEdit()：将当前编辑的值提交给 SpinnerModel。

JComponent getEditor()：返回显示和潜在更改模型值的组件。
void setEditor(JComponent editor)：更改显示 SpinnerModel 当前值的 JComponent。
SpinnerModel getModel()：返回定义 spinner 值序列的 SpinnerModel。
void setModel(SpinnerModel model)：更改表示此 spinner 值的模型。
Object getPreviousValue()：返回序列中由 getValue()所返回对象之前的对象。
Object getNextValue()：返回序列中由 getValue()所返回对象之后的对象。
Object getValue()：返回模型的当前值，通常该值是 editor 所显示的值。
void setValue(Object value)：更改模型的当前值，通常此值是 editor 所显示的值。

当每个微调器的值确实发生更改时，将显示同一改变。如果使用编辑器修改数据，只有按下 Enter 键后，微调器的值才发生更改。另外，利用微调器输入数据时，需要输入合格的数据，一般情况下，利用微调器的编辑器可以输入各种数据。为此，需要设定其编辑器，让微调器可以输入规定的数据。

例如，下面是构造微调器的代码。

```
String[] months = new DateFormatSymbols().getMonths();
SpinnerModel model = new SpinnerListModel(months);
JSpinner spinner = new JSpinner(model);
```

为此，JSpinner 类中提供了 4 个内部嵌套，用以规定输入不同的数据。这 4 个内部嵌套如下。

(1) JSpinner.DateEditor。其模型为 SpinnerDateModel 的 JSpinner 编辑器。
SpinnerDateModel 的构造方法如下。

SpinnerDateModel()：构造一个 SpinnerDateModel，其初始 value 为当前日期，calendarField 等于 Calendar.DAY_OF_MONTH，且没有 start/end 限制。

SpinnerDateModel(Date value, Comparable start, Comparable end, int calendarField)：创建一个表示 start 和 end 之间的日期序列的 SpinnerDateModel。

(2) JSpinner.DefaultEditor。该类在 FormattedTextField 中显示模型当前值的只读视图。
(3) JSpinner.ListEditor。其模型为 SpinnerListModel 的 JSpinner 编辑器。
SpinnerListModel 的值由数组或 List 定义的 SpinnerModel 简单实现。
SpinnerListModel 的构造方法如下。
SpinnerListModel()：创建一个实际为空的 SpinnerListModel。
SpinnerListModel(List<?> values)：构造一个由指定 List 定义其值序列的 SpinnerModel。
SpinnerListModel(Object[] values)：构造一个由指定数组定义其值序列的 SpinnerModel。
(4) JSpinner.NumberEditor。其模型为 SpinnerNumberModel 的 JSpinner 编辑器。
SpinnerNumberModel()：构造一个没有 minimum 或 maximum 值、stepSize 等于 1 且初始值为零的 SpinnerNumberModel。

SpinnerNumberModel(double value, double min, double max, double stepSize)：构造一个具有指定 value、min/max 边界和 stepSize 的 SpinnerNumberModel。

例12-20 创建设置字体程序(SetFont3.java)，如图12-34所示，上面有文本框 jTextField1，下面有一微调器 jSpinner1 和 "退出" 按钮，按 "退出" 按钮则退出程序。

图12-34 例 12-20 的界面设计

SetFont2 类的主要代码如下：

```java
public class SetFont3 extends javax.swing.JDialog {
    int fontSize;//字体大小
    public SetFont3(java.awt.Frame parent, boolean modal) {
        super(parent, modal);
        initComponents();
        Font f=jTextField1.getFont();//得到文本框 jTextField1 的字体
        fontSize=f.getSize();//得到字体大小
        //设置微调器的微调数值模型
        SpinnerNumberModel snm=new SpinnerNumberModel(fontSize,1,100,2);
        jSpinner1.setModel(snm);
        //微调器的编辑器中只许可输入数值
        JSpinner.NumberEditor editor = new JSpinner.NumberEditor(jSpinner1, "0");
        jSpinner1.setEditor(editor);//设定微调器的编辑器
        jSpinner1.setValue(new Integer(fontSize));//设置微调器的初始值
    }
    ...
    //微调器 jSpinner 的 StateChanged 事件处理代码
    private void jSpinner1StateChanged(javax.swing.event.ChangeEvent evt) {
        Font f=jTextField1.getFont();//得到文本框的原来字体
        //创建新字体，仅利用微调器的值来改变文本框字体的大小
        fontSize=(Integer)jSpinner1.getValue();
        f=new Font(f.getFontName(),f.getStyle(),fontSize);
        jTextField1.setFont(f);//
    }
    //退出按钮的事件处理程序代码
    private void jButton1ActionPerformed(java.awt.event.ActionEvent evt) {
        System.exit(0);
    }
    ...
}
```

12.4.9 进度条

进度条通常通过显示某个操作的完成百分比。要指示正在执行一个未知长度的任务，可以将进度条设置为不确定模式。不确定模式的进度条持续显示动画来表示正进行的操作。一旦可以确定任务长度和进度量，则应该更新进度条的值，将其切换回确定模式。JProcessBar 类可以实现进度条。

JProgressBar 类的主要方法如下。

JProgressBar(BoundedRangeModel model)：创建使用指定的保存进度条数据模型的水平进度条。

JProgressBar([int orient][, int min, int max])：创建使用指定方向(JProgressBar.VERTICAL或JProgressBar.HORIZONTAL)、最小值和最大值的进度条。

int getMaximum()：返回进度条的最大值。

int getMinimum()：返回进度条的最小值。

double getPercentComplete()：返回进度条的完成百分比。

String getString()：返回进度字符串的当前值。

int getValue()：返回进度条的当前值，该值存储在进度条的 BoundedRangeModel 中。

void setMaximum(int n)：将进度条的最大值(存储在进度条的数据模型中)设置为 n。
void setMinimum(int n)：将进度条的最小值(存储在进度条的数据模型中)设置为 n。
void setOrientation(int newOrientation)：将进度条的方向设置为 newOrientation(必须为 JProgressBar.VERTICAL 或 JProgressBar.HORIZONTAL)。
void setString(String s)：设置进度字符串的值。
void setValue(int n)：将进度条的当前值(存储在进度条的数据模型中)设置为 n。

例 12-21　创建窗体应用程序 ProgressBarFrame，如图 12-35 所示，在窗体上添加一个进度条，单击"开始"按钮时，显示当前已经完成的进度。

图 12-35　进度条实例

(1) 创建自定义线程 MyProgressBarThread 类，其代码如下。

```
1   public class MyProgressBarThread extends Thread{
2       JProgressBar jp;                    //进度条
3       public MyProgressBarThread(JProgressBar jp) {
4           this.jp = jp;
5       }
6       @Override
7       public void run() {
8           int i;
9           int value;
10          jp.setStringPainted(true);
11          for (i=1;i<=jp.getMaximum();i++) {
12              jp.setValue(i);      //设置进度条的当前值
13              jp.setString("当前已经完成"+i+"%.");
14              try {
15                  Thread.currentThread().sleep(200);//毫秒
16              }
17              catch(Exception e){};
18          }
19          jp.setString("全部完成");
20      }
21  }
```

(2) "开始"按钮的事件处理程序的代码情况如下。

```
1   private void jButton1ActionPerformed(java.awt.event.ActionEvent evt) {
2       //初始化进度条
3       jProgressBar1.setValue(0);//设置初始值
4       jProgressBar1.setMaximum(100);//设置进度条的最大值
5       //创建自定义线程
6       MyProgressBarThread myThread=new MyProgressBarThread(jProgressBar1);
7       jButton1.setEnabled(false);//按钮变灰无效
8       myThread.start();//启动线程
9       jButton1.setEnabled(false);//按钮有效
10  }
```

12.5 菜单组件

Swing菜单组件包括菜单栏(JMenuBar)、菜单(JMenu)、菜单项(JMenuItem)、弹出菜单(JPopupMenu)。菜单栏由若干个菜单组成，菜单又由若干个菜单项组成。一般菜单栏放在JFrame窗口、JDialog窗口中，只要调用JFrame类的setMenuBar()方法即可。

1. 菜单栏 JMenuBar

菜单栏 JMenuBar 的主要方法如下。

JMenuBar()：创建新的菜单栏。

JMenu add(JMenu c)：将指定的菜单追加到菜单栏的末尾。

int getComponentIndex(Component c)：返回指定组件的索引。

JMenu getMenu(int index)：返回菜单栏中指定位置的菜单。

int getMenuCount()：返回菜单栏上的菜单数。

boolean isSelected()：如果当前已选择了菜单栏的组件，则返回 true。

void setSelected(Component sel)：设置当前选择的组件，更改选择模型。

2. 菜单 JMenu

菜单 JMenu 的主要方法如下。

JMenu(Action a)：构造一个从提供的 Action 获取其属性的菜单。

JMenu([String s[, boolean b]])：构造一个新 JMenu，用提供的字符串作为其文本，并指定其是否为分离式菜单。

JMenuItem add(X a)：创建连接到指定 X 对象的新菜单项，并将其追加到此菜单的末尾，其中 X 可以是 Action、JMenuItem、Component、String 等类的对象。

void addSeparator()：将新分隔符追加到菜单的末尾。

int getDelay()：返回子菜单向上或向下弹出前建议的延迟(以毫秒为单位)。

JMenuItem getItem(int pos)：返回指定位置的 JMenuItem。

int getItemCount()：返回菜单上的项数，包括分隔符。

Component getMenuComponent(int n)：返回位于 n 的组件。

int getMenuComponentCount()：返回菜单上的组件数。

Component[] getMenuComponents()：返回菜单子组件的 Component 数组。

JPopupMenu getPopupMenu()：返回与此菜单关联的弹出菜单。

MenuElement[] getSubElements()：返回由 MenuElement 组成的数组，其中包含此菜单组件的子菜单。

void insert(String s, int pos)：在给定的位置插入一个具有指定文本的新菜单项。

JMenuItem insert(Action a, int pos)：在给定位置插入连接到指定 Action 对象的新菜单项。

JMenuItem insert(JMenuItem mi, int pos)：在给定位置插入指定的菜单项。

void insertSeparator(int index)：在指定的位置插入分隔符。

boolean isSelected()：如果菜单是当前选择的(即突出显示的)菜单，则返回 true。

void remove(JMenuItem item)：从此菜单移除指定的菜单项。

void remove(int pos)：从此菜单移除指定索引处的菜单项。

void remove(Component c)：从此菜单移除组件 c。

void removeAll()：从此菜单移除所有菜单项。

void setModel(ButtonModel newModel)：设置"菜单按钮"的数据模型，即用户单击可以打开或关闭菜单的标签。

void setPopupMenuVisible(boolean b)：设置菜单弹出的可见性。

void setSelected(boolean b)：设置菜单的选择状态。

3. 菜单项 JMenuItem

菜单项本质上是位于列表中的按钮。当用户选择"按钮"时，将执行与菜单项关联的操作。JPopupMenu 中包含的 JMenuItem 也是执行该操作。

KeyStroke getAccelerator()：返回作为菜单项的加速器的 KeyStroke。

MenuElement[] getSubElements()：此方法返回包含此菜单组件的子菜单组件的数组。

Component getComponent()：返回用于绘制此对象的 java.awt.Component。

void setEnabled(boolean b)：启用或禁用菜单项。

void setAccelerator(KeyStroke keyStroke)：设置组合键，它能直接调用菜单项的操作侦听器而不必显示菜单的层次结构。

KeyStroke 类主要用来设定快捷键。KeyStroke 类主要定义了以下静态方法。

KeyStroke getKeyStroke(char keyChar)：返回 KeyStroke 的共享实例。

KeyStroke getKeyStroke(Character keyChar, int modifiers)：在给出一个 Character 对象和一组修饰符的情况下，返回 KeyStroke 的一个共享实例。

KeyStroke getKeyStroke(int keyCode, int modifiers[, boolean onKeyRelease])：在给出一个数字键代码和一组修饰符的情况下，返回 KeyStroke 的一个共享实例，指定该键在按下或释放时是否为已激活。

KeyStroke getKeyStroke(String s)：分析字符串并返回 KeyStroke。

setShow()设置当前模型上的键盘助记符。助记符是某种键，它与外观的无鼠标修饰符(通常是 Alt)组合时(如果焦点被包含在此按钮祖先窗口中的某个地方)将激活此按钮。

4. 弹出菜单 JPopupMenu

JPopupMenu 类的主要方法如下。

JPopupMenu()：构造一个不带"调用者"的 JPopupMenu。

JPopupMenu(String label)：构造一个具有指定标题的 JPopupMenu。

JMenuItem add(X a)：创建连接到指定 X 对象的新菜单项，并将其追加到此菜单的末尾，其中 X 可以是 Action、JMenuItem、Component、String 等类的对象。

void addSeparator()：将新分隔符追加到菜单的末尾。

protected JMenuItem createActionComponent(Action a)：该工厂方法为添加到 JPopupMenu 的 Action 创建对应的 JMenuItem。

String getLabel()：返回弹出菜单的标签。

SingleSelectionModel getSelectionModel()：返回处理单个选择的模型对象。

MenuElement[] getSubElements()：返回 MenuElement 组成的数组，包含此菜单组件的子菜单。

void insert(Action a, int index)：在给定位置插入对应于指定 Action 对象的菜单项。

void insert(Component component, int index)：将指定组件插入菜单的给定位置。

void remove(int pos)：从此弹出菜单移除指定索引处的组件。

void setLabel(String label)：设置弹出菜单的标签。

void setSelected(Component sel)：设置当前选择的组件，此方法将更改选择模型。

void setSelectionModel(SingleSelectionModel model)：设置处理单个选择的模型对象。

例 12-22 创建如图 12-36 所示的应用程序(MenuJFrame.java)。它有颜色、图形类别以及其他菜单栏。颜色菜单栏有两项菜单项(红色、蓝色)；图形类别亦有两项菜单项(矩形和圆)，其他菜单栏有一项菜单项(退出)。窗口中间是一面板对象，右击时，弹出菜单。按下鼠标拖动，松开鼠标按键后，可画规定的图形。

说明：如图 12-36 所示，为窗体程序的菜单栏建立 red、blue、rectangle、circle 等菜单项，但是当右击面板 jPanel1 时，会弹出菜单，但该弹出菜单不能用 red、blue、rectangle、circle 等作为自己的菜单项，否则窗体程序菜单栏中的菜单项将无效。因此，弹出菜单也应建立相应的菜单项 red1、blue1、rectangle1 和 circle1。

右击图 12-36 中的菜单项 red，弹出 red 菜单项的属性设置窗口，如图 12-37 所示，编程人员可以为该菜单项设置快捷键 R。当单击对应 accelerator 属性的...按钮时，将弹出如图 12-38 所示的窗口。当然，可以使用菜单项的 setAccelerator(…)方法设置快捷键。

图 12-36 例 12-22 的界面设置

图 12-37 例 12-22 中红色菜单项的属性设置

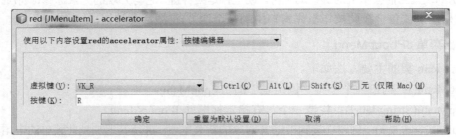
图 12-38 例 12-22 菜单项的快捷键设置

另外，在菜单项的属性窗口中，编程人员还可以设置菜单项的 mnemonic 属性，该属性指明按下菜单项的助记符，菜单项 red1 的助记符如图 12-39 所示。当然，也可以调用菜单项的 setMnemonic(…)方法来设置菜单项的助记符。

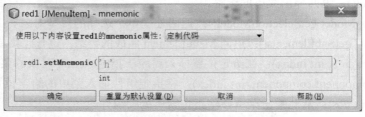
图 12-39 设置菜单项 red1 的助记符属性

(1) MenuJFrame 类的主要属性代码如下。

```
1   public class MenuJFrame extends javax.swing.JFrame {
2       int startx,starty,endx,endy;    //画图形的起始坐标与终点坐标
3       int type;                        //图形类别，1 是矩形，2 是椭圆
4       int colors;                      //图形颜色，1 是红色，2 是蓝色
5       JPopupMenu jpm;
6       …
7   }
```

(2) MenuJFrame 类的构造方法代码如下。

```
1   public MenuJFrame() {
2       initComponents();
3       type=1;                          //开始画圆
4       colors=1;                        //开始用红色画图
5       //创建弹出菜单
6       jpm=new JPopupMenu("选择功能");
7       //为弹出菜单添加菜单项
8       jpm.add(red1);
9       jpm.add(blue1);
10      jpm.addSeparator();
11      jpm.add(rectangle1);
12      jpm.add(circle1);
13      this.setJMenuBar(jMenuBar1);     //设置窗体菜单
14  }
```

(3) 自定义画图方法，代码如下。

```
1   private void draw(){
2       //得到面板 jPanel1 的图形环境
3       Graphics g=jPanel1.getGraphics();
4       switch(colors){
5           case 1://
6               //将图形设置为红色
7               g.setColor(Color.red);
8               break;
9           case 2://将图形设置为蓝色
10              g.setColor(Color.blue);
11      }
12      switch(type){
13          case 1:
14              //画矩形
15              g.drawRect(startx,starty,Math.abs(startx-endx),Math.abs(starty-endy));
16              break;
17          case 2:
18              //画圆或椭圆
19              g.drawOval(startx,starty,Math.abs(startx-endx),Math.abs(starty-endy));
20      }
21  }
```

(4) 菜单栏的矩形菜单项的 ActionPerformed 事件处理程序的代码如下。

```
private void rectangleActionPerformed(java.awt.event.ActionEvent evt) {
    type=1;//图形类别，1 是矩形，2 是椭圆
}
```

(5) 菜单栏的"退出"菜单项的 ActionPerformed 事件处理程序的代码如下。

```
private void quitActionPerformed(java.awt.event.ActionEvent evt) {
    System.exit(0);
}
```

(6) 颜色菜单项的 ActionPerformed 事件处理程序的代码如下。

```
private void redActionPerformed(java.awt.event.ActionEvent evt) {
    colors=1;//
}
```

(7) 面板对象 jPanel1 按下鼠标的事件处理程序的代码如下。

```
1    private void jPanel1MousePressed(java.awt.event.MouseEvent evt) {
2        //单击鼠标左键时才可以画图形
3        if (evt.getButton()==MouseEvent.BUTTON1) {
4            startx=evt.getX();
5            starty=evt.getY();
6        }
7    }
```

(8) 面板对象 jPanel1 松开鼠标的事件处理程序的代码如下。

```
1    private void jPanel1MouseReleased(java.awt.event.MouseEvent evt) {
2        // 松开鼠标左键时
3        if (evt.getButton()==MouseEvent.BUTTON1) {
4            endx=evt.getX();
5            endy=evt.getY();
6            draw();
7        }
8    }
```

(9) 面板对象 jPanel1 单击鼠标的事件处理程序的代码如下。

```
1    private void jPanel1MouseClicked(java.awt.event.MouseEvent evt) {
2        // 返回按的是哪个键
3        switch(evt.getButton()){
4            //按下左键
5            case MouseEvent.BUTTON1:break;
6            //按下中间键
7            case MouseEvent.BUTTON2:break;
8            //按下右键
9            case MouseEvent.BUTTON3:
10               int x1=jPanel1.getX();
11               int y1=jPanel1.getY();
12               //此处 evt.getComponent()是返回右击事件的发起者
13               jpm.show(evt.getComponent(),evt.getPoint().x, evt.getPoint().y);
14       }
15   }
```

说明：单击、按下以及松开鼠标事件处理程序中，编程人员要区分是针对鼠标左键、中键还是右键单击、按下以及松开鼠标事件。所以，编程人员可以通过调用 MouseEvent 类的对象方法 getButton()，判断该方法返回值是否等于 MouseEvent.BUTTON1(左键)、MouseEvent.BUTTON2(中间键)以及 MouseEvent.BUTTON3(右键)。

12.6 工 具 栏

1. JToolBar 类

JToolBar 的构造方法如下。

JToolBar()：创建新的工具栏，默认的方向为 Horizontal。
JToolBar(int orientation)：创建具有指定 orientation 的新工具栏。
JToolBar(String name)：创建一个具有指定 name 的新工具栏。
JToolBar(String name, int orientation)：创建一个具有指定 name 和 orientation 的新工具栏。
JToolBar 类的其他主要方法如下。
JButton add(Action a)：添加一个指派操作的新的 JButton。
void addSeparator()：将默认大小的分隔符追加到工具栏的末尾。
void addSeparator(Dimension size)：将指定大小的分隔符追加到工具栏的末尾。
protected JButton createActionComponent(Action a)：将为 Action 创建 JButton 的工厂方法添加到 JToolBar 中。
Component getComponentAtIndex(int i)：返回指定索引位置的组件。
int getComponentIndex(Component c)：返回指定组件的索引。
int getOrientation()：返回工具栏的当前方向。
boolean isFloatable()：获取 floatable 属性。
boolean isRollover()：返回 rollover 状态。
void setFloatable(boolean b)：设置 floatable 属性，如果要移动工具栏，此属性必须设置为 true。
void setLayout(LayoutManager mgr)：设置此容器的布局管理器。
void setOrientation(int o)：设置工具栏的方向。

2. Action 接口和 AbstractAction 类

从例 12-22 中可以看出，菜单功能和弹出菜单功能是一样的，然而，本程序却分别设置了两套菜单项，这明显重复了。针对这种情况，Java 提供了 Action 接口和 AbstractAction 抽象类，编程人员只要创建 AbstractAction 抽象类的派生类，并在派生类中实现需要重复的事件方法，然后在需要调用该事件的方法处，创建该派生类的对象即可。

Action 接口提供 ActionListener 接口的一个有用扩展，以便若干控件访问相同的功能。某些容器，包括菜单和工具栏，知道如何添加 Action 对象。在将 Action 对象添加到某一个这类容器时，该容器可以做到：①创建一个适用于该容器的组件(如工具栏创建一个按钮组件)；②从 Action 对象中获得适当的属性来自定义该组件(如图标图像和立体文本)；③检查 Action 对象的初始状态，确定它是否已被启用，并以适当的方式呈现该组件。

AbstractAction 抽象类提供 JFC Action 接口的默认实现。它定义一些标准行为，如 Action 对象属性(icon、text 和 enabled)的 get 和 set 方法。开发人员只需为此抽象类创建子类并定义 actionPerformed 方法即可。

AbstractAction 抽象类的主要方法如下。

protected Object clone()：克隆抽象操作。
Object[] getKeys()：返回 Object 的数组，这些对象是一些已经为其设置此 AbstractAction 值的键，

如果没有已经设置该值的键，则返回 null。

Object getValue(String key)：获得与指定键关联的 Object。

void putValue(String key, Object newValue)：设置与指定键关联的 Value。

boolean isEnabled()：如果启用该操作，则返回 true。

void setEnabled(boolean newValue)：启用或禁用该操作。

例 12-23 在例 12-22 的基础上，增加两个工具栏(颜色工具栏、图形类别工具栏)，同时在其他菜单列中增加两个菜单项(查看颜色工具栏、查看图形工具栏)，如图 12-40 所示。

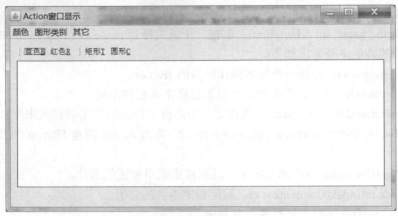

图 12-40 创建菜单项、工具栏

先定义 AbstractAction 类的派生类：ActionOfBlueColor、ActionOfRedColor、ActionOfRectangle 以及 ActionOfCircle。

(1) 在 ActionOfBlueColor.java 文件中定义 ActionOfBlueColor 类，其代码如下。

```
1    public class ActionOfBlueColor extends AbstractAction {
2        //添加窗体框架对象 jf，目的是在 actionPerformed(…)中访问 jf 对象中的方法
3        ActionJFrame jf;
4        public ActionOfBlueColor(ActionJFrame jf,String text, ImageIcon icon,
5            String desc, Integer mnemonic) {
6            super(text, icon);//设置父类的属性
7            this.jf=jf;
8            putValue(SHORT_DESCRIPTION, desc);      //对对象的具体说明
9            putValue(MNEMONIC_KEY, mnemonic);       //设置记忆键
10       }
11       //设置蓝色
12       public void actionPerformed(ActionEvent e) {
13           jf.setColors(2);
14       }
15   }
```

(2) 定义 ActionOfRedColor 类，其代码如下。

```
1    public   class ActionOfRedColor extends AbstractAction {
2        //添加窗体框架对象 jf，目的是在 actionPerformed(…)中访问 jf 对象中的方法
3        ActionJFrame jf;
4        public ActionOfRedColor(ActionJFrame jf,String text, ImageIcon icon,
5            String desc, Integer mnemonic) {
6            super(text, icon);
```

```
7           this.jf=jf;
8           putValue(SHORT_DESCRIPTION, desc);
9           putValue(MNEMONIC_KEY, mnemonic);
10      }
11      public void actionPerformed(ActionEvent e) {
12          jf.setColors(1);
13      }
14  }
```

(3) 定义 ActionOfRectangle 类，其代码如下。

```
1   public class ActionOfRectangle extends AbstractAction {
2       //添加窗体框架对象 jf，目的是在 actionPerformed(…)中访问 jf 对象中的方法
3       ActionJFrame jf;
4           public ActionOfRectangle(ActionJFrame jf,String text, ImageIcon icon,
5   String desc, Integer mnemonic) {
6           super(text, icon);
7           this.jf=jf;
8           putValue(SHORT_DESCRIPTION, desc);
9           putValue(MNEMONIC_KEY, mnemonic);
10      }
11      //设置画矩形
12      public void actionPerformed(ActionEvent e) {
13          jf.setType(1);
14      }
15  }
```

(4) 定义 ActionOfCircle 类，其代码如下。

```
1   public class ActionOfCircle extends AbstractAction {
2       //添加窗体框架对象 jf，目的是在 actionPerformed(…)中访问 jf 对象中的方法
3       ActionJFrame jf;
4           public ActionOfCircle(ActionJFrame jf,String text, ImageIcon icon,
5                       String desc, Integer mnemonic) {
6           super(text, icon);
7           this.jf=jf;
8           putValue(SHORT_DESCRIPTION, desc);
9           putValue(MNEMONIC_KEY, mnemonic);
10      }
11      //设置画圆形或椭圆
12      public void actionPerformed(ActionEvent e) {
13          jf.setType(2);
14      }
15  }
```

(5) 定义 ActionJFrame 类，其代码如下。

```
public class ActionJFrame extends javax.swing.JFrame {
    int startx,starty,endx,endy;        //画图形的起始坐标与终点坐标
    int type;                           //图形类别，1 是矩形，2 是椭圆
    int colors;                         //图形颜色，1 是红色，2 是蓝色
    JPopupMenu jpm;                     //弹出菜单
    protected Action actionOfBlueColor,actionOfRedColor,actionOfRectangle,actionOfCircle;
    …
    public ActionJFrame() {
```

```java
            initComponents();
            //默认画图
            type=1;                                    //开始画圆
            colors=1;                                  //开始用红色画图
            actionOfBlueColor=new ActionOfBlueColor(this,"蓝色 B",null,"图形线条颜色是蓝色",new Integer(KeyEvent.VK_B));
            actionOfRedColor=new ActionOfRedColor(this,"红色 R",null,"图形线条颜色是红色",new Integer(KeyEvent.VK_R));
            actionOfRectangle=new ActionOfRectangle(this,"矩形 T",null,"画矩形或正方形",new Integer(KeyEvent.VK_T));
            actionOfCircle=new ActionOfCircle(this,"圆形 C",null,"画圆形或椭圆",new Integer(KeyEvent.VK_C));
            Action[] action1 = {actionOfBlueColor,actionOfRedColor};
            Action[] action2={actionOfRectangle,actionOfCircle};
            JMenuItem menuItem;
            int i;
            //在 color 菜单下添加菜单项
            for (i=0; i<action1.length; i++) {
                menuItem = new JMenuItem(action1[i]);
                color.add(menuItem);
            }
            //在 shape 菜单下添加菜单项
            for (i=0; i<action1.length; i++) {
                menuItem = new JMenuItem(action2[i]);
                shape.add(menuItem);
            }
            this.setJMenuBar(jMenuBar1);              //设置窗体菜单
            //创建弹出菜单
            jpm=new JPopupMenu("选择功能");
            //为弹出菜单添加菜单项
            for (i=0; i<action1.length; i++) {
                menuItem = new JMenuItem(action1[i]);
                jpm.add(menuItem);
            }
            //添加分隔线
            jpm.addSeparator();
            for (i=0; i<action1.length; i++) {
                menuItem = new JMenuItem(action2[i]);
                jpm.add(menuItem);
            }
            JButton jb;
            //为颜色工具栏添加菜单项
             for (i=0; i<action1.length; i++) {
                jb = new JButton(action1[i]);
                jToolBar1.add(jb);
            }
            //为图形工具栏添加菜单项
            for (i=0; i<action2.length; i++) {
                jb = new JButton(action2[i]);
                jToolBar2.add(jb);
            }
            //调整窗口的大小，以适合其子组件的首选大小和布局
            pack();
        }
        ...
    }
```

12.7 表 格

表格是人们最常用的一种数据处理方式,主要用于输入、输出、显示、处理和打印数据。表格控件还常用于数据库中数据的呈现和编辑、数据录入界面设计、数据交换报表及分发等。如图 12-41 所示,一般情况下,表格是一张规则的二维表,它主要由表头和数据构成,其中表头由若干个列名称构成,而数据由若干条记录构成。在表格中,每列的数据相同。每一单元格可以显示记录的某字段数据。

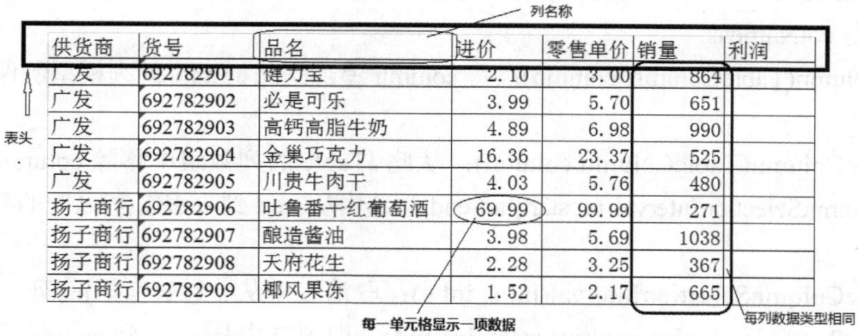

图 12-41 表格结构说明

Swing 的 JTable 用来显示和编辑规则的二维单元表。在使用 JTable 的过程中,主要用到如表 12-2 所示的类或接口。

表 12-2 使用 JTable 涉及的类和接口

类 别	名 称	功 能 说 明
接口	TableModel	指定了 JTable 用于访问表格数据模型的方法
	TableColumnModel	定义了适合用于 JTable 的表列模型对象的要求
	TableCellRenderer	定义了要成为 JTable 中单元格渲染器的任意对象所需的方法
	CellEditor	定义了要成为组件(如 JListBox、JComboBox、JTree 或 JTable)的值编辑器的任意对象需要实现的方法
	ListSelectionModel	表示任何组件的当前选择状态,该组件显示一个具有稳定索引的值列表
类	JTableHeader	管理 JTable 的头的对象
	DefaultTableModel	TableModel 的一个实现,它使用一个 Vector 来存储单元格的值对象,该 Vector 由多个 Vector 组成
	DefaultTableColumnModel	TableColumnModel 的实现
	TableColumn	表示 JTable 中列的所有属性,如宽度、大小可调整性、最小和最大宽度。此外,TableColumn 还为显示和编辑此列中值的渲染器和编辑器提供了位置
	DefaultCellEditor	表单元格和树单元格的默认编辑器
	DefaultTableCellRenderer	显示 JTable 中每个单元格的标准类
	DefaultListSelectionModel	列表选择的默认数据模型

JTable 的主要方法如下。

JTable():构造默认的 JTable,使用默认的数据模型、默认的列模型和默认的选择模型对其进行初始化。

JTable(Object[][] rowData, Object[] columnNames:构造 JTable,用来显示二维数组 rowData 中的值,其列名称为 columnNames。

JTable(int rows, int cols)：使用 DefaultTableModel 构造具有空单元格的 rows 行和 cols 列的 JTable。

JTable(TableModel dm)：构造 JTable，使用 dm 作为数据模型、默认的列模型和默认的选择模型对其进行初始化。

JTable(TableModel dm, TableColumnModel cm)：构造 JTable，使用 dm 作为数据模型、cm 作为列模型和默认的选择模型对其进行初始化。

JTable(TableModel tModel[, TableColumnModel colModel[, ListSelectionModel selectModel]])：构造 JTable，使用 tModel 作为数据模型、colModel 作为列模型、selectModel 作为选择模型对其进行初始化。

JTable(Vector rowData, Vector colNames)：构造 JTable，用来显示 Vectors 的 Vector (rowData)中的值，其列名称为 colNames。

void addColumn(TableColumn column)：将 column 追加到此 JTable 的列模型所保持的列数组的结尾。

void removeColumn(TableColumn column)：从此 JTable 的列数组中移除 column。

void addColumnSelectionInterval(int start, int end)：选中从 start 到 end(包含)之间的列，并添加到当前选择中。

void removeColumnSelectionInterval(int s, int e)：取消选中从 s 到 e(包括)的列。

void removeRowSelectionInterval(int start, int end)：取消选中从 start 到 end(包括)的行。

void clearSelection()：取消选中所有已选定的行和列。

int columnAtPoint(Point point)：返回 point 位置的列索引，如果结果不在[0, getColumnCount()-1]范围内，则返回-1。

protected TableColumnModel createDefaultColumnModel()：返回默认的列模型对象，它是一个 DefaultTableColumnModel。

protected TableModel createDefaultDataModel()：返回默认的表模型对象，它是一个 DefaultTableModel。

protected JTableHeader createDefaultTableHeader()：返回默认的表标题对象，它是一个 JTableHeader 类的对象。

boolean editCellAt(int row, int column)：如果 row 和 column 位置的索引在有效范围内，并且这些索引处的单元格是可编辑的，则以编程方式启动该位置单元格的编辑。

boolean getCellSelectionEnabled()：如果同时启用了行、列选择模型，则返回 true。

TableColumn getColumn(Object id)：返回表中列的 TableColumn 对象。

int getColumnCount()：返回列模型中的列数。

int getRowCount()：返回此表模型中的行数。

int getEditingColumn()：当前正在被编辑的单元格的列索引。

int getEditingRow()：返回包含当前正在被编辑的单元格的行索引。

Color getGridColor()：返回用来绘制网格线的颜色。

TableModel getModel()：返回提供此 JTable 所显示数据的 TableModel。

int getRowHeight()：返回表的行高，以像素为单位。

int getRowHeight(int row)：返回 row 中单元格的高度，以像素为单位。

int getSelectedColumn()：返回首个选定列的索引，如果没有选定的列，则返回-1。

int getSelectedColumnCount()：返回选定的列数。

int[] getSelectedColumns()：返回所有选定列的索引。

int getSelectedRow()：返回首个选定行的索引，如果没有选定的行，则返回-1。

int getSelectedRowCount()：返回选定的行数。

int[] getSelectedRows()：返回所有选定行的索引。

JTableHeader getTableHeader()：返回此 JTable 所使用的 tableHeader。

Object getValueAt(int row, int column)：返回 row 和 column 位置的单元格值。

boolean isCellEditable(int row, int column)：如果 row 和 column 位置的单元格是可编辑的，则返回 true。

boolean isColumnSelected(int column)：如果指定的索引位于列的有效范围内，并且在该索引位置的列被选定，则返回 true。

boolean isEditing()：如果正在编辑单元格，则返回 true。

boolean isRowSelected(int row)：如果指定的索引位于行的有效范围内，并且在该索引位置的行被选定，则返回 true。

int rowAtPoint(Point point)：返回 point 位置的行索引，如果结果不在[0, getRowCount()-1]范围内，则返回-1。

void selectAll()：选择表中的所有行、列和单元格。

void setColumnModel(TableColumnModel cm)：将此表的列模型设置为新的 Model，并为来自新列模型的侦听器通知注册它。

void setModel(TableModel dm)：将此表的数据模型设置为 dm，并为来自新数据模型的侦听器通知注册它。

void setRowHeight(int height)：将所有单元格的高度设置为 height(以像素为单位)，重新验证并重新绘制它。

void setRowHeight(int r, int h)：将第 r 行的高度设置为 h，重新验证并绘制它。

void setSelectionBackground(Color color)：设置选定单元格的背景色。

void setSelectionForeground(Color color)：设置选定单元格的前景色。

void setSelectionMode(int sm)：将表的选择模式设置为只允许单个选择、单个连续单元格选择或多个连续选择。

void setSelectionModel(ListSelectionModel lsm)：将此表的行选择模型设置为 lsm，并为来自新选择模型的侦听器通知进行注册。

void setShowGrid(boolean yn)：设置表是否绘制单元格周围的网格线。

void setShowHorizontalLines(boolean yn)：设置表是否绘制单元格之间的水平线。

void setShowVerticalLines(boolean yn)：设置表是否绘制单元格之间的垂直线。

void setTableHeader(JTableHeader h)：将此 JTable 所使用的 tableHeader 设置为新的表头。

void setValueAt(Object aValue, int row, int column)：设置表模型中 row 和 column 位置的单元格值。

例 12-24 创建一窗体应用程序 TableFrame1，在窗体上放两个简单的表格显示数据，如图 12-42 所示。

说明：编程人员可以选中 JTable 类的对象 jTable2，在其属性窗口设置其 model 属性(编程人员不仅可以设置表格的标题和列的数据类型，还可以添加数据)，如图 12-43 所示。

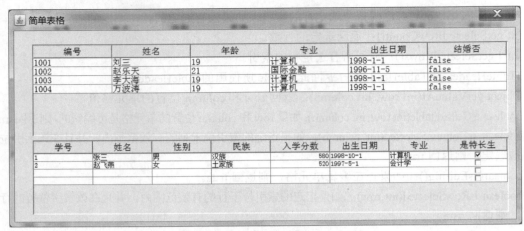

图 12-42　例 12-24 简单表格显示数据

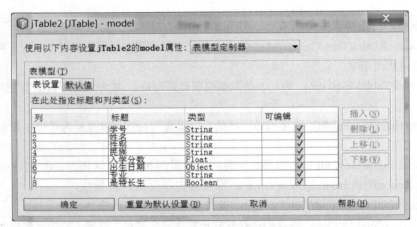

图 12-43　设置 jTable2 的 model 属性

TableFrame1 类的构造方法如下。

```
1    public TableFrame1(java.awt.Frame parent, boolean modal) {
2        super(parent, modal);
3        initComponents();
4        //jTable1 表的标题
5        String[] colNames = {"编号","姓名","年龄","专业","出生日期","结婚否"};
6        //jTable1 表的数据
7        Object[][] data={{"1001","刘三",19,"计算机","1998-1-1",false},
8            {"1002","赵乐天",21,"国际金融","1996-11-5",false},
9            {"1003","李大海",19,"计算机","1998-1-1",false},
10           {"1004","万波涛",19,"计算机","1998-1-1",false}};
11       //创建默认的数据模型
12       DefaultTableModel model = new DefaultTableModel(data,colNames);
13       TableModel t=model;
14       //设置 jTable1 的数据模型
15       jTable1.setModel(model);
16   }
```

说明：由于 JTable 组件是基于 MVC(Model View Controller，模型—视图—控制器)模式的组件。

其数据由 TableModel 接口控制。一般先创建默认表模型(DefaultTableModel)对象，然后调用表格组件的设置数据模型方法 setModel(…)。

例 12-25 创建如图 12-44 所示的窗体应用程序，在窗体上有两个简单表格。当单击"添加"按钮时，可以将上面表格 jTable1 中的所选记录复制到下面表格 jTable2 中，但单击"删除选定记录"按钮时，可以删除表格 jTable2 中的所选记录。另外，还可以设定表格的选择模式。

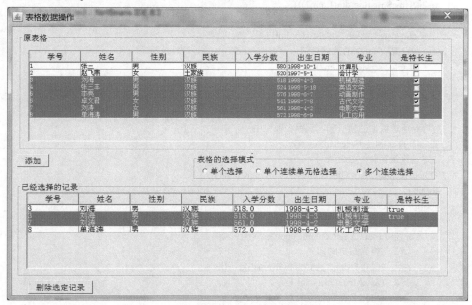

图 12-44 例 12-25 的运行界面

(1) 该应用程序的构造方法如下。

```
1   public TableFrame2(java.awt.Frame parent, boolean modal) {
2       super(parent, modal);
3       initComponents();
4       //按钮组
5       buttonGroup1.add(jRadioButton1);
6       buttonGroup1.add(jRadioButton2);
7       buttonGroup1.add(jRadioButton3);
8       //默认
9       jRadioButton2.setSelected(true);
10      //设置表格 jTable1 的选择模式
11      jTable1.setSelectionMode(ListSelectionModel.SINGLE_INTERVAL_SELECTION);
12      jTable2.setSelectionMode(ListSelectionModel.SINGLE_INTERVAL_SELECTION);
13  }
```

说明：在该构造方法中，创建了一个按钮组 buttonGroup1，将 3 个单选按钮加入该按钮组中，并设置两个表格的选择模式。

表格的选择模式有 3 种：①单个选择；②单个连续单元格选择；③多个连续选择。

(2) "添加"按钮的事件处理程序代码如下。

```
1   private void jButton1ActionPerformed(java.awt.event.ActionEvent evt) {
2       //得到原表格 jTable1 已经选择的记录数量
3       int num=jTable1.getSelectedRowCount();
```

```
4       //得到 jTable1 的默认表模型
5       DefaultTableModel dtm1=(DefaultTableModel) jTable1.getModel();
6       //得到 jTable2 的默认表模型
7       DefaultTableModel dtm2=(DefaultTableModel) jTable2.getModel();
8       //如果选择了记录
9       if (num>0){ //如果目标表结构与源表结构不同
10          if (!isSameStructure(dtm1,dtm2)){
11              //得到原表结构和空数据的表格
12              dtm2=getDefaultTableModel(dtm1);
13              //设置 jTable2 的数据模型
14              jTable2.setModel(dtm2);
15          }
16          else
17              System.out.println("表结构相同");
18          //得到所选数据的索引号，保存在数组中
19          int a[]=jTable1.getSelectedRows();
20          //定义数组存储一行记录
21          Object record[]=new Object[dtm1.getColumnCount()];
22          int i,k,j;
23          for (k=0;k<a.length;k++){
24              int   p=a[k];
25              for (i=0;i<dtm2.getColumnCount();i++){
26                  //得到指定的列名
27                  String f=dtm2.getColumnName(i);
28                  TableModel tm1=dtm1;
29                  //由列名得到对应的列索引号
30                  j=dtm1.findColumn(f);
31                  if (j>=0)
32                      record[i]=(Object)dtm1.getValueAt(p,j);
33                  else
34                      record[i]="-";
35              }
36              //将记录加入表 jTable2 中
37              dtm2.addRow(record);
38          }
39      }
40  }
```

(3) "删除"按钮的事件处理程序代码如下。

```
1   private void jButton2ActionPerformed(java.awt.event.ActionEvent evt) {
2       // TODO add your handling code here:
3       //得到表格 jTable2 的数据模型
4       DefaultTableModel dtm2=(DefaultTableModel) jTable2.getModel();
5       //得到所选数据的行数
6       int numOfRow=jTable2.getSelectedRows().length;
7       for (int i=0;i<numOfRow;i++){
8           //删除所选行
9           dtm2.removeRow(jTable2.getSelectedRow());
10      }
11
12  }
```

说明：表格的数据操作主要是通过数据模型来操作的。

习题 12

(1) 编写一个动态密码输入器，为了安全，输入密码的各按键每次都是随机变化的。
(2) 创建如图 12-45 所示的窗体应用程序，统计文本框中的字符个数。

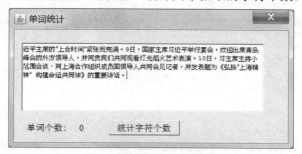

图 12-45 统计文本字符个数

(3) 创建如图 12-46 所示的窗体应用程序，该应用程序可以计算三角形、矩形及梯形面积。

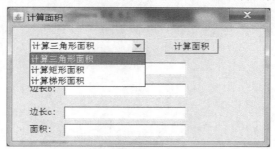

图 12-46 计算图形面积

(4) 创建如图 12-47 所示的窗体应用程序，该应用程序可以计算三角形、矩形及梯形面积，并将数据显示到表格中。

图 12-47 计算面积并显示到表中

(5) 创建如图 12-48 所示的窗体应用程序，该程序的功能是：为程序代码增加、删除行号。

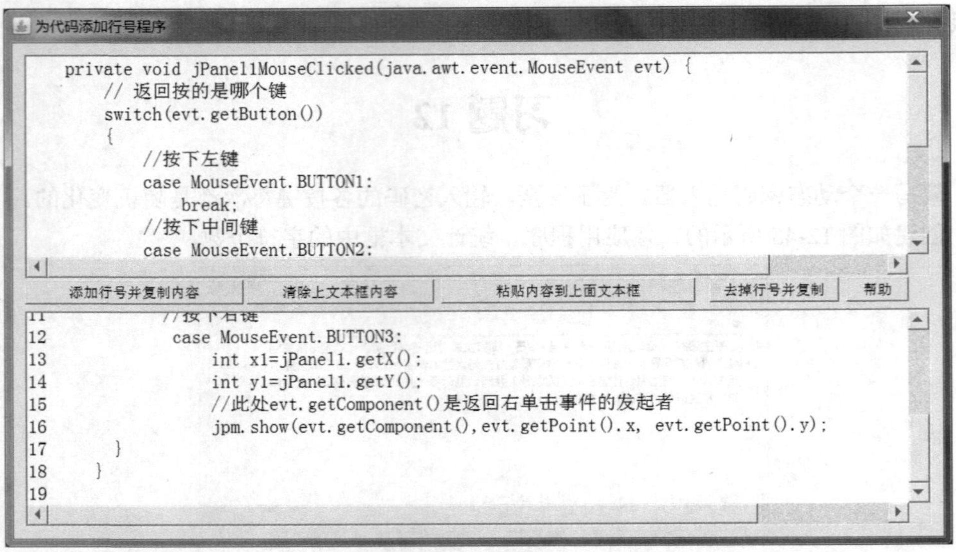

图 12-48 为程序代码增加、删除行号

第13章 Java的数据流

本章知识目标：
- 理解数据流的概念；理解并掌握基本字节数据流、基本字符流。
- 理解并掌握文件与目录操作方法。
- 理解并掌握随机存取文件流。

13.1 数据流的概念

数据流是一串连续不断的数据的有序集合，如同水管中的流水，在水管的一端不断供应水，而在水管另一端则形成连续不断的水流。数据写入程序可以是逐段地向数据流管道中写入数据，这些数据段会根据进入管道的先后顺序形成一条长长的数据流。对数据读取程序来讲，看不出数据流在写入时的分段情况，每次可以读取其中的任意长度的数据，但只能先读取前面的数据，再读取后面的数据。不管写入时是将数据分多次写入，还是作为一个整体一次写入，读取时的效果都是一致的。

计算机中的数据存储位置包括以下几项。
(1) 外存，如计算机上的硬盘、U 盘等都属于外存。
(2) 主机中的内存。
(3) CPU 内部的缓存。

外存的存储量最大，其次是内存，最后是缓存。但是，读取外存的数据速度最慢，读取内存数据的速度次之，从缓存中读取数据是最快的。数据流的方向可以是从外存读取数据到内存或将数据从内存写到外存中。对于内存和外存，可以简单地理解为容器，即外存是一个容器，内存是另外一个容器。那怎样把放在外存容器内的数据读取到内存容器及怎样把内存容器中的数据存到外存中呢？

流是一个非常形象的概念，当程序需要读取数据时，就会开启一个通向数据源的流，这个数据源可以是文件、内存或是网络连接等。类似地，当程序需要写入数据时，就会开启一个通向目的地的流。

在 Java 语言中，采用数据流的目的是让输出输入数据独立于具体设备。也就是说，输入流、输出流根本不关心数据源来自何种设备(如键盘、文件或网络等)，数据流如图 13-1 所示。

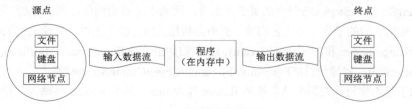

图 13-1 数据流的访问方式

在图 13-1 中，将数据从非内存中读取到内存中的数据流，称为输入数据流(简称为输入流)，将数据从内存写入非内存中的数据流，称为输出数据流(简称为输出流)。通过输入流，内存中的程序可以从数据源处读取数据，其中数据源可以是文件、键盘、网络等。也就是说，输入流即是从数据源读入数据到内存程序中的通信通道。通过输出流，程序向数据源处写入数据。也就是说，输出流是将程序中的数据输出到数据终点(显示器、打印机、文件、网络等)的通信通道。

Java 语言在 java.io 包中提供了绝大多数常用的数据流；Java 语言中定义的数据流层次图如图 13-2 所示。

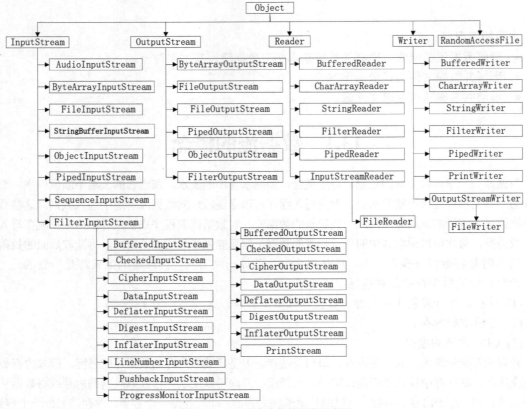

图 13-2 Java 语言中的数据流层次图

从图 13-2 中可以看到，Java 提供的专门处理字节流的超类有 InputStream 和 OutputStream。其中 InputStream 是输入字节流的超类，而 OutputStream 是输出字节流的超类。其中抽象类 InputStream 是指只能读不能写的数据流，主要用于向计算机内输入信息。而抽象类 OutputStream 是输出字节流的所有类的超类，其主要作用是接受输出字节数据，并将这些字节发送到某个数据源点。

InputStream 和 OutputStream 两个类都属于抽象类，因而不能被实例化，所以一般不会使用到这两个超类，只会使用它们的子类，并在它们的子类中重载相关的方法。所以，只使用它们的派生类：文件数据流(如 FileInputStream 和 FileOutputStream)、过滤流(如 BufferedInputStream、BufferedOutputStream、DataOutputStream 等)、对象流(如 ObjectInputStream 和 ObjectOutputStream)等。

Java 提供了基本字符流的两个抽象基类 Reader 和 Writer。其中 Reader 是输入字符流，而 Writer 是输出字符流。

类似于字节流，Java 提供了常用字符流的子类(实体流和过滤流)。其中 Reader 类的子类有：InputStreamReader、BufferedReader、CharArrayReader、StringReader、PipedReader 以及 FilterReader；而抽象类 Writer 的子类有：OutputStreamWriter、BufferedWriter、CharArrayWriter、StringWriter、PipedWriter、PrintWriter 及 FilterWriter。

13.2 基本字节数据流

字节流的超类包括 InputStream 和 OutputStream。其中 InputStream 是输入字节流的超类,而 OutputStream 是输出字节流的超类。

抽象类 InputStream 的主要方法如下。

int available():返回此输入流方法的下一个调用方可以不受阻塞地从此输入流读取(或跳过)的字节数。

void close():关闭此输入流并释放与该流关联的所有系统资源。

void mark(int readlimit):在此输入流中标记当前的位置。

abstract int read():从输入流中读取一个字节数据。

int read(byte[] b):从输入流中读取一定数量的字节并将其存储在缓冲区数组 b 中。

int read(byte[] b, int off, int len):将输入流中最多 len 个数据字节读入字节数组。

void reset():将此流重新定位到对此输入流最后调用 mark 方法时的位置。

long skip(long n):跳过和放弃此输入流中的 n 个数据字节。

抽象类 OutputStream 的主要方法如下。

void close():关闭此输出流并释放与此流有关的所有系统资源。

void flush():刷新此输出流并强制写出所有缓冲的输出字节。如果此输出流的实现已经缓冲了以前写入的任何字节,则调用此方法指示应将这些字节立即写入它们预期的目标。

void write(byte[] b):将 b.length 个字节从指定的字节数组写入此输出流。

void write(byte[] b, int off, int len):将指定字节数组中从偏移量 off 开始的 len 个字节写入此输出流。

abstract void write(int b):将指定的字节写入此输出流。

13.2.1 文件数据流

在 Java 语言中,进行文件输入和输出时,常会用到 FileInputStream 和 FileOutputStream 两个文件数据流。它们分别是抽象类 InputStream 和抽象类 OutputStream 的子类。

1. FileInputStream

对于 FileInputStream,其构造方法如下。

FileInputStream(File file):通过打开一个到实际文件的连接来创建一个 FileInputStream 对象,该文件通过文件系统中的 File 对象 file 指定。

FileInputStream(String name):通过打开一个到实际文件的连接来创建一个 FileInputStream 对象,该文件通过文件系统中的路径名 name 指定。

例如,定义连接到文件 file1.dat 的文件输入流。

```
FileInputStream inFile=new FileInputStream("file1.dat ");
```

2. FileOutputStream

FileOutputStream 类的构造方法如下。

FileOutputStream(File file[, boolean addFlag]):创建一个向指定 File 对象表示的文件中写入数据的文件输出流。

FileOutputStream(FileDescriptor fdObj):创建一个向指定文件描述符处写入数据的输出文件流,该文件描述符表示一个到文件系统中的某个实际文件的现有连接。

FileOutputStream(String name[, boolean addFlag])：创建一个向具有指定 name 的文件中写入数据的输出文件流。

FileOutputStream 比抽象类 OutputStream 增加了如下几个方法。

protected void finalize()：清理文件的连接，并保证在不再引用该输出流时调用其 close()方法。

FileChannel getChannel()：返回与此文件输出流有关的 FileChannel 对象。

FileDescriptor getFD()：返回与此流有关的文件描述符。

例如，定义连接到实际文件 file2.dat 的文件输出流。

FileOutputStream outFile=new FileOutputStream("file2.dat");

例 13-1 复制 file1.txt 到 file2.txt 中，复制文件的数据流情况如图 13-3 所示。

图 13-3 复制文件的数据流情况

```
1    public class CopyFile1{
2        public static void main(String s[]){
3            //得到用户的当前工作目录
4            String curPath=System.getProperty("user.dir");
5            System.out.println(curPath);
6            try {
7                //文件输入流
8                FileInputStream in=new FileInputStream(curPath+"/test/file1.txt");
9                //文件输出流
10               FileOutputStream out=new FileOutputStream(curPath+"/test/file2.txt");
11               //返回可以不受阻塞地从此文件输入流中读取的字节数
12               while (in.available()>0)
13               {
14                   int ch=in.read();        //从输入流中读字符，并返回该字符
15                   out.write(ch);           //将字符 ch 写到输出流 out 中
16               }
17               in.close();                  //关闭输入流
18               out.close();                 //关闭输出流
19           } catch(FileNotFoundException e){
20               System.out.println("错误，该文件不打开");
21           } catch(IOException e){
22               System.out.println("文件不能读写！ ");
23           }
24       }
25   }
```

说明：第 14 行的作用是从输入流中输入一个字节；而第 15 行的作用是将一个字节数据输出到输出流。

13.2.2 过滤数据流

为了解决不同数据流之间速度、数据格式差异的问题，以便提高输入/输出操作的效率(特别是当

需要大量输入/输出操作的程序时），Java 提供了过滤流。

在已存在的数据流的基础上，过滤数据流与已经存在的数据流相联系，过滤流主要包括过滤输入数据流和过滤输出数据流。其中，过滤输入数据流从输入数据流中读取数据(以字节或字符形式存在)，对这些数据进行加工处理，然后向内存提供特定格式的数据。而过滤输出数据流则是从内存中读取特定格式的数据，进行加工处理后，向输出数据流提供字节(字符)数据。有关过滤数据流的使用情况如图 13-4 所示。

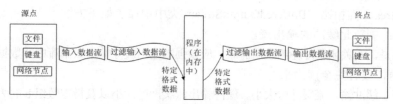

图 13-4 带有过滤流的使用情况

过滤流主要包括缓冲区数据流、数据数据流、管道数据流、对象数据流等。

缓冲区数据流相当于在数据流上增加一个缓冲区，字节(字符)数据到达该缓冲数据流时，以块为单位进入该缓冲数据流，其他数据流从该缓冲数据流中以字节(或字符)的方式读取数据。

处理字节的缓冲数据流包括缓冲区输入数据流(BufferedInputStream)和缓冲区输出数据流(BufferedOutputStream)。另外，可以通过设定缓冲区的大小，控制输入/输出操作的速度。

1. BufferedInputStream

BufferedInputStream 类中的字段如表 13-1 所示。

表 13-1 BufferedInputStream 类中字段说明

类 型	说 明
protected byte[]	buf 存储数据的内部缓冲区数组，该数组的默认大小为 2048 字节
protected int	计算比缓冲区中最后一个有效字节的索引大 1 的索引
protected int	marklimit 调用 mark 方法后，在后续调用 reset 方法失败前所允许的最大提前读取量
protected int	markpos 最后一次调用 mark 方法时 pos 字段的值
protected int	pos 缓冲区中的当前位置

BufferedInputStream 类的数据成员 buf 是一个位数组，默认为 2048 字节。当读取数据来源时，例如文件，BufferedInputStream 会尽量将 buf 填满。当使用 read()方法时，实际上是先读取 buf 中的数据，而不是直接对数据来源做读取。当 buf 中的数据不足时，BufferedInputStream 才会再实现给定的 InputStream 对象的 read()方法，即从指定的装置中提取数据。

2. BufferedOutputStream

BufferedOutputStream 类中的属性字段如表 13-2 所示。

表 13-2 BufferedOutputStream 类中字段说明

类 型	说 明
protected byte[]	buf 存储数据的内部缓冲区
protected int	计算缓冲区中的有效字节数

BufferedOutputStream 的数据成员 buf 是一个位数组，默认 512 字节。当使用 write()方法写入数据时，实际上会先将数据写至 buf 中，当 buf 已满时才会实现给定的 OutputStream 对象的 write()方法，将 buf 数据写至目的地，而不是每次都对目的地做写入的动作。

BufferedOutputStream 类的构造方法如下。

BufferedOutputStream(OutputStream outputStream[, int s])：创建一个缓冲输出流，以将指定缓冲区大小的数据写入指定的输出流。如果没有指定缓冲区大小，则使用默认缓冲区，大小是 1024 字节。

与 OutputStream 类相比，BufferedOutputStream 类中增加了如下方法。

void flush()：刷新此缓冲的输出流。

需要注意的是，在关闭缓冲输出数据流时，应该强制输出缓冲输出数据流中的数据。否则，还有数据在缓冲区内，没有完全读出来。

一般情况下，缓冲输入流缓冲区大小、缓冲输出流缓冲区大小以及指定数组 b 的大小是相等的。如图 13-5 所示，每次从缓冲输入流中读出来的有效数据保存于数组 b 中，并记录有效数据的长度 len，然后将数组 b 中的前 len 个有效字节数据写入缓冲输出流中。

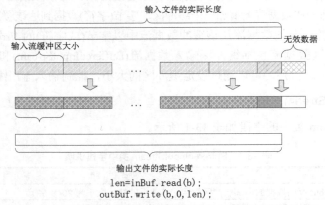

图 13-5　缓冲输入/输出流的使用情况(输出文件不包含无效数据)

由于无法保证文件的实际长度是缓冲输入流缓冲区大小的整数倍大小，最后一次写入缓冲区输入流时，不会把无效的数据写入缓冲数据流中。

在图 13-6 中，没有利用从缓冲输入流中读出的有效数据长度 len，而是直接将数组 b 中的数据输出到缓冲输出流中，这样必然会将无效数据写入目标文件中。

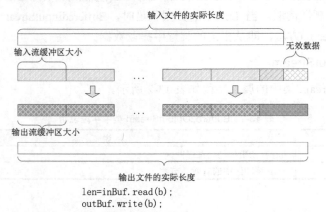

图 13-6　缓冲输入/输出流的使用情况(输出文件包含无效数据)

例 13-2 创建 Java 源程序 CopyFile2.java，重新实现例 13-1 的功能，复制当前工作目录下的 file1.txt 到当前工作目录下的 file3.txt 中。

```java
1   public class CopyFile2 {
2       public static void main(String s[]){
3           //得到用户的当前工作目录
4           String curPath=System.getProperty("user.dir");
5           try {
6               FileInputStream in=new FileInputStream(curPath+"/file1.txt");
7               FileOutputStream out=new FileOutputStream(curPath+"/file3.txt");
8               //创建缓冲输入流对象，并设置其缓冲区大小为 1024 字节
9               BufferedInputStream inBuf=new   BufferedInputStream(in,1024);
10              //创建缓冲输出流对象，并设置其缓冲区大小为 1024 字节
11              BufferedOutputStream outBuf=new   BufferedOutputStream(out,1024);
12              int len=0;
13              byte b[]=new byte[1024];
14              while ((inBuf.available())>0)
15              {
16                  len=inBuf.read(b);              //记录下每次缓冲输入流中的有效数据长度
17                  outBuf.write(b);                //仅仅将数组 b 中的有效数据写出到输出流中
18              }
19              outBuf.flush();                     //刷新缓冲的输出流
20              out.close();                        //关闭输出流
21              inBuf.close();                      //关闭输入缓冲流
22              in.close();
23              System.out.println("完成复制文件操作！ ");
24          }
25          catch(FileNotFoundException e){
26              System.out.println("错误，该文件不打开");
27          }
28          catch(IOException e){
29              System.out.println("文件不能读！ ");
30          }
31      }
32  }
```

说明：将上面第 17 行 outBuf.write(b)改成 outBuf.write(b,0,len)后，后者产生的文件 file3.txt 要大一些。另外，当复制完成后，必须调用 outBuf.flush()刷新缓冲区的数据流，否则，还会有一些数据没有复制到目标文件。

13.2.3 数据输入/输出流

1. DataInputStream

数据输入流类 DataInputStream 允许应用程序以与机器无关的方式从指定输入流中读取基本 Java 数据类型。应用程序可以使用数据输出流写入稍后由数据输入流读取的数据。

DataInputStream 类的主要方法如下。

DataInputStream(InputStream in)：使用指定 DataInputStream 创建一个 DataInputStream。

boolean readBoolean()：读取一个输入字节，如果该字节不是零，则返回 true，如果是零，则返回

false。

xy readXy()：读取一个输入的 xy 并返回该 xy 值，其中 Xy 是 Boolean、Byte、Char、Double、Long、Short、Int 以及 Float，而 xy 则可以是 boolean、byte、char、double、long、short、int 以及 float。

void readFully(byte[] b)：从输入流中读取一些字节，并将它们存储到缓冲区数组 b 中。

void readFully(byte[] b, int off, int len)：从输入流中读取 len 个字节。

int readUnsignedByte()：读取一个输入字节，将它左侧补零转变为 int 类型，并返回结果，所以结果的范围是 0~255。

int readUnsignedShort()：读取两个输入字节，并返回 0~65 535 范围内的一个 int 值。

String readUTF()：读入一个已使用 UTF-8 修改版格式编码的字符串。

int skipBytes(int n)：试图在输入流中跳过数据的 n 个字节，并丢弃跳过的字节。

2. DataOutputStream

DataOutputStream 允许应用程序以适当的方式将基本 Java 数据类型的数据写入输出流中。以后，应用程序可以使用数据输入流读入数据。

DataOutputStream 类的主要方法如下。

DataOutputStream(OutputStream out)：创建一个新的数据输出流，将数据写入指定输出流 out。

void flush()：清空此数据输出流。

int size()：返回计数器 written 的当前值，即到目前为止写入此数据输出流的字节数。

void write(byte[] b,int off,int len)：将指定字节数组中从偏移量 off 开始的 len 个字节写入输出流。

void writeXy()：将一个 xy 值写入输出流，其中 Xy 分别是 Byte、Char、Double、Long、Short、Int 以及 Float，而 xy 分别是 byte、char、double、long、short、int 以及 float。

void writeChars(String s)：将字符串按字符顺序写入输出流。

void writeUTF(String str)：以与机器无关的方式使用 UTF-8 修改版编码将一个字符串写入输出流。

例 13-3 将一些三角形、矩形数据输出到 data1.txt 文件中。data1.txt 文件格式如下：

图形类型	参数 1	参数 2	参数 3
R 或 r	3	4	
T 或 t	3	4	5
…			

说明：其中字符 R 或 r 说明图形是矩形类型，其后的两数据是边长，T 或 t 说明图形是三角形，其后的 3 个数据是三条边的边长。

```
1    public class DataStream1 {
2        public static void main(String s[]){
3            //得到用户的当前工作目录
4            String curPath=System.getProperty("user.dir");
5            try {
6                //输入数据流
7                Scanner sc=new Scanner(System.in);
8                //输出文件数据流
9                FileOutputStream outFile=new FileOutputStream(curPath+"/data1.txt");
10               DataOutputStream outData=new DataOutputStream(outFile);
11               String    type="t";                //默认图形类型是三角形
12               double a=1.0,b=1.0;
13               int i;
```

```
14         while (!(type.compareTo("q")==0)) {
15             System.out.println("输入图形类型(r:长方形，t:三角形，q:退出)：");
16             type=sc.next().trim().toLowerCase();
17             if (type.compareTo("r")==0) {
18                 outData.writeChar('r');           //输入图形类别
19                 for (i=0;i<2;i++){
20                     System.out.println("输入矩形边长"+(i+1));
21                     a=sc.nextDouble();             //输入一边的边长
22                     outData.writeDouble(a);//将边长写入文件
23                 }
24             }
25             else
26             if (type.compareTo("t")==0) {
27                 outData.writeChar('t');           //输入图形类别
28                 for (i=0;i<3;i++){
29                     System.out.println("输入三角形边长"+(i+1));
30                     a=sc.nextDouble();             //输入一边的边长
31                     outData.writeDouble(a);
32                 }
33             }
34         }
35         outData.flush();                          //将输出数据流
36         outData.close();                          //关闭输出数据流
37         outFile.close();                          //关闭文件输出流
38     }
39     catch(FileNotFoundException e){
40         System.out.println("错误，该文件不打开");
41     }
42     catch(IOException e){
43         System.out.println("文件不能读！");
44     }
45   }
46 }
```

说明：通过数据输出流将数据写入文件，必须使用数据输出流的 flush() 方法来刷新数据输出流(如上面代码中调用 outData.flush() 方法)，否则最后写入文件的数据没有被写入文件中。

例 13-4 从文件 data1.txt(由例 13-3 程序产生)中读取图形数据。

```
1  public class DataStream2 {
2      public static void main(String s[]) throws FileNotFoundException{
3          //得到用户的当前工作目录
4          String curPath=System.getProperty("user.dir");
5          try {
6              //文件输入流
7              FileInputStream inFile=new FileInputStream(curPath+"/data1.txt");
8              //数据输入流
9              DataInputStream inData=new DataInputStream(inFile);
10             System.out.println("数据如下：");
11             System.out.println("类型\t边长 1\t边长 2\t边长 3");
12             while (inData.available()>0)
13             {
14                 char ch=inData.readChar();        //读取图形类型
```

```
15              if (ch=='r'){                      //图形类型是矩形
16                  double a=inData.readDouble();
17                  double b=inData.readDouble();
18                  System.out.println("长方形\t"+a+"\t"+b);
19              }
20              else
21              if (ch=='t'){                      //图形类型是三角形
22                  double a=inData.readDouble();
23                  double b=inData.readDouble();
24                  double c=inData.readDouble();
25                  System.out.println("三角形\t"+a+"\t"+b+"\t"+c);
26              }
27          }
28          inData.close();
29          inFile.close();
30      }
31      catch(FileNotFoundException e){
32          System.out.println("错误，该文件不打开");
33      }
34      catch(IOException e){
35          System.out.println("文件不能读！");
36      }
37  }
38 }
```

说明：使用 DataInputStream 类读数据时，需要注意数据顺序应该与先前利用 DataOutputStream 类创建数据的顺序相同。

13.2.4 对象流

对象流包括ObjectOutputStream(对象输出流)和ObjectInputStream(对象输入流)。ObjectOutputStream将Java对象的基本数据类型和属性写到输出流，可以使用ObjectInputStream读取(重构)对象。通过使用流中的文件可以实现对象的持久存储。如果流是网络套接字流，则可以在另一台主机上或另一个进程中重构对象。但是ObjectOutputStream只能将支持java.io.Serializable接口的对象写入流中。而ObjectInputStream对先前使用ObjectOutputStream写入的基本数据和对象进行反序列化。ObjectOutputStream和ObjectInputStream分别与FileOutputStream和FileInputStream一起使用时，可以为应用程序提供对对象的持久性存储。ObjectInputStream用于恢复以前序列化的对象。其他用途包括使用套接字流在主机之间传递对象，或者用于编组和解组远程通信系统中的实参和形参。

序列化(Serialization)是将对象的状态信息转化成可以存储或传输的信息形式的过程。在序列化期间，对象将其当前状态写入临时或持久性存储区。之后，可以通过从存储区中读取或反序列化对象的状态，重新创建该对象。

在 Java 语言中，定义的类可以通过实现 java.io.Serializable 接口以启用其序列化功能。未实现此接口的类将无法使其任何状态序列化或反序列化。可序列化类的所有子类型本身都是可序列化的。序列化接口并没有定义方法或字段，仅仅说明定义的类是可序列化的。

例 13-5 以下程序定义了一个矩形类 Rectangle13，该类支持序列化接口。

```
1   public class Rectangle13 implements Serializable {
```

```
2      double a,b;              //边长
3      public Rectangle13(double a, double b){
4          this.a = a;
5          this.b = b;
6      }
7      public double getArea() {
8          double s;
9          s=a*b;
10          return s;
11     }
12     public boolean isRectangle(){
13         return (a>0&&b>0);
14     }
15     @Override
16     public String toString() {
17         return "长方形:" + ",a=" + a + ",b=" + b  + ",面积="+this.getArea();
18     }
19     public void print() {
20         System.out.println("长方形边长是："+a+","+b);
21         System.out.println("长方形的面积是"+getArea());
22     }
23  }
```

说明：Rectangle13 类实现了接口 Serializable，只有实现了接口 Serializable 的类才可以利用对象流存取到文件中。

例 13-6 定义测试类 ObjectStream1，该类中 Input()方法的作用是从输入流中读取一些 Rectangle13 对象，而 Output()方法的作用则是将这些对象读出到数据文件中。

```
1   public class ObjectStream1 {
2       //将数据输出到文件
3       public   void output(){
4       String curPath=System.getProperty("user.dir");
5       try{
6           FileOutputStream outFileStream=new FileOutputStream(curPath+"/s1.dat");
7           ObjectOutputStream obStream=new   ObjectOutputStream(outFileStream);
8           Rectangle13 t;
9           double a,b,c;
10          int i;
11          for(i=0;i<100;i++){
12              a=(int)(1+Math.random()*100);          //随机产生边长数据
13              b=(int)(1+Math.random()*100);          //随机产生边长数据
14              t=new Rectangle13(a,b);                //创建矩形类对象
15              obStream.writeObject(t);               //将对象写入文件中
16          }
17          obStream.close();                          //关闭对象数据流
18      }catch(FileNotFoundException e){
19          System.out.println("文件不存在！");
20      }
21      catch(IOException e){
22          System.out.println("发生异常！");
23      }
24  }
```

```
25        //输入对象到内存
26        public void input() {
27             //得到用户的当前工作目录
28             String curPath=System.getProperty("user.dir");
29             try{
30                  //定义了文件输入数据流
31                  FileInputStream outFileStream=new FileInputStream(curPath+"/s1.dat");
32                  //定义了对象输入数据流
33                  ObjectInputStream obStream=new    ObjectInputStream(outFileStream);
34                  Rectangle13 t=null;
35                  //判断文件输入数据流是否有数据可输入
36                  while (outFileStream.available()>0) {
37                       //从对象输入流中输入对象
38                       t=(Rectangle13)obStream.readObject();
39                       System.out.println(t); //输出对象
40                  }
41                  obStream.close();//关闭对象输入流
42             }
43             catch(FileNotFoundException e){
44                  System.out.println("文件不存在！");
45             }
46             catch(IOException e){
47                  System.out.println("发生异常！");
48             }
49             catch ( ClassNotFoundException e){
50                  System.out.println("没有发现该类！");
51             }
52        }
53        public static void main(String s[]){
54             ObjectStream1 ss =new ObjectStream1();
55             ss.output();//将数据输出到文件 s1.dat
56             System.out.println("数据输出到文件完成");
57             ss.input();//从文件 s1.dat 中输入数据到内存，并输出对象信息
58        }
59   }
```

13.3 基本字符流

13.3.1 字符集

Java 语言支持如下常用字符集。

1. ASCII 码

ASCII 码字符一共有128个，一般用一个字节的低7位表示，编码在0~31区间的字符是控制字符，如回车、换行、删除等；编码在32~126区间的字符是可打印字符，可以使用键盘输入并能够显示这些字符。

2. ISO-8859-1

ASCII 码只有 128 个字符，显然不够用，于是 ISO 组织在 ASCII 码的基础上又制定了一些标准以扩展 ASCII 编码，它们分别是 ISO-8859-1 至 ISO-8859-15，其中 ISO-8859-1 涵盖了大多数西欧语言字符，应用最为广泛，但 ISO-8859-1 仍然是单字节编码，它总共能表示 256 个字符。

3. GB2312

GB2312 全称是《信息交换用汉字编码字符集》，它采用双字节编码，总的编码范围是 A1~F7，其中 A1~A9 是符号区，总共包含 682 个符号，B0~F7 是汉字区，包含 6763 个汉字。

4. GBK

GBK 是《汉字内码扩展规范》的简称，是中国国家技术监督局为 Windows 95 所制定的新的汉字内码规范，它扩展了 GB2312，加入了更多的汉字，它的编码范围是 8140~FEFE(去掉 XX7F)，总共有 23940 个码位，它能表示 21003 个汉字。GBK 编码与 GB2312 兼容，也就是说用 GB2312 编码的汉字可以用 GBK 来解码。

5. GB18030

GB18030 的全称是《信息技术中文编码字符集》，是我国的强制标准，它可能是单字节、双字节或者四字节编码，它的编码与 GB2312 编码兼容。该标准虽然是国家标准，但在实际应用过程中，人们使用得并不广泛。

6. UTF-16

说到 UTF，必须要提到 Unicode(Universal Code 统一码)。ISO 组织试图创建一个全新的超语言字典，世界上所有的语言都可以通过这本字典来互译。Unicode 是 Java 和 XML 的基础，这里介绍几种常见的 Unicode 在计算机中的存储形式。

UTF-16 详细定义了 Unicode 字符在计算机中的存取办法。UTF-16 一般用 2 个字节来表示 Unicode 转化格式，它是定长表示方法，也就是说不论什么字符都可用 2 个字节来表示，而 2 个字节即 16 个 bit，这是 UTF-16 名字的由来。用 UTF-16 表示字符非常便利，每两个字节表示一个字符，这在字符串操作时大大简化了操作，这也是 Java 以 UTF-16 作为内存的字符存储格式的一个很重要的原因。

7. UTF-8

UTF-8 采用了变长技术，它的每个编码区域有不同的字码长度。不同类型的字符可以由 1 至 6 个字节组成。

UTF-8 编码规则如下。

- 如果一个字节的最高位(第 8 位)为 0，表示这是一个 ASCII 字符(00-7F)。可见所有 ASCII 编码已经是 UTF-8。
- 如果一个字节以 11 开始，连续的 1 的个数暗示这个字符的字节数，例如，110xxxxx 代表它是双字节 UTF-8 字符的首字节。
- 如果一个字节以 10 开始，表示它不是首字节，需要向前查找才能得到当前字符的首字节。

13.3.2 与字符集相关的类

java.nio.charset 包与字符集相关的类有 Charset、CharsetDecoder、CharsetEncoder、CodeResult、

CodingErrorAction。另外，还可用到Buffer类的两个子类(CharBuffer、ByteBuffer)，其中CharBuffer是字符缓冲区，ByteBuffer是字节缓冲区。

抽象类 Charset 定义了 16 位的 Unicode 码单元序列和字节序列之间的命名映射关系。

1. Charset 类

Charset 类的其他主要方法如下。

protected Charset(String canonicalName, String[] aliases)：使用给定的规范名称和别名集合初始化新字符集。

Set<String> aliases()：返回包含此 charset 各个别名的集合。

static SortedMap<String,Charset> availableCharsets()：构造从规范 charset 名称到 charset 对象的有序映射。

boolean canEncode()：判断该字符集是否支持编码。

abstract boolean contains(Charset cs)：判断该字符集是否包含给定的字符集 cs。

CharBuffer decode(ByteBuffer bb)：将此 charset 中的字节解码成 Unicode 字符的便捷方法。

static Charset defaultCharset()：返回此 Java 虚拟机的默认 charset。

String displayName()：返回此 charset 用于默认语言环境的可读名称。

ByteBuffer encode(CharBuffer cb)：将此 charset 中的 Unicode 字符编码成字节的便捷方法。

ByteBuffer encode(String str)：将此 charset 中的字符串编码成字节的便捷方法。

static Charset forName(String charsetName)：返回命名 charsetName 的 charset 对象。

String name()：返回此 charset 的规范名称。

abstract CharsetDecoder newDecoder()：为此 charset 构造新的解码器。

例如，创建 Charset 的对象方法如下。

```
String charsetName="utf-16";          //指定字符集
Charset charset1= CharSet.forName(charsetName);
Charset charset2 = CharSet.defaultCharSet();
```

使用 Charset 对象进行编码方法如下。

```
String msg="how to use charset.";
ByteBuffer bf=charset1.encode(msg);
```

使用 Charset 对象进行解码方法如下。

```
CharBuffer cf= charset1.decode(bf);
```

2. CharsetEncoder 类

该类的主要功能是把 16 位 Unicode 字符序列转换成特定 charset 中的字节序列。

CharsetEncoder 类的主要方法如下。

protected CharsetEncoder(Charset cs, float averageBytesPerChar, float maxBytesPerChar[, byte[] replacement])：初始化新的编码器。

boolean canEncode(char c)：通知此编码器是否能够编码给定的字符。

Charset charset()：返回创建此编码器的 charset。

ByteBuffer encode(CharBuffer in)：把单个输入字符缓冲区的剩余内容编码到新分配的字节缓冲区的便捷方法。

CoderResult encode(CharBuffer in, ByteBuffer out, boolean endOfInput)：从给定输入缓冲区中编码尽可能多的字符，把结果写入给定的输出缓冲区。

CoderResult flush(ByteBuffer out)：刷新此编码器。

CharsetEncoder reset()：重置此编码器，清除所有内部状态。

例如，利用 CharsetEncoder 对象编码的方法如下。

```
String charsetName="utf-16";              //指定字符集
Charset charset1= CharSet.forName(charsetName);
CharsetEncoder csEncoder=cs.newEncoder();  //得到字符编码器
String msg="how are you.";
csEncoder.encode(ms3g);
```

3. CharsetDecoder 类

CharsetDecoder 类的主要功能是把特定字符集中的字节序列转换成 16 位 Unicode 字符序列。CharsetDecoder 类的主要方法如下。

protected CharsetDecoder(Charset cs, float avCharsPerByte, float maxCharsPerByte)：初始化新的解码器。

Charset charset()：返回创建此解码器的 charset。

CharBuffer decode(ByteBuffer in)：把单个输入字节缓冲区的剩余内容解码到新分配的字符缓冲区的便捷方法。

CoderResult decode(ByteBuffer in, CharBuffer out, boolean endOfInput)：从给定的输入缓冲区中解码尽可能多的字节，把结果写入给定的输出缓冲区。

Charset detectedCharset()：检索此解码器检测到的 charset。

CoderResult flush(CharBuffer out)：刷新此解码器。

boolean isCharsetDetected()：通知此解码器是否已经检测到了一个 charset(可选操作)。

CharsetDecoder reset()：重置此解码器，清除所有内部状态。

例如，利用 CharsetDecoder 类对象编码的方法如下。

```
String charsetName="utf-16";              //指定字符集
Charset charset1= CharSet.forName(charsetName);
CharsetDecoder csDecoder=cs.newDecoder();  //得到字符解码器
String msg="how are you.";
csDecoder.Decode(msg);                     //解码
```

例 13-7 列举当前 Java 所支持的字符集。

```
1   public class CharsetList1 {
2       public static void main(String args[])
3       {
4           //得到所有可用字符集的集合
5           Set<String> csNames = Charset.availableCharsets().keySet();
6           System.out.println("当前字符集的种类数："+csNames.size());
7           //得到集合的迭代器
8           Iterator it = csNames.iterator();
9           //迭代器还有元素时
10          while(it.hasNext())
11          {
12              String csName = (String) it.next(); //取得下一个元素
13              System.out.println(csName);
```

```
14      }
15    }
16 }
```

例 13-8 charset 类的应用。

```
1  public static void main(String[] args) {
2      //当前系统默认的字符集
3      Charset cs =Charset.defaultCharset();
4      System.out.println("默认的字符集："+cs);
5      //得到指定的字符集
6      cs=Charset.forName("UTF-32");
7      //判断字符集是否可以用于编码
8      System.out.println("Utf-32 是否可用: " + cs.canEncode());
9      // 查看字符集的别名(别名可能不只一个)
10     Set<String> set = cs.aliases();
11     //得到集合的迭代器
12     Iterator<String> iterator = set.iterator();
13     System.out.print("UTF-16 的别名:");
14     while (iterator.hasNext()) {
15         System.out.print(iterator.next()+",");
16     }
17     System.out.println("");             //换行
18     System.out.println("编码");
19     //将字符串使用指定的字符集进行编码
20     ByteBuffer byteBuffer = cs.encode("我喜欢 Java 语言.");
21     System.out.println(byteBuffer);
22     System.out.println("缓冲区剩余: " + byteBuffer.remaining());
23     // 打印编码后的字符串
24     while (byteBuffer.hasRemaining()) {
25         System.out.print((char) byteBuffer.get());
26     }
27     System.out.println("\n 缓冲区剩余: " + byteBuffer.remaining());
28     // 解码
29     byteBuffer.flip();              //反转缓冲区
30     //将字节缓冲解码成字符缓冲
31     CharBuffer charBuffer = cs.decode(byteBuffer);
32     System.out.println("解码");
33     System.out.println(charBuffer.toString());
34     }
35 }
```

13.3.3 基本字符流

Java提供了基本字符流的两个抽象基类Reader和Writer。其中Reader是输入字符流，而Writer是输出字符流。需要注意的是，在Java语言中所使用的字符是UniCode字符，而不是ACSII字符。

1. Reader 类

抽象类 Reader 中的主要方法如下。
abstract void close()：关闭该流。

void mark(int readAheadLimit)：标记流中的当前位置。
boolean markSupported()：判断此流是否支持 mark()操作。
int read()：读取单个字符。
int read(char[] cbuf)：将字符读入数组。
abstract int read(char[] cbuf, int off, int len)：将字符读入数组的某一部分。
int read(CharBuffer target)：试图将字符读入指定的字符缓冲区。
boolean ready()：判断是否准备读取此流。
void reset()：重置该流。
long skip(long n)：跳过 n 个字符。

2. Writer 类

抽象类 Writer 的主要方法如下。
Writer append(char c)：将指定字符追加到此输出流。
Writer append(CharSequence csq)：将指定字符序列追加到此输出流。
Writer append(CharSequence csq, int start, int end)：将指定字符序列的子序列追加到此 writer.Appendable。
abstract void close()：关闭此流，但要先刷新它。
abstract void flush()：刷新此流。
void write(char[] cbuf)：写入字符数组。
abstract void write(char[] cbuf, int off, int len)：写入字符数组的某一部分。
void write(int c)：写入单个字符。
void write(String str)：写入字符串。
void write(String str, int off, int len)：写入字符串的某一部分。

13.3.4 字节流与字符流转换

Java 语言提供了 InputStreamReader 和 OutputStreamWriter 两个类，以便字节流和字符流能够相互转化。

1. InputStreamReader 类

InputStreamReader 类是字节流通向字符流的桥梁，它负责在输入/输出过程中处理读取字节到字符的转换。抽象类 Reader 类是 Java 的输入/输出过程中读字符的超类，InputStream 类是读字节的父类；而具体字节到字符的解码实现由 CharsetDecoder 完成，在 CharsetDecoder 解码过程中必须由编程人员指定 Charset 编码格式。值得注意的是，如果没有确定 Charset，将使用本地环境中的默认字符集，例如在中文环境中，系统将使用 GBK 编码方式进行解码。InputStream、Charset、Reader、CharsetDecoder 以及 InputStreamReader 之间的关系如图 13-7 所示。

InputStreamReader 类的构造方法如下。
InputStreamReader(InputStream in)：创建一个使用默认字符集的 InputStreamReader。
InputStreamReader(InputStream in, Charset cset)：创建使用给定字符集的 InputStreamReader。
InputStreamReader(InputStream in, CharsetDecoder dec)：创建使用给定字符集解码器的

InputStreamReader。

InputStreamReader(InputStream in, String chartsetName)：创建使用指定字符集的 InputStreamReader。

2. OutputStreamWriter 类

OutputStreamWriter 是字符流通向字节流的桥梁，使用指定的字符集将要向其写入的字符编码为字节。它使用的字符集可以由名称指定，也可以显式给定，否则可能接受平台默认的字符集。OutputStream、Charset、Writer、CharsetEncoder 及 OutputStreamWriter 之间的关系如图 13-8 所示。

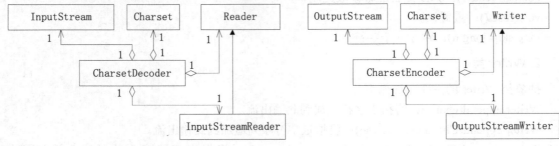

图 13-7　InputStreamReader 类　　　　图 13-8　OutputStreamWriter 类

抽象类 Writer 类是 Java 的输入/输出过程中读字符的超类，OutputStream 类是写字节的父类；而具体字符到字节的解码由 CharsetEncoder 实现，在 CharsetEncoder 解码过程中必须由编程人员指定 Charset 解码方式，否则读取出来的字符是乱码。值得注意的是，如果没有确定 Charset，将使用本地环境中的默认字符集，例如在中文环境中，系统将使用 GBK 编码方式进行解码。

OutputStreamWriter 的构造方法如下。

OutputStreamWriter(OutputStream out)：创建使用默认字符编码的 OutputStreamWriter。Java 默认字符编码是 UTF8。

OutputStreamWriter(OutputStream out, Charset cs)：创建使用给定字符集的 OutputStreamWriter。

OutputStreamWriter(OutputStream out, CharsetEncoder enc)：创建使用给定字符集编码器的 OutputStreamWriter。

OutputStreamWriter(OutputStream out, String charsetName)：创建使用指定字符集的 OutputStreamWriter。

每次调用 write()方法都会针对给定的字符(或字符集)调用编码转换器。在写入基础输出流之前，得到的这些字节会在缓冲区累积。可以指定此缓冲区的大小，不过，对多数用途来说默认的缓冲区已足够大。注意，传递到此 write()方法的字符是未缓冲的。

InputStreamReader、OutputStreamWriter 类都分别比 Reader、Writer 类多了方法 String getEncoding()，该方法的功能是返回该流所使用的字符编码名称。

例 13-9　从键盘输入若干行字符内容，将它们保存到文本文件 charset1.txt，该文件字符采用 utf-16 编码方式。

```
1    public class OutputStreamWriter1 {
2        public static void main(String[] args)   {
3            //得到用户的当前工作目录
4            String curPath=System.getProperty("user.dir");
5            //创建 Scanner 对象，并指定可以输入的字符集是 GBK
6            Scanner sc=new Scanner(System.in,"GBK");
7            FileOutputStream ofs;
8            String msg="";
```

```
9           try {
10              //创建文件输出流
11              ofs=new FileOutputStream(curPath+"/charset1.txt");
12              Charset cs=Charset.forName("utf-16");        //创建指定字符集的 Charset 对象
13              //创建输出指定字符编码的字符流
14              OutputStreamWriter opsWriter=new  OutputStreamWriter(ofs,cs);
15              System.out.println("输入字符串:");
16              //从键盘上读取一行字符
17              msg=sc.nextLine();
18              //当输入的字符串不等于 quit
19              while (msg.compareTo("quit")!=0) {
20                  opsWriter.write(msg);                    //将字符串写入文件
21                  System.out.print("输入字符串:");
22                  msg=sc.nextLine();                       //从键盘上读取一行字符
23              }
24              opsWriter.close();//输出字符流
25              System.out.println("完成创建文件");
26          } catch (FileNotFoundException e){
27              e.printStackTrace();
28          } catch (IOException e){
29              e.printStackTrace();
30          }
31      }
32  }
```

13.3.5 字符文件流

Java 提供了两个字符文件流,它们分别是 FileReader 和 FileWriter。其中 FileReader 用来读取字符文件的简单类,它由 InputStreamReader 继承而来。而 FileWriter 用来写入字符文件的简单类,它的父类是 OutputStreamWriter。

1. FileReader 类

FileReader 类的构造方法如下。

FileReader(File file):在给定从中读取数据的 File 的情况下创建一个新 FileReader。

FileReader(FileDescriptor fd):在给定从中读取数据的 FileDescriptor 的情况下创建一个新 FileReader。

FileReader(String fileName):在给定从中读取数据的文件名的情况下创建一个新 FileReader。

2. FileWriter 类

FileWriter 类的构造方法如下。

FileWriter(File file[, boolean append]):在给出 File 对象的情况下构造一个 FileWriter 对象。

FileWriter(FileDescriptor fd):构造与某个文件描述符相关联的 FileWriter 对象。

FileWriter(String fileName[, boolean append]):在给出文件名的情况下构造 FileWriter 对象,它具有指示是否挂起写入数据的 boolean 值。

例 13-10 输入若干行字符,保存到指定文件中。

```
1   public class FileWriter1 {
2       public static void main(String[] args) throws IOException {
3           //得到用户的当前工作目录
4           String curPath=System.getProperty("user.dir");
5           //创建 Scanner 对象,并指定可以输入的字符集是 GBK
6           Scanner sc=new Scanner(System.in,"GBK");
7           String msg;
8           FileWriter fWriter;                          //创建文件字符输出流
9           try {
10              fWriter=new FileWriter(curPath+"/fw1.txt");
11              //输出文件字符输出流的默认编码名称
12              System.out.println(fWriter.getEncoding());
13              System.out.println("输入字符串:");
14              msg=sc.nextLine().trim();                //输入一行字符
15              while (msg.compareTo("quit")!=0){
16                  fWriter.write(msg);                  //向文件字符输出流输出字符
17                  System.out.print("输入字符串:");
18                  msg=sc.nextLine();                   //输入一行字符
19              }
20              fWriter.close();                         //关闭文件字符输出流
21              System.out.println("完成创建文件");
22          } catch (FileNotFoundException e){
23              e.printStackTrace();
24          } catch (IOException e){
25              e.printStackTrace();
26          }
27      }
28  }
```

说明:第 6 行语句不能写成 Scanner sc=new Scanner(System.in);,否则输入的汉字字符是乱码。

例 13-11 读取指定文件,并显示该文件内容。

```
1   public class FileReader1 {
2       public static void main(String[] args) throws IOException {
3           //得到用户的当前工作目录
4           String curPath=System.getProperty("user.dir");
5           //创建保持数据的缓冲区
6           char data[]=new char[1024];
7           FileReader fReader;
8           try {
9               //创建文件字符输入流
10              fReader=new FileReader(curPath+"/fw1.txt");
11              //当字符输入流还有数据读时
12              while (fReader.ready()){
13                  fReader.read(data);//读取 1024 字节到 data 中
14                  System.out.print(data);
15              }
16              fReader.close();//关闭文件字符输入流
17              System.out.println("完成读取文件");
18          } catch (FileNotFoundException e){
19              e.printStackTrace();
```

```
20          } catch (IOException e){
21              e.printStackTrace();
22          }
23      }
24  }
```

说明：一般读取文件时，应该知道文件的字符编码方式；如果读取文件的字符编码方式不对，则读出来的字符是乱码。

13.4 文件与目录操作

在操作计算机时，用户经常需要进行查看文件信息、复制、移动、更名以及创建文件等操作，而 Java 提供了相关的类来完成这些操作。

1. 路径概念

路径名是用分隔符分隔的字符串，路径名有绝对路径名、相对路径名。绝对路径名是完整的路径名，不需要任何其他信息就可以定位到文件。相反，相对路径名必须使用来自其他路径名的信息进行解释。

对于 UNIX 平台，绝对路径名的前缀始终是 "/"，相对路径名没有前缀。表示根目录的绝对路径名的前缀为 "/" 并且没有名称序列。

对于 Windows 平台，包含盘符的路径名的前缀由驱动器名和一个 ":" 组成：如果路径名是绝对路径名，后面可能跟着 "\\"；主机名和共享名是名称序列中的前两个名称。没有指定驱动器的相对路径名无前缀。

例如在 Windows 系统，"E:\2016JavaBook\code\1 了解 Java 语言" 就是绝对路径，如图 13-9 所示。

默认情况下，java.io 包中的类总是根据当前用户目录来分析相对路径名。此目录由系统属性 user.dir 指定，例如编程人员可以通过调用下面方法得到当前用户目录。

图 13-9　文件路径

```
String path=System.getProperty("user.dir");
```

2. File 类

File 类主要用于处理文件和文件夹(目录)的相关操作。

File 类的主要方法如下。

File(File parent, String child)：根据 parent 抽象路径名和 child 路径名字符串创建一个新 File 实例。
File(String pathname)：通过将给定路径名字符串转换成抽象路径名来创建一个新 File 实例。
File(String parent, String child)：根据 parent 路径名字符串和 child 路径名字符串创建一个新 File 实例。
File(URI uri)：通过将给定的 file: URI 转换成一个抽象路径名来创建一个新的 File 实例。
boolean canRead()：判断应用程序是否可以读取此抽象路径名表示的文件。
boolean canWrite()：判断应用程序是否可以修改此抽象路径名表示的文件。
boolean createNewFile()：当且仅当不存在具有此抽象路径名指定的名称文件时，创建由此抽象路径名指定的一个新的空文件。

static File createTempFile(String prefix, String suffix): 在默认临时文件目录中创建一个空文件,使用给定的前缀和后缀生成其名称。

static File createTempFile(String prefix, String suffix, File directory): 在指定目录中创建一个新的空文件,使用给定的前缀和后缀字符串生成其名称。

boolean delete(): 删除此抽象路径名表示的文件或目录。

boolean exists(): 判断此抽象路径名表示的文件或目录是否存在。

File getAbsoluteFile(): 返回抽象路径名的绝对路径名形式。

String getAbsolutePath(): 返回抽象路径名的绝对路径名字符串。

File getCanonicalFile(): 返回此抽象路径名的规范形式。

String getCanonicalPath(): 返回抽象路径名的规范路径名字符串。

String getName(): 返回由此抽象路径名表示的文件或目录的名称。

String getParent(): 返回此抽象路径名的父路径名的路径名字符串,如果此路径名没有指定父目录,则返回 null。

File getParentFile(): 返回此抽象路径名的父路径名的抽象路径名,如果此路径名没有指定父目录,则返回 null。

String getPath(): 将此抽象路径名转换为一个路径名字符串。

long lastModified(): 返回此抽象路径名表示的文件最后一次被修改的时间。

long length(): 返回由此抽象路径名表示的文件的长度。

boolean isAbsolute(): 判断此抽象路径名是否为绝对路径名。

boolean isDirectory(): 判断此抽象路径名表示的文件是否是一个目录。

boolean isFile(): 判断此抽象路径名表示的文件是否是一个标准文件。

boolean isHidden(): 判断此抽象路径名指定的文件是否是一个隐藏文件。

String[] list(): 返回由此抽象路径名所表示的目录中的文件和目录的名称所组成的字符串数组。

String[] list(FilenameFilter filter): 返回由包含在目录中的文件和目录的名称所组成的字符串数组,这一目录是通过满足指定过滤器的抽象路径名来表示的。

File[] listFiles(): 返回一个抽象路径名数组,这些路径名表示此抽象路径名所表示目录中的文件。

File[] listFiles(FileFilter filter): 返回表示此抽象路径名所表示目录中的文件和目录的抽象路径名数组,这些路径名满足特定的过滤器。

File[] listFiles(FilenameFilter filter): 返回表示此抽象路径名所表示目录中的文件和目录的抽象路径名数组,这些路径名满足特定过滤器。

static File[] listRoots(): 列出可用的文件系统根目录。

boolean mkdir(): 创建此抽象路径名指定的目录。

boolean mkdirs(): 创建此抽象路径名指定的目录,包括创建必需但不存在的父目录。

boolean renameTo(File dest): 重新命名此抽象路径名表示的文件。

boolean setLastModified(long time): 设置由此抽象路径名所指定的文件或目录的最后一次修改时间。

boolean setReadOnly(): 标记此抽象路径名指定的文件或目录,以便只可对其进行读操作。

URI toURI(): 构造一个表示此抽象路径名的资源标识符(Uniform Resource Identifier,URI),URI 是一个用于标识某一互联网资源名称的字符串。

例 13-12 查看指定文件或目录的相关信息。

```java
1   public class FileInformation {
2       public static void main(String[] args) {
3           //得到用户的当前工作目录
4           String curPath=System.getProperty("user.dir");
5           try {
6               File f1=new File(curPath+"/test/");
7               File f2=new File(curPath+"/test/file1.txt");
8               File f[]={f1,f2};
9               for (int j=0;j<2;j++){
10                  long t=f[j].lastModified();
11                  Date d=new Date(t);
12                  System.out.println("修改日期: "+d);
13                  System.out.println("文件大小: "+f[j].length());
14                  if (f[j].isDirectory()){
15                      System.out.println(f[j].getCanonicalPath()+"是目录,其内容: ");
16                      String[]list=f[j].list();
17                      for (int i=0;i<list.length;i++)
18                          System.out.print(list[i]+",");
19                      System.out.println("");
20                  }
21                  else{//输出文件信息
22                      System.out.println("可读否: "+f[j].canRead());
23                      System.out.println("可写否: "+f[j].canWrite());
24                      System.out.println("可执行否: "+f[j].canExecute());
25                  }
26                  System.out.println("是标准文件否: "+f[j].isFile());
27                  System.out.println("是隐含文件否: "+f[j].isHidden());
28                  System.out.println("绝对路径:"+f[j].getAbsolutePath());
29                  System.out.println("规范路径:"+f[j].getCanonicalPath());
30                  System.out.println("文件名称: "+f[j].getName());
31                  System.out.println("路径: "+f[j].getPath());
32                  System.out.println("文件: "+f[j].toURI());
33              }
34          } catch (IOException e){
35              e.printStackTrace();
36          }
37      }
38  }
```

3. 文件选择对话框

在 Swing 组件中,JFileChooser 是用户选择文件的图形界面对话框。

JFileChooser 的构造方法如下。

JFileChooser(): 构造一个指向用户默认目录的 JFileChooser。

JFileChooser(File curDirectory): 使用给定的 File 作为路径来构造一个 JFileChooser。

JFileChooser(File curDirectory, FileSystemView fsv): 使用给定的当前目录和 FileSystemView 构造一个 JFileChooser。

JFileChooser(FileSystemView fsv): 使用给定的 FileSystemView 构造一个 JFileChooser。

JFileChooser(String curDirectoryPath): 构造一个使用给定路径的 JFileChooser。

JFileChooser(String curDirectoryPath, FileSystemView fsv)：使用给定的当前目录路径和 FileSystemView 构造一个 JFileChooser。

JFileChooser 类的其他方法如下。

void addChoosableFileFilter(FileFilter filter)：向用户可选择的文件过滤器列表添加一个过滤器。

void changeToParentDirectory()：将要设置的目录更改为当前目录的父级。

protected JDialog createDialog(Component parent)：创建并返回包含 this 的新 JDialog，在 parent 窗体中的 parent 上居中。

FileFilter getAcceptAllFileFilter()：返回 AcceptAll 文件过滤器。

FileFilter[] getChoosableFileFilters()：获得用户可选择的文件过滤器列表。

File getCurrentDirectory()：返回当前目录。

void setCurrentDirectory(File dir)：设置当前目录。

String getDescription(File f)：返回文件描述。

FileFilter getFileFilter()：返回当前选择的文件过滤器。

int getFileSelectionMode()：返回当前的文件选择模式。

FileSystemView getFileSystemView()：返回文件系统视图。

FileView getFileView()：返回当前的文件视图。

String getName(File f)：返回文件名。

File getSelectedFile()：返回选中的文件。

File[] getSelectedFiles()：如果将文件选择器设置为允许选择多个文件，则返回选中文件的列表。

String getTypeDescription(File f)：返回文件描述。

void setDialogTitle(String dialogTitle)：设置显示在 JFileChooser 窗口标题栏的字符串。

void setDialogType(int dialogType)：设置此对话框的类型。

void setFileFilter(FileFilter filter)：设置当前文件过滤器。

void setFileHidingEnabled(boolean b)：设置是否实现文件隐藏。

void setFileSelectionMode(int mode)：设置 JFileChooser，允许用户只选择文件、只选择目录或者可选择文件和目录。

void setFileSystemView(FileSystemView fileSystemView)：设置为访问和创建文件系统资源(如查找软驱和获得根驱动器列表)、JFileChooser 所使用的文件系统视图。

void setFileView(FileView fileView)：设置用于检索 UI 信息的文件视图，如表示文件的图标或文件的类型描述。

void setMultiSelectionEnabled(boolean b)：设置文件选择器，允许选择多个文件。

void setSelectedFile(File file)：设置选中的文件。

void setSelectedFiles(File[] selectedFiles)：如果将文件选择器设置为允许选择多个文件，则设置选中文件的列表。

int showDialog(Component parent, String approveButtonText)：弹出具有自定义 approve 按钮的自定义文件选择器对话框。

int showOpenDialog(Component parent)：弹出一个"打开文件"文件选择器对话框。

int showSaveDialog(Component parent)：弹出一个"另存文件"文件选择器对话框。

在文件操作过程中，需要用到文件过滤器接口 FileFilter。该接口的主要方法如下。

boolean accept(File pathname)：测试指定抽象路径名是否应该包含在某个路径名列表中。

所以，在实际编程过程中，需要定义 FileFilter 类的派生类，以便决定选择哪些规定的文件。在选择规定文件操作时，可以调用 JFileChooser 对象的 setFileFilter(FileFilter filter)方法设置文件过滤器。

例 13-13　创建窗体应用程序 ViewFile(类文件是 ViewFile.java)，通过文件对话框选择文本文件，并将该文件显示在文本区域中，单击"保存文件"按钮，则可以保存文本区域中的内容，如果单击"另存为"按钮，则可以将文本区域中的内容另存在一文件中，该应用程序界面如图 13-10 所示。

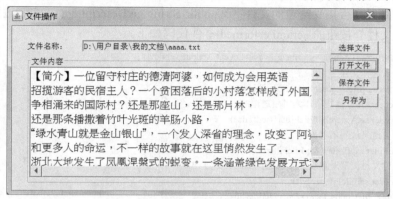

图 13-10　程序运行界面

(1) 定义 javax.swing.filechooser.FileFilter 类的子类 MyFileFilter，其代码如下。

```
1   public class MyFileFilter extends FileFilter{
2       //得到 File 对象的扩展名
3       public static    String getExtension(File f) {
4           String extendName = null;
5           String name = f.getName();           //得到文件名
6           int p = name.lastIndexOf('.');       //得到点的位置
7           if (p > 0 &&p < name.length() - 1) {
8               extendName = name.substring(p+1).toLowerCase();
9           }
10          return extendName;
11      }
12      //只接收指定扩展名(txt、dat)的文件
13      @Override
14      public boolean accept(File f) {
15          if (f.isDirectory()) {
16              return true;
17          }
18          //得到扩展名
19          String extension =getExtension(f);
20          if (extension != null) {             //不为空时
21              //扩展名是否等于 txt 或者等于 dat
22              if (extension.equals("txt") ||extension.equals("dat"))
23                  return true;
24              else
25                  return false;
26          }
27          return false;
28      }
29      //过滤器的描述
```

```
30      @Override
31      public String getDescription() {
32          return  "txt 文件,dat 文件";
33      }
34  }
```

说明：创建 FileFilter 的子类，编程人员必须重载 FileFilter 的两个抽象方法：①public boolean accept (File f)，表示过滤器是否接受给定的文件；②public String getDescription()，表示过滤器的描述。

(2) "选择文件"按钮的 actionPerformed 事件代码如下。

```
1   private void jButton1ActionPerformed(java.awt.event.ActionEvent evt) {
2       //默认只选择文件
3       JFileChooser fileChooser=new JFileChooser() ;
4       //将 AcceptAll 过滤器不作为可用选项
5       fileChooser.setAcceptAllFileFilterUsed(false);
6       //创建自定义过滤器对象
7       MyFileFilter myff=new MyFileFilter();
8       //将自定义过滤器对象设为文件选择框的有效过滤器
9       fileChooser.setFileFilter(myff);
10      int value = fileChooser.showOpenDialog(this);
11      //在文件选择框中，当按下确定按钮
12      if (value == JFileChooser.APPROVE_OPTION) {
13          //保存当前选择的文件
14          curFile= fileChooser.getSelectedFile();
15          if (curFile!=null)
16          jTextField1.setText(curFile.getPath());//
17      }
18  }
```

说明：curFile 是 ViewFile 类中的私有属性，数据类型是 File，表示当前的文件 File 对象的默认值为 null。

(3) "保存"按钮的 actionPerformed 事件代码如下。

```
1   private void jButton4ActionPerformed(java.awt.event.ActionEvent evt) {
2       if (curFile==null){
3           String fileName=this.getNameOfNewFile();
4           //创建一个默认的文本文件
5           curFile=new File(fileName);
6           try
7           {   //判断文件是否存在
8               if (!curFile.exists())
9                   curFile.createNewFile();           //创建新文件
10          } catch (Exception e){
11              e.printStackTrace();
12          }
13          //默认只选择文件
14          JFileChooser fileChooser=new JFileChooser() ;
15          //将 AcceptAll 过滤器不作为可用选项
16          fileChooser.setAcceptAllFileFilterUsed(false);
17          //创建自定义过滤器对象
18          MyFileFilter myff=new MyFileFilter();
19          //将自定义过滤器对象设为文件选择框的有效过滤器
```

```
20        fileChooser.setFileFilter(myff);
21        fileChooser.setSelectedFile(curFile);
22        int value= fileChooser.showOpenDialog(this);
23     }
24            FileOutputStream outFileStream;
25            String msg="";
26            try {
27                //创建文件输出流
28                outFileStream=new FileOutputStream(curFile);
29                Charset cs=Charset.forName("GBK");      //创建指定字符集的 Charset 对象
30                //创建输出字符流
31                OutputStreamWriter opsWriter=new    OutputStreamWriter(outFileStream,cs);
32                char chs[]=jTextArea1.getText().toCharArray();
33                opsWriter.write(chs);                   //将文本内容写入文件中
34                opsWriter.close();                      //输出字符流
35            } catch (FileNotFoundException e){
36                e.printStackTrace();
37            } catch (IOException e){
38                e.printStackTrace();
39            }
40 }
```

说明：在 ViewFile 类中定义了 getNameOfNewFile()方法，该方法的作用是得到一个文件名，且该文件不在当前用户工作目录中。

（4）"另存为"按钮的 actionPerformed 事件代码如下。

```
1  private void jButton3ActionPerformed(java.awt.event.ActionEvent evt) {
2      // TODO add your handling code here:
3      //默认只选择文件
4      JFileChooser fileChooser=new JFileChooser() ;
5      //将 AcceptAll 过滤器不作为可用选项
6      fileChooser.setAcceptAllFileFilterUsed(false);
7      //创建自定义过滤器对象
8      MyFileFilter myff=new MyFileFilter();
9      //将自定义过滤器对象设为文件选择框的有效过滤器
10     fileChooser.setFileFilter(myff);
11     //设置默认选择的文件
12     fileChooser.setSelectedFile(curFile);
13     //弹出另存为对话框
14     int value= fileChooser.showSaveDialog(this);
15     //当前文件是另存为文件
16     curFile=fileChooser.getSelectedFile();
17     try {
18         //判断该文件是否存在
19         if (!curFile.exists())
20             curFile.createNewFile();//创建新文件
21     } catch (Exception e){
22         e.printStackTrace();
23     }
24     //显示当前正在编辑的文件
25     jTextField1.setText(curFile.toString());
26     FileOutputStream outFileStream;//
```

```
27        String msg="";
28        try {
29            //创建文件输出流
30            outFileStream=new FileOutputStream(curFile);
31            Charset cs=Charset.forName("GBK");        //创建指定字符集的 Charset 对象
32            //创建输出字符流
33            OutputStreamWriter opsWriter=new   OutputStreamWriter(outFileStream,cs);
34            //将文本区域内容保存到文件中
35            char chs[]=jTextArea1.getText().toCharArray();
36            opsWriter.write(chs);
37            opsWriter.close();//输出字符流
38        } catch (FileNotFoundException e){
39            e.printStackTrace();
40        } catch (IOException e){
41            e.printStackTrace();
42        }
43    }
```

说明：第 31 行指定输出流的字符编码方式(GBK)。

13.5 随机存取文件流

字节数据流和字符数据流一般只能对顺序存取文件进行操作(读数据操作或者写数据操作)，并且只能按记录顺序依次读取数据或者写入数据。13.1~13.3 节中所讲的类，都主要是处理顺序存取文件操作。很多时候，需要对随机存取文件进行读写数据操作。

随机存取文件与存储在文件系统中的一个超大字节数组相似，文件指针是指向该隐含数组的光标或索引，类似如图 13-11 所示；输入操作从文件指针开始位置读取字节，并随着对字节的读取向前移动该文件指针。如果随机存取文件以读取/写入方式创建，则输出操作也可用；输出操作从文件指针开始写入字节，并随着对字节的写入而前移此文件指针。写入隐含数组的当前末尾之后的输出操作导致该数组扩展。

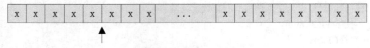

图 13-11 随机存取文件情况

Java 提供了 RandomAccessFile 类来专门处理随机读取文件操作。

RandomAccessFile 构造方法如下。

RandomAccessFile(File file|String name, String mode)：建立从中读取/写入的随机存取文件流，该文件由 File 参数指定，读写方式由 mode 参数决定。其中 mode 的值可以是"r""w""rw"，它们分别表示对新建的随机存取文件流可以进行读操作、写操作、读写操作。

RandomAccessFile 的其他方法如下。

FileChannel getChannel()：返回与此文件关联的唯一 FileChannel 对象。

FileDescriptor getFD()：返回与此流关联的不透明文件描述符对象。

long getFilePointer()：返回此文件中的当前偏移量。

long length()：返回此文件的长度。

int read()：从此文件中读取一个数据字节。

int read(byte[] b)：将最多 b.length 个数据字节从此文件读入字节数组。

int read(byte[] b, int off, int len)：将最多 len 个数据字节从此文件读入字节数组。

boolean readBoolean ()：从该文件读取一个 boolean。

byte readByte()：从该文件读取一个有符号的八位值。

char readChar()：从该文件读取一个 Unicode 字符。

double readDouble()：从该文件读取一个 double。

float readFloat()：从该文件读取一个 float。

void readFully(byte[] bytes)：将 bytes.length 个字节从此文件读入字节数组，并从当前文件指针开始。

void readFully(byte[] b, int off, int l)：将刚好 l 个字节从此文件读入字节数组，并从当前文件指针开始。

int readInt()：从此文件读取一个有符号的 32 位整数。

String readLine()：从此文件读取文本的下一行。

long readLong()：从此文件读取一个有符号的 64 位整数。

short readShort()：从此文件读取一个有符号的 16 位数。

int readUnsignedByte()：从此文件读取一个无符号的 8 位数。

int readUnsignedShort()：从此文件读取一个无符号的 16 位数。

String readUTF()：从此文件读取一个字符串。

void seek(long pos)：设置到此文件开头测量到的文件指针偏移量，在该位置发生下一个读取或写入操作。

void setLength(long newLength)：设置此文件的长度。

int skipBytes(int n)：尝试跳过输入的 n 个字节，以丢弃跳过的字节。

void write(byte[] b)：将 b.length 个字节从指定字节数组写入此文件，并从当前文件指针开始。

void write(byte[] b, int off, int len)：将 len 个字节从指定字节数组写入此文件，并从偏移量 off 处开始。

void write(int b)：向此文件写入指定的字节。

void writeBoolean(boolean v)：按单字节值将 boolean 写入文件。

void writeByte(int v)：按单字节值将 byte 写入文件。

void writeBytes(String s)：按字节序列将该字符串写入文件。

void writeChar(int v)：按双字节值将 char 写入该文件，先写高字节。

void writeChars(String s)：按字符序列将一个字符串写入文件。

void writeDouble(double value)：使用 Double 类中的 doubleToLongBits 方法将双精度参数转换为一个 long，然后按 8 字节数量将该 long 值写入文件，先写高字节。

void writeFloat(float v)：使用 Float 类中的 floatToIntBits 方法将浮点参数转换为一个 int，然后按 4 字节数量将该 int 值写入文件，先写高字节。

void writeInt(int v)：按 4 个字节将 int 写入文件，先写高字节。

void writeLong(long v)：按 8 个字节将 long 写入文件，先写高字节。

void writeShort(int v)：按 2 个字节将 short 写入文件，先写高字节。

void writeUTF(String str)：使用 UTF-8 编码方式将一个字符串写入文件。

void close()：关闭此随机存取文件流并释放与该流关联的所有系统资源。

例 13-14 创建一个文件 RandomFile.java，首先向文件 RTest.dat 内随机写入 10 个数据，然后修改文件 RTest.dat 的第 1、3、5、7、9 等数据。

```
1   public class RandomFile {
2       //打印随机存取文件流
3       public static void printRandomFile(RandomAccessFile rf){
4           try {
5               for (int i=0;i<rf.length()/4;i++)          //输出数据编号
6                   System.out.printf("%-5d |",i);
7               System.out.println("");
8               rf.seek(0);                                 //将文件指针定到文件开始位置
9               //输出数据
10              for (int i=0;rf.getFilePointer()<rf.length();i++)
11                  System.out.printf("%-5.2f |",rf.readFloat());
12              System.out.println("");                     //换行
13          } catch (IOException e){
14              e.printStackTrace();
15          }
16      }
17      public static void main(String[] args)   {
18          try {
19              //创建随机存取文件流
20              RandomAccessFile rf = new RandomAccessFile("RTest.dat", "rw");
21              int i;
22              for (i= 1; i<10;i++) {
23                  //写入基本类型 float 数据
24                  rf.writeFloat(i * 3.2f);
25              }
26              System.out.println("新创建文件内容：");
27              printRandomFile(rf);                        //输出随机文件流内容
28              rf.close();                                 //关闭随机文件流
29              //以读写方式创建随机文件流
30              rf = new RandomAccessFile("RTest.dat", "rw");
31              //更改第 0、2、4、…、8 个 float 类型的数据
32              for (i=0;i<10;i=i+2)
33              {
34                  //直接将文件指针移到第 i 个 float 数据后面
35                  rf.seek(4*i);
36                  rf.writeFloat(i * 2.1f);// 更改指定位置数据
37              }
38              rf.close();                                 //关闭随机文件流
39              //以读方式创建随机文件流
40              rf = new RandomAccessFile("randomTest.dat", "r");
41              System.out.println("修改数据后，文件内容：");
42              printRandomFile(rf);                        //输出文件内容
43              rf.close();                                 //关闭文件，关闭随机文件流
44          } catch (IOException e){
45              e.printStackTrace();
46      }
```

```
47        }
48    }
```

说明：静态方法 void printRandomFile(RandomAccessFile rf)的作用是输出随机存取文件流 rf 中的数据。如果编程人员需要修改随机存取文件中的数据，则需要利用随机存取文件流中的方法 seek(…)来找到需要修改的位置，然后才可以修改数据。一般情况下，该随机存取文件的数据最好有规律，否则，无法利用 seek(…)方法来确定位置，更谈不上修改数据了。

习题 13

(1) 创建一个窗体文件，能够给指定源程序文件的每行行首加上行号。

(2) 对有行号的源程序文件去掉行号。

(3) 从文件 indata13_3.dat 中读取一元二次方程的系数，根据这些系数求解一元二次方程的根。

(4) 从文件 indata13_4.dat 中读取一些整数，并分别判断这些整数是否是完全数。完全数等于所有的真因子(即除了自身以外的约数)的和。

(5) 从文件 indata13_5.dat 中保存一些三角形的边长。如果边长合法，则计算其面积，并将合法的边长和面积等数据保存到 outData13_5.dat 文件中(数据格式是边长,边长,边长,面积)。最后，从 outData13_5.dat 文件中读取数据并输出。

(6) 输入学生姓名以及课程成绩(课程包括计算机、英语、高等数学)，存到 inData13_6.dat 文件中，并输出 inData13_6.dat 文件中的所有数据信息。

(7) 修改 inData13_6 文件中指定姓名的学生信息。

(8) 文件 inData13_6.dat 中保存着一些学生信息，包括姓名、计算机的得分、英语的得分、高等数学的得分。计算每个学生的平均分，并将学生信息和新产生的学生平均分重新写到一个文件 outData13_8.dat 中。

(9) 将上题产生的学生数据信息(保存于 outData13_8.dat)，按学生的总分重新排序(按升序)并输出到 outData13_9.dat 文件。

(10) 随机产生一些一元二次方程的系数，保存到 outdata13_10.dat 文件中。随后从中读取该数据，如果某些数据导致一元二次方程无根，则重新产生数据，直到一元二次方程有根。

(11) 随机产生一些学生类的对象，并将它们直接以对象方式输出到文件 outdata13_11.dat 中。

(12) 从文件 outdata13_11.dat 中读取数据，并输出结果。

(13) 读取 product.txt 文件，其内容如图 13-12 所示。要求从中读取数据并计算利润，然后按供货商升序、利润降序的方式输出数据到文件 sortProduct.txt。

货号	供货商	品名	进价	零售单价	销量	利润		
692782939	宁云货栈	14'彩电	623.00	890.00	148.00	0.00		
692782943	宁云货栈	165L电冰箱		1427.00	2039.00		191.00	0.00
692782937	宁云货栈	21'彩电	785.00	1122.00		208.00	0.00	
692782938	宁云货栈	29'纯平彩电		2798.00	3998.00		31.00	0.00
692782954	新广发	CD随身听		963.00	1376.00		134.00	0.00

图 13-12 product.txt 文件的内容

第14章 图形、图像

本章知识目标：
- 掌握并学会使用绘图类、绘图设置；掌握并学会绘制各种图形以及不规则图形。
- 掌握各种图形操作和图形运算；掌握并学会绘制图像。
- 掌握输入、输出图像文件的方法；掌握绘制组件的方法。

14.1 图　　形

在 Java 中绘制基本图形，需要使用 Java 类库中的 Graphics 类和 Graphics2D 类，其中 Graphics 类是抽象类，而 Graphics2D 类是 Graphics 类的派生类，Graphics2D 类提供了对几何形状、坐标转换、颜色管理和文本布局更为复杂的控制，它是用于在 Java 平台上呈现二维形状、文本和图像的基础类。所以本章主要讲解如何利用 Graphics2D 类绘制各种图形。

14.1.1 绘图类

1. Graphics2D 和 Graphics

Graphics2D 类是 Graphics 类的派生类，Graphics2D 类的主要方法如下。

abstract void draw(Shape s)：使用当前 Graphics2D 上下文的设置勾画 Shape 的轮廓。有关 Shape 接口可以参考 14.1.5 小节。

void draw3DRect(int x, int y, int width, int height,boolean flag)：绘制指定矩形的 3D 突出显示边框。

abstract void drawImage(BufferedImage img, BufferedImageOp op, int x, int y)：呈现使用 BufferedImageOp 过滤的 BufferedImage 应用的呈现属性，包括 Clip、Transform 和 Composite 属性。

abstract boolean drawImage(Image img, AffineTransform af, ImageObserver obs)：呈现一个图像，在绘制前进行从图像空间到用户空间的转换。

abstract void drawString(String s, float x, float y)：使用 Graphics2D 上下文中的当前文本属性状态呈现由指定 String 指定的文本。

abstract void drawString(String str, int x, int y)：使用 Graphics2D 上下文中的当前文本属性状态呈现指定的 String 的文本。

abstract void fill(Shape s)：使用 Graphics2D 上下文设置，填充 Shape 的内部区域。

void fill3DRect(int x, int y, int width, int height, boolean raised)：绘制一个用当前颜色填充的 3D 突出显示矩形。

abstract Color getBackground()：返回用于清除区域的背景色。

abstract GraphicsConfiguration getDeviceConfiguration()：返回与此 Graphics2D 关联的设备配置。

abstract AffineTransform getTransform()：返回 Graphics2D 上下文中当前 Transform 的副本。

abstract boolean hit(Rectangle rect,Shape s, boolean onStroke)：检查指定的 Shape 是否与设备空间中的指定 Rectangle 相交。

abstract void rotate(double theta)：将当前的 Graphics2D Transform 与旋转转换连接。

abstract void rotate(double theta,double x,double y)：将当前的 Graphics2D Transform 与平移后的旋转转换连接。

abstract void scale(double sx, double sy)：将当前 Graphics2D Transform 与可缩放转换连接。

abstract void setBackground(Color color)：设置 Graphics2D 上下文的背景色。

abstract void setComposite(Composite comp)：为 Graphics2D 上下文设置 Composite。在所有绘制方法中(如 drawImage、drawString、draw 和 fill 方法)，Composite 指定新的像素如何在呈现过程中与图形设备上的现有像素组合。

abstract Composite getComposite()：返回 Graphics2D 上下文中的当前 Composite。

abstract Paint getPaint()：返回 Graphics2D 上下文中的当前 Paint。

abstract void setPaint(Paint paint)：为 Graphics2D 上下文设置 Paint 属性。

abstract Object getRenderingHint(RenderingHints.Key hintKey)：返回呈现算法的单个首选项的值。

abstract Stroke getStroke()：返回 Graphics2D 上下文中的当前 Stroke。

abstract void setStroke(Stroke s)：为 Graphics2D 上下文设置 Stroke。

abstract void shear(double shx, double shy)：将当前 Graphics2D Transform 与剪裁转换连接。

abstract void setTransform(AffineTransform Tx)：重写 Graphics2D 上下文中的 Transform。

abstract void transform(AffineTransform Tx)：根据"最后指定首先应用"规则，使用此 Graphics2D 中的 Transform 组合 AffineTransform 对象。

abstract void translate(double tx, double ty)：将当前的 Graphics2D Transform 与平移转换连接。

abstract void translate(int x, int y)：将 Graphics2D 上下文的原点平移到当前坐标系中的点(x, y)。

利用 Graphics2D 类对象绘图的过程如下。

(1) 得到 Graphics 对象，并将其强制转换成 Graphics2D 对象。

(2) 创建需要绘制的图形(如长方形、线等)。

(3) 如果需要图形变换(平移、放缩、裁剪等)时，可以调用 Graphics2D 对象的 setTransform(…)方法进行设置。

(4) 设置绘图属性(包括颜色、填充模式等)。

(5) 调用 Graphics2D 对象的 draw(…)、fill(…)方法进行绘图、填充绘图操作。

2. 坐标系统

Graphics2D 对象的坐标由一个与设备无关的用户空间坐标指定，其中用户空间坐标系统就是应用程序使用的坐标系统。Graphics2D 对象包含一个 AffineTransform 对象，作为其呈现状态的一部分，后者定义了如何将用户空间坐标转换成设备空间坐标。

每个 Swing 组件都是通过 Graphics 对象或 Graphics2D 对象来绘制图形。绘图的原点位于组件的左上角，如图 14-1 所示。

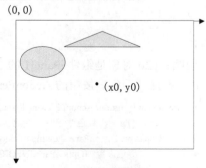

图 14-1　坐标系统

14.1.2 绘图设置

绘图时,需要设置颜色、画笔、填充模式等信息。

1. 颜色

在第 11 章已讲过 Color 类,此处不再复述。

在绘图时,调用 Graphcis 对象或 Graphcis2D 对象的 setColor(Color c)方法可以设置画笔颜色。

例 14-1 创建如图 14-2 所示窗体的应用程序(DrawStyle.java),该程序可以设置颜色、填充模式以及画笔样式,并可以进行绘图和填充绘图。

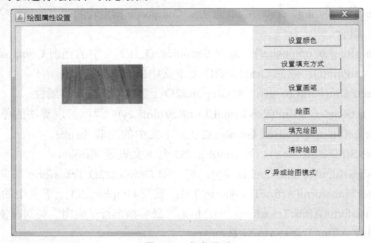

图 14-2 程序界面

(1) DrawStyle 类的自定义属性和构造方法如下。

```
1   public class DrawStyle extends javax.swing.JDialog {
2       Graphics2D g2d;             //绘图组件的 Graphics2D 对象
3       Color c;                    //绘图颜色
4       BasicStroke bs;             //当前画笔
5       Rectangle2D.Double r=new Rectangle2D.Double(100, 100, 200,100);
6       public DrawStyle(java.awt.Frame parent, boolean modal) {
7           super(parent, modal);
8           initComponents();
9           g2d=(Graphics2D)jPanel1.getGraphics();//得到 Graphics2D 对象
10      }
11      …
12  }
```

说明:g2d 对象是组件 jPanel1 的 Graphics 对象的引用。

(2) 设置"颜色"按钮的 ActionPerformed 事件代码如下。

```
1   private void jButton1ActionPerformed(java.awt.event.ActionEvent evt) {
2       Object[] p = { "红色", "蓝色", "绿色","黑色"};
3       Object r=JOptionPane.showInputDialog(null,"请选择绘图或填充颜色:",
4           "颜色设置",JOptionPane.INFORMATION_MESSAGE, null,p, p[0]);
5       switch ((String)r){
6           case "红色":
```

```
7                c=Color.red;break;
8            case "蓝色":
9                c=Color.blue;break;
10           case "绿色":
11               c=Color.green;break;
12           case "黑色":
13               c=Color.black;
14       }
15       g2d.setColor(c);//设置绘图或者填充颜色
16  }
```

说明：第 3、4 行是通过输入对话框，得到所选择的颜色类别，其类型是 Object，所以第 5 行需要将返回值 r 转换成字符串。

(3) 设置"绘图"按钮的 ActionPerformed 事件代码如下。

```
private void jButton4ActionPerformed(java.awt.event.ActionEvent evt) {
    g2d.draw(r);
}
```

说明：绘图类 Graphics2D 的 draw(r)方法的作用是绘制参数指定的对象 r。

(4) 设置"填充绘图"按钮的 ActionPerformed 事件代码如下。

```
private void jButton6ActionPerformed(java.awt.event.ActionEvent evt) {
    g2d.fill(r);
}
```

说明：绘图类 Graphics2D 的 fill(r)方法的作用是填充参数指定的对象 r。

2. 填充图案

Java2D 可以通过 Graphics2D 类对象的 setPaint(Paint p)方法设置绘图时的填充方式。填充方式主要有单色填充、渐变填充以及图案填充。此处 Paint 是接口，该接口定义了 Graphics2D 绘图时的颜色模式。将实现 Paint 接口的类添加到 Graphics2D 上下文，便决定了 draw(Shape s)和 fill(Shape s)方法所使用的颜色模式。

在 Java 语言中，实现 Paint 接口的类有 Color、GradientPaint 以及 TexturePaint。其中 GradientPaint 类提供了使用线性颜色渐变模式填充 Shape 的方法；TexturePaint 类提供了一种用被指定为 BufferedImage 的纹理填充 Shape 的方式。

(1) GradientPaint 类。

GradientPaint 类的构造方法如下。

GradientPaint(float x1, float y1, Color c1, float x2, float y2, Color c2)：构造一个简单的非周期性 GradientPaint 对象。

GradientPaint(float x1, float y1, Color c1, float x2, float y2, Color c2, boolean flag)：根据 flag 参数构造一个周期性或非周期性的 GradientPaint 对象。

GradientPaint(Point2D p1, Color c1, Point2D p2, Color c2)：构造一个简单的非周期性 GradientPaint 对象。

GradientPaint(Point2D p1, Color c1, Point2D p2, Color c2, boolean flag)：根据 flag 参数构造一个周期性或非周期性的 GradientPaint 对象。

参数说明：p1、p2 分别是用户空间中第一、第二个指定的点；c1、c2 分别是第二个指定点处的颜色；(x1,y1)、(x2,y2)分别是用户空间中第一、第二个指定点的坐标；如果渐变模式在两种颜色之间重复循环，则设 flag 为 true，否则设为 false。

(2) TexturePaint 类。

TexturePaint 类提供一种用被指定为 BufferedImage 的纹理填充 Shape 的方式。因为 BufferedImage 数据由 TexturePaint 对象复制，所以 BufferedImage 对象应该小一些。在构造时，纹理定位在用户空间中指定的 Rectangle2D 的左上角。计算纹理在设备空间中的位置的方式是在用户空间中的所有方向上无限制地总体复制指定的 Rectangle2D，然后将 BufferedImage 映射到指定的 Rectangle2D 内。

TexturePaint 类的构造方法如下。

TexturePaint(BufferedImage im, Rectangle2D r)：构造 TexturePaint 对象。

例 14-2 完善例 14-1 设置填充方式按钮的 ActionPerformed 事件代码如下。

```
1   private void jButton2ActionPerformed(java.awt.event.ActionEvent evt) {
2       Object[] p = { "单色填充", "渐变填充","纹理填充"};
3       Object result=JOptionPane.showInputDialog(null,"设置填充方式：",
4           "填充方式设置",JOptionPane.INFORMATION_MESSAGE, null,p, p[0]);
5       if   (result==null)
6           return ;
7       switch ((String)result){
8           case "单色填充":
9               g2d.setPaint(c);              //设置单色填充
10              break;
11          case "渐变填充":
12              GradientPaint gp=new GradientPaint(100,100,Color.BLUE,300,200,Color.MAGENTA);
13              g2d.setPaint(gp);             //设置渐变填充
14              break;
15          case "纹理填充":
16              BufferedImage img = new BufferedImage(100, 100, BufferedImage.TYPE_INT_RGB);
17              try {
18                  img = ImageIO.read(new File("C:\\netGames \\dog1.jpg"));
19              } catch (IOException ex) {
20                  ex.printStackTrace();
21              }
22              Rectangle2D r1=new Rectangle2D.Double(100,100,300,200);
23              TexturePaint tp=new TexturePaint(img,r1);
24              g2d.setPaint(tp);             //设置纹理填充
25      }
26  }
```

说明：第 18 行的作用是读取图像文件内容到内存中，有关 ImageIO 类将在 14.3 节讲述。

3. 设置画笔

Java2D 可以通过 Graphics2D 类对象的 setStroke(BasicStroke bs) 方法设置绘图时的画笔 (BasicStroke)。BasicStroke 类是针对图形图元轮廓呈现属性的一个基本集合。由 BasicStroke 定义的呈现属性描述了用画笔沿 Shape 的轮廓绘制的某个标记的形状，以及应用在 Shape 路径线段的末端和连接处的装饰。

BasicStroke 类的主要构造方法如下。

BasicStroke()：构造一个具有所有属性的默认值的新 BasicStroke。

BasicStroke(float width)：构造一个具有指定线条宽度以及 cap 和 join 风格的默认值的实心 BasicStroke。

BasicStroke(float width, int cap, int join)：构造一个具有指定属性的实心的 BasicStroke。

BasicStroke(float width, int cap, int join, float limit)：构造一个具有指定属性的实心的 BasicStroke。

参数说明：width 是画笔宽度；cap 说明线条终端修饰样式，它有 CAP_BUTT(无端点)、CAP_ROUND(圆形端点)和 CAP_SQUARE(方形端点)3 个不同的装饰值；join 决定线条连接点的样式，它有 JOIN_BEVEL(扁平角)、JOIN_MITER(尖角)和 JOIN_ROUND(圆角)3 个值；limit 设置对剪裁具有尖角装饰的限制值。当斜接长度与画笔宽度的比大于 limit 值时，需要剪裁线条连接点。斜接长度是斜接的对角线长度，即交汇处的内棱角和外棱角之间的距离。两条线段形成的角度越小，斜接长度就越长，交汇处的角度就越尖锐。

例 14-3 完善例 14-1 程序，设置画笔按钮代码。

```
1   private void jButton3ActionPerformed(java.awt.event.ActionEvent evt) {
2       // TODO add your handling code here:
3       String   msg="1";
4       msg=JOptionPane.showInputDialog(null, "输入线宽:");
5       if (msg==null)
6           return;
7       float w=Float.parseFloat(msg);
8       bs=new BasicStroke(w,BasicStroke.CAP_ROUND,BasicStroke.JOIN_MITER);
9       g2d.setStroke(bs);
10  }
```

说明：第 4 行通过输入对话框得到画笔的宽度字符串，第 7 行的作用是将宽度字符串转换成 float 类型值。

4．绘图模式

Java 绘图提供了两种绘图模式。

(1) 覆盖模式(称为写模式)，将图形像素覆盖当前屏幕上的已有像素信息，该模式是默认的绘图模式。覆盖模式可以通过调用 Graphics 类对象的 setPaintMode()方法进行设置。

(2) 异或模式，将绘制的图形像素与屏幕上该位置的像素信息进行异或运算后，将结果作为最终的绘图像素信息。该模式可以通过调用 Graphics 类对象的 setXORMode(Color c)方法进行设置。在异或模式下绘图，当进行偶数次绘图操作时，背景恢复到了原来的样子。

例 14-4 完善例 14-1 的代码。设置"填充绘图"按钮的 ActionPerformed 事件代码，更改的程序如下。

```
1   private void jButton6ActionPerformed(java.awt.event.ActionEvent evt) {
2       if (jCheckBox1.isSelected())                    //复选框被选中时，设置为异或绘图模式
3           g2d.setXORMode(this.getBackground());       //异或绘图模式
4       else   g2d.setPaintMode();                      //将绘图模式修改为可以写模式(即覆盖模式)
5       g2d.fill(r);
6   }
```

说明：在异或绘图模式下，注意多次点击填充绘图按钮的绘图情况。

14.1.3 绘制基本图形和文字

在 Java 中可以绘制各种基本图形，主要有点、线(包括直线、二次曲线以及三次曲线)、圆弧、椭圆(同时也包括圆)、矩形、多边形及任意形状等各种不规则图形。

1. 点

Point2D、Point2D.Double、Point2D.Float 类定义表示(x, y)坐标空间中的位置的点，其中 Point2D 是抽象类；Point2D.Double、Point2D.Float 是由 Point2D 派生出来的静态类，其参数精度分别是 double、float。

例如，可以定义如下点。

Point2D.Double p1=new Point2D.Double(10,20);

2. 直线

Line2D、Line2D.Double、Line2D.Float都表示线类，其中Line2D是抽象类，Line2D.Double、Line2D.Float是由Line2D派生出来的静态类，其参数精度分别是double、float。

静态类 Line2D.Double 的构造方法如下。

Line2D.Double()：构造并初始化一个从坐标(0, 0)至(0, 0)的线，但该线演变成一点。

Line2D.Double(double x1, double y1, double x2, double y2)：根据指定坐标构造并初始化 Line2D。其中(x1,y1)是直线的起点坐标，(x2,y2)是直线的终点坐标。

Line2D.Double(Point2D p1, Point2D p2)：根据指定的 Point2D 对象构造并初始化 Line2D。其中 p1 是直线的起点坐标，p2 是直线的终点坐标。

静态类 Line2D.Float 的构造方法与 Line2D.Double 类似，只需要将 Line2D.Double 的构造方法的 Double 改成 Float，double 改成 float 即可。下面各静态类情况与 Line2D.Double、Line2D.Float 类似，所以只列出参数为 double 类型的构造方法。例如，可以定义如下线。

```
Line2D.Double line1,line2;
line1=new Line2D.Double(100,100,200,200);
line2=new Line2D.Float(100,100,200,200);
```

3. 圆弧

Arc2D、Arc2D.Double、Arc2D.Float 都表示圆弧类，其中 Arc2D 是抽象类，Arc2D.Double、Arc2D.Float 是由 Arc2D 派生出来的静态类，其参数精度分别是 double、float。圆弧可由边界矩形、起始角度、角跨越(弧的长度)决定。圆弧有 PIE、OPEN 或 CHORD 3 种类型，各种圆弧如图 14-3 所示。

(a) PIE 形弧　　　(b) OPEN 形弧　　　(c) CHORD 形弧

图 14-3　圆弧类型

Arc2D.Double 的构造方法如下。

Arc2D.Double()：构造一个新 OPEN 弧，并将其初始化为位置(0, 0)、大小(0, 0)、角跨越(start = 0, extent = 0)。

Arc2D.Double(double x, double y, double w, double h, double start, double extent, int type)：构造一个新弧，并将其初始化为指定的位置、大小、角跨越和闭合类型。

Arc2D.Double(int type)：构造一个新弧，并将其初始化为位置(0, 0)、大小(0, 0)、角跨越(start = 0, extent = 0)、指定的闭合类型。

Arc2D.Double(Rectangle2D ellipseBounds, double start, double extent, int type)：构造一个新弧，并将其初始化为指定的位置、大小、角跨越和闭合类型。

例如，定义如下圆弧。

```
Arc2D.Double arc;
arc1=new Arc2D.Double(100,100,200,200,0,120,Arc2D.PIE);
```

4．二次曲线段

QuadCurve2D、QuadCurve2D.Double、QuadCurve2D.Float 都表示二次参数曲线段类，它们是定义(x, y) 坐标空间内的二次参数曲线段。其中 QuadCurve2D 类是抽象类，QuadCurve2D.Double、QuadCurve2D.Float 是由 QuadCurve2D 派生出来的静态类，其参数精度分别是 double、float。

QuadCurve2D.Double 的构造方法如下。

QuadCurve2D.Double()：构造并初始化具有坐标(0, 0, 0, 0, 0, 0)的二次曲线。

QuadCurve2D.Double(double x1, double y1, double cx, double cy, double x2, double y2)：根据指定坐标构造并初始化二次曲线，如图 14-4 所示。

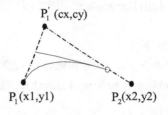

图 14-4　二次曲线(其中 P_1' 是控制点)

例如，可以定义如下二次曲线。

```
QuadCurve2D.Double curve;
curve=new QuadCurve2D.Double(100,100,40,80,200,200);
```

5．三次曲线

CubicCurve2D、CubicCurve2D.Double、CubicCurve2D.Float 是定义(x, y)坐标空间内的三次参数曲线段，其中 CubicCurve2D 类是抽象类，CubicCurve2D.Double、CubicCurve2D.Float 是由 CubicCurve2D 派生出来的静态类，其参数精度分别是 double、float。

CubicCurve2D.Double 的构造方法如下。

CubicCurve2D.Double()：构造并初始化一个具有坐标(0, 0, 0, 0, 0, 0) 的立方曲线。

CubicCurve2D.Double(double x1, double y1, double cx1, double cy1, double cx2, double cy2, double x2, double y2)：构造并初始化一个具有指定坐标的立方曲线，如图 14-5 所示。

例如，可以定义如下立方曲线。

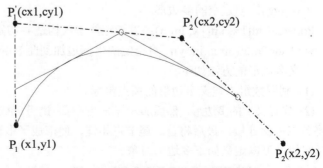

图 14-5　立方曲线(其中 P_1' 和 P_2' 是控制点)

```
CubicCurve2D.Double curve;
curve=new CubicCurve2D.Double(100,100,40,80,70,90,300,300);
```

6. 椭圆

Ellipse2D、Ellipse2D.Double、Ellipse2D.Float 类描述由边界矩形定义的椭圆，其中 Ellipse2D 是抽象类，Ellipse2D.Double、Ellipse2D.Float 是由 Ellipse2D 派生出来的静态类，其参数精度分别是 double、float。

Ellipse2D.Double 的构造方法如下。

Ellipse2D.Double()：构造一个新 Ellipse2D，并将其初始化为位置(0, 0)、大小(0, 0)。

Ellipse2D.Double(double x, double y, double w, double h)：根据指定坐标构造和初始化 Ellipse2D。

例如，可以定义如下椭圆。

```
Ellipse2D.Double ellipse=new Ellipse2D.Double(100,200,200,300);
Ellipse2D.Double circle=new Ellipse2D.Double(200,200,100,100);    //定义圆
```

7. 矩形

Rectangle2D、Rectangle2D.Double、Rectangle2D.Float 都表示矩形类，其中 Rectangle2D 是抽象类，Rectangle2D.Double、Rectangle2D.Float 是由 Rectangle2D 派生出来的静态类，其参数精度分别是 double、float。

Rectangle2D.Double 的构造方法如下。

Rectangle2D.Double()：构造一个新矩形，并将其初始化为位置(0, 0)、大小(0, 0)。

Rectangle2D.Double(double x, double y, double w, double h)：根据指定坐标构造和初始化矩形。

例如，可以定义如下矩形。

```
Rectangle2D.Double r,r1;
r=new Rectangle2D.Double(100,100,200,300);
r1=new Rectangle2D.Double(200,200,100,100);    //定义矩形
```

8. 多边形

Polygon 类封装了坐标空间中封闭的二维区域的描述。此区域以任意条线段为边界，每条线段都是多边形的一条边。在内部，一个多边形包含一系列坐标对，其中每个坐标对是多边形的一个顶点，且两个连续的坐标对是多边形一条边的端点。第一个和最后一个(x, y)坐标对通过一条线段相连，形成一个封闭的多边形。

Polygon 类的主要方法如下。

Polygon()：创建空的多边形。

Polygon(int[] x, int[] y, int n)：以指定的参数构造并初始化新的 Polygon。

void addPoint(int x, int y)：将指定的坐标追加到此 Polygon。

定义多边形的方法如下。

(1) 利用数组，定义多边形的顶点坐标。

(2) 先定义空的多边形，然后加入若干点坐标。说明：Polygon 类定义多边形时，依据加入点的次序将各点依次连接，最后将首、尾节点相连，便形成了多边形。

例如，可以定义如下多边形对象。

```
Polygon p1,p2;
//多边形顶点的坐标点分别是(100,100)、(130,150)、(200,180)、(600,400)、(100,100)
int x[]={100,130,200,600,100};
int y[]={100,150,180,400,100};
```

```
p1=new Polygon(x,y,5);
p2=new Polygon();           //先创建空的多边形
//该多边形是由 5 个点依次相连而构成的
p2.addPoint(200,200);p2.addPoint(230,250);p2.addPoint(300,280);
p2.addPoint(400,500);p2.addPoint(200,200);
```

9. 任意形状

GeneralPath 类表示根据直线、二次曲线和三次(Bézier)曲线构造的几何路径。它可以包含多个子路径。缠绕规则指定确定路径内部的方式。缠绕规则有 EVEN_ODD、NON_ZERO 两种类型。

(1) EVEN_ODD 缠绕规则。从路径外向区域内的点移动并穿过它时，路径的封闭区域在内部区域和外部区域之间交替变化。

(2) NON_ZERO 缠绕规则。如果从给定点朝任意方向向无穷大绘制射线并检查路径与射线相交的位置，当且仅当路径从左到右穿过射线的次数不等于路径从右到左穿过射线的次数时，点位于路径内。

GeneralPath 类的主要方法如下。

GeneralPath()：构造一个新 GeneralPath 对象。

GeneralPath(int rule)：构造一个新 GeneralPath 对象，使其具有指定缠绕规则以控制需要定义路径内部的操作。

GeneralPath(int rule, int n)：构造一个新 GeneralPath 对象，使其具有指定的缠绕规则和指定的初始容量，以存储路径坐标。

GeneralPath(Shape s)：根据任意 Shape 对象构造一个新 GeneralPath 对象。

void append(PathIterator pi, boolean connect)：将指定 PathIterator 对象的几何形状追加到路径中，可能使用一条线段将新几何形状连接到现有的路径段。

void append(Shape s, boolean connect)：将指定 Shape 对象的几何形状追加到路径中，可能使用一条线段将新几何形状连接到现有的路径段。

void closePath()：通过向最后 moveTo 的坐标绘制直线，闭合当前子路径。

void curveTo(float x1, float y1, float x2, float y2, float x3, float y3)：通过绘制与当前坐标及坐标(x3,y3)都相交的 Bézier 曲线，并将指定点(x1,y1)和(x2,y2)用作 Bézier 的控制点，将由 3 个新点定义的曲线段添加到路径中。

Point2D getCurrentPoint()：返回最近添加到路径尾部的坐标(作为 Point2D 对象)。

PathIterator getPathIterator(AffineTransform at)：返回一个沿 Shape 边界迭代并提供对 Shape 轮廓几何形状访问的 PathIterator 对象。

PathIterator getPathIterator(AffineTransform at, double flatness)：返回一个沿扁平 Shape 边界迭代并提供对 Shape 轮廓几何形状访问的 PathIterator 对象。

int getWindingRule()：返回填充风格缠绕规则。

void lineTo(float x, float y)：通过绘制一条从当前坐标到指定坐标的直线在路径中添加点。

void moveTo(float x, float y)：通过移动到指定的坐标在路径中添加点。

void quadTo(float x1, float y1, float x2, float y2)：通过绘制与当前坐标及坐标(x2,y2)都相交的 Quadratic 曲线，并将指定点(x1, y1)用作二次曲线参数控制点，将由两个新点定义的曲线段添加到路径中。

void reset()：将路径重置为空。

void setWindingRule(int rule)：将此路径的缠绕规则设置为指定值。

void transform(AffineTransform at)：使用指定的 AffineTransform 变换此路径的几何形状。

例 14-5 创建如图 14-6 所示的窗体应用程序(Draw1.java)，绘制线、矩形、椭圆、二次曲线、三次曲线以及文字，其中窗体上的组件如图 14-6 所示，所有图形都绘制在面板 jPanel1 上。

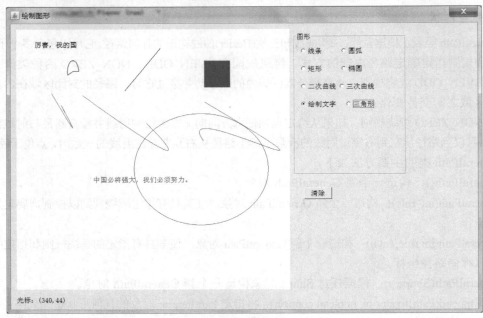

图 14-6 例 14-5 的运行界面

(1) 定义 Draw1 类。

```
1    enum FigureType {
2        Line,Rectangle,Arc,Elipse,QuadCurve,CubicCurve,Text,Triangle
3    }
4    public class Draw1 extends javax.swing.JDialog {
5        private Point sp;           //鼠标开始按下的位置点
6        private Point ep;           //鼠标松开的位置点
7        private FigureType figureType=FigureType.Line;//默认绘制图形类别是线
8        Graphics2D g2d;             //绘图类
9        //构造方法
10       public Draw1(java.awt.Frame parent, boolean modal) {
11           super(parent, modal);
12           initComponents();
13           //得到面板 jPanel1 对象的绘图对象
14           g2d=(Graphics2D)jPanel1.getGraphics();
15           //将单选按钮 1 加入按钮组 buttGroup1 中，使之互斥
16           buttonGroup1.add(jRadioButton1);
17           buttonGroup1.add(jRadioButton2);
18           buttonGroup1.add(jRadioButton3);
19           buttonGroup1.add(jRadioButton4);
20           buttonGroup1.add(jRadioButton5);
21           buttonGroup1.add(jRadioButton6);
22           buttonGroup1.add(jRadioButton7);
```

```
23        }
24     …
25 }
```

说明：第 1 行定义了枚举类型 FigureType，说明图形类别。第 14 行 jPanel1.getGraphics()返回的是 Graphics 对象，而 g2d 变量是 Graphics2D 类型的变量。所以第 14 行需要进行强制类型转换。第 16~22 行的作用是将 jRadioButton1、…、jRadioButton7 等单选按钮加入按钮组 buttonGroup1 中，使之互斥操作。

(2) 编写各单选按钮的 ActionPerformed 代码。

① 线条单选按钮的 ActionPerformed 事件代码如下。

```
private void jRadioButton1ActionPerformed(java.awt.event.ActionEvent evt) {
     figureType=FigureType.Line;
}
```

说明：通过设置 figureType 的值，决定绘制图形类别。

② 矩形单选按钮的 ActionPerformed 事件代码如下。

```
private void jRadioButton2ActionPerformed(java.awt.event.ActionEvent evt) {
     figureType=FigureType.Rectangle;
   }
```

③ 椭圆单选按钮的 ActionPerformed 事件代码如下。

```
private void jRadioButton3ActionPerformed(java.awt.event.ActionEvent evt) {
     figureType=FigureType.Elipse;
   }
```

④ 圆弧单选按钮的 ActionPerformed 事件代码如下。

```
private void jRadioButton4ActionPerformed(java.awt.event.ActionEvent evt) {
     figureType=FigureType.Arc;
   }
```

⑤ 二次曲线单选按钮的 ActionPerformed 事件代码如下。

```
private void jRadioButton5ActionPerformed(java.awt.event.ActionEvent evt) {
     figureType=FigureType.QuadCurve;

   }
```

⑥ 三次曲线单选按钮的 ActionPerformed 事件代码如下。

```
private void jRadioButton6ActionPerformed(java.awt.event.ActionEvent evt) {
         figureType=FigureType.CubicCurve;
}
```

⑦ 绘制文字单选钮的 ActionPerformed 事件代码如下。

```
private void jRadioButton7ActionPerformed(java.awt.event.ActionEvent evt) {
     figureType=FigureType.Text;
   }
```

⑧ 清除按钮的 ActionPerformed 事件代码如下。

```
private void jButton1ActionPerformed(java.awt.event.ActionEvent evt) {
     g2d.setBackground(Color.white);          //将背景色设为白色
     //清除 jPanel1 对象的上内容
       g2d.clearRect(0,0, this.getWidth(),this.getHeight());
}
```

(3) 编写 jPanel1 对象的鼠标事件代码。

① jPanel1 对象的 MousePressed 事件代码如下。

```java
private void jPanel1MousePressed(java.awt.event.MouseEvent evt) {
    sp=evt.getPoint();                    //记录绘图开始点
}
```

② jPanel1 对象的 MouseMoved 事件代码如下。

```java
private void jPanel1MouseMoved(java.awt.event.MouseEvent evt) {
    String msg=evt.getPoint().toString();
    jLabel1.setText(msg);                 //记录鼠标移动时的坐标
}
```

③ jPanel1 对象的 MouseReleased 事件代码如下。

```java
1   private void jPanel1MouseReleased(java.awt.event.MouseEvent evt) {
2       ep=evt.getPoint();
3       double sx,sy,ex,ey;
4       sx=sp.getX();sy=sp.getY();
5       ex=ep.getX();ey=ep.getY();
6       if (figureType==FigureType.Line){          //如果绘制图形类别是线
7           //创建线条
8           Line2D line=new Line2D.Double(sp, ep);
9           g2d.draw(line);                         //绘制线条
10      }
11      if (figureType==FigureType.Arc){           //如果绘制图形类别是圆弧
12          //创建圆弧
13          double w,h;
14          w=Math.abs(ep.getX()-sp.getX());
15          h=Math.abs(ep.getY()-sp.getY());
16          //创建圆弧对象
17          Arc2D arc=new Arc2D.Double(sx,sy,w,h,0,200, Arc2D.PIE);
18          g2d.draw(arc);                          //绘制圆弧
19      }
20      if (figureType==FigureType.Rectangle){     //如果绘制图形类别是矩形
21          //创建矩形
22          double w,h;
23          w=Math.abs(ep.getX()-sp.getX());
24          h=Math.abs(ep.getY()-sp.getY());
25          Rectangle2D r=new Rectangle2D.Double(sx,sy,w,h);
26          g2d.setColor(Color.RED);
27          g2d.fill(r);                            //填充
28          g2d.draw(r);                            //绘制矩形
29      }
30      if (figureType==FigureType.Elipse){        //如果绘制图形类别是椭圆
31          //创建椭圆
32          Ellipse2D e=new Ellipse2D.Double(sx,sy,ex,ey);
33          g2d.draw(e);//绘制椭圆
34      }
35      if (figureType==FigureType.QuadCurve){     //如果绘制图形类别是二次曲线
36          //创建二次曲线
37          double cx,cy;
38          cx=(sp.getX()+ep.getX());
```

```
39        cy=(sp.getY()+ep.getY());
40        QuadCurve2D   qc;
41        qc=new QuadCurve2D.Double(sx,sy,cx,cy,ex,ey);
42        g2d.draw(qc);                    //绘制二次曲线
43    }
44    if (figureType==FigureType.CubicCurve){    //如果绘制图形类别是三次曲线
45        double cx,cy,cx1,cy1;
46        cx=(sp.getX()+ep.getX());
47        cy=(sp.getY()+ep.getY());
48        cx1=(sp.getX()*3+ep.getX())/5;
49        cy1=(sp.getY()*4+ep.getY()*3)/10;
50        CubicCurve2D cc;                 //创建三次曲线
51        cc=new CubicCurve2D.Double(sx,sy,cx,cy,cx1,cy1,ex,ey);
52        g2d.draw(cc);                    //绘制三次曲线
53    }
54    if (figureType==FigureType.Text){    //如果绘制文本
55        String  msg;
56        msg=JOptionPane.showInputDialog(null, "输入要绘制的文字:");
57        if (msg==null)   msg="";
58        g2d.drawString(msg,(float)ep.getX(),(float) ep.getY());
59    }
60 }
```

说明：鼠标释放时，根据 figureType 类型值绘制各种图形。

例 14-6　创建如图 14-7 所示的窗体应用程序，绘制各种特殊形状图形。

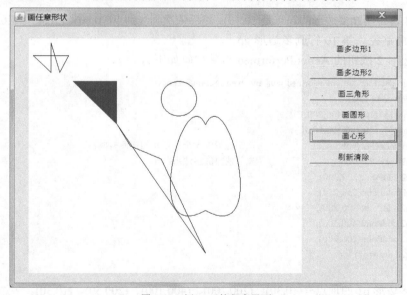

图 14-7　例 14-6 的程序界面

(1) 绘制心形。

```
1  public void drawHeart(double x,double y,double scale){
2      GeneralPath gp;
3      double w1,w2,h1,h2,h;
4      w1=150*scale;
5      w2=50*scale;
```

```
6      h1=90*scale;
7      h2=90*scale;
8      h=200*scale;
9      gp=new GeneralPath();
10     gp.moveTo(x,y);                              //移到点(x,y)
11     //控制点 1(x+w1,y+h1),控制点 2(x+w2,h2)
12     gp.curveTo(x+w1,y+h1,x+w2,h2,x,x-h);         //画三次曲线 1
13     gp.curveTo(x-w2,h2,x-w1,y+h1,x,y);           //画三次曲线 2
14     gp.closePath();                              //关闭当前子路径
15     g2d.draw(gp);                                //绘制路径
16  }
```

说明：参数 x,y 是图形的位置，参数 scale 是心形图形的大小比例。

(2) 画多边形 1 按钮的 ActionPerformed 事件代码如下。

```
1   private void jButton1ActionPerformed(java.awt.event.ActionEvent evt) {
2       GeneralPath gp;
3       gp = new GeneralPath();
4       gp.moveTo(50, 10);
5       gp.lineTo(70, 80);
6       gp.lineTo(90, 40);
7       gp.lineTo(10, 40);
8       gp.lineTo(50, 80);
9       gp.closePath();
10      g2d.draw(gp);
11  }
```

说明：第 4 行说明画多边形的起点是(50,10)，然后依次画线到点(70,80)、(90,40)、(10,40)、(50,80)。第 9 行终止当前路径。第 10 行画多边形 gp。

(3) 画多边形 2 按钮的 ActionPerformed 事件代码如下。

```
1   private void jButton5ActionPerformed(java.awt.event.ActionEvent evt) {
2       Polygon p1,p2;
3       int x[]={10,200,400,200,10};
4       int y[]={30,200,100,50,30};
5       p1=new Polygon(x,y,5);           //该多边形由 5 个点依次相连而构成
6       p2=new Polygon();                //先创建空的多边形
7       p2.addPoint(200,200);
8       p2.addPoint(230,250);
9       p2.addPoint(300,280);
10      p2.addPoint(400,500);
11      p2.addPoint(200,200);
12      g2d.draw(p2);
13  }
```

说明：该多边形 p1 的顶点有(10,30)、(200,200)、(400,100)、(200,50)、(10,30)。多边形 p2 的顶点有(200,200)、(230,250)、(300,280)、(400,500)、(200,200)。

(4) 画三角形按钮的 ActionPerformed 事件代码如下。

```
1   private void jButton2ActionPerformed(java.awt.event.ActionEvent evt) {
2       Line2D.Double   line[];
3       line=new Line2D.Double[3];
4       //定义三条线
```

```
5       line[0]=new    Line2D.Double(100,100,200,200);
6       line[1]=new    Line2D.Double(200,200,200,100);
7       line[2]=new Line2D.Double(200,100,100,100);
8       GeneralPath gp;
9       gp=new GeneralPath();
10      for (int i=0;i<line.length;i++)
11      gp.append(line[i],true);
12      g2d.setColor(Color.red);
13      g2d.fill(gp);
14  }
```

说明：绘图对象调用 fill(Shape s)方法时，必须首先确定绘图颜色，并且 s 指定的图形必须是封闭的，否则无填充效果。

14.1.4 图形操作

AffineTransform 类表示 2D 仿射变换，它执行从 2D 坐标到其他 2D 坐标的线性映射，保留了线的"直线性"和"平行性"。可以使用一系列平移、缩放、翻转、旋转和剪切来构造仿射变换。

这样的坐标变换可以使用一个3×3 矩阵来表示。此矩阵将源坐标 (x, y) 变换为目标坐标(x', y')，其运算方法如下：

$$\begin{bmatrix} x' \\ y' \\ 1 \end{bmatrix} = \begin{bmatrix} a_{0,0} & a_{0,1} & a_{0,2} \\ a_{1,0} & a_{1,1} & a_{1,2} \\ 0 & 0 & 1 \end{bmatrix} \begin{bmatrix} x \\ y \\ 1 \end{bmatrix} = \begin{bmatrix} a_{0,0}x + a_{0,1}y + a_{0,2} \\ a_{1,0}x + a_{1,1}y + a_{1,2} \\ 1 \end{bmatrix} (x, y)$$

AffineTransform 类的构造方法如下。

AffineTransform()：构造恒等变换的 AffineTransform。

AffineTransform(AffineTransform at)：构造一个 AffineTransform，让它作为指定的 AffineTransform 对象的副本。

AffineTransform(T []m)：根据 T 精度值数组构造一个 AffineTransform，该数组要么表示3×3变换矩阵的 4 个非平移条目，要么表示它的 6 个可指定条目。

AffineTransform(T a00, T a10, T a01, T a11, T a02, T a12)：根据表示3×3变换矩阵 6 个可指定条目的 6 个 T 精度值构造一个 AffineTransform 对象。

参数说明：其中 T 可以是 double 或者 float 类型。

AffineTransform 的主要方法如下。

AffineTransform createInverse()：返回表示逆向变换的 AffineTransform 对象。

Shape createTransformedShape(Shape pSrc)：返回新的 Shape 对象，它由变换 Psrc 对象后的几何形状定义。

void getMatrix(double[] m)：得到3×3仿射变换矩阵参数，并将其保存到 double 精度值的数组 m 中，注意数组 m 是一个具有 6 个数组元素的数组，并且需要初始化。

static AffineTransform getRotateInstance(double theta)：返回表示旋转变换的变换。

static AffineTransform getRotateInstance(double theta, double x, double y)：返回绕锚点旋转坐标的变换。

static AffineTransform getScaleInstance(double sx, double sy)：返回表示缩放变换的变换。

double getScaleX()：返回 3×3 仿射变换矩阵缩放元素($a_{0,0}$)的 X 坐标。
double getScaleY()：返回 3×3 仿射变换矩阵缩放元素($a_{1,1}$)的 Y 坐标。
static AffineTransform getShearInstance(double shx,double shy)：返回表示剪切变换的实例变换。
double getShearX()：返回 3×3 仿射变换矩阵剪切元素($a_{0,1}$)的 X 坐标。
double getShearY()：返回 3×3 仿射变换矩阵剪切元素($a_{1,0}$)的 Y 坐标。
static AffineTransform getTranslateInstance(double tx, double ty)：返回表示平移变换的变换。
double getTranslateX()：返回 3×3 仿射变换矩阵平移元素($a_{0,2}$)的 X 坐标。
double getTranslateY()：返回 3×3 仿射变换矩阵平移元素($a_{1,2}$)的 Y 坐标。
int getType()：检索描述此变换的转换属性的标志位。
boolean isIdentity()：如果此 AffineTransform 是恒等变换，则返回 true。
void rotate(double theta)：连接此变换与旋转变换，theta 的单位是弧度。
void rotate(double theta, double x, double y)：连接此变换与绕锚点(x,y)旋转坐标的变换，theta 的单位是弧度。
void scale(double sx, double sy)：将此变换设为缩放变换。
void setToIdentity()：将此变换重置为恒等变换。
void setToRotation(double theta)：将此变换设置为旋转变换。
void setToRotation(double theta, double x, double y)：将此变换设置为平移的旋转变换。
void setToScale(double sx, double sy)：将此变换设置为缩放变换。
void setToShear(double shx, double shy)：将此变换设置为剪切变换。
void setToTranslation(double tx, double ty)：将此变换设置为平移变换。
void setTransform(AffineTransform Tx)：将此变换设置为指定 AffineTransform 对象中变换的副本。
void setTransform(double a00, double a10, double a01, double a11, double a02, double a12)：将此变换设置为 6 个 double 精度值指定的仿射矩阵。
void shear(double shx, double shy)：进行剪切变换。
void translate(double tx, double ty)：进行平移变换。

设置图形变换的绘图步骤如下。
(1) 创建一个 AffineTransform 对象，然后设置相应的图形变换参数。
(2) 得到组件的 Graphics2D 对象，并更新该 Graphics2D 对象的 AffineTransform 属性。
(3) 绘制规定的图形。

例 14-7　创建如图 14-8 所示应用程序(Draw2.java)的窗体，其窗体左边是 jPanel1 对象，右边是若干个按钮，其下显示鼠标坐标。
(1) 应用程序类 Draw2 定义如下。

```
1   public class Draw2 extends javax.swing.JDialog {
2       ArrayList <Shape> list=new ArrayList();        //保存所画图形
3       Graphics2D g2d;                                //绘图组件的 Graphics2D 对象
4       double p0x=0,p0y=0;                            //记录旋转变换的锚点
5       public Draw2(java.awt.Frame parent, boolean modal) {
6           super(parent, modal);
7           initComponents();
8           g2d=(Graphics2D)jPanel1.getGraphics();   //
9           //创建矩形对象
10          Rectangle2D rectangle=new Rectangle2D.Double(220,200,150,200);
```

```
11          list.add(rectangle);
12          //创建线条对象
13          Line2D line=new Line2D.Double(200,200,20,80);
14          list.add(line);
15      }
16      //画所有图形
17      public void drawFigures(){
18          Shape s;
19          for (int i=0;i<list.size();i++){
20              s=list.get(i);
21              g2d.draw(s);
22          }
23      }
24      //输出仿射变换对象
25      public void printAffineTransform(){
26          AffineTransform af=g2d.getTransform();
27          double m[]=new double[6];       //{ a00 a10 a01 a11 a02 a12 }.
28          af.getMatrix(m);
29          System.out.println("{a00\ta10\ta01\ta11\ta02\ta12}-->变换矩阵");
30          for (int i=0;i<m.length;i++)
31              System.out.print(m[i]+"\t");
32          System.out.println();
33      }
34      …
35  }
```

说明：第 17~23 行定义了方法 public void drawFigures()，该方法的功能是绘制所有图形。第 25~33 行定义了方法 public void printAffineTransform()，该方法的功能是输出仿射变换对象。

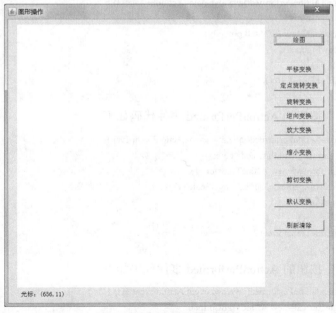

图 14-8　例 14-7 的程序界面图

(2) "平移变换"按钮的 ActionPerformed 事件代码如下。

```
1   private void jButton1ActionPerformed(java.awt.event.ActionEvent evt) {
2       // TODO add your handling code here:
3       String  msg;
4       msg=JOptionPane.showInputDialog(null, "输入平移量(dx,dy), 以逗号分隔:");
5       if (msg==null)
6           return;
7       String x[]=msg.split(",");
8       if (x.length<2)
9           JOptionPane.showMessageDialog(null,"请输入平移量(dx,dy)!");
10      g2d.translate(Double.parseDouble(x[0]),Double.parseDouble(x[1]));
11      this.drawFigures();
12      this.printAffineTransform();
13  }
```

说明：第 4 行通过对话框输入字符串，并返回字符串变量 msg，从 msg 中拆分出平移量(dx,dy)。第 10 行进行平移变换。第 11 行调用 this.drawFigures()输出规定的图形。第 12 行输出平移变换矩阵。

(3) "旋转变换"按钮的 ActionPerformed 事件代码如下。

```
1   private void jButton3ActionPerformed(java.awt.event.ActionEvent evt) {
2       for (int i=30;i<360;i=i+30){
3           g2d.rotate(i*Math.PI/360.0);         //旋转变换
4           this.drawFigures();
5       }
6       this.printAffineTransform();
7   }
```

说明：旋转变换的默认锚点是(0,0)。

(4) "定点旋转变换"按钮的 ActionPerformed 事件代码如下。

```
1   private void jButton8ActionPerformed(java.awt.event.ActionEvent evt) {
2       for (int i=30;i<360;i=i+30){
3           g2d.rotate(i*Math.PI/360.0,p0x,p0y);
4           this.drawFigures();
5       }
6       this.printAffineTransform();
7   }
```

(5) "放大变换"按钮的 ActionPerformed 事件代码如下。

```
1   private void jButton4ActionPerformed(java.awt.event.ActionEvent evt) {
2       // TODO add your handling code here:
3       AffineTransform af=new AffineTransform();
4       af.setToScale(af.getScaleX()*1.5,af.getScaleY()*1.5);     //放大变换
5       g2d.setTransform(af);
6       this.drawFigures();
7       this.printAffineTransform();
8   }
```

(6) "缩小变换"按钮的 ActionPerformed 事件代码如下。

```
1   private void jButton5ActionPerformed(java.awt.event.ActionEvent evt) {
2       AffineTransform af=new AffineTransform();
3       af.setToScale(af.getScaleX()*0.8,af.getScaleY()*0.8);     //缩小变换
4       g2d.setTransform(af);
5       this.drawFigures();
```

(7) "默认变换"按钮的 ActionPerformed 事件代码如下。

```
1    private void jButton6ActionPerformed(java.awt.event.ActionEvent evt) {
2        AffineTransform af=new AffineTransform();
3        g2d.setTransform(af);
4        this.drawFigures();
5        this.printAffineTransform();
6    }
```

说明：默认变换是恒等变换，即图形没有发生任何改变。

(8) "剪切变换"按钮的 ActionPerformed 事件代码如下。

```
1    private void jButton7ActionPerformed(java.awt.event.ActionEvent evt) {
2        // TODO add your handling code here:
3        AffineTransform af=g2d.getTransform();
4        Random random =new Random();
5        af.setToShear(random.nextDouble(),random.nextDouble());
6        g2d.setTransform(af);
7        this.drawFigures();//绘制图形
8        this.printAffineTransform();
9    }
```

(9) "逆向变换"按钮的 ActionPerformed 事件代码如下。

```
1    private void jButton10ActionPerformed(java.awt.event.ActionEvent evt) {
2        AffineTransform af1=g2d.getTransform(),af2;
3        try {
4            af2=af1.createInverse();
5            g2d.setTransform(af2);
6        } catch (NoninvertibleTransformException ex) {
7            ex.printStackTrace();
8        }
9        this.drawFigures();
10   }
```

(10) "刷新清除"按钮的 ActionPerformed 事件代码如下。

```
private void jButton9ActionPerformed(java.awt.event.ActionEvent evt) {
    jPanel1.repaint();
}
```

说明：由于 jPanel1.paint(…)内无实质内容，所以 jPanel1.repaint()调用又调用了 jPanel.paint(…)方法，这样可以清除 jPanel1 组件上的绘图内容。

14.1.5 图形运算

1. Shape 接口

Shape 接口提供了表示一些几何形状对象的定义。Shape 是由 PathIterator 对象描述的，它可以表示 Shape 的轮廓以及确定该轮廓如何将 2D 平面划分成内点和外点的规则。而 Arc2D、Arc2D.Double、Arc2D.Float、Area、BasicTextUI.BasicCaret、CubicCurve2D、CubicCurve2D.Double、CubicCurve2D.Float、

DefaultCaret、Ellipse2D、Ellipse2D.Double、Ellipse2D.Float、GeneralPath、Line2D、Line2D.Double、Line2D.Float、Polygon、QuadCurve2D、QuadCurve2D.Double、QuadCurve2D.Float、Rectangle、Rectangle2D、Rectangle2D.Double、Rectangle2D.Float、RectangularShape、RoundRectangle2D、RoundRectangle2D.Double、RoundRectangle2D.Float、Polygon、GeneralPath 等实现了该接口。

Shape 接口的定义方法如下。

boolean contains(double x, double y)：测试指定坐标是否在 Shape 的边界内。

boolean contains(double x, double y, double w, double h)：测试 Shape 内部是否完全包含指定的矩形区域。

boolean contains(Point2D p)：测试指定的点是否在 Shape 的边界内。

boolean contains(Rectangle2D r)：测试 Shape 内部是否完全包含指定的矩形。

Rectangle getBounds()：返回一个完全包围 Shape 的整型 Rectangle。

Rectangle2D getBounds2D()：返回一个高精度的，比 getBounds 方法更准确的 Shape 边界框。

PathIterator getPathIterator(AffineTransform at)：返回一个沿着 Shape 边界迭代，并提供对 Shape 轮廓几何形状的访问的迭代器对象。

PathIterator getPathIterator(AffineTransform at, double flatness)：返回一个沿着 Shape 边界迭代，并提供对 Shape 轮廓几何形状的平面视图访问的迭代器对象。

boolean intersects(double x, double y, double w, double h)：测试 Shape 内部是否与指定矩形区域的内部相交。

boolean intersects(Rectangle2D r)：测试 Shape 内部是否与指定 Rectangle2D 内部相交。

2. Area 类

Area 类是定义任意形状区域。Area 对象是作为对其他封闭区域的几何形状(如矩形、椭圆形和多边形)执行某些二进制 CAG(Constructive Area Geometry，构造区域几何图形)操作的对象而定义的。CAG 操作包括 Add(union)、Subtract、Intersect 和 ExclusiveOR。例如，一个 Area 可以由一个矩形区域减去一个椭圆形区域组成。

Area 类的主要方法如下。

Area()：创建空区域的默认构造方法。

Area(Shape s)：Area 类可以根据指定的 Shape 对象创建区域几何形状。

void add(Area rhs)：将指定 Area 的形状添加到此 Area 的形状中。

void exclusiveOr(Area rhs)：将此 Area 的形状设置为其当前形状与指定 Area 形状的组合区域，并减去其交集。

void intersect(Area rhs)：将此 Area 的形状设置为其当前形状与指定 Area 形状的交集。

boolean intersects(double x, double y, double w, double h)：测试此 Area 对象的内部是否与指定矩形区域的内部相交。

boolean intersects(Rectangle2D p)：测试此 Area 对象的内部是否与指定 Rectangle2D 的内部相交。

boolean isEmpty()：测试此 Area 对象是否包括其他区域。

boolean isPolygonal()：测试此 Area 是否完全由直边多边形组成。

boolean isRectangular()：测试此 Area 的形状是否是矩形。

boolean isSingular()：测试此 Area 是否由单个封闭子路径组成。

void reset()：从此 Area 删除所有几何形状，将其恢复为空区域。

void subtract(Area rhs)：从此 Area 的形状中减去指定 Area 的形状。

void transform(AffineTransform t)：使用指定的 AffineTransform 变换此 Area 的几何形状。

例如，可以定义如下代码。

```
Area a1=new Area();
Shape s1=new Rectangle2D(100,100,300,300);
Area a2=new Area(s1);
```

例 14-8 创建如图 14-9 所示的窗体应用程序，其窗体左边是 jPanel1 对象，右边是绘制各种图形的按钮。

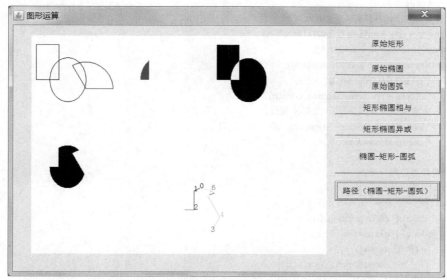

图 14-9 例 14-8 的程序界面

3. PathIterator 接口

PathIterator 接口允许调用方一次一段地获取边界的路径，为实现 Shape 接口的对象提供返回其边界几何形状的机制。PathIterator 接口中定义的常量如表 14-1 所示。

表 14-1 PathIterator 接口中的常量

类 型	字 段 名 称	字 段 意 义
int	SEG_CLOSE	该段类型常量指定应该通过将线段追加到与最新 SEG_MOVETO对应的点来关闭前面的子路径
int	SEG_CUBICTO	该段类型常量针对某 3 个点的集合，指定要根据最新指定点绘制的三次参数曲线
int	SEG_LINETO	该段类型常量针对某个点，指定要根据最新指定点绘制的线的结束点
int	SEG_MOVETO	该段类型常量针对某个点，指定新子路径的起始位置
int	SEG_QUADTO	该段类型常量针对某个点，指定要根据最新指定点绘制的二次参数曲线
int	WIND_EVEN_ODD	用于指定确定路径内部的奇偶规则的缠绕规则常量
int	WIND_NON_ZERO	用于指定确定路径内部的非零规则的缠绕规则常量

PathIterator 接口中的方法如下。

int currentSegment(double[] coords)：使用迭代返回当前路径段的坐标和类型。

int currentSegment(float[] coords)：使用迭代返回当前路径段的坐标和类型。

int getWindingRule()：返回用于确定路径迭代的缠绕规则。

boolean isDone()：测试迭代是否完成。

void next()：只要最初的遍历方向上还存在点，就沿该方向将迭代器移动到下一个路径段。

例 14-9 完善例 14-8，绘制路径按钮(椭圆—矩形—圆弧)。

(1) 先定义大致绘制区域对象方法 drawArea(Area area)。

```
1   public void drawArea(Area area){
2       af.translate(300, 300);
3       //保存类型和坐标
4       ArrayList<double[]> points = new ArrayList<double[]>();
5       //记录线段
6       ArrayList<Line2D.Double> segments;
7       segments= new ArrayList<Line2D.Double>();
8       double[] coords = new double[6];
9       PathIterator pit=area.getPathIterator(af);
10      for (;!pit.isDone();pit.next()){
11          int type = pit.currentSegment(coords);
12          //定义数组{片段类型,x 坐标,y 坐标}
13          double[] coordinates = {type, coords[0], coords[1]};
14          points.add(coordinates);
15      }
16      //记录多边形开始点
17      double[] start = new double[3];
18      for (int i = 0; i<points.size(); i++) {
19          double[] curE=points.get(i);
20          double[] nextE={-1,-1,-1};
21          if (i<points.size()-1)
22              nextE=points.get(i+1);
23          //建立线
24          if (curE[0] == PathIterator.SEG_MOVETO)
25              start = curE;                    //记录多边形的开始点，以便闭合图形
26          if (nextE[0] == PathIterator.SEG_LINETO){
27              Line2D.Double  line=new Line2D.Double(curE[1],
28                      curE[2],nextE[1], nextE[2]);
29              segments.add(line);
30          }
31          else if (nextE[0] == PathIterator.SEG_CLOSE) {
32              Line2D.Double  line= new Line2D.Double(curE[1],
33                      curE[2],start[1], start[2]);
34              segments.add(line);
35          }
36      }
37      Color c[]={Color.BLACK,Color.BLUE,Color.MAGENTA,Color.ORANGE,
38      Color.PINK,Color.RED,Color.YELLOW};
39      Color color=g2d.getColor();              //得到各线段
40      //绘制各线段
41      for (int i=0;i<segments.size();i++){
42          Line2D.Double line=segments.get(i);
43          g2d.drawString(""+i,(float)line.getX1(),(float)line.getY1());
44          g2d.setColor(c[i%c.length]);         //变换绘图颜色
45          g2d.draw(line);                      //绘图线 line
46      }
```

```
47        g2d.setColor(color);              //恢复系统绘图颜色
48        af.translate(-300,-300);
49        System.out.println(segments.size());
50    }
```

(2)"路径"(矩形—椭圆—圆弧)按钮的 ActionPerformed 事件代码如下。

```
1 private void jButton7ActionPerformed(java.awt.event.ActionEvent evt) {
2       Area area1=new Area(rectangle);
3       Area area2=new Area(ellipse);
4       Area area3=new Area(arc);
5       area2.subtract(area1);
6       area2.subtract(area3);
7       this.drawArea(area2);
8   }
```

说明:第 2~4 行定义 3 个 Area 对象,第 5、6 行进行区域减法操作,第 7 行绘制区域 area2。

14.2 绘制图像

Java 语言中与绘制图像相关的类和接口主要有 Image 类、ImageIcon 类、BufferedImage 类以及 Icon 接口等,其中 Image 类、ImageIcon 类、BufferedImage 类之间的类层次关系如图 14-10 所示。

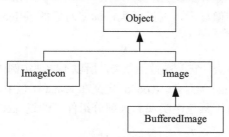

图 14-10 图像类的类层次图

1. ImageIcon 类和 Icon 接口

ImageIcon类和Icon接口定义于javax.swing包中,本书第 11 章讲述了ImageIcon类,此处不再详述。对于Swing组件,凡是由AbstractButton类继承而来的组件(如JLabel、JButton等),都从AbstractButton类继承了setIcon(Icon icon)方法,并通过setIcon(Icon icon)方法设置组件本身的显示图像,如果参数icon等于null,则组件不显示图像。

例 14-10 创建的窗体应用程序(DrawImageIcon)如图 14-11 所示。当单击"显示图片"按钮时,则在左边标签中显示图片,而当单击"标签不显示图片"按钮时,左边标签中不显示图片。

图 14-11 例 14-10 的运行程序界面

(1) 创建 DrawImageIcon 类。

```
1   public class DrawImageIcon extends javax.swing.JDialog {
2       public DrawImageIcon(java.awt.Frame parent, boolean modal) {
3           super(parent, modal);
4           initComponents();
5           Icon im=new ImageIcon("C:\\netGames\\imagesOfExample\\button.jpg");
6           jButton1.setIcon(im);              //设置组件的显示图像
7       }
8       …
9   }
```

(2) 显示"图片"按钮的 ActionPerformed 事件代码如下。

```
1   private void jButton1ActionPerformed(java.awt.event.ActionEvent evt) {
2       ImageIcon icon=new ImageIcon("C:\\netGames\\imagesOfExample\\dog1.jpg");
3       jLabel1.setIcon(icon);
4   }
```

(3) "标签不显示图片"按钮的 ActionPerformed 事件代码如下。

```
1   private void jButton2ActionPerformed(java.awt.event.ActionEvent evt) {
2       jLabel1.setIcon(null);
3       jLabel1.setText("不显示图片");
4   }
```

说明：如果取消组件的图像显示，则只要执行标签对象的 setIcon(null)方法即可。

2. Image 类

java.awt 包中定义了 Image 类，它是图像抽象类，所以不能被实例化。但可以通过 Toolkit 类对象的 createImage(…)方法得到 Image 类对象。Toolkit 定义在 java.awt 包中，它是抽象超类，其子类被用于将各种组件绑定到特定本机工具包中实现。大部分组件可通过 getToolkit()方法得到与之相关的 Toolkit 对象。

Image 类的主要方法如下。

abstract void flush()：刷新此 Image 对象正在使用的所有资源。

abstract Graphics getGraphics()：创建供绘制闭屏图像使用的图形上下文。

abstract int getHeight(ImageObserver observer)：确定图像的高度。ImageObserver 是接收有关 Image 信息通知的异步更新接口。一般 Comment 和 JComment 组件都实现了 ImageObserver 接口。

Image getScaledInstance(int width, int height, int hints)：创建此图像的缩放版本。

abstract int getWidth(ImageObserver observer)：确定图像的宽度。

绘图类提供了 drawImage(…)方法用于绘制图像。

3. BufferedImage 类

BufferedImage 类描述具有可访问图像数据缓冲区的 Image。BufferedImage 由图像数据的 ColorModel 和 Raster 组成。

ColorModel 抽象类封装了将像素值转换为颜色分量(如红色、绿色和蓝色)和 alpha 分量的方法。为了将图像呈现到屏幕、打字机或其他图像上，必须将像素值转换为颜色和 alpha 分量。与此类方法的参数或返回值一样，可以把像素表示为 32 位 int 或基本类型的数组。ColorModel 颜色分量的数量、顺序和解释由其 ColorSpace 指定。与未包含 alpha 信息的像素数据一起使用的 ColorModel 将所有像素视为不透明的(即 alpha 值为 1.0)。

Raster 表示像素矩形数组的类，它定义了占据特定平面矩形区域的像素值，该区域不一定包括(0, 0)。该矩形也被称为 Raster 的边界矩形，并且可通过 getBounds 方法获得，它由 minX、minY、width 和 height 值定义。minX 和 minY 值定义了 Raster 左上角的坐标。

Raster 的 SampleModel 中 band 的数量和类型必须与 ColorModel 所要求的数量和类型相匹配，以表示其颜色和 alpha 分量。所有 BufferedImage 对象的左上角坐标都为(0,0)。因此，用来构造 BufferedImage 的任何 Raster 都必须满足 minX=0，且 minY=0。

BufferedImage 类的主要构造方法如下。

BufferedImage(int width, int height, int imageType)：构造一个类型为预定义图像类型之一的 BufferedImage。

BufferedImage(int width, int height, int imageType, IndexColorModel cm)：构造一个类型为预定义图像类型之一的 BufferedImage(TYPE_BYTE_BINARY 或 TYPE_BYTE_INDEXED)。其中 IndexColorModel 类是 ColorModel 的子类。

例如，创建一个不带透明色的 BufferedImage 对象 b1 和一个带透明色的 BufferedImage 对象 b2。

```
int w=200,h=300;
BufferedImage b1,b2;
b1=new BufferedImage(w, h, BufferedImage.TYPE_INT_RGB);
b2=new BufferedImage(w, h, BufferedImage.TYPE_INT_ARGB);
```

例 14-11 创建如图 14-12 所示的窗体应用程序(DrawImage.java)，显示指定的图片。

图 14-12 例 14-11 的程序界面

(1) DrawImage 类定义如下。

```
1   public class DrawImage extends javax.swing.JDialog {
2       Image bi=null;                                      //图像对象
3       Graphics2D g2d;
4       public DrawImage(java.awt.Frame parent, boolean modal) {
5           super(parent, modal);
6           initComponents();
7           g2d=( Graphics2D)jPanel1.getGraphics();
8           AffineTransform af=new AffineTransform();       //
9           af.setToScale(af.getScaleX()*0.4,af.getScaleY()*0.4); //缩小变换
10          g2d.setTransform(af);
11      }
12      …
13  }
```

(2)"显示图片1"按钮的 ActionPerformed 的代码如下。

```
1  private void jButton1ActionPerformed(java.awt.event.ActionEvent evt) {
2      Toolkit tool=jPanel1.getToolkit();//得到组件的 Toolkit 对象的引用
3      bi=tool.getImage("C:\\netGames\\imagesOfExample\\dog1.jpg");
4      g2d.drawImage(bi,0,0,jPanel1);
5  }
```

说明:此处利用组件的 getToolkit()方法得到 Toolkit 对象,然后利用该对象读取图像文件到 Image 对象。

(3)"显示图片2"按钮的 ActionPerformed 的代码见例 14-12。

(4)"图片另存为"按钮的 ActionPerformed 的代码见例 14-12。

(5)"刷新清除"按钮的 ActionPerformed 的代码如下。

```
1  private void jButton3ActionPerformed(java.awt.event.ActionEvent evt) {
2      jPanel1.repaint();            //重新绘制组件
3      bi=null;
4  }
```

说明:由于该对象的 paint(…)无实质性内容,所以此处 jPanel1对象的 repaint()方法相当于清除 jPanel1对象上的内容。

14.3 输入/输出图像

Java提供了javax.imageio包专门用来处理图像的输入输出问题。javax.imageio包主要有ImageReader 类、ImageWriter类、ImageIO类;javax.imageio包的主要接口有ImageInputStream、ImageOutputStream。

1. ImageReader 类和 ImageWriter 类

ImageReader 是用来解析和解码图像的抽象超类。要在 Java Image I/O 框架的上下文中读入图像的类,必须创建此类的子类。ImageWriter 类用来编码和写入图像的抽象超类,此类必须由 Java Image I/O 框架的上下文中写出图像的类为其创建子类。

通常由特定格式的服务提供程序类对 ImageWriter 对象进行实例化。服务提供程序类在 IIORegistry 中注册,后者使用前者进行格式识别和表示可用格式 reader 和 writer。

2. ImageInputStream 接口和 ImageOutputStream 接口

ImageInputStream 接口是供 ImageReader 使用的可查找输入流接口。各种输入源(如 InputStream、File 等)都可以通过此接口的恰当实现进行"包装",供 Image I/O API 使用。实现该接口的类有:FileCacheImageInputStream、FileCacheImageOutputStream、FileImageInputStream、FileImageOutputStream、ImageInputStreamImpl、ImageOutputStreamImpl、MemoryCacheImageInputStream、MemoryCacheImageOutputStream。

ImageOutputStream 是供 ImageWriter 使用的可查找输出流接口。各种输出目标(如 OutputStream、File 以及将来的快速 I/O 目标)都可以通过此接口的恰当实现进行"包装",供 Image I/O API 使用。

ImageOutputStream 接口与 OutputStream 类不同的是,ImageOutputStream 实现了 ImageInputStream 接口。

3. ImageIO 类

ImageIO 类包含一些用来读写图像流以及执行简单编码和解码的静态方法。这些方法主要如下。

static ImageInputStream createImageInputStream(Object ob)：返回一个 ImageInputStream，它将从给定的 Object 中获取输入。

static ImageOutputStream createImageOutputStream(Object o)：返回一个 ImageOutputStream，它将输出发送到给定 Object。

static ImageReader getImageReader(ImageWriter writer)：返回对应于给定 ImageWriter 的 ImageReader(如果有)；如果此 ImageWriter 的插件没有指定相应的 ImageReader，或者给定的 ImageWriter 没有注册，则返回 null。

static ImageWriter getImageWriter(ImageReader r)：返回对应于给定 ImageReader 的 ImageWriter(如果有)；如果此 ImageReader 的插件没有指定相应的 ImageWriter，或者给定的 ImageReader 没有注册，则返回 null。

static BufferedImage read(File inf)：返回一个 BufferedImage，作为使用从当前已注册 ImageReader 中自动选择的 ImageReader 解码所提供 File 的结果。

static BufferedImage read(ImageInputStream stream)：返回一个 BufferedImage，作为使用从当前已注册 ImageReader 中自动选择的 ImageReader 解码所提供 ImageInputStream 的结果。

static BufferedImage read(InputStream input)：返回一个 BufferedImage，作为使用从当前已注册 ImageReader 中自动选择的 ImageReader 解码所提供 InputStream 的结果。

static BufferedImage read(URL input)：返回一个 BufferedImage，作为使用从当前已注册 ImageReader 中自动选择的 ImageReader 解码所提供 URL 的结果。

static boolean write(RenderedImage im, String formatName, File output)：使用支持给定格式的任意 ImageWriter 将一个图像写入 File。

static boolean write(RenderedImage im, String formatName, ImageOutputStream o)：使用支持给定格式的任意 ImageWriter 将一个图像写入 ImageOutputStream。

static boolean write(RenderedImage im, String formatName, OutputStream output)：使用支持给定格式的任意 ImageWriter 将一个图像写入 OutputStream。

例如，定义如下代码读取图像文件。

```
File fileName = new File("c:\\netGames\\back1.jpg");
ImageInputStream iis = ImageIO.createImageInputStream(fileName);
BufferedImage bi=ImageIO.read(iis);
BufferedImage im=ImageIO.read(new File("d:\animal\dog.jpg"));
```

例如，定义如下代码写入图像文件。

```
BufferedImage bi;
File f = new File("c:\\netGames\\back1.jpg");
ImageIO.write(im, "jpg", f);
```

例 14-12 读写图像文件。完善例 14-11 的"显示图片 2"按钮和"图片另存为"按钮的代码。

(1) 编写读图像文件的 readImage(…)方法和写入图像文件的 writeImage(…)方法。

```
1    public BufferedImage readImage(String fileName){     //fileName 是带路径的文件名
2        try {
3            return ImageIO.read(new File(fileName));
```

```
4        } catch (Exception e) {
5            throw new RuntimeException(e);
6        }
7    }
8    //将 BufferedImage 对象写到文件中
9    public void writeImage(String fileName,String format){
10       try {
11           //读取图像文件
12           ImageIO.write((RenderedImage)bi, format, new File(fileName));
13       } catch (Exception e) {
14           System.out.println("");
15       }
16   }
```

说明：在写图像文件时，由 fileName 指定目标图像文件必须事先存在，而且由 format 指定的文件格式应该与目标图像文件格式一致。

(2) "显示图片 2" 按钮的 ActionPerformed 的代码如下。

```
1    private void jButton2ActionPerformed(java.awt.event.ActionEvent evt) {
2        //读取图像文件
3        bi=this.readImage("C:\\netGames\\imagesOfExample\\dog2.jpg");
4        g2d.drawImage(bi,0,0,jPanel1);//绘制图像
5    }
```

(3) "图片另存为" 按钮的 ActionPerformed 的代码如下。

```
1    private void jButton4ActionPerformed(java.awt.event.ActionEvent evt) {
2        if (bi!=null) {
3            this.writeImage("C:\\netGames\\imagesOfExample\\aaa.jpg","jpg");
4        }
5    }
```

14.4 绘制组件

Component 类提供了与绘制组件相关的主要方法。

paint(Graphics g)：该方法用来绘制组件。

paintAll(Graphics g)：该方法用来绘制组件及其所有子组件。

repaint()：该方法用来重绘组件，它需要调用 paint(…)方法或者 paintAll(…)方法。

很多时候，需要重载组件的 paint(Graphics g)方法，进行绘图组件。

例14-13 创建五子棋棋盘面板 WZQBoard(WZQBoard.java)，并建立应用程序(TestWZQ.java)，如图14-13所示。

(1) 创建五子棋棋盘类 WZQBoard，其父类是 JPanel。

```
1    public class WZQBoard extends javax.swing.JPanel {
2        private int width,height;        //棋盘宽度和高度
3        boolean selected;                //当前是否有棋子被选中
4        int startPx,startPy;             //选中的棋子的开始位置
5        int endPx,endPy;                 //选中的棋子最后走的位置
6        String fName;                    //棋盘背景文件的名字
7        Color colorOfLine;
```

```java
8       public WZQBoard() {
9           initComponents();
10          fName="back_chineseChess10.jpg";
11          colorOfLine=Color.BLACK;
12      }
13      //更新背景图像
14      public void updateBackground(String fileName){
15          fName=fileName;
16          this.update(this.getGraphics());
17      }
18      //设置背景
19      public void setBackPicture(Graphics g,String fileName){
20          int x=0,y=0;
21          int w,h;
22          w=this.getWidth();
23          h=this.getHeight();
24          String directory="c:/netGames/"+"imagesOfExample/";
25          ImageIcon   icon=new ImageIcon(directory+fileName);
26          g.drawImage(icon.getImage(),x,y,w,h,this);        //设置背景图片
27      }
28      //画五子棋棋盘方法
29      public void drawWZQBoard(Graphics2D g) {
30          float thick1=3.0f;                       //棋盘外围线画笔
31          BasicStroke bs1=new BasicStroke(thick1, BasicStroke.CAP_SQUARE, BasicStroke.JOIN_ROUND);
32          float thick2=1.0f;                       //棋盘内线画笔
33           BasicStroke bs2=new BasicStroke(thick1, BasicStroke.CAP_SQUARE, BasicStroke.JOIN_ROUND);
34          g.setColor(colorOfLine);                 //设置棋盘线的颜色
35          int i;
36           g.setStroke(bs2);                       //默认画的是棋盘内线
37          for (i=1;i<=19;i++){
38              if (i==1||i==19)                    //绘制棋盘外线
39                  g.setStroke(bs1);
40              else
41                  g.setStroke(bs2);
42              g.drawLine(width,i*height,19*width,i*height);
43              g.drawLine(i*width,height,i*width,19*height);
44          }
45          //画9个点
46          int j;
47          for (i=4;i<=16;i=i+6)
48              for (j=4;j<=16;j=j+6)
49                  g.drawOval(i*width-4, j*height-4, 8, 8);
50      }
51      @Override
52      public void paint(Graphics g1) {
53          width=(int)(this.getWidth()/20);         //计算五子棋每格的宽度
54          height=(int)(this.getHeight()/20);       //计算五子棋每格的高度
55          setBackPicture(g1,fName);                //设置棋盘背景图片
56          Graphics2D g=(Graphics2D)g1;
57          //画五子棋棋盘
58          drawWZQBoard(g);
```

```
59        }
60        private void formMouseMoved(java.awt.event.MouseEvent evt) {
61            Point point=evt.getPoint();
62            int x=(int)point.getX();
63            int y=(int)point.getY();
64            Graphics2D g=(Graphics2D)this.getGraphics();
65            float thick1=2.0f;
66            BasicStroke bs1=new BasicStroke(thick1, BasicStroke.CAP_BUTT, BasicStroke.JOIN_ROUND);
67            g.setStroke(bs1);
68            g.setPaintMode();
69            g.setColor(Color.MAGENTA);
70            Ellipse2D ellipse=new Ellipse2D.Double(x-16,y-16,32,32);
71            g.fill(ellipse);
72            this.repaint();
73        }
74 }
```

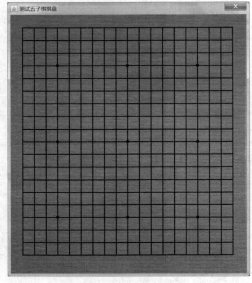

图 14-13 例 14-13 程序界面

(2) 编译当前项目后，产生项目类包。将创建的五子棋面板类 WZQBoard 加入 Netbeans 的组件面板。在组件面板上右击，在弹出的菜单中选择"组件面板管理器"，如图 14-14 所示。

在如图 14-14 所示的界面中，进入组件面板管理器之后，创建"我的组件"类别，选择从项目添加按钮。从中选择 WZQBoard，如图 14-15 所示。

至此，WZQBoard 组件就出现在组件面板的"我的组件"类别中，如图 14-16 所示。

(3) 创建基于 JDialog 类的测试类 TestWZQ。从组件面板上将 WZQBoard 组件类拖放到 TestWZQ 对话框上，这一操作与将按钮等组件拖放到 TestWZQ 对话框上没有什么分别。

图 14-14 进入组件面板管理器界面

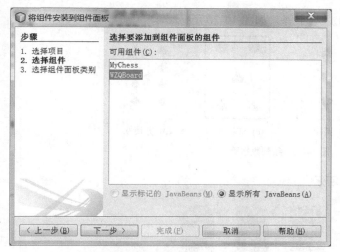

图 14-15　选择创建的 WZQBoard 组件

图 14-16　添加了 WZQBoard 组件的组件面板

习题 14

(1) 绘制如图 14-17 所示的基本图形。

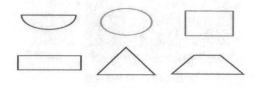

图 14-17　基本图形

(2) 绘制如图 14-18 所示的图形。

图 14-18　绘制图形

(3) 输入 a 和 b，输出 $y = a + b\cos x$ 的图形，要求绘出 x、y 轴以及刻度；按上箭头，图形放大；按下箭头，图形缩小。

(4) 输出如图 14-19 所示的图形。

(a) 黑桃　　(b) 红桃　　(c) 方块　　(d) 梅花

图 14-19　输出图形

(5) 创建牌组件 Card,能够绘制任意数字牌,如图 14-20 所示。

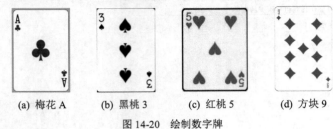

(a) 梅花 A　　　(b) 黑桃 3　　　(c) 红桃 5　　　(d) 方块 9

图 14-20　绘制数字牌

(6) 绘制牌 J、Q、K,如图 14-21 所示。

图 14-21　绘制扑克牌

(7) 绘制大王和小王。
(8) 绘制一个中国军棋棋盘图,并能够更换中国军棋的背景图。

第15章 线　　程

本章知识目标：
- 了解进程和线程的概念及它们之间的区别。
- 了解线程的定义、线程状态、守护线程、线程调度等概念，理解并掌握线程通信。
- 掌握定时器的使用方法。
- 理解 Java 进程的相关类的使用方法。

15.1 进程和线程的概念

在讲线程概念时，编程人员首先需了解进程的概念。什么是进程呢？

进程是具有独立功能的程序关于某种数据集合的一次运行活动。它可以申请和拥有系统资源，是一个动态的概念，是一个活动的实体。例如，在如图 15-1 所示的 Window 任务管理器中，可以发现系统正在运行的进程。如映像名称为 Maxthon.exe 的进程有若干个，但这些进程是不同的。尽管它们对应的程序(即映像名称)相同，但它们是彼此不同的运行实体。不同的进程，各自所占的资源也相互独立。

目前许多操作系统都是多任务操作系统(如 Windows、Linux 及 Unix 等)，此处的任务就是进程。

线程，也称为轻量级进程(Lightweight Process)，它是程序执行过程中路线的最小单

图 15-1　Windows 任务管理器

元。一般线程由线程编号、当前指令指针(PC)、寄存器集合和堆栈组成。另外，线程是进程中的一个实体，是被系统独立调度和分派的基本单位，线程自己不能拥有系统资源，只拥有一部分在运行中必不可少的资源，但它可与同属一个进程的其他线程共同享有该进程所拥有的全部资源。一个线程可以创建和撤销另一个线程，同一进程中的多个线程之间可以并发执行。线程之间的相互制约使得线程在运行中呈现出间断性。线程也有就绪、阻塞和运行3种基本状态。每一个进程至少有一个线程。如果程序只有一个线程，那就是程序本身。

在 Java 中，线程主要由以下三部分构成。
(1) 虚拟 CPU，它控制中线程的运行，主要由 Thread 类实现。
(2) 执行代码，线程的功能由此代码决定，由 Thread 类控制该代码依次执行。
(3) 各种数据，它们被传给线程 Thread 类。

15.2 线程定义

1. Thread 类

在 Java 语言中，定义的线程类是 Thread。Thread 类的主要方法如下。

Thread()：创建新的 Thread 对象。

Thread(Runnable target[, String name])：创建新的 Thread 对象，其中 target 是线程的运行对象，name 是线程名称。

Thread(ThreadGroup group, Runnable target[, String name[,long stackSize]])：创建新的 Thread 对象，以便将 target 作为其运行对象，将指定的 name 作为其名称，作为 group 线程组的一员，它具有指定的堆栈尺寸。

Thread(ThreadGroup group, String name)：创建新的 Thread 对象。

static int activeCount()：返回当前线程的线程组中活动线程的数目。

static Thread currentThread()：返回对当前正在执行的线程对象的引用。

static int enumerate(Thread[] tarray)：将当前线程的线程组及其子组中的每一个活动线程复制到指定的数组中。

long getId()：返回该线程的标识符。

String getName()：返回该线程的名称。

int getPriority()：返回线程的优先级。

Thread.State getState()：返回该线程的状态。

ThreadGroup getThreadGroup()：返回该线程所属的线程组。

void interrupt()：中断线程。

static Boolean interrupted()：测试当前线程是否已经中断。

void join()：等待该线程终止。

void join(long m)：等待该线程终止的时间最长为 m 毫秒。

void join(long m, int n)：等待该线程终止的时间最长为 m 毫秒+n 纳秒。

void run()：如果该线程是使用独立的 Runnable 运行对象构造的，则调用该 Runnable 对象的 run 方法；否则，该方法不执行任何操作并返回。

void setDaemon(boolean yn)：将该线程标记为守护线程或用户线程。

void setName(String name)：改变线程名称。

void setPriority(int n)：更改线程的优先级。

static void sleep(long m[, int n])：在指定的毫秒数加指定的纳秒数内让当前正在执行的线程休眠(暂停执行)，n 默认值是 0。

void start()：使该线程开始执行，这时 Java 虚拟机调用该线程的 run()方法。

static void yield()：暂停当前正在执行的线程对象，并执行其他线程。

2. Runnable 接口

Runnable 接口应该由打算通过某一线程执行其实例的类来实现。实现了 Runnable 接口的类必须定义一个称为 run()的无参数方法。

设计Runnable接口是为希望在活动时执行代码的对象提供一个公共协议。例如，Thread类实现了Runnable。激活是指某个线程已启动且尚未停止。

此外，Runnable 为非 Thread 子类的类提供了一种激活方式。通过实例化某个 Thread 实例并将自身作为运行目标，就可以运行实现 Runnable 的类而无须创建 Thread 类的子类。大多数情况下，如果只想写 run()方法，而不重写其他 Thread 方法，就可使用 Runnable 接口。除非程序员打算修改或增强类的基本行为，否则不应为该类创建子类。

3. ThreadGroup 类

ThreadGroup 是线程组，它表示线程的集合。定义线程组是为了对一批线程进行分类管理。当然，线程组也可以包含其他线程组。线程组构成一棵树，在树中，除了初始线程组外，每个线程组都有一个父线程组。

ThreadGroup 类的构造方法如下。

ThreadGroup(String name)：创建一个新线程组，其中 name 是线程组的名称。

ThreadGroup(ThreadGroup parent, String name)：创建一个新线程组，其中 parent 指定父线程组，name 是线程组的名称。

ThreadGroup 类中的其他主要方法如下。

int activeCount()：返回此线程组中活动线程的估计数。

int activeGroupCount()：返回此线程组中活动线程组的估计数。

void destroy()：销毁此线程组及其所有子组。

int enumerate(Thread[] list[, boolean r])：把此线程组中的所有活动线程复制到指定数组中。

int enumerate(ThreadGroup[] list[, boolean r])：把对此线程组中的所有活动子组的引用复制到指定数组中。

int getMaxPriority()：返回此线程组的最高优先级。

String getName()：返回此线程组的名称。

ThreadGroup getParent()：返回此线程组的父线程组。

void list()：将有关此线程组的信息输出到标准输出。

void setDaemon(boolean daemon)：更改此线程组的后台程序状态。

void setMaxPriority(int pri)：设置线程组的最高优先级。

4．定义线程的方法

定义线程的方法有以下 3 种。

(1) 创建 Thread 的子类，并重载该子类 Thread 的 run()方法。

```
class 子线程名称  extends Thread{
    …
    public void run(){
        …
    }
}
```

(2) 创建线程类，且该类实现 Runnable 接口，并重载方法 run()。

```
class 线程名称  implements Runnable{
    …
    public void run(){
```

(3) 创建 Runnable 接口的对象，然后利用该对象作为参数，创建 Thread 对象。

```
Runnable r=new Runnable(){
    public void run() {
        ...
    }
};
Thread t=new Thread(r);
```

例 15-1 创建判断一个数是否是素数的线程类 PrimeThread1 和 PrimeThread2。

```
class PrimeThread1 extends Thread {
    long n;
    PrimeThread1 (long n) {
        this.n = n;
    }
    public void run() {
        //判断数 n 是否是素数
        ...
    }
}
```

另外，编程人员还可以实现如下代码。

```
class PrimeThread2 implements Runnable {
    long n;
    PrimeThread1 (long n) {
        this.n = n;
    }
    public void run() {
        //判断数 n 是否是素数
        ...
    }
}
```

15.3 线程状态

在给定时间点上，一个线程只能处于一种状态。在 Java 中，线程可以处于下列任何一种状态。

NEW(新创建的未运行线程)：至今尚未启动的线程处于这种状态。

RUNNABLE(运行)：正在 Java 虚拟机中执行的线程处于这种状态。

BLOCKED(阻塞)：受阻塞并等待某个监视器锁的线程处于这种状态。

WAITING(等待)：无限期地等待另一个线程来执行某一特定操作的线程处于这种状态。

TIMED_WAITING(有限等待)：等待另一个线程来执行取决于指定等待时间的操作的线程处于这种状态。

TERMINATED(终止)：已退出的线程处于这种状态。

线程的状态如图 15-2 所示。

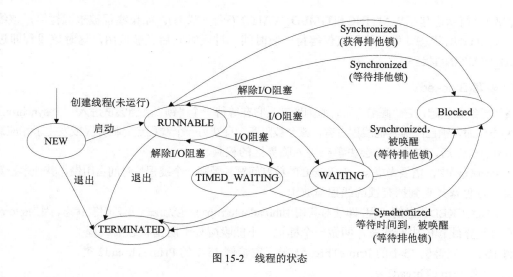

图 15-2 线程的状态

1. 创建线程(NEW)

在 Java 语言中，可以通过线程类 Thread 或者 Thread 的子类构造方法创建线程。而如果 Runnable 接口对象作为线程构造方法的参数，则该接口对象必须实现 run()方法。

例如，可以定义如下代码。

```
Thread t1=new Thread();
Thread t2=new Thread(new Runnable(){
    public void run(){
        …              //方法体
    }
});
PrimeThread1 p=new PrimeThread1();
```

2. 可运行状态(RUNNABLE)

线程处于运行 run()方法，线程从其他状态到此状态可以调用 start()方法。

例如，设 PrimeThread1 线程的对象如下。

```
p.start();
```

3. 终止状态(TERMINATED)

当线程 run()执行结束返回时，线程自动终止。在程序执行过程中，不建议调用线程类的 stop()方法来终止线程，因为该方法具有不安全性。用 Thread.stop 来终止线程，将释放它已经锁定的所有监视器。如果以前受这些监视器保护的任何对象都处于不一致的状态，则损坏的对象将对其他线程可见，这有可能导致意想不到的事情发生。stop()方法的许多使用都应由只修改某些变量以指示目标线程应该停止运行的代码来替代。目标线程应该定期检查这些变量，如果这些变量指示目标线程需要停止运行，则从其运行方法依次返回。如果目标线程等待很长时间(如基于一个条件变量)，则应该使用 interrupt()方法来中断该等待。

4. 等待状态(WAITING 和 TIMED_WAITING)

在Java中，当线程在执行中由于某些原因被暂停执行，这时调用线程的sleep()方法就可以进入等待状态(等待状态包括WAITING和TIMED_WAITING两种状态)。如果线程被永远暂停，该线程就进入WAITING状态。如果线程仅仅等待一段时间，过段时间后又被调用，这时该线程即进入TIMED_WAITING状态。

5. 阻塞(Blocked)

线程已经被挂起，它"睡着"了，原因通常是它在等待一个"锁"。当尝试进入一个synchronized语句块/方法时，锁已经被其他线程占有，就会被阻塞，直到另一个线程走完临界区或发生了相应锁对象的wait()操作后，它才有机会去争夺进入临界区的权利。

在 Java 代码中，需要考虑 synchronized 的粒度问题，否则一个线程长时间占用锁，其他争抢锁的线程会一直阻塞，直到拥有锁的线程释放锁。

处于BLOCKED状态的线程，即使对其调用thread.interrupt()，也无法改变其阻塞状态，因为interrupt()方法只是设置线程的中断状态，即做一个标记，不能唤醒处于阻塞状态的线程。

例 15-2 完善例 15-1 的 PrimeThread1 类，完善例 15-1 的 PrimeThread2 类。

(1) 完善 PrimeThread1 类。

```
1   public class PrimeThread1 extends Thread{
2       long n;
3       public PrimeThread1(long n) {
4           this.n = n;
5       }
6       public PrimeThread1(long n, String name) {
7           super(name);
8           this.n = n;
9       }
10      public void run() {
11          //判断数 n 是否是素数
12          long i;
13          boolean flag=false;
14          for (i=2;i<=n/2+1;i++){
15              if (n%i==0){ flag=true;break;}
16          }
17          if (flag)
18              System.out.println(n+"不是素数");
19          else
20              System.out.println(n+"是素数");
21      }
22      public static void main(String []arg){
23          PrimeThread1   t=new PrimeThread1(13);
24          t.start();
25          PrimeThread1   t1=new PrimeThread1(14,"sushu");
26          t1.start();
27      }
28  }
```

说明：线程类 PrimeThread1 的属性 n 表示需要判断是否是素数的数，重载 run()方法，该方法功能是：判断数 n 是否是素数。如果 n 是素数，则输出 n 是素数，否则输出 n 不是素数。在该例的 main(…)方法可以创建线程类 PrimeThread1 的对象 t，启动 t 线程对象，则可以判断 1033 是否是素数。

(2) 完善 PrimeThread2 类。

```
1   public class PrimeThread2 implements Runnable {
2       long n;
3       PrimeThread2 (long n) {
4           this.n = n;
5       }
6       public void run() {
7           //判断数 n 是否是素数
8           long i;
9           boolean flag=false;
10          for (i=2;i<=n/2;i++){
11              if (n%i==0){ flag=true;break;}
12          }
13          if (flag)
14              System.out.println(n+"不是素数");
15          else
16              System.out.println(n+"是素数");
17      }
18      public static void main(String []arg){
19          PrimeThread2    t=new PrimeThread2 (32);
20          t.run();
21      }
22  }
```

说明：PrimeThread2 实现了 Runnable 接口，所以只需要实现 run()方法。第 19 行定义了线程 PrimeThread2 的对象 t，第 20 行让对象 t 运行起来，只能调用 run()方法。

例 15-3 利用 Thread 创建线程，该线程的主要作用是：输入一个数，判断该数是奇数还是偶数，并输出主线程所在线程组的信息。

```
1   public class CreateThread {
2       public static void main(String[] args) {
3           //定义一个线程，该线程的名称是"判断奇偶数"
4           Thread t=new Thread(new Runnable(){
5               public void run(){
6                   Scanner sc=new Scanner(System.in);
7                   System.out.print("输入一个整数：");
8                   int n;
9                   n=sc.nextInt();
10                  if (n%2==0)
11                      System.out.println(n+"是偶数");
12                  else
13                      System.out.println(n+"是奇数");
14              }
15          },"判断奇偶数");
16          t.start();
17          //得到该线程所在线程组
18          ThreadGroup tg=t.getThreadGroup();
19          tg.list();//列出线程组中的线程
20      }
21  }
```

说明：该程序中有两个线程，一个是主线程 main，另一个是主线程 main 创建的"判断奇偶数"

线程。"判断奇偶数"线程的功能是用户输入一个数,然后判断该数是奇数还是偶数。另外,主线程还输出了它所在的线程组的信息。需要注意的是,先执行主线程代码,然后才执行其他线程。

例 15-4 创建线程组,线程组中每个线程的功能是求给定数的所有因子(1 除外)。

(1) 定义线程 FactorThread 类。

```java
1   public class FactorThread  extends Thread{
2       int num;
3       public FactorThread(int num, ThreadGroup group, String name) {
4           super(group, name);
5           this.num = num;
6       }
7       @Override
8       public void run() {
9           int i;
10          //得到当前线程所在的线程组
11          ThreadGroup tg=this.getThreadGroup();
12          //得到线程组的父线程组名称
13          String parentName=tg.getParent().getName();
14          //得到当前线程的名称
15          String threadGroupName=tg.getName();
16          String msg=parentName+"--->"+threadGroupName+":"+this.getName()+":["+num+"的因子:";
17          //得到 num 的因子
18          for (i=2;i<=num/2;i++)
19              if (num%i==0)
20                  msg=msg+i+",";
21          msg=msg+"]";
22          System.out.println(msg);//输出结果信息
23      }
24  }
```

(2) 创建 CreateThreadGroup 类。

```java
1   public class CreateThreadGroup {
2       public static void main(String[] args) {
3           ThreadGroup tg =new ThreadGroup("求因子线程组");
4           // 定义线程数组
5           FactorThread th[]=new FactorThread[5];
6           int i;
7           for (i=0;i<5;i++){
8               //随机产生 100 到 1000 以内的整数
9               int num=(int)(100+Math.random()*900);
10              //创建线程,且线程所在线程组是"求因子线程组"。线程名字是线程 i
11              th[i]=new FactorThread(num,tg,"线程"+i);
12          }
13          //输出当前线程的名称
14          System.out.println("主线程:"+Thread.currentThread().getName());
15          //输出当前线程所在的线程组信息
16          Thread.currentThread().getThreadGroup().list();
17          for (i=0;i<5;i++)
18              th[i].start();//启动线程
19      }
20  }
```

说明：main 线程组中包括主线程 main 和求因子线程组，而求因子线程组包括线程 0、线程 1、线程 2、线程 3 以及线程 4。

思考：

(1) 在 FactorThread 类中的 run()方法中，如果直接输出 msg 中的各信息，情况会怎么样？

(2) 如何改变线程的运行顺序？

15.4 守护线程

在 Java 中有两类线程，即用户线程(User Thread)和守护线程(Daemon Thread)。通俗地说，任何一个守护线程都是整个 JVM 中所有用户线程的大管家；只要当前 Java 虚拟机中还有任意一个非守护线程没有结束，它们的守护线程就要工作；只有当最后一个非守护线程结束时，守护线程才随着 Java 虚拟机一起结束工作。守护线程的作用是为其他线程的运行提供便利服务，它就是一个很称职的守护者。

将用户线程设为守护线程的办法是调用 Thread 类的 setDaemon(true)方法。

将线程 t 设为守护线程时，编程人员应该注意以下几点。

(1) t.setDaemon(true)必须在 t.start()之前调用，否则会发生 IllegalThreadStateException 异常。原因是不能把正在运行的常规线程设为守护线程。

(2) 守护线程应该永远不去访问系统资源，如数据库、文件等，因为它会在任何时候甚至正在进行某种操作时，发生中断。

(3) 守护线程在运行期间定义并由守护线程创建的线程，都自然而然地是守护线程。

例 15-5　创建守护线程类的测试类 DaemonTest，在其静态方法 main(…)中创建守护线程类 DaemonThread；而守护线程类 DaemonThread 在运行时创建 SubThread 线程类。SubThread 类主要功能是随机产生两个 0 到 100 以内的整数，并求它们的最大公约数。

(1) SubThread 类代码情况如下。

```
1   public class SubThread extends Thread{
2       int u1,v1;
3       int result=0;
4       //构造方法
5       public SubThread(String name) {
6           super(name);
7           //随机产生 0 到 100 以内的整数
8           u1=(int)(Math.random()*100);
9           v1=(int)(Math.random()*100);
10      }
11      @Override
12      public void run() {
13          //如果没有计算最大公约数，就计算
14          if(result==0)
15              result =this.getMaxCommonDivisor();
16          System.out.println("运行----"+this);
17          while (true)
18              Thread.yield();//暂停当前正在执行的线程对象，并执行其他线程
19      }
20      //得到最大公约数
21      public int getMaxCommonDivisor(){
```

```
22          int u=u1,v=v1,r=u;
23          while (r!=0){
24              u=v;
25              v=r;
26              r=u%v;
27          }
28          return v;
29      }
30      @Override
31      public String toString() {
32          String msg;
33          msg="线程名: "+this.getName()+", 优先级"+this.getPriority();
34          String msg1=this.isDaemon()?",守护线程":",用户线程";
35          msg=msg+msg1+",["+u1+","+v1+"的最大公约数是"+result+"]";
36          return msg;
37      }
38  }
```

说明：SubThread 类的 public int getMaxCommonDivisor()方法的功能是得到属性 u1、v1 的最大公约数。

(2) DaemonThread 类的代码情况如下。

```
1   public class DaemonThread extends Thread {
2       public DaemonThread(String name) {
3           super(name);
4       }
5       public void print(){
6           String msg;
7           msg="线程: "+getName()+", 优先级"+getPriority()+",是守护线程:"+isDaemon();
8           System.out.println(msg);
9           return;
10      }
11      @Override
12      public String toString() {
13          String msg;
14          String msg1=this.isDaemon()?",守护线程":",用户线程";
15          msg="线程名: "+this.getName()+", 优先级"+this.getPriority()+msg1;
16          return msg;
17      }
18      @Override
19      public void run() {
20          int i;
21          System.out.println("运行----"+this);
22          //定义子线程
23          SubThread subThread[]=new SubThread[5];
24          //创建子线程
25          for (i=0;i<5;i++)
26              subThread[i]=new SubThread("子线程 A"+i);
27          for (i=0;i<5;i++){
28              subThread[i].start();//启动线程
29          }
30      }
31  }
```

(3) DaemonTest 类的代码情况如下。

```
1   public class DaemonTest {
2       //输出线程信息
3       public static void print(Thread t){
4           String msg;
5           String msg1=t.isDaemon()?",守护线程":",用户线程";
6           msg="线程名: "+t.getName()+", 优先级"+t.getPriority()+msg1;
7           System.out.println(msg);
8           return;
9       }
10      public static void main(String[] args) throws InterruptedException {
11          //得到当前主线程
12          Thread t=Thread.currentThread();
13          //输出当前主线程
14          print(t);
15          DaemonThread  dt=new DaemonThread("守护线程 A");
16          dt.setDaemon(true);//将线程 dt 设置为守护线程
17          dt.start();//启动守护线程
18          //主线程睡眠 5 秒
19          TimeUnit.SECONDS.sleep(5);
20          //输出当前主线程
21          print(t);
22      }
23  }
```

说明：在运行 DaemonTest 类的 main(…)方法过程中，此时即 main 线程获得系统资源，main 线程处于运行状态，它首先创建了线程 A，然后利用 setDaemon()方法将线程 A 设为守护线程，同时还启动了线程 A，线程 A 创建的线程 A1、A2、A3 以及 A4 都是守护线程。然后，main 线程将睡眠 5 秒。此时线程 A 创建的若干个子线程(SubThread 的对象)将会被唤醒，分别进入运行状态。这些子线程(SubThread 对象)在运行过程中，得到了随机产生的两个数的最大公约数，并进入暂停状态。而 main 线程的睡眠时间到了后，就得到了系统资源，当其代码运行完成后，main 线程的生命结束。而子线程(A0、A1、A2、A3、A4)也自然而然地由系统回收了。

15.5 线 程 调 度

Java 中每一个线程都有优先级属性，在默认情况下，新建的线程的优先级与创建该线程的线程优先级相同。线程优先级的值是一个整数，其值的范围是区间[1,10]。而且在 Thread 类中定义了以下 3 个常量：NORM_PRIORITY(默认优先级，值为 5)、MIN_PRIORITY(最低优先级，值为 1)以及 MAX_PRIORITY(最高优先级，值为 10)。在 Java 语言中，通过线程 Thread 类的 setPriority(…)方法改变线程的优先级，并且通过线程 Thread 类的 getPriority( )方法得到线程的优先级。

例15-6 随机设置线程的优先级，观察它们的运行情况。定义线程类 PThread，其代码如下。

```
1   public class PThread  extends Thread {
2       public PThread(String name) {
3           super(name);
4       }
5       //主要返回线程的名称和优先级
```

```
 6      public String toString() {
 7          String msg;
 8          msg=this.getName()+"(优先级"+this.getPriority()+")";
 9          return msg;
10      }
11      @Override
12      public void run() {
13          int i=0;
14          System.out.println("运行"+this+"...");
15          while (i<10)
16          {
17              i++;
18              System.out.println(this+":累计到 i="+i);
19          }
20      }
21      public static void main(String[] args) throws InterruptedException {
22          int i;
23          PThread pThread[]=new PThread[5];//定义线程数组
24          for (i=0;i<5;i++)
25          {
26              //随机产生优先级数值
27              int n=(int)(1+Math.random()*10);
28              pThread[i]=new PThread("A"+i);          //创建线程 Ai
29              pThread[i].setPriority(n);              //设置线程 Ai 的优先级
30              System.out.print(pThread[i]+":");
31          }
32          System.out.println("");                     //输出换行
33          for (i=0;i<5;i++)
34              pThread[i].start();                     //启动线程
35      }
36 }
```

说明：从分析上面的运行结果可知，系统不是完全根据线程的优先级来决定其是否运行直至消亡，只是优先级高的线程可以获得更多的 CPU 使用权。究其原因，这涉及系统的线程调度策略。

在 Java 多线程环境中，为保证所有线程能按照一定的规则执行。JVM 实现了一个线程调度器，它定义了线程调度的策略，对 CPU 运算的分配进行了规定，按照这些特定的机制为多个线程分配 CPU 的使用权。

一般线程调度有抢占式调度和协同式调度两种模式。抢占式调度模式是指每个线程执行的时间、线程的切换都由系统控制。系统控制指的是在系统某种运行机制下，可能每个线程都分到一样的执行时间片，也可能是某些线程执行的时间片较长，甚至某些线程得不到执行的时间片。在这种机制下，一个线程的堵塞不会导致整个进程堵塞。

协同式调度模式指某一线程执行完后主动通知系统切换到另一线程上执行，这种模式就像接力赛一样，每人跑完自己的路程就把接力棒交接给接替者，接替者继续往下跑，如此反复。线程的执行时间由线程本身控制，线程切换可以预知。但这种调度模式有一个致命的弱点：如果一个线程编写有问题，该线程运行到一半就一直堵塞，从而可能导致整个系统崩溃。

15.6 线程通信

在多线程的实际运行过程中，这些线程之间需要共享数据、共同协作、相互通信，才能完成各自的任务。线程通信的方式有：①循环查询条件方式；②线程同步；③等待/通知机制。

15.6.1 循环查询方式

在循环查询方式下，假定存在两个线程 thread1 和 thread2，线程 thread1 不断地更改条件，另一线程 thread2 则不停地通过循环语句判断条件是否成立，由此实现线程间的通信。可是这种线程通信方式会浪费 CPU 资源。之所以说它浪费资源，是因为 JVM 调度器将 CPU 交给线程 thread2 执行时，它没做什么"有用"的事情，仅在不断地测试事先规定的条件是否成立。就类似于现实生活中，如果人们一直看着手机屏幕是否有电话来，而不去做其他的事情，这将浪费很多时间。另外，如果线程 thread1 无法将条件变更为线程 thread2 希望的条件，则 JVM 不停地执行 thread2，就会陷入死循环状态。而且循环查询方式，对于多线程(超过 2 个)相互通信，还会引起混乱。

例 15-7 假定厨师 A 只做一道麻婆豆腐，顾客 B 只点该菜。厨师 A 发现只要有订单，就做菜。如果厨师 A 当前已经做好菜的份数大于顾客 B 点菜的份数，则顾客 B 就吃掉所点份数的菜；如果厨师 A 当前已经做好菜的份数小于顾客 B 点菜的份数，则顾客 B 先吃掉部分菜，然后等待。

(1) 定义简单菜类 SimpleFood1，其属性包括食物名称、数量以及菜的单位。

```
1   public class SimpleFood1 {
2       String name;                    //菜的名称
3       int num;                        //菜的份数
4       String unit;                    //菜的单位
5       public SimpleFood1(String name, int num,String unit) {
6           this.name = name;
7           this.num = num;
8           this.unit=unit;
9       }
10      //吃菜方法，顾客定了 n 份的菜，返回值表示实际吃了几份菜
11      public int eatFood(int n,String   who){
12          int t;
13          if (num<=0) {                //当前菜的份数不够时
14              num=num-n;
15              System.out.println(who+"等待"+(-num)+this.unit+this.name);
16              return  0;
17          }
18          else{                        //当前已做好的菜份数大于 0
19              t=num-n;
20              if (t>=0) {              //当前已做好的菜份数大于顾客订菜的份数时
21                  System.out.println(who+"吃了"+n+this.unit+this.name);
22                  num=t;
23                  return n;
24              }
25              else{
26                  System.out.println(who+"吃了"+num+this.unit+this.name);
27                  System.out.println(who+",还等待"+(-t)+this.unit+this.name);
```

```
28                int temp;
29                temp=num;
30                num=t;
31                return temp;
32            }
33        }
34    }
35    //做菜方法
36    public boolean doCook(String cookName){
37        boolean flag=false;
38        if(num<0){
39            num=-num;
40            System.out.println(cookName+"做了"+num+this.unit+this.name);
41            flag=true;
42        }
43        return flag;
44    }
45 }
```

说明：在 SimpleFood1 中，public int eatFood(int n,String who)方法功能是顾客 who 订了 n 份菜，返回值表示他实际吃了几份菜。public boolean doCook(String cookName)方法功能是如果当前菜的份数小于 0，则厨师名为 cookName 的厨师做 num 份菜。

(2) 定义厨师类 Cook1，它包括菜类对象 sf。

```
1  public class Cook1 extends Thread{
2      SimpleFood1 sf;                          //菜类的对象
3      public Cook1(SimpleFood1 sf, String name) {
4          super(name);
5          this.sf = sf;
6      }
7      @Override
8      public void run() {
9          while (true){
10             if (sf.num<0)
11                 sf.doCook(this.getName());    //做菜
12             else
13                 try {
14                     Thread.sleep(1000);
15                 } catch (InterruptedException ex) {
16                     Logger.getLogger(Cook1.class.getName()).log(Level.SEVERE, null, ex);
17                 }
18         }
19     }
20 }
```

说明：Cook1 类的 run()功能是判断菜数量小于 0 时，做菜，否则休眠 1 秒钟。

(3) 顾客类 Client1，其代码如下。

```
1  public class Client1 extends Thread{
2      private SimpleFood1 sf;
3      private int num;                          //点菜的数量
4      public Client1(SimpleFood1 sf, String name) {
```

```
5              super(name);
6              this.sf = sf;
7              num=(int)(1+Math.random()*5);         //客人要的数量
8          }
9          @Override
10         public void run() {
11             System.out.println(this.getName()+"点了"+num+sf.unit+sf.name);
12             while (true){
13                 sf.eatFood(num, this.getName());    //
14                 try {
15                     Thread.sleep(3000);
16                 } catch (InterruptedException ex) {
17                     ex.printStackTrace();
18                 }
19                 num=(int)(1+Math.random()*5);      //客人要的数量
20                 System.out.println(this.getName()+"点了"+num+sf.unit+sf.name);
21             }
22         }
23     }
```

说明：顾客类 Client1 有两个属性，一个是菜类对象 sf，另一个是顾客点的菜的份数。该类的 run() 方法功能是先输出所点菜信息，进行吃菜操作，并睡眠 3 秒。

15.6.2 线程同步

当两个以上的线程共享某些数据时，可能需要对数据进行操作，如访问、修改、删除等，被共享的数据，称为临界资源。编程人员必须控制好这些操作，多线程随机访问临界资源，会造成数据不一致。

例如，如图 15-3 所示，在某数据库中，存在图书表 book，该表经常被多个线程同时修改和访问，线程 A、线程 B、线程 C 都进行还书操作，而线程 D 进行借书操作，假定它们都要操作的对象是图书编号为 W0019 的记录。在还书之前，线程 A、线程 B 和线程 C 同时访问图书编号 W0019 时，得到该记录库存量字段值为 1。线程 A、线程 B、线程 C 都执行操作(库存量=1+1=2)，结果该记录的库存量为 2；而线程 D 访问该记录时，发现库存量是 2，可以借书，线程 D 都执行操作(库存量=库存量-1)，结果该记录库存量最终值为 1。而实际上，该记录的库存量=1+1+1+1-1=3。这说明：多线程在共享数据过程中，由于它们可能同时更新数据信息，容易造成数据信息不一致，因此应该尽量避免这种情况发生。

图 15-3 多线程访问图书表 Book 的记录

例 15-8 多线程修改数据举例，共享数据没有锁。

(1) 定义数据类 Data。

```
1   public class Data {
2       private int d1=0;
3       private int d2=0;
4       private static long count=0;
5       public Data() { }
6       public Data(Data d) {
```

```
7            d1=d.d1;
8            d2=d.d2;
9        }
10   //线程 t 修改数据方法
11   public void   editData(int d,Thread t){
12       d1=d;
13       d2=d;
14       count++;
15       if (d1!=d2){
16           System.out.println(t.getName()+"发现：第"+count+"次信息出现不一致");
17       }
18   }
19 }
```

说明：Data 类中有两个私有属性 d1、d2，该类中有 public void editData(…)方法，一般情况下，如果只有一个线程运行，调用 editData(…)方法可以保证属性 d1 和 d2 一致。但多线程运行时，就无法保证属性 d1 和 d2 是一致的。

(2) 定义线程类 EditDataThread。

```
1  public class EditDataThread    extends Thread{
2    Data d;//定义要修改的数据
3    //构造方法
4    public EditDataThread(Data d,String name) {
5        super(name);
6        this.d = d;          //注意此处属性 d 是参数 d 的引用，主要是为了多线程共享
7    }
8    @Override
9    public void run() {
10       while (true)
11       {
12           //随机产生整数，范围为(0,1000)
13           int n=(int)(Math.random()*1000);
14           d.editData(n,this);//修改数据 data
15       }
16   }
17 }
```

说明：在定义 EditDataThread 类时，注意其构造方法中初始化属性 d(见上面程序的第 6 行)，切记不能写成 this.d=new Data(d)；否则将为 EditDataThread 类的属性 d 重新分配，属性 d 则不是参数 d 的引用。

(3) 定义测试类 NoSameDataTest。

```
1  public class NoSameDataTest {
2    public static void main(String[] args) {
3        Data data=new Data();                    //共享数据
4        EditDataThread t[]=new EditDataThread[10]; //线程数组
5        int i;
6        for (i=0;i<10;i++)
7            t[i]=new EditDataThread(data,"线程 A"+(i+1));
8        System.out.println("测验开始...");
9        for (i=0;i<10;i++)
10           t[i].start();                        //启动线程
11   }
12 }
```

运行测试类 NoSameDataTest，其运行结果如下。

```
测验开始...
线程 A2 发现：第 513 次信息出现不一致
线程 A1 发现：第 1148 次信息出现不一致
...
```

所以，当多线程访问共享数据时，在任意时刻，有且只有一个线程以独占方式访问共享的数据。而这种访问数据的方式，被称为同步。在 Java 语言中，为线程提供了线程同步方法。

为了实现线程同步，Java 语言引进了锁的概念。那么什么是锁呢？在 Java 语言中，每个对象和方法都只有一把锁，只要有线程来访问，就会上锁。其他所有线程在此期间，都无法访问已上锁的对象或方法。

Java 语言提供的锁就是 synchronized 和 Lock 接口。在 jdk1.5 之后，java.util.concurrent 包新增了 Lock 接口(以及相关实现类)，Lock 接口提供了与 synchronized 关键字类似的同步功能，但需要编程人员在使用时手动获取锁和释放锁。虽然 Lock 接口没有 synchronized 关键字自动获取和释放锁那样方便，但该接口具有了锁的可操作性、可中断获取以及超时获取锁等多种非常实用的同步操作；而且 Lock 接口还有 4 个非常强大的实现类(ReentrantLock、ReentrantReadWriteLock、ReentrantReadWriteLock.ReadLock 和 ReentrantReadWriteLock.WriteLock)。ReentrantLock 是可重入锁。可重入锁就是当前持有该锁的线程能够多次获取该锁，无须等待。

ReentrantReadWriteLock 是可读可写锁，该类使用两把锁来解决问题，一把锁是读锁，另一把锁是写锁。线程进入读锁的前提条件如下。

(1) 没有其他线程的写锁。

(2) 没有写请求或者有写请求，但调用线程和持有锁的线程是同一个。

线程进入写锁的前提条件如下。

(1) 没有其他线程的读锁。

(2) 没有其他线程的写锁。

ReentrantReadWriteLock.ReadLock 是可读锁，ReentrantReadWriteLock.WriteLock 是可写锁。

1. synchronized 实现同步

synchronized 实现锁的方法有以下两种。

方法一：

```
synchronized 返回值类型 方法名称(参数列表){
    …//方法的代码实现
}
```

说明：上面结构是实现方法同步。

方法二：

```
synchronized(对象名){
    …
    对象名.fun(…);            //调用对象的操作方法 fun(…)
    …
}
```

说明：上面结构是实现对象同步。

例15-9 利用 synchronized 修饰方法，避免发生不一致的情况。

(1) 定义类 Data1。

```
1   public class Data1 {
2       private int d1=0;
3       private int d2=0;
4       private static long count=0;
5       public Data1() { }
6       public Data1(Data1 d) {
7           d1=d.d1;
8           d2=d.d2;
9       }
10      //线程 t 修改数据方法
11      public synchronized void  editData(int d,Thread t){
12          d1=d;
13          d2=d;
14          count++;
15          if (d1!=d2){
16              System.out.println(t.getName()+"发现：第"+count+"次信息出现不一致");
17          }
18      }
19  }
```

(2) 定义 EditDataThread1 类。

```
1   public class EditDataThread1 extends Thread {
2       Data1 d;                              //定义要修改的数据
3       //构造方法
4       public EditDataThread1(Data1 d,String name) {
5           super(name);
6           this.d = d;                       //注意此处属性 d 是参数 d 的引用，主要是为了多线程共享
7       }
8       @Override
9       public void run() {
10          while (true)
11          {
12              //随机产生整数，范围为(0,1000)
13              int n=(int)(Math.random()*1000);
14              d.editData(n,this);//修改数据 data
15          }
16      }
17  }
```

(3) 编写测试类 SameDataTest1。

```
1   public class SameDataTest1 {
2       public static void main(String[] args) {
3           Data1 data1=new Data1();                        //共享数据
4           EditDataThread1 t[]=new EditDataThread1[10];//线程数组
5           int i;
6           for (i=0;i<10;i++)
7               t[i]=new EditDataThread1(data1,"线程 A"+(i+1));
8           System.out.println("测验开始...");
9           for (i=0;i<10;i++)
10              t[i].start();                               //启动线程
11      }
12  }
```

观察该类的运行结果，没有发现数据不一致的情况。

例15-10　利用 synchronized 修饰对象实现同步。在此处，只将例 15-9 中的"(2)定义 EditDataThread1 类"修改成如下形式。

```
1    public class EditDataThread  extends Thread{
2        Data d;                              //定义要修改的数据
3        //构造方法
4        public EditDataThread(Data d,String name) {
5            super(name);
6            this.d = d;                      //注意此处属性 d 是参数 d 的引用，主要是为了多线程共享
7        }
8        @Override
9        public void run() {
10           while (true)
11           {
12               //随机产生整数，范围在(0,1000)
13               int n=(int)(Math.random()*1000);
14               synchronized (d){
15                   d.editData(n,this);      //修改数据 data
16               }
17           }
18       }
19   }
```

然后再运行该例的测试类 NoSameDataTest，得到运行结果。数据不一致情况没有发生。

2. Lock 接口实现同步

Lock 接口定义的方法如下。

void lock()：获取锁。

void lockInterruptibly()：获取锁，除非当前线程被中断。

Condition newCondition()：返回绑定到 Lock 实例的新 Condition 实例。

boolean tryLock()：只有在调用时空闲，才可以获得锁。

boolean tryLock(long time, TimeUnit unit)：如果规定的等待时间是空闲的，并且当前线程没有被中断，就可以获取该锁。

void unlock()：释放锁。

Lock 接口实现锁的方法如下。

(1) 定义锁。

```
Lock lockName =… ;
```

例如，可以是 lockName=new ReentrantLock();或者 lockName=new Lock();。

(2) 定义方法。

```
修饰符 方法名称(参数列表){
    lockName.lock();            //加锁
    try {
        //由锁保护的代码
        …
    } finally {
        lockName.unlock();      //解锁
```

　　　　}
}

例 15-11　利用 Locked 实现线程同步操作。

(1) 创建类 Data2。

```
1   public class Data2 {
2       private final Lock lock=new ReentrantLock();        //定义锁
3       private int d1=0;
4       private int d2=0;
5       private static long count=0;
6       public Data2() { }
7       public Data2(Data2 d) {
8           d1=d.d1;
9           d2=d.d2;
10      }
11      //线程 t 修改数据方法
12      public void editData(int d,Thread t){
13          lock.lock();                                    //加锁
14          try
15          {
16              d1=d;
17              d2=d;
18              count++;
19              if(d1!=d2){
20                  System.out.println(t.getName()+"发现：第"+count+"次信息不一致");
21              }
22          } finally {
23              lock.unlock();                              //解锁
24          }
25      }
26  }
```

说明：在 Data2 类中定义了属性锁 lock，并初始化其值为 ReentrantLock 类的对象。重新定义 Data2 类的 public void editData(int d,Thread t)方法，在该方法的开头加上锁。

(2) 创建 EditDataThread2 类。

```
1   public class EditDataThread2 extends Thread {
2       Data2 d;                            //定义要修改的数据
3       //构造方法
4       public EditDataThread2(Data2 d,String name) {
5           super(name);
6           this.d = d;                     //注意此处属性 d 是参数 d 的引用，主要是为了多线程共享
7       }
8       @Override
9       public void run() {
10
11          while (true)
12          {
13              //随机产生整数，范围为(0,1000)
14              int n=(int)(Math.random()*1000);
15              d.editData(n,this);         //修改数据 data
16          }
```

```
17      }
18      public static void main(String[] args) {
19              Data2 data=new Data2();          //共享数据
20              EditDataThread2 t[]=new EditDataThread2[10];//线程数组
21              int i;
22              for (i=0;i<10;i++)
23                   t[i]=new EditDataThread2(data,"线程 A"+(i+1));
24              System.out.println("测验开始...");
25              for (i=0;i<10;i++)
26                   t[i].start();                //启动线程
27      }
28 }
```

3. 死锁概念

虽然线程同步可以避免造成数据访问的不一致性，但是，很多时候会造成死锁。那么何为死锁？它是指两个或两个以上的进程(线程)在执行过程中，因争夺资源而造成的一种互相等待的现象。若没有外在条件作用，它们将会无限期地等待下去。例如，线程 A 当前在操作处理资源 1，为此它给资源 1 上锁，而其他线程无法访问到资源 1，同时线程 A 还需要操作处理资源 2，才能够完成工作。但是，此时，资源 2 却被线程 B 操作处理，线程 B 给资源 2 上锁，而且其他线程(包括线程 A)不能操作处理资源 2，线程 B 还需要资源 1 才能够完成工作，但此时，线程 A 已经占用了资源 1，这样的话，线程 A 和线程 B 都不能运行工作，这种僵持状态，就是死锁。再如，如图 15-4 所示，在十字路口，由于交通信号灯坏了，造成了交通拥堵现象，这就是一种死锁现象。

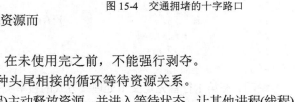

图 15-4 交通拥堵的十字路口

死锁形成的原因：①系统资源不充足；②进程(线程)运行的顺序不合适；③资源分配不合适。

死锁形成的条件如下。

(1) 互斥条件。所谓互斥就是线程(进程)在某一时间内独占资源。

(2) 请求与保持条件。一个线程(进程)因请求资源而阻塞时，对已获得的资源保持不放。

(3) 不剥夺条件。线程(进程)已获得资源，在未使用完之前，不能强行剥夺。

(4) 循环等待条件。若干线程之间形成一种头尾相接的循环等待资源关系。

解决死锁的方法之一是：让一部分进程(线程)主动释放资源，并进入等待状态，让其他进程(线程)先运行。

15.6.3 等待/通知机制

类层次结构的根类 Object 提供了如下方法，便于线程通信。

void notify()：唤醒在此对象监视器上等待的单个线程。

void notifyAll()：唤醒在此对象监视器上等待的所有线程。

void wait()：导致当前的线程等待，直到其他线程调用此对象的 notify()方法或 notifyAll()方法。

void wait(long timeout)：导致当前的线程等待，直到其他线程调用此对象的notify()方法或notifyAll()方法，或者超过指定的时间量。

void wait(long timeout, int nanos)：导致当前的线程等待，直到其他线程调用此对象的notify()方法或notifyAll()方法，或者其他某个线程中断当前线程，或者已超过某个实际时间量。

Object 类的 wait()与 notify()是 Java 同步机制中重要的组成部分。一般与 synchronized 关键字一起使用。

例 15-12 向一个账户内存取钱，A 向账户内存钱，而 B 从中取钱。注意：账户内有钱后才可以从中取出钱。该实例包括 3 个类：账户类 Account、人类 Person 和测试类 TestPersonThread。

(1) 定义账户类 Account(Account.java 文件)。

```
1   enum MoneyFlag{SAVE,DRAW}
2   public class Account {
3       float balance;
4       public Account() {
5           this.balance = 0;
6       }
7       @Override
8       public String toString() {
9           return "账户余额:" + balance+"元";
10      }
11      public boolean saveMoney(float num){
12          if  (num>0){
13              balance=balance+num;
14              return true;
15          }
16          else
17              return false;
18      }
19      public boolean   drawMoney(float num){
20          if (balance−num>0){         //存钱成功时，返回 true
21              balance=balance−num;
22              return true;
23          }
24          else                        //没有成功时，就返回 false
25              return false;
26      }
27  }
```

说明：在第 1 行首先定义了处理钱方式的枚举类型 MoneyFlag，其内包括两个枚举常量(SAVE(存钱)、DRAW(取钱))。并定义了存钱方法 saveMoney(float num)和取钱方法 drawMoney(float num)。

(2) 定义人类 Person(Person.java 文件)。

```
1   public class Person extends Thread{
2       String name;
3       Account account;
4       MoneyFlag flag;
5       public Person(String name, Account account, MoneyFlag flag) {
6           this.name = name;
7           this.account = account;
8           this.flag = flag;
```

```java
9      }
10     public void run(){
11         synchronized (account){
12             float num;
13             Random r=new Random();
14             boolean bflag=true;
15             while (true){
16                 if (this.flag==MoneyFlag.SAVE){
17                     try{
18                         num=r.nextFloat()*1000;              //钱的数量是随机的
19                         account.saveMoney(num);               //存入钱
20                         System.out.println(this.name+"存入"+num+"元,"+account);
21                         account.notify();                    //存完钱后，唤醒对方
22                         //释放 CPU 控制权，释放 account 锁，本线程阻塞，等待被唤醒
23                         account.wait();
24                     } catch (InterruptedException ex) {
25                         ex.printStackTrace();
26                     }
27                 }
28                 else
29                     try{
30                         num=r.nextFloat()*1500;              //钱的数量是随机的
31                         System.out.println(this.name+"想取出"+num+"元,"+account);
32                         do{
33                             bflag=account.drawMoney(num);
34                             if (!bflag){                     //如果取钱不成功，则通知对方
35                                 account.notify();
36                                 //释放 CPU 控制权，释放 account 锁，本线程阻塞，等待被唤醒
37                                 account.wait();
38                             }
39                         } while (!bflag);
40                         account.notify();//取完钱后，唤醒对方
41                         System.out.println(this.name+"取出"+num+"元,"+account);
42                         //释放 CPU 控制权，释放 account 锁，本线程阻塞，等待被唤醒
43                         account.wait();
44                     } catch (InterruptedException ex) {
45                         ex.printStackTrace();
46                     }
47             }//end of while
48         }
49     }
50 }
```

说明：在上面第 11 行通过 synchronized 实现更新 account 对象可同步操作。第 21、35、40 行代码的作用是唤醒对方，其中第 35 行是在取钱不成功的情况下唤醒对方，而第 21、40 行代码表示存、取钱成功之后唤醒对方。第 23、37、43 行的作用是释放 CPU 控制权、释放 account 的锁，本线程阻塞，等待被唤醒。

(3) 测试 TestPersonThread 类(TestPersonThread.java 文件)。

```java
1  public class TestPersonThread {
2      public static void main(String[] args) {
```

```
3        Account account=new Account();        //创建账户
4        Person alice=new Person("Alice",account,MoneyFlag.SAVE);
5        Person bob=new Person("Bob",account,MoneyFlag.DRAW);
6        System.out.println("当前"+account);
7        alice.start();                          //启动存钱线程
8        bob.start();                            //启动取钱线程
9    }
10 }
```

15.7 定 时 器

在实际编程过程中，很多时候需要按预定时间计划执行应用程序。而 Java 语言中，就提供了两个 Timer 类(在 java.util 包和 javax.swing.Timer 包)、TimerTask 类。

1. java.util 包中定义的 Timer 类

java.util 包中定义了定时器类 Timer，主要用于安排执行一次任务，或者定期重复执行指定任务。该类的主要方法如下。

Timer()：创建一个新计时器。

Timer(boolean isDaemon)：创建一个新计时器，可以指定其相关的线程作为守护程序运行。

Timer(String name)：创建一个新计时器，其相关的线程具有指定的名称。

Timer(String name, boolean isDaemon)：创建一个新计时器，其相关的线程具有指定的名称，并且可以指定作为守护程序运行。

void cancel()：终止此计时器，丢弃所有当前已安排的任务。

int purge()：从此计时器的任务队列中移除所有已取消的任务。

void schedule(TimerTask task, Date time)：安排在指定的时间执行指定的任务。

void schedule(TimerTask task, Date firstTime, long period)：安排指定的任务在指定的时间开始进行重复的固定延迟执行。

void schedule(TimerTask task, long delay)：安排在指定延迟后执行指定的任务。

void schedule(TimerTask task, long delay, long period)：安排指定的任务从指定的延迟后开始进行重复的固定延迟执行。

void scheduleAtFixedRate(TimerTask task, Date firstTime, long period)：安排指定的任务在指定的时间开始进行重复的固定速率执行。

void scheduleAtFixedRate(TimerTask task, long delay, long period)：安排指定的任务在指定的延迟后开始进行重复的固定速率执行。

2. TimerTask 类

在 java.util 包中还定义了 TimerTask 类，它是由 Timer 安排为一次执行或重复执行的任务。该类的主要方法如下。

protected TimerTask()：创建一个新的计时器任务。

TimerTask 类的其他主要方法如下。

boolean cancel()：取消此计时器任务。

abstract void run()：此计时器任务要执行的操作。

long scheduledExecutionTime()：返回此任务最近实际执行的安排执行时间。

使用定时器的方法如下。

(1) 先定义 TimerTask 任务类的子类，重新定义 run()方法。

(2) 定义 Timer 类的对象 t。

(3) 调用 Timer 对象 t 的 schedule 方法，安排在指定时间执行指定任务。

(4) 如果要取消定时器，则可以调用 Timer 对象 t 的 cancel()方法。

例 15-13　Timer 和 TimerTask 类的使用举例。

```
1   public class TimerTe2st2{
2       public static void main(String[] args){
3           Timer timer = new Timer();
4           MyTask myTask1 = new MyTask();
5           MyTask myTask2 = new MyTask();
6           myTask1.setInfo("任务 1");
7           myTask2.setInfo("任务 2");
8           //任务 1:一秒钟后执行，每两秒执行一次
9           timer.schedule(myTask1, 1000, 2000);
10          //任务 2: 2 秒后开始进行重复的固定速率执行(3 秒钟重复一次)
11          timer.scheduleAtFixedRate(myTask2, 2000, 3000);
12          while (true){
13              try{
14                  //用来接收键盘输入的字符串
15                  byte[] info = new byte[1024];
16                  int len = System.in.read(info);
17                  String strInfo = new String(info,0,len,"GBK");//从控制台读出信息
18                  if (strInfo.startsWith("q1")){
19                      myTask1.cancel();              //退出任务 1
20                  } else
21                      if (strInfo.startsWith("q2"))
22                          myTask2.cancel();          //退出任务 2
23                      else
24                          if (strInfo.startsWith("all")){
25                              timer.cancel();        //退出 Timer
26                              break;
27                          }
28              } catch (IOException e){
29                  e.printStackTrace();
30              }
31          }
32      }
33      static class MyTask extends java.util.TimerTask{
34          String info = "信息";
35          @Override
36          public void run(){
37              System.out.println(new Date() + "        " + info);
38          }
39          public void setInfo(String info){
40              this.info = info;
41          }
42      }
43  }
```

说明：定义一个 TimerTask 类的子类 MyTask，并重载 run()方法，该方法的功能是输出当前时间和任务名称(通过属性 info 指定)。在测试类 TimerTest2 的 main(…)方法中，第 3 行定义了 Timer 类的对象 timer；第 4、5 行定义了两个任务 myTask1、myTask2。可以通过调用 TimerTask 类的 cancel()方法，还可以通过调用 Timer 类的 cancel()方法取消定期执行的任务。

该程序输出结果显示各任务定期运行情况，当键入 q1 时，则任务 1 结束；当键入 q2 时，则任务 2 结束；当键入 all 时，所有的任务都结束运行。

3. javax.swing 包中定义的 Timer 类

在 Java 开发包中，java.util.Timer 类和 javax.swing.Timer 类两者都提供相同的基本功能，但是 java.util.Timer 更常用，功能更多。javax.swing.Timer 有两个特征，它们可以让使用 GUI 更方便。首先，其事件处理程序为 GUI 程序员所熟悉，并且可以更容易地处理事件指派线程。其次，其自动线程共享意味着不必采取特殊步骤来避免生成过多线程。

javax.swing.Timer 的主要方法如下。

Timer(int delay, ActionListener listener)：创建一个每 delay 毫秒将通知其侦听器的 Timer。

Swing 定义了 Timer 类在指定延迟之后触发一个或多个操作事件。设置一个计时器包括创建一个 Timer 对象，并在其上注册一个或多个操作侦听器，以及使用 start 方法启动该计时器。

int getDelay()：返回两次激发操作事件之间的延迟，以毫秒为单位。

int getInitialDelay()：返回该定时器的初始延迟。

void setInitialDelay(int initialDelay)：设置定时器的初始延迟，默认情况下与两次事件之间的延迟相同。

boolean isRepeats()：如果该 Timer 多次将一个操作事件发送到其侦听器，则返回 true(默认)。

void setRepeats(boolean flag)：如果 flag 为 false，则指示定时器只向其侦听器发送一次动作事件。

boolean isRunning()：如果该定时器正在运行，则返回 true。

void restart()：重新启动该 Timer，取消所有挂起的激发并使它激发其初始延迟。

void setDelay(int delay)：设置 Timer 的延迟，即两次连续的操作事件之间的毫秒数。

void start()：启动该 Timer，以使它开始向其侦听器发送操作事件。

void stop()：停止该 Timer，以使它停止向其侦听器发送操作事件。

创建 javax.swing.Timer 对象需要做到：

(1) 需要创建 ActionListener 接口的引用或者实现了 ActionListener 接口的类，并实现其 actionperformed(ActionEvent e)方法。

(2) 通过 Timer(int delay, ActionListener listener)创建定时器对象。

例 15-14 创建如图 15-5 所示的窗体应用程序 (ViewTime)，当单击"开始"按钮时，每隔一秒显示当前时间到标签(该标签有线边框修饰)；当单击"结束"按钮时，停止显示当前时间。

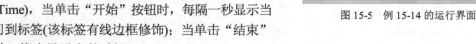

图 15-5 例 15-14 的运行界面

(1) 编写任务类 MyAction。

```
1    public class MyAction implements ActionListener {
2        JLabel label;         //定义了一个标签属性
3        //构造方法
4        public MyAction(JLabel l) {
```

```
5          this.label = l;
6      }
7      @Override
8      public void actionPerformed(ActionEvent e) {
9          Calendar c=Calendar.getInstance();
10         //定义简单日期格式
11         SimpleDateFormat f=new SimpleDateFormat("yyyy 年 MM 月 dd 日 HH 时 mm 分 ss 秒");
12         //得到当前时间的简单日期格式字符串
13         String s=f.format(c.getTime());
14         label.setText(s);
15     }
16 }
```

说明：首先，任务类 MyAction 实现了接口 ActionListener，所以它需要重载方法 public void actionPerformed(ActionEvent e)，该方法的功能是显示当前时间到标签上。其次，为了得到简单的日期格式字符串，程序第 11 行定义了简单日期格式对象 f，而且为 MyAction 类增加了标签对象 label。

(2) 定义窗体应用程序 ViewTime。

```
1  import javax.swing.Timer;
2  public class ViewTime extends javax.swing.JDialog {
3      Timer timer;                              //定时器
4      public ViewTime(java.awt.Frame parent, boolean modal) {
5          super(parent, modal);
6          initComponents();
7          //创建定时器对象，每隔 1 秒，执行任务 MyAction
8          timer=new Timer(1000,new MyAction(jLabel1)); //
9      }
10     …
11 }
```

说明：ViewTime 类中有定时器属性 timer。ViewTime 类的构造方法初始化了定时器对象 timer，它设定了每隔 1 秒，就执行任务 MyAction。另外，timer 的类型是 java.swing.Timer 类型。

(3) 定义"开始"按钮和"结束"按钮。

```
1  private void jButton1ActionPerformed(java.awt.event.ActionEvent evt) {
2      timer.start();
3  }
4  private void jButton2ActionPerformed(java.awt.event.ActionEvent evt) {
5      timer.stop();
6  }
7 }
```

说明：其中"开始"按钮的事件处理程序代码(第 1~3 行)的功能是启动定时器，使得定时器间隔 1 秒显示时间信息；而"结束"按钮的事件处理程序代码(第 4~6 行)的功能是取消定时器。

15.8 Java 进程

Java 语言中，除用到线程外，还需要使用进程。有关进程的使用情况，主要涉及 ProcessBuilder、Runtime、Process 以及 System 等类。

15.8.1 ProcessBuilder

ProcessBuilder 类用于创建操作系统进程。每个 ProcessBuilder 实例管理一个进程属性集。每个进程属性包括如下几项。

(1) 命令。它是一个字符串列表，表示要调用的外部程序文件及其参数(如果有)。

(2) 环境。它是从变量到值的依赖于系统的映射。初始值是当前进程环境的一个副本(可以参考 System.getenv())。

(3) 工作目录。默认值是当前进程的当前工作目录，通常可以根据系统属性 user.dir 来命名。

(4) redirectErrorStream 属性。开始时，此属性为 false，意思是子进程的标准输出和错误输出被发送给两个独立的流，这些流可以通过 Process.getInputStream()和 Process.getErrorStream()方法来访问。如果将值设为 true，标准错误将与标准输出合并，这使得关联错误消息和相应的输出变得更容易。在此情况下，合并的数据可从 Process.getInputStream()返回的流读取，而从 Process.getErrorStream()返回的流读取将直接到达文件尾。

ProcessBuilder 类的构造方法如下。

ProcessBuilder(List<String> command)：利用指定的操作系统程序和参数构造一个进程生成器。
ProcessBuilder(String command)：利用指定的操作系统程序和参数构造一个进程生成器。

ProcessBuilder 类的主要方法如下。

List<String> command()：返回此进程生成器的操作系统程序和参数。
ProcessBuilder command(List<String> command)：设置此进程生成器的操作系统程序和参数。
ProcessBuilder command(String command)：设置此进程生成器的操作系统程序和参数。
File directory()：返回此进程生成器的工作目录。
ProcessBuilder directory(File directory)：设置此进程生成器的工作目录。
Map<String,String> environment()：返回此进程生成器环境的字符串映射视图。
boolean redirectErrorStream()：通知进程生成器是否合并标准错误和标准输出。
ProcessBuilder redirectErrorStream(boolean b)：设置此进程生成器的 redirectErrorStream 属性。
Process start()：使用此进程生成器的属性启动一个新进程。

例 15-15 创建一个进程，该进程运行记事本程序，打开进程程序文件所在位置的文件 file1.txt，如果该文件不存在，则创建该文件。

```
1  public class StartNote {
2      public static void main(String[] args) throws IOException {
3          //创建进程生成器
4          ProcessBuilder pb = new ProcessBuilder("C:\\Windows\\system32\\notepad.exe", "file.txt");
5          //利用进程生成器创建进程，并启动该进程
6          Process p=pb.start();
7      }
8  }
```

15.8.2 Runtime 类

在 Java 语言中，每个 Java 应用程序都有一个 Runtime 类实例，使应用程序能够与其运行的环境相连接。应用程序不能创建自己的 Runtime 类实例，但是编程人员可以利用 getRuntime 方法获取当前的 Runtime 类实例。

Runtime 类中的主要方法如下。

void addShutdownHook(Thread hook)：注册新的虚拟机来关闭挂钩。

int availableProcessors()：向 Java 虚拟机返回可用处理器的数目。

Process exec(String command)：在单独的进程中执行指定的字符串命令。

Process exec(String[] cmds)：在单独的进程中执行指定命令和变量。

void exit(int status)：通过启动虚拟机的关闭序列，终止当前正在运行的 Java 虚拟机。

long freeMemory()：返回 Java 虚拟机中的空闲内存量。

void gc()：运行垃圾回收器。

static Runtime getRuntime()：返回与当前 Java 应用程序相关的运行时对象。

void halt(int status)：强行终止目前正在运行的 Java 虚拟机。

void load(String filename)：加载作为动态库的指定文件名。

void loadLibrary(String libname)：加载具有指定库名的动态库。

例 15-16 创建访问网易网站进程。

```
1   public class StartIE {
2       public static void main(String[] args) throws IOException {
3           //设置命令参数
4           String cmd[]={"C:  \\Program Files (x86)\\Internet Explorer\\iexplore.exe","www.163.com"};
5           //得到当前运行时
6           Runtime rt=Runtime.getRuntime();
7           //在进程中执行指定的字符串命令
8           Process p=rt.exec(cmd);
9       }
10  }
```

说明：第 4 行定义了一个字符串数组 cmd，它保存了需要运行进程的文件名和运行参数。第 6 行得到当前运行时实例。

15.8.3 Process 类

Process 类是抽象类，由 ProcessBuilder 和 Runtime.exec(…)方法创建一个本机进程，并返回 Process 子类的一个实例，该实例可用来控制进程并获取相关信息。Process 类提供了执行从进程输入、执行输出到进程、等待进程完成、检查进程的退出状态以及销毁(杀掉)进程的方法。

有时创建的子进程与父进程之间通信会导致错误。例如，本机窗口进程、守护进程以及 Microsoft Windows 上的 Windows16/DOS 进程，或者 shell 脚本。创建的子进程没有自己的终端或控制台。它所有标准输入输出(即 stdin、stdout、stderr)操作都将通过 3 个流(getOutputStream()、getInputStream()、getErrorStream())重定向到父进程。父进程使用这些流来提供到子进程的输入和获得从子进程的输出。因为有些本机平台仅针对标准输入和输出流提供有限的缓冲区大小，如果读写子进程的输出流或输入流迅速出现失败，则可能导致子进程阻塞，甚至产生死锁。

Process 类的主要方法如下。

abstract void destroy()：杀掉子进程。

abstract int exitValue()：返回子进程的出口值。

abstract InputStream getErrorStream()：获得子进程的错误流。

abstract InputStream getInputStream()：获得子进程的输入流。
abstract OutputStream getOutputStream()：获得子进程的输出流。
abstract int waitFor()：导致当前线程等待，如果必要，一直要等到由该 Process 对象表示的进程已经终止。

图 15-6 给出父进程得到子进程的输入、输出流的方法。

图 15-6　父进程得到子进程的输入输出流

说明：利用 Process 类获取子进程的输入流和输出流，一般需要子进程的具体输出情况，才能得到详细的相关信息。

习题 15

(1) 创建 4 个线程，要求它们合作产生 100 个不同的素数(每个素数要求大于 0)，并统计各个线程产生的素数个数，最后输出这些素数。

(2) 有 1 个银行账号，有若干个人向其内存钱，而另外一些人从中取钱。请编写程序模拟实现这种情况。

(3) 有 1 个售票窗口，出售 20 张车票。现在有 30 个人都希望买到车票。当每个人去买票时，他/她会排队买票。当车票卖完了，就不再对外售票。请编写程序模拟实现这种情况。

(4) 有4个售票窗口，出售60张车票。现在有100个人都希望买到车票。当每个人去买票时，他/她会找排队人数最少的窗口排队买票。当车票卖完了，就不再对外售票。请编写程序模拟实现这种情况。

(5) 龟兔赛跑问题：假设跑道距离是 20 米，兔的速度是 0.5 米/秒，而它每跑 2 米休息 10 秒；乌龟的速度是 0.1 米/秒，不休息；一方谁先跑到终点，比赛就结束。请问谁先跑到终点？

(6) 如图 15-7 所示，有两辆汽车按固定线路(如路线 A—B—C—D—E—F—G—H—I)来回行驶，每辆车上有司机、售票员。汽车可以在各站点搭载若干名乘客(说明：每辆汽车上有额定载客人数)；售票员将车门关好后，司机可以开车运行；车停稳后，售票员可以开车门，乘客等车停稳并且门打开后，可以上下车。当无人上下车时，则售票员将车门关好。

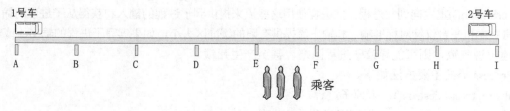

图 15-7　客运示意图

(7) 假定有若干间自修教室,每个自修教室有若干个座位供学生自学,每个学生自学的时间不定,当某个座位空的时候,需要自学的学生可以去占用自学。而当座位上有人时,想自学的学生(没有座位可坐)只能等待。为了让自修室利用率更高,每个学生根据空位数据去抢占空位。

(8) 创建一个作业报警器程序,在 10 分钟内,每隔 1 分钟就提示"别忘了作业"。

(9) 创建屏幕保护程序。画 4 个圆,每隔一秒钟,这些圆在屏幕上随机变化位置和颜色。

(10) 创建窗体应用程序,模拟实现习题(5)的龟兔赛跑问题。

第16章 网络编程

本章知识目标：
- 理解网络基础知识(如 IP 地址、域名系统、端口等)。
- 理解并掌握 Java 地址类。
- 掌握 Socket、UDP、多播、广播等编程。

16.1 网络基础知识

计算机网络，是指将地理位置不同的具有独立功能的多台计算机及其外部设备，通过通信线路连接起来，在网络操作系统、网络管理软件及网络通信协议的管理和协调下，实现资源共享和信息传递的计算机系统。虽然国际标准化组织(ISO)提出了一个试图使各种计算机在世界范围内互连为网络的标准框架(OSI)，但该标准过于复杂，并没有流行起来。Internet 发展至今，它所采纳的网络协议——TCP/IP 协议，成为事实上的网络协议。

TCP/IP 协议(Transmission Control Protocol/Internet Protocol，传输控制协议/互联网络协议)是 Internet 最基本的协议。在 Internet 没有形成之前，世界各地已经建立了很多小型网络，但这些网络存在不同的网络结构和数据传输规则，要将它们连接起来互相通信，就好比要让使用不同语言的人们交流一样，需要建立一种大家都听得懂的语言，而 TCP/IP 就能实现这个功能。其中，IP(Internet Protocol，互联网络协议)是支持不同网络相互连接的协议，它能够提供网络之间的连接功能。而 TCP(Transmission Control Protocol，传输控制协议)提供了可靠的数据传输服务。

UDP(User Datagram Protocol，用户数据报协议)是一种面向无连接的协议，它不要求通信双方建立连接，就可以直接将数据信息发送出去。但 UDP 协议不能够提供可靠机制、数据流控制以及容错机制等功能。

在 TCP/IP 协议中，主要涉及 IP 地址、域名系统、端口等概念名词。

1. IP 地址

IP 地址被用来给 Internet 上的计算机编号。每台联网的计算机都需要配置 IP 地址，这样才能正常上网。在 IP 协议第 4 版中，IP 地址是一个 32 位的二进制数，通常被分割为 4 个 8 位二进制数(即 4 个字节)。但为了让人们容易理解，IP 地址通常用"点分十进制"表示，如 a.b.c.d，其中，a、b、c、d 是取值在 0~255 之间的十进制整数。例如，点分十进制 IP 地址(100.4.5.6)，实际上是 32 位二进制数(01100100.00000100.00000101.00000110)。为了便于网络管理，IP 地址由网络号和主机号构成。人们将 IP 地址划分为 A 类地址、B 类地址、C 类地址、D 类地址以及 E 类地址，具体情况如图 16-1 所示。

随着 Internet 的高速发展，IP 地址数量不够用了，于是在 IP 协议第 6 版中，IP 地址改由 16 个字节构成，并将它分成 8 段，每段由两个字节构成(即采用 4 个十六进制数表示)，而且段之间用冒号分隔。在 cmd 窗口中，运行 ipconfig/all，可以查询 IP 地址信息，如图 16-2 所示。

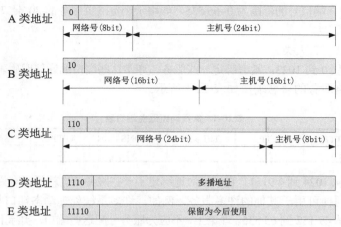

图 16-1 IPv4 的地址分类

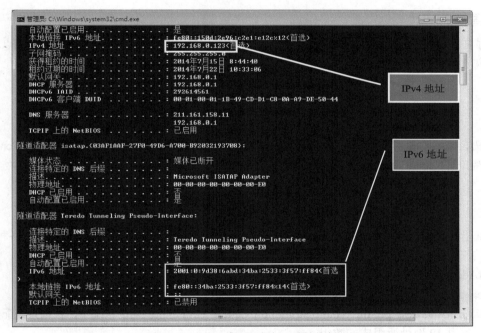

图 16-2 在 cmd 窗口下查询 IP 地址信息

2. 域名系统

IP 地址难记忆，为此，人们采用域名系统来帮助记忆。域名系统(Domain Name System)采用层次结构管理模式，其中的每台域名服务器都存有许多 IP 地址和域名对应记录。当访问 Internet 网络上的各种资源时，人们只要输入域名，就可以访问所需资源，根本不需要记住相应的 IP 地址。例如，用户在浏览器地址栏输入域名 www.163.com，就可以访问网易网站首页。

3. 端口

计算机被分配 IP 地址后，便可以提供各种不同的网络服务，如 Web 服务、邮件服务、文件服务等。这些服务主要是通过不同端口提供的。那么什么是端口呢？端口是网络应用程序与外界网络的入口。

在 TCP/IP 协议中，端口号的范围为 0~65 535，如用于浏览网页服务的 80 端口、用于 FTP 服务的 21 端口等。

端口号可分为以下 3 大类。

(1) 知名端口。从 0 到 1023，紧密绑定一些服务。通常这些端口的通信明确表明了某种服务的协议，常用的各种网络服务的著名端口如表 16-1 所示。

表16-1 常用网络服务端口表

应用服务	HTTP	FTP	TELNET	DNS	TFTP	SNMP	SMTP
知名端口	80	21	23	53	69	161	25

(2) 注册端口。从 1024 到 4 9151。它们松散地绑定了一些服务。也就是说有许多服务绑定在这些端口上，这些端口同样可用于其他的许多服务。例如，许多系统处理动态端口从 1024 左右开始。

(3) 动态端口。从 49 152 到 65 535。理论上，不应为服务分配这些端口。实际上，机器通常从 1024 起分配动态端口。但也有例外，SUN 的 RPC 端口从 32 768 开始。

4．套接字

为了在通信时不发生错乱，IP 地址还必须与端口结合在一起使用。TCP 通信需要两个端点进行连接，而每个端点由 IP 地址和端口决定，端点还被称为套接字、插口、套接口(Socket)。

16.2　Java 地址类和接口

Java语言提供了很多与网络编程有关的地址类和接口，类主要有InetAddress、URL及URLConnection等，而接口有NetworkInterface。

16.2.1　InetAddress 类

Java 语言中的 InetAddress 类的主要功能是对 IP 地址进行封装，该类提供 IP 地址相关的各种方法。该类无构造方法，而是通过调用相关静态方法创建该类对象。

InetAddress 类的主要方法如下。

byte[] getAddress()：返回此 InetAddress 对象的原始 IP 地址。

Static InetAddress[] getAllByName(String hostName)：在给定主机名的情况下，根据系统配置的名称服务返回其 IP 地址所组成的数组。

static InetAddress getByAddress(byte[] address)：在给定原始IP地址的情况下，返回InetAddress对象。

static InetAddress getByAddress(String hostName, byte[] address)：根据提供的主机名和 IP 地址创建 InetAddress。

static InetAddress getByName(String hostName)：在给定主机名的情况下确定主机的 IP 地址。

String getCanonicalHostName()：获取此 IP 地址的完全限定域名。

String getHostAddress()：返回 IP 地址字符串(以文本表现形式)。

String getHostName()：获取此 IP 地址的主机名。

static InetAddress getLocalHost()：返回本地主机。

例 16-1　下面是得到网站 www.163.com 的 IP 地址以及本地 IP 地址的代码。

```
1    public class TestAddress {
2        public static void main(String [] args) throws UnknownHostException{
```

```
3              //通过域名得到 IP 地址对象
4              InetAddress    remoteIp=InetAddress.getByName("www.163.com");
5              //返回本地主机
6              InetAddress localIp=InetAddress.getLocalHost();
7              System.out.println("本地主机:"+localIp);
8              //获取此 IP 地址的主机名
9              System.out.println("ip 地址："+remoteIp.getHostAddress());
10             //获取此 IP 地址的主机名
11             System.out.println("主机名字："+remoteIp.getHostName());
12             //得到 IP 地址的完全限定域名
13             System.out.println(remoteIp.getCanonicalHostName());
14             try{
15                 System.out.println("是否可达:"+remoteIp.isReachable(10000));
16             } catch(Exception e){
17                 System.out.println(e);
18             }
19             System.out.println("本地主机 ip 地址："+localIp.getLocalHost());
20             System.out.println("本地主机名字："+localIp.getLoopbackAddress());
21         }
22 }
```

16.2.2 URL 类

在网络服务中访问网络中的任何资源时，都需要知道该资源的地址，即 URL(Uniform Resource Locator, 统一资源定位符)。一个完整的 URL 包括访问协议类型、主机地址、路径和文件名。其中访问协议类型表示采用何种协议访问哪类资源，以便浏览器决定用什么方法获得资源。例如，ftp://表示通过文件传输协议访问 FTP 服务器，http://表示采用超文本传输协议访问 WWW 服务器，telnet://表示通过远程登录协议 Telnet 进行远程登录。主机地址则由 IP 地址和端口构成；而路径则是由/间隔的字符串构成。例如，访问网络资源的地址格式如图 16-3 所示。

图 16-3 网页文件的 URL

例如，登录江汉大学首页时，在浏览器的地址栏中输入 http://www.jhun.edu.cn/main/index.html 即可。此处省略了端口，表示使用了默认端口 80。

URL 后面可能还跟一个"片段"，也叫"引用"。该片段由井字符"#"指示，后面跟有更多的字符。例如，http://www.jhun.edu.cn/sjxy/index.html#news。而从技术角度来讲，URL 并不需要包含此片段。但是，使用此片段的目的在于表明，在检索到指定的资源后，应用程序需要使用文档中附加有 news 标记的部分。

在 Java 语言中，URL 类完成了 URL 的封装，URL 对象是对具体网络资源的引用。URL 类的主要方法如下。

URL(String protocol, String host, int port, String file, URLStreamHandler handler)：根据指定的 protocol、host、port、file 和 handler 创建 URL 对象。

URL(String protocol, String host, String file)：根据指定的 protocol 名称、host 名称和 file 名称创建 URL。

URL(URL context, String spec)：通过在指定的上下文中对给定的 spec 进行解析创建 URL。

URL(URL context, String spec, URLStreamHandler h)：通过在指定的上下文中用指定的处理程序对给定的 spec 进行解析来创建 URL。

Object getContent()：获得此 URL 的内容。

Object getContent(Class[] classes)：获得此 URL 的内容。

int getDefaultPort()：获得与此 URL 关联协议的默认端口号。

String getFile()：获得此 URL 的文件名。

String getHost()：获得此 URL 的主机名(如果适用)。

String getPath()：获得此 URL 的路径部分。

int getPort()：获得此 URL 的端口号。

String getProtocol()：获得此 URL 的协议名称。

URLConnection openConnection()：返回一个 URLConnection 对象，它表示到 URL 所引用的远程对象的连接。

InputStream openStream()：打开到此 URL 的连接并返回一个用于从该连接读入的 InputStream。

例如，可以定义如下代码：

```
URL url=new URL("http","www.jhun.edu.cn",80,"sjxy/index.html");
URL myURL1=new URL("http","www.jhun.edu.cn");
URL myURL2=new URL(myURL1,"/index.html");
```

例 16-2 通过 URL 对象访问网址的例子。

```
1 public class VistURL {
2     public static void main(String a[]) throws IOException{
3         URL urlAddress=new URL("http://www.163.com");
4         System.out.println("该网址相关信息：");
5         System.out.println("URL:"+urlAddress);
6         System.out.println("协议："+urlAddress.getProtocol());
7         System.out.println("主机："+urlAddress.getHost());
8         System.out.println("端口："+urlAddress.getDefaultPort());
9         //默认 IE 浏览器的安装目录
10        String comStr="C:\\Program Files\\Internet Explorer\\iexplore.exe";
11        //需要执行的应用程序以及参数
12        String[] cmd = new String[] {comStr, urlAddress.toString()};
13        //执行 IE 浏览器程序
14        Process process = Runtime.getRuntime().exec(cmd);
15    }
16 }
```

说明：每个 Java 应用程序都有一个 Runtime 类实例，使应用程序能够与其运行的环境相连接。通过 getRuntime()方法获取当前运行时对象。Process 对象的 exec()方法的功能是在单独的进程中执行指定命令和变量。上面程序的主要功能是首先输出 URL 对象的属性(协议、主机、默认端口等)，然后利用 IE 浏览器访问该 URL 对象指定的资源。

16.2.3 URLConnection 类

URLConnection 类表示应用程序和 URL 之间的通信连接。此类的实例可用于读取和写入此 URL 引用的资源。URLConnection 类的主要方法如下。

void addRequestProperty(String key, String value)：添加由键值对指定的一般请求属性。

abstract void connect()：打开到此 URL 引用的资源的通信连接(如果尚未建立这样的连接)。
Object getContent()：检索此 URL 连接的内容。
Object getContent(Class[] classes)：检索此 URL 连接的内容。
int getContentLength()：返回 content-length 头字段的值。
String getContentType()：返回 content-type 头字段的值。
InputStream getInputStream()：返回从此打开的连接读取的输入流。
OutputStream getOutputStream()：返回写入此连接的输出流。
String getRequestProperty(String key)：返回此连接指定的一般请求属性值。
URL getURL()：返回此 URLConnection 的 URL 字段的值。

通常，创建一个到 URL 的连接需要以下几个步骤。
(1) 通过在 URL 上调用 openConnection 方法创建连接对象。
(2) 操作设置参数和一般请求属性。
(3) 使用 connect 方法建立到远程对象的实际连接。
(4) 把远程对象变为可用，远程对象的头字段和内容变为可访问。

16.2.4　NetworkInterface 接口

NetworkInterface 接口可以是本机在局域网中的 IP 地址，该接口的主要方法如下。
static NetworkInterface getByInetAddress(InetAddress addr)：搜索绑定了指定 Internet 协议(IP)地址的网络接口的便捷方法。
static NetworkInterface getByName(String name)：搜索具有指定名称的网络接口。
String getDisplayName()：获取此网络接口的显示名称。
Enumeration<InetAddress>getInetAddresses()：返回一个 Enumeration，并将所有 InetAddress 或 InetAddress 的子集绑定到此网络接口的便捷方法。
String getName()：获取此网络接口的名称。
static Enumeration<NetworkInterface> getNetworkInterfaces()：返回此机器上的所有接口。

例16-3　输出本机所有本地网络接口信息。

```
1   public class LocalIpInfo {
2       public static void main(String[] args) throws Exception {
3           Enumeration<NetworkInterface>    sets=NetworkInterface.getNetworkInterfaces();
4           while (sets.hasMoreElements()){              //
5               NetworkInterface nif=sets.nextElement();     //
6               System.out.println("本地网络接口的显示名称:"+nif.getDisplayName());
7               System.out.println("本地网络接口的名称:"+nif.getName());
8           }
9       }
10  }
```

说明：在上面第 3 行用到了 Enumeration 接口，虽然该接口过时了，但由于 JDK 以前曾大量使用，所以现在的 JDK 中，还可以使用它。

16.3　Socket 编程

在当前网络时代，很多应用程序采用 C/S (Client/Server，即客户端/服务器)模式，如下载工具、聊天软件等。C/S 模式要求通信双方中的一方作为服务器,等待另外一方提出请求并给以响应。另外一方也只有需要服务时才向服务器提出相关请求,而且提供服务的进程一般是作为守护进程自始至终运行,不停地监听网络端口。

网络上的两个程序通过一个双向的通信连接实现数据的交换,这个双向链路的一端称为一个 Socket。Socket 通常用来实现客户方和服务方的连接。一个 Socket 由一个 IP 地址和一个端口号唯一确定。

但是,Socket 所支持的协议种类也不止 TCP/IP 一种,因此两者之间是没有必然联系的。在 Java 环境下,Socket 编程主要是指基于 TCP/IP 协议的网络编程。

1. Socket 类

该类用来实现客户端套接字。Socket 类的主要方法如下。

Socket():通过系统默认类型的 SocketImpl 创建未连接套接字。抽象类 SocketImpl 是实际实现套接字的所有类的通用超类。创建客户端和服务器套接字都可以使用它。

Socket(InetAddress address, int port):创建一个流套接字并将其连接到指定 IP 地址的指定端口号。

Socket(InetAddress address, int port, InetAddress localAddr, int localPort):创建一个套接字并将其连接到指定远程端口上的指定远程地址。

Socket(String host, int port):创建一个流套接字并将其连接到指定主机上的指定端口号。

Socket(String host, int port, InetAddress localAddress, int localPort):创建一个套接字并将其连接到指定远程主机上的指定远程端口。

void bind(SocketAddress bindpoint):将套接字绑定到本地地址。

void close():关闭此套接字。

void connect(SocketAddress serverAddress):将此套接字连接到服务器。

void connect(SocketAddress serverAddress, int timeout):将此套接字连接到具有指定超时值的服务器上。

InetAddress getInetAddress():返回套接字连接的地址。

InputStream getInputStream():返回此套接字的输入流。

InetAddress getLocalAddress():获取套接字绑定的本地地址。

int getLocalPort():返回此套接字绑定到的本地端口。

SocketAddress getLocalSocketAddress():返回此套接字绑定的端点的地址,如果尚未绑定则返回 null。

OutputStream getOutputStream():返回此套接字的输出流。

int getPort():返回此套接字连接到的远程端口。

SocketAddress getRemoteSocketAddress():返回此套接字连接的端点的地址,如果未连接则返回 null。

2. ServerSocket 类

ServerSocket 类实现服务器套接字。服务器套接字等待客户请求通过网络传入。它基于该请求执行某些相应操作,然后还可能向发出该请求的客户返回所需要的结果。ServerSocket 类的主要方法如下。

ServerSocket():创建非绑定服务器套接字。

ServerSocket(int port):创建绑定到特定端口的服务器套接字。

ServerSocket(int port, int backlog):利用指定的 backlog 创建服务器套接字并将其绑定到指定的本地端口号。

ServerSocket(int port, int backlog, InetAddress bindAddr):使用指定的端口 port、侦听 backlog 和要

绑定到的本地 IP 地址创建服务器。

ServerSocket 类中的其他方法如下。

Socket accept()：侦听并接受到此套接字的连接。

void bind(SocketAddress endpoint)：将 ServerSocket 绑定到特定地址(IP 地址和端口号)。

void bind(SocketAddress endpoint, int backlog)：将 ServerSocket 绑定到特定地址(IP 地址和端口号)。

void close()：关闭此套接字。

ServerSocketChannel getChannel()：返回与此套接字关联的唯一 ServerSocketChannel 对象(如果有)。

InetAddress getInetAddress()：返回此服务器套接字的本地地址。

int getLocalPort()：返回此套接字在其上侦听的端口。

SocketAddress getLocalSocketAddress()：返回此套接字绑定的端点的地址，如果尚未绑定则返回 null。

3. 服务器与客户端通信过程

服务器端监听某个端口是否有连接请求，客户端向服务器端发出连接请求，服务器端向 Client 端发回接受消息，这样数据连接就建立起来了。服务器端和客户端都可以通过输出/输入流对象的方法与对方进行数据交换通信，通信过程如图 16-4 所示。

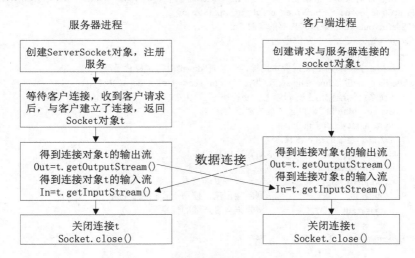

图 16-4 Java 服务器与客户端通信过程

说明：功能齐全的套接字 Socket 都要包含以下基本结构，其工作过程包含以下 4 个基本的步骤。

(1) 创建连接 Socket 对象。
(2) 打开连接到 Socket 的输入/输出流。
(3) 按照一定的协议对 Socket 进行读/写操作。
(4) 关闭 Socket。

例 16-4 简单消息对话例子。客户端可以与服务器端相互发送消息。当客户端发送 bye 信息或者服务器发送 down 信息，服务器和客户端终止交流信息。

(1) 服务器端 TalkServer 类的代码如下。

```
1   public class TalkServer{
2   public static void main(String args[]) {
3       try
4       {   ServerSocket server=null;//初始化
5           try{
```

```
6              //创建一个 ServerSocket,在端口 4700 监听客户请求
7              server=new ServerSocket(4700);
8          }catch(Exception e) {
9              //出错,打印出错信息
10             System.out.println("不能监听:"+e);
11         }
12         Socket socket=null;            //初始化
13         try{
14             //使用 accept()阻塞等待客户请求,有客户请求到来,则产生一个 Socket 对象,并继续执行
15             socket=server.accept();
16         }catch(Exception e) {
17             //出错,打印出错信息
18             System.out.println("Error."+e);
19         }
20         String line;
21         String msg="no down";          //初始化
22         BufferedReader sin=new BufferedReader(new InputStreamReader(System.in));
23         //由 Socket 对象得到输入流,并构造相应的 BufferedReader 对象
24         BufferedReader is=new BufferedReader(new InputStreamReader(socket.getInputStream()));
25         //由 Socket 对象得到输出流,并构造 PrintWriter 对象
26         PrintWriter os=new PrintWriter(socket.getOutputStream());
27         // System.out.print("来自客户端的消息:");;
28         //从标准输入读入一个字符串
29         line=is.readLine();
30         //如果 line 字符串为"bye"或者本地输入信息是"down"时,则停止循环
31         while(line!=null&&line.compareTo("bye")!=0||msg.compareTo("down")!=0){
32             //在系统标准输出上打印读入的字符串
33             System.out.print("来自客户端的消息:");
34             System.out.println(line);
35             //从数据连接的输入流读入一个字符串
36             System.out.print("服务器端本地输入信息:");
37             msg=sin.readLine();            //
38             os.println(msg);               //输出服务器端信息
39             os.flush();                    //刷新输出流,使马上收到该字符串
40             line=is.readLine();            //接收来自客户端的信息
41         }
42     }catch(Exception e){  }
43     }
44 }
```

(2) 客户端 TalkClient 类的代码如下。

```
1  public class TalkClient{
2      public static void main(String args[]) {
3          try{
4              //向本机的 4700 端口发出客户请求
5              Socket socket=new Socket("127.0.0.1",4700);
6              //由系统标准输入设备构造 BufferedReader 对象
7              BufferedReader sin=new BufferedReader(new InputStreamReader(System.in));
8              //由 Socket 对象得到输出流,并构造 PrintWriter 对象
9              PrintWriter os=new PrintWriter(socket.getOutputStream());
10             //由 Socket 对象得到输入流,并构造相应的 BufferedReader 对象
11             BufferedReader is=new BufferedReader(new InputStreamReader(socket.getInputStream()));
12             String readline,msg="";
13             System.out.println("客户端输入信息: ");
14             //从系统标准输入读入一个字符串
15             readline=sin.readLine();
```

```
16              //若从标准输入读入的字符串为"bye"，则停止循环
17              while(readline!=null&&readline.compareTo("bye")!=0){
18                  //将从系统标准输入读入的字符串输出到 Server
19                  os.println(readline);
20                  //刷新输出流，使 Server 马上收到该字符串
21                  os.flush();
22                  //在系统标准输出上打印读入的字符串
23                  System.out.println("客户端本地送出信息:"+readline);
24                  //从 Server 读入一个字符串信息
25                  msg=is.readLine();
26                  //如果得到的消息为 null 或者服务器关闭了，则客户端不再接收消息，跳到循环外
27                  if (msg==null||msg!=null&&msg.compareTo("down")==0)
28                      break;
29                  System.out.println("等待来自服务器端信息:"+msg);
30                  System.out.print("客户端输入信息： ");
31                  //从系统标准输入读入一个字符串
32                  readline=sin.readLine();
33              }
34              Thread.sleep(1000);          //当前线程睡眠 1 秒钟
35              socket.close();              //关闭 Socket
36          }catch(Exception e) {
37              System.out.println("异常错误:"+e);    //出错，则打印出错信息
38          }
39      }
40 }
```

说明：先运行服务器端程序 TalkSever，然后运行客户端程序 TalkClient；客户端首先输入信息，然后服务器端输入消息，这样它们之间就可以交替输入信息。当客户端输入"bye"结束消息通信，服务器端输入"down"，则关闭服务器。

16.4 UDP 编程

在网络中，UDP 协议是用户数据报协议，它与 TCP 一样，可以用于数据通信。UDP 是一种无连接的协议，每个数据包都包括完整的源(目的)地址，它可以在网络上以随机的路径传到目的地址，因此，UDP 协议无法保证该数据包一定能够及时地到达目的地，也无法保证数据包内容的正确性。

在网络质量令人非常不满意的环境下，UDP 协议数据包丢失会比较严重。但是由于 UDP 的特性：它不属于连接型协议，因而具有资源消耗小、处理速度快的优点，所以通常音频、视频和普通数据在传送时使用 UDP 较多，因为它们即使偶尔丢失一两个数据包，也不会对接收结果产生太大的影响。例如，常用的聊天工具 QQ 就是使用的 UDP 协议。

在 Java 语言中，UDP 编程涉及的类主要有 DatagramSocket 类、DatagramPacket 类。

1. DatagramSocket 类

数据报套接字是数据包收发服务的发送或接收点。每个在数据报套接字上发送或接收的包都是单独编址和路由。从一台计算机发送到另一台计算机的多个包可能选择不同的路由，也可能按不同的顺序到达。在 Java 语言中，DatagramSocket 类表示用来发送和接收数据报包的套接字。

在 DatagramSocket 上总是启用 UDP 广播发送。为了接收广播包，应该将 DatagramSocket 绑定到通配符地址。在某些实现中，将 DatagramSocket 绑定到一个更加具体的地址时，广播包也可以被接收。

DatagramSocket 类的主要方法如下。

DatagramSocket()：构造数据报套接字并将其绑定到本地主机上任何可用的端口。

protected DatagramSocket(DatagramSocketImpl impl)：创建带有指定 DatagramSocketImpl 的未绑定数据报套接字。

DatagramSocket(int port)：创建数据报套接字并将其绑定到本地主机上的指定端口。

DatagramSocket(int port, InetAddress laddr)：创建数据报套接字，将其绑定到指定的本地地址。

DatagramSocket(SocketAddress address)：创建数据报套接字，将其绑定到指定的本地套接字地址。

例如：

```
DatagramSocket ds = new DatagramSocket(null);
ds.bind(new SocketAddress(8888));
```

这等价于：

```
DatagramSocket ds = new DatagramSocket(8888);
```

两个例子都能创建能够在 UDP 8888 端口上接收广播的 DatagramSocket。

void bind(SocketAddress address)：将此 DatagramSocket 绑定到特定的地址和端口。

void close()：关闭此数据报套接字。

void connect(InetAddress address, int port)：将套接字连接到此套接字的远程地址。

void connect(SocketAddress addr)：将此套接字连接到远程套接字地址(IP 地址+端口号)。

void disconnect()：断开套接字的连接。

boolean getBroadcast()：检测是否启用了 SO_BROADCAST。

DatagramChannel getChannel()：返回与此数据报套接字关联的唯一 DatagramChannel 对象(如果有)。

InetAddress getInetAddress()：返回此套接字连接的地址。

InetAddress getLocalAddress()：获取套接字绑定的本地地址。

int getLocalPort()：返回此套接字绑定的本地主机上的端口号。

SocketAddress getLocalSocketAddress()：返回此套接字绑定的端点的地址，如果尚未绑定，则返回 null。

int getPort()：返回此套接字的端口。

int getReceiveBufferSize()：获取此 DatagramSocket 的 SO_RCVBUF 选项的值，该值是平台在 DatagramSocket 上输入时使用的缓冲区大小。

SocketAddress getRemoteSocketAddress()：返回此套接字连接的端点的地址，如果未连接，则返回 null。

void receive(DatagramPacket p)：从此套接字接收数据报包。

void send(DatagramPacket p)：从此套接字发送数据报包。

void setBroadcast(boolean on)：启用/禁用 SO_BROADCAST。

2. DatagramPacket 类

与 TCP 协议发送和接收字节流不同，UDP 协议终端交换的是一种被称为数据报文的信息。在 Java 语言中，该信息表示为 DatagramPacket 类的对象。发送信息时，Java 应用程序创建一个包含了待发送信息的 DatagramPacket 对象，并可以将其作为参数传递给 DatagramSocket 类的 send()方法。接收信息时，Java 程序首先创建一个 DatagramPacket 对象，该对象中预先分配了一些空间(一个字节数组 byte[])，并将接收到的信息存放在该空间中。然后把该对象作为参数传递给 DatagramSocket 类的 receive()方法。

DatagramPacket 类的主要方法如下。

DatagramPacket(byte[] buf, int length)：构造数据报包，以接收长度为 length 的数据包。

DatagramPacket(byte[] buf, int length, InetAddress address, int port)：构造数据报包，以将长度为 length 的包发送到指定主机上的指定端口号。

DatagramPacket(byte[] buf, int offset, int length)：构造 DatagramPacket，以接收长度为 length 的包，在缓冲区中指定偏移量。

DatagramPacket(byte[] buf, int offset, int length, InetAddress address, int port)：构造数据报包，以将长度为 length、偏移量为 offset 的包发送到指定主机上的指定端口号。

DatagramPacket(byte[] buf, int offset, int length, SocketAddress address)：构造数据报包，以将长度为 length、偏移量为 offset 的包发送到指定主机上的指定端口号。

DatagramPacket(byte[] buf, int length, SocketAddress address)：构造数据报包，以将长度为 length 的包发送到指定主机上的指定端口号。

InetAddress getAddress()：返回某台机器的 IP 地址，此数据报是将要发往该机器或者是从该机器接收到的。

byte[] getData()：返回数据缓冲区。

int getLength()：返回将要发送或接收到的数据的长度。

int getOffset()：返回将要发送或接收到的数据的偏移量。

int getPort()：返回某台远程主机的端口号，数据报经此端口可被发生或被接收。

SocketAddress getSocketAddress()：获取要将此包发送到的或发出此数据报的远程主机的 SocketAddress(通常为 IP 地址+端口号)。

void setAddress(InetAddress iaddr)：设置要将此数据报发往的机器的 IP 地址。

void setData(byte[] buf)：为此包设置数据缓冲区。

void setData(byte[] buf, int offset, int length)：为此包设置数据缓冲区。

void setLength(int length)：为此包设置长度。

void setPort(int iport)：设置要将此数据报发往的远程主机上的端口号。

void setSocketAddress(SocketAddress address)：设置要将此数据报发往的远程主机的 SocketAddress(通常为 IP 地址+端口号)。

3. UDP 通信过程

客户端 1 和客户端 2 之间的 UDP 通信过程如图 16-5 所示。

UDP 数据通信过程如下。

(1) 客户端 1 和客户端 2 都分别创建数据报套接字 ds，并绑定到指定地址和端口上。

(2) 客户端 1 创建数据报 packet1，并指定要发送的目的地址和端口，然后，通过数据报套接字 ds 发送数据报 packet1。

(3) 客户端 2 通过数据报套接字 ds 接收客户端 1 发送来的数据报 packet1，客户端 2 创建数据报 packet2，设置其目的地址和端口。

(4) 客户端 1 收到数据报 packet2。

(5) 客户端 1 和客户端 2 关闭数据报套接字。

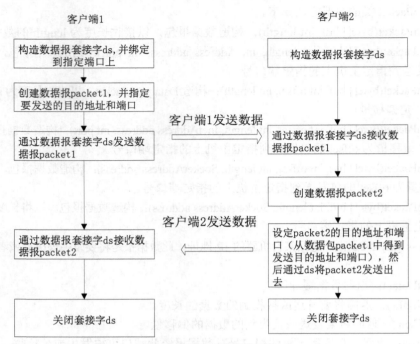

图 16-5 UDP 数据通信过程

例 16-5 利用 UDP 协议进行简单消息对话，客户端 1 和客户端 2 相互通信。

(1) 客户端 UDPClient1 类的程序代码如下。

```
1    public class UDPClient1{
2        public static void main(String[] args) throws Exception{
3            Scanner    sc=new Scanner(System.in,"gbk");
4            //创建一个默认套接字，并绑定到本地地址和一个随机的端口号
5            DatagramSocket datagramSocket = new DatagramSocket();
6            //构造数据报的包
7            String str="";
8            DatagramPacket packet;
9            while (true){
10                System.out.print("输入信息(客户端 1)：");
11                str=sc.nextLine();
12                //指定数据包的内容、目的地址和端口
13                packet = new DatagramPacket(str.getBytes(),
14                    str.getBytes().length, InetAddress.getByName("localhost"),7001);
15                //发送数据包
16                datagramSocket.send(packet);
17                //自己决定不再发信息，提前结束循环
18                if (str.compareTo("结束")==0)
19                    break;
20                byte[] buffer = new byte[1024];
21                DatagramPacket packet2 = new DatagramPacket(buffer, buffer.length);
22                //接收数据包
23                datagramSocket.receive(packet2);
24                str=new String(buffer,0, packet2.getLength());
25                //输出接收到的数据
26                System.out.println("客户端 1 收到信息(来自客户端 2)："+str);
27                //自己决定不再发信息，提前结束循环
```

```
28          if (str.compareTo("结束")==0)
29              break;
30      }
31      datagramSocket.close();
32  }
33 }
```

说明：第 14 行指定了要发生数据包的目的地址和端口。第 18、19 行及第 28、29 行的作用是输入"结束"字符串时，提前结束 UDP 通信。

(2) 客户端 UDPClient2 类的程序代码如下。

```
1  public class UDPClient2{
2      public static void main(String[] args) throws Exception{
3          Scanner   sc=new Scanner(System.in,"gbk");
4          //监听 7001 端口
5          DatagramSocket socket = new DatagramSocket(7001);
6          byte[] buffer = new byte[1024];
7          while (true){
8              //创建数据包
9              DatagramPacket packet1 = new DatagramPacket(buffer, buffer.length);
10             //接收数据包，并放入 packet 中
11             socket.receive(packet1);
12             //收到的数据包信息
13             String msg=new String(buffer, 0, packet1.getLength());
14             System.out.println("客户端 2 收到信息(来自客户端 1):"+msg);
15             //收到对方结束发送消息，提前结束循环
16             if (msg.compareTo("结束")==0)
17                 break;
18             String str;
19             //构造数据报的包
20             System.out.print("客户端 2 输入信息： ");
21             str=sc.nextLine();
22             //自己决定不再发信息，提前结束循环
23             if (str.compareTo("结束")==0)
24                 break;
25             //构造返回的数据包
26             DatagramPacket packet2 = new DatagramPacket(str.getBytes(),
27                 str.getBytes().length, packet1.getAddress(), packet1.getPort());
28             //发生数据包
29             socket.send(packet2);
30         }
31         socket.close();
32     }
33 }
```

说明：首先运行 UDPClient1、UDPClient2，然后 UDPClient1、UDPClient2 交替输入信息。最后，无论谁先输入结束，UDP 通信过程都将结束。

16.5 多播编程

1．多播概念

多播介于单播通信和广播通信之间，它可以将发送者发送的数据包发送给位于分散在不同子网中的一组接收者。

在多播的许多应用实例中，均能够实现单播；对于单播方式，随着接收者的增多，需要发送的数据包将呈现线性增长。例如，对于 n 个接收者，需要发送同一个数据包的 n 份拷贝，这样通信量就会成倍地增加，也会占用网络的许多带宽，有时会引起网络堵塞。但是多播通信 IP 数据包仅发送一次。路由器会自动转发到位于不同网段上的每一个接收者，可以使在网络中传输的报文拷贝的数量最小。因此，在很多应用场景中必须要用多播来实现。而广播则属于多播中的特例。

2. 多播地址

在多播编程过程中，编程人员需要设置多播地址，多播地址又称组播地址。它是一组主机的标示符。在 IPv4 中，多播地址属于一种 IP 类型的 D 类地址，范围从 224.0.0.0 到 239.255.255.255。

224.0.0.0～224.0.0.255 为预留的组播地址(永久组地址)，地址 224.0.0.0 保留不做分配，其他地址供路由协议使用。

224.0.1.0～224.0.1.255 是公用组播地址，可用于 Internet。

224.0.2.0～238.255.255.255 为用户可用的组播地址(临时组地址)，全网范围内有效。

239.0.0.0～239.255.255.255 为本地管理组播地址，仅在特定的本地范围内有效。

在 IPv6 中，多播地址都有前缀 ff00::/8。多播地址是第一个字节的最低位为 1 的所有地址，例如 01-12-0f-00-00-02。广播地址是全为 1 的 32 位地址，也属于多播地址。

3. MulticastSocket 类

在 Java 语言中，可以首先通过所需端口创建 MulticastSocket，然后调用 joinGroup(InetAddress groupAddress)方法来加入多播组。

将消息发送到多播组时，该主机和端口的所有预定接收者都将接收到消息。套接字不必成为多播组的成员，即可向其发送消息。

当套接字预定多播组/端口时，它将接收由该组/端口的其他主机发送的数据报，像该组和端口的所有其他成员一样。套接字通过 leaveGroup(InetAddress addr)方法放弃组中的成员资格。多个 MulticastSocket 可以同时预定多播组和端口，并且都会接收到组数据报。

MulticastSocket 类的主要方法如下。

MulticastSocket()：创建多播套接字。

MulticastSocket(int port)：创建多播套接字并将其绑定到特定端口。

MulticastSocket(SocketAddress bindaddr)：创建绑定到指定套接字地址的 MulticastSocket。

MulticastSocket 类的其他主要方法如下。

InetAddress getInterface()：检索用于多播数据包的网络接口的地址。

boolean getLoopbackMode()：获取多播数据报的本地回送的设置。

NetworkInterface getNetworkInterface()：获取多播网络接口集合。

int getTimeToLive()：获取在套接字上发出的多播数据包的默认生存时间。

所有的 IP 包都有一个"生存时间"(time-to-live)，又称 TTL。它是指定一个包到达目的地之前跳过网络的最大次数。单播包通常被允许穿越 30 个网络，实际上，IP 包穿过网络的数量通常小于 15 个网络。但是许多程序发送多播时把 TTL 设为一个很低的值，通常为 0(这样消息不会离开自身的设备)。设置为 1 表示只能发到本地网络的计算机，设置为 2 表示只能穿过一个路由。

void joinGroup(InetAddress mcastaddr)：加入多播组。

void joinGroup(SocketAddress mcastaddr, NetworkInterface netIf)：加入指定接口上的指定多播组。

void leaveGroup(InetAddress mcastaddress)：离开多播组。

void leaveGroup(SocketAddress mcastaddr, NetworkInterface netIf)：离开指定本地接口上的多播组。
void setInterface(InetAddress inf)：设置多播网络接口，供其行为受网络接口值影响的方法使用。
void setLoopbackMode(boolean disable)：启用/禁用多播数据报的本地回送。
void setNetworkInterface(NetworkInterface netIf)：指定在此套接字上发送的输出多播数据报的网络接口。

4．多播通信过程

多播通信过程如图 16-6 所示。

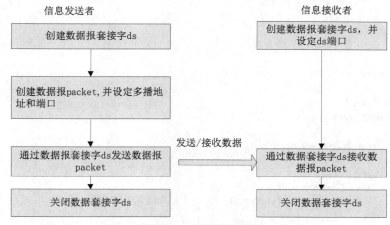

图 16-6　多播通信过程

多播通信过程如下。

(1) 信息发送者和信息接收者都创建数据报套接字 ds 并指定端口。
(2) 信息发送者创建数据报 packet，将该数据报的目的地址设为多播地址，并指定端口。
(3) 信息发送者通过数据套接字发送数据报packet，而信息接收者通过数据报套接字接收数据报 packet。
(4) 当信息发送完成之后，信息发送者和信息接收者都关闭数据报套接字。

例 16-6　服务器端读取本地数据文件，并对文件(文件名是 content.txt)内容进行多播，而客户端接收多播内容。

(1) 多播服务器线程(MulticastServerThread.java)如下。

```
1   public class MulticastServerThread extends Thread {
2       protected MulticastSocket multicastSocket = null;    //多播套接字
3       protected BufferedReader inputReader = null;          //缓冲输入流
4       protected boolean moreQuery = true;                   //是否有查询
5       private long SECONDS = 5000;                          //时间间隔为 5 秒
6       public MulticastServerThread() throws IOException {
7           super("多播服务器线程");
8           multicastSocket = new MulticastSocket();          //创建默认的多播套接字
9           System.out.println(multicastSocket.getInetAddress());
10          System.out.println(multicastSocket.getTimeToLive());
11          try {
12              FileReader fr=new FileReader("E:\\2016JavaBook\\code\\16 网络编程\\content.txt");
13              System.out.println(fr.getEncoding());         //得到读取文件的编码方式
14              inputReader = new BufferedReader(fr);
15          } catch (FileNotFoundException e) {
```

```
16              System.err.println("不能打开文件,用服务器时间来代替");
17          }
18      }
19      //查询下一条内容
20      protected String getNextQuery() {
21          String str = null;
22          try {
23              if ((str = inputReader.readLine()) == null) {
24                  inputReader.close();
25                  moreQuery = false;
26                  str = "无内容可以查询.";
27              }
28          } catch (IOException e) {
29              str = "服务器端线程 IO 异常。";
30          }
31          return str;
32      }
33      public void run() {
34          while (moreQuery) {
35              try {
36                  byte[] buf = new byte[256];
37                  //创建日期字符串
38                  String dateStr = null;
39                  if (inputReader == null)
40                      dateStr = new Date().toString();        //服务器系统时间
41                  else
42                      dateStr = getNextQuery();               //得到查询结果
43                  buf = dateStr.getBytes();
44                  //得到多播组
45                  InetAddress group = InetAddress.getByName("localhost");
46                  DatagramPacket packet = new DatagramPacket(buf, buf.length, group, 4447);
47                  System.out.println("发送包的长度:"+packet.getLength());
48                  multicastSocket.send(packet);
49                  try {
50                      sleep((long)(Math.random() * SECONDS));  //线程休眠
51                  } catch (InterruptedException e) { }
52              } catch (IOException e) {
53                  e.printStackTrace();
54                  moreQuery = false;
55              }
56          }
57          multicastSocket.close();                             //关闭多播套接字
58      }
59  }
```

说明:其中第 12 行创建了读取文件(E:\2016JavaBook\code\16 网络编程\content.txt)的 FileReader 对象 fr。FileReader 以 UTF8 字符格式读取字符,如果所读取文件的字符格式不是 UTF8 字符方式,则读取出来的字符是乱码。

(2) 多播服务器类(MulticastServer.java)如下。

```
1  public class MulticastServer {
2      public static void main(String[] args) throws IOException {
3          new MulticastServerThread().start();
4      }
5  }
```

(3) 多播客户端类(MulticastClient.java)程序如下。

```java
1  public class MulticastClient {
2      public static void main(String[] args) throws IOException {
3          //创建多播套接字,并设置端口
4          MulticastSocket socket = new MulticastSocket(4447);
5          // socket.getTimeToLive();
6          //设置多播地址
7          InetAddress address = InetAddress.getByName("225.0.0.0");
8          //加入多播组
9          socket.joinGroup(address);
10         DatagramPacket packet;
11         while (true){
12             //收到数据包
13             byte[] buf = new byte[256];
14             packet = new DatagramPacket(buf, buf.length);
15             //收到数据包
16             socket.receive(packet);
17             //将包转换成字符串
18             String received = new String(packet.getData(), 0, packet.getLength(),"utf8");
19             System.out.println("收到包的长度:"+packet.getLength()+",包的内容: " + received);
20             if (socket.isClosed())
21                 break;
22         }
23         //离开多播组
24         socket.leaveGroup(address);
25         socket.close();
26     }
27 }
```

说明：可以先运行多播客户端类 MulticastClient，再运行多播服务器类 MulticastServer。如果先运行 MulticastServer，则造成多播客户端类 MulticastClient 无法全部接收 MulticastServer 所发送的消息。

16.6 广播编程

什么是广播？广播就是一台计算机对某一个网络上的所有计算机发送数据报包。这个网络可能是网络，也可能是子网，还有可能是所有子网。

广播有两类：本地广播和定向广播。其中定向广播，是指将数据报包发送到本网络之外的特定网络的所有主机，然而，由于互联网上的大部分路由器都不转发定向广播消息。

本地广播：将数据报包发送到本地网络的所有主机，IPv4 的本地广播地址为 255.255.255.255，路由器不会转发此广播。

广播的优点如下。

(1) 通信的效率高，信息很快就可以传递到某一个网络上的所有主机。
(2) 由于服务器不用向每个客户端单独发送数据，所以服务器流量负载比较低。

但广播也有以下两个缺点。

(1) 非常占用网络的带宽。
(2) 缺乏针对性，不管其他计算机是否真的需要接收该数据，就强制接收数据。

广播通信过程如图 16-7 所示。

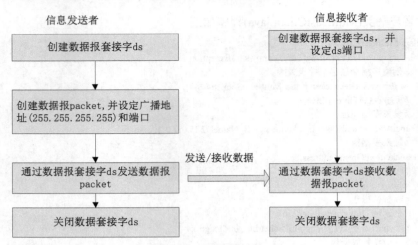

图 16-7 广播通信过程

广播通信过程如下。
(1) 信息发送者和信息接收者都创建数据报套接字 ds 并指定端口。
(2) 信息发送者创建数据报 packet，将该数据报的目的地址设为广播地址，并指定端口。
(3) 信息发送者通过数据套接字发送数据报 packet，信息接收者通过数据报套接字接收数据报 packet。
(4) 当信息发送完成之后，信息发送者和信息接收者都关闭数据报套接字。

例 16-7 广播信息例子。
(1) 信息发送者类 BroadcastSender 的代码如下。

```
1   public class BroadcastSender {
2       public static void main(String[] args) {
3           String addressStr = "255.255.255.255";          //本地广播地址字符串
4           int port = 4448;                                //广播的目的端口
5           String message = "广播信息测试 test";             //要发送的字符串
6           try {
7               InetAddress address = InetAddress.getByName(addressStr);   //广播地址
8               DatagramSocket datagramSocket = new DatagramSocket();      //创建数据报套接字
9               DatagramPacket p = new DatagramPacket(message.getBytes(),message.length(), address, port);
10              datagramSocket.send(p);                     //发送数据报
11              datagramSocket.close();                     //关闭数据报套接字
12          }
13          catch (Exception e)
14          {
15              e.printStackTrace();
16          }
17      }
18  }
```

(2) 信息接收者类 BroadcastReceiver 的代码如下。

```
1   public class BroadcastReceiver {
2       public static void main(String[] args){
3           int port = 4448;                                //开启监听的端口
4           DatagramSocket ds = null;
5           DatagramPacket packet = null;
6           try {
7               //数据报套接字绑定指定端口
```

```
8                ds = new DatagramSocket(port);
9                byte[] buf = new byte[1024];
10               packet = new DatagramPacket(buf, buf.length);
11               System.out.println("监听广播端口打开：");
12               ds.receive(packet);              //接收数据报
13               ds.close();
14               //将数据报转换成字符串
15               String msg = new String(packet.getData(), 0, packet.getLength());
16               System.out.println("收到广播信息长度:"+packet.getLength()+",广播信息内容: " + msg);
17           }
18           catch (Exception e) {
19               e.printStackTrace();
20           }
21       }
22   }
```

习题 16

(1) Socket 编程，创建窗体类客户端/服务器程序，客户端和服务器端相互交流信息。

(2) UDP 编程，创建窗体类信息交互程序。

(3) UDP 编程，创建窗体应用程序，实现服务器端向客户端群发布信息。

(4) 创建窗体应用程序，实现两台计算机之间传送文件。

(5) 创建窗体应用程序，实现两台计算机之间语音聊天。

(6) 请编写一考试排座系统。该系统能够根据机房计算机的物理位置，自动编排学生考试座位。如果哪台计算机坏了，则该计算机不能被排座位号；如果无人在座位上考试，则每台机器上显示座位编号和考生编号。考试时，一般考生只能在指定位置考试。在考试过程中，管理员可以为考生调整座位，考生自己不能随意坐座位。如果考生坐错位置，可以提醒考生，并告诉其座位号。

(7) 创建基于网络版的考试系统，考试试卷保存在 Test.txt 文件中，该试卷题型有选择题、填空题、判断题。在系统客户端，学生做完试题，保存为 Test.txt，系统自动评分，并将成绩上传到服务器端。

第17章 数据库编程

本章知识目标：
- 了解数据库基本概念，掌握常用的SQL语句，掌握JDBC基本知识。
- 掌握访问常用数据库系统(Access、mysql等)的方法。
- 掌握各种数据库操作(查询、更新、插入以及删除)的编程方法，理解并掌握JDBC事务。
- 了解SQL数据类型与Java语言数据类型的区别以及相互转化方法。

17.1 数据库基础知识

17.1.1 数据库基本概念

数据库系统是由数据库(Database，DB)、数据库管理系统(DataBase Management System，DBMS)、支持数据库运行的软硬件环境、数据库应用程序和数据库管理员(DataBase Administrator，DBA)等组成的。

数据库(DB)由一组相互联系的数据文件组成，其中最基本的是包含用户数据的数据文件，而且数据文件之间的逻辑关系也要存放在数据库文件中。

数据库管理系统(DBMS)是专门用于数据库管理的系统软件，提供了应用程序与数据库的接口，允许用户逻辑地访问数据库中的数据，负责逻辑数据与物理地址之间的映射，是控制和管理数据库运行的工具。数据库管理系统可提供的数据处理功能包括数据库定义、数据操纵、数据控制、数据维护等。

数据库模型描述了在数据库中结构化和操纵数据的方法，模型的结构部分规定了数据如何被描述(如树、表等)；模型的操纵部分规定了数据的添加、删除、显示、维护、打印、查找、选择、排序和更新等操作。数据库模型主要有层次模型、网状模型以及关系模型。

当前主流数据库(如 Oracle、mysql、DB2、SyBase、SQL Server 等)模型是关系模型。关系型数据库由若干个表组成。数据表由若干行和列构成。我们称行为记录，列为字段(或称为属性)，表的结构由字段构成。例如，在图 17-1 中，商品销售表结构由 ID、供货商、品名、进价、零售单价、销量以及利润等属性构成。而对于每一条记录(即某一行)，有与属性相应的属性值。例如，对于图 17-1 中的第 8 条记录，其各字段值分别是 8、"扬子商行""天府花生"、2.28、3.25、367 等。

ID	供货商	品名	进价	零售单价	销量	利润
1	广发	健力宝	2.10	3.00	864	
2	广发	必是可乐	3.99	5.70	651	
3	广发	高钙高脂牛奶	4.89	6.98	990	
4	广发	金巢巧克力	16.36	23.37	525	
5	广发	川贵牛肉干	4.03	5.76	480	
6	扬子商行	吐鲁番干红葡萄酒	69.99	99.99	271	
7	扬子商行	酿造酱油	3.98	5.69	1038	
8	扬子商行	天府花生	2.28	3.25	367	
9	扬子商行	椰凤果冻	1.52	2.17	665	

图 17-1 商品销售数据表

17.1.2 常用的 SQL 语句

结构化查询语言(Structured Query Language，SQL)是一种数据库查询和程序设计语言，用于存取数据以及查询、更新和管理关系数据库系统；结构化查询语言(SQL)是高级的非过程化编程语言，允许用户在高层数据结构上工作。

结构化查询语言包含数据查询语言、数据操作语言、事务处理语言、数据控制语言、数据定义语言等。

(1) 数据查询语言语句，从表中获得数据，确定数据怎样在应用程序中给出。保留字 SELECT 是数据查询语言(也是所有 SQL)用得最多的语句，其他可选项有 WHERE、ORDER BY、GROUP BY 以及 HAVING。这些保留字常与其他类型的 SQL 语句一起使用。

(2) 数据操作语言语句包括 INSERT(添加)、UPDATE(修改)和 DELETE(删除)。

(3) 事务处理语言语句能确保被数据操作语言语句影响的表的所有行及时被更新。事务处理语言语句包括 BEGIN TRANSACTION、COMMIT 以及 ROLLBACK。

(4) 数据控制语言语句通过 GRANT 或 REVOKE 获得许可，确定单个用户和用户组对数据库对象的访问。某些 RDBMS 可用 GRANT 或 REVOKE 控制对表单各列的访问。

(5) 数据定义语言语句包括动词 CREATE 和 DROP。在数据库中创建新表或删除表(CREAT TABLE 或 DROP TABLE)；为表加入索引等。

1. 查询 SQL 语句

查询语句是指 SELECT 语句，它是用得非常多的 SQL 语句，其格式如下。

```
SELECT [ALL|DISTINCT]
[<别名>.]<字段名 1>[AS <显示列名>][,[<别名>.]<字段名 2>[AS <显示列名>]…]
FROM [<数据库名>！]<表名>
[WHERE <联接条件 1> [ AND <联接条件 2>…]
[AND|OR <筛选条件 1> [ AND|OR <筛选条件 2>…]]]
[GROUP BY <分组列名 1>[,<分组列名 2>…]] [HAVING <筛选条件>]
[UNION [ALL] SELECT 命令]
[ORDER BY <排序选项 1>[ASC|DESC][,<排序选项 2> [ASC|DESC]…]]
```

说明：SELECT 输出查询结果中列的信息，不可缺省。ALL 表示将数据库表的所有字段作为输出结果，可用"*"表示所有字段；DISTINCT 用来去掉查询结果中列的重复项；如果是多个数据库表的连接查询，则必须说明所要查询字段所在的数据库表(或自表)，即表名.字段名；AS 用来为列数据重新定义标题。

- FROM 子句列出要查询的数据表，不可缺省。对于数据库表，可以用"数据表名"来表示数据表名字。
- WHERE 子句说明查询的条件，包括连接条件和筛选条件。条件之间必须用"与"或"或"(AND 或 OR)关系运算符连接，此连接为等值连接。
- GROUP BY 子句指定分组查询的分组依据，以便对数据进行分组统计，分组依据可以是多个字段表达式。

HAVING 短语用于指定筛选条件，它一般与 GROUP BY 子句一起使用，目的是对分组统计后的数据再进行筛选。

ORDER BY 子句用来对查询结果按升序(ASC)或降序(DESC)进行排序，排序的依据可以是一个或多个字段表达式。

除 SELECT 子句和 FROM 子句外，其他子句均可缺省。

SELECT 命令中的选项,不仅可以是字段名、表达式,还可以是函数,SELECT 命令可以操纵的常用函数如表 17-1 所示。

表 17-1 SELECT 命令中的函数

函 数	功 能
COUNT(*)	计算记录个数
SUM(FieldName)	求字段名 FieldName 所指定字段值的总和
AVG(FieldName)	求字段名 FieldName 所指定字段的平均值
MAX(FieldName)	求字段名 FieldName 所指定字段的最大值
MIN(FieldName)	求字段名 FieldName 所指定字段的最小值

在查询条件中常用的运算符如表 17-2 所示。

表 17-2 查询条件中常用的运算符

运 算 符	例子或功能说明
=、>、<、>=、<=、<> 、! =	进价>30,性别! ="女"
AND、OR、NOT	10<进价 and 进价<100 与 BETWEEN 10 AND 100 等价
BETWEEN AND	指定某字段的值在指定的范围内
IS NULL	工资现状 IS NULL
IN	字段内容是结果集合或子查询结果中的内容
LIKE	对字符型数据进行字符串比较查询,有两个通配符,即下画线 "_" 表示 1 个字符,百分号 "%" 表示若干个字符
SOME	满足集合中的某一个值,功能与用法等同于 ANY
ALL	满足子查询中所有值的记录
ANY	满足子查询中任意一个值的记录
EXISTS	测试子查询中查询结果是否为空。若为空,则返回假

举例:针对商品销售表,给出如下一些 SELECT 语句。

(1) 查询全部商品信息。

SELECT * FROM 商品销售

(2) 查询所有供货商名单,除去重名。

SELECT DISTINCT 供货商 FROM 商品销售

(3) 统计各供货商商品数量。

SELECT 供货商,count(*) as 商品数量 from 商品销售 GROUP BY 供货商

(4) 查询供货商为广发而且进价在 10 到 100 元之间的商品。

SELECT * FROM 商品销售 where 供货商="广发" and 10<进价 and 进价<100

(5) 查询出供货商为"广发"或"扬子江行"的商品货号和品名。

SELECT 货号, 品名 FROM 商品销售 WHERE 供货商 IN ("广发","扬子江行")

(6) 查询出所有以"广"开头的供货商名单。

SELECT DISTINCT 供货商 FROM 商品销售 where 供货商 like "广%"

2. 添加数据记录 SQL 语句

添加数据记录是指在指定的表尾添加一条新记录,其格式如下。

insert into 数据表[(字段 1,字段 2,字段 3 …)] values (值 1,值 2,值 3 …)

注意：

如果某个字段是自动增量，在插入记录时，该字段不能出现在 SQL 插入语句中。

例如，向商品销售表中插入一条记录的 SQL 语句如下。

Insert into 商品销售 value("广发","692782990","书",10,30,100,0);

3. 更新数据 SQL 语句

更新数据的主要作用是修改表中记录的字段值，其格式如下。

update 数据表 set 字段 1=值 1,字段 2=值 2, …, 字段 n=值 n [where 条件表达式]

说明：如果省略更新条件(即 where 条件表达式)，则只更新当前记录数据。

例如，针对商品销售表，要求将所有商品零售单价提高 10%。

update 商品销售 set 零售单价=零售单价*(1+0.1) where true

4. 删除数据记录 SQL 语句

删除数据记录，即按照指定条件删除指定表中的记录。

delete from 数据表 [where 条件表达式]

但是需要引起注意的是：当省略了 where 条件表达式时，将删除表中的所有数据。

例如，针对商品销售表，删除进价大于 100 元的商品记录。

delete from 商品销售 where 进价>100

17.2 JDBC 基础知识

在非 Java 语言中，访问数据库的方式主要有开放数据库互联(Open Database Connectivity，ODBC)。开放数据库互联(ODBC)是微软公司开放服务结构(Windows Open Services Architecture，WOSA)中有关数据库的一个组成部分，它建立了一组规范，并提供了一组对数据库访问的标准 API(应用程序编程接口)。这些 API 利用 SQL 来完成其大部分任务。ODBC 本身也提供了对 SQL 语言的支持，用户可以直接将 SQL 语句送给 ODBC，而且目前几乎所有的数据库系统都提供了 ODBC 驱动程序接口。

由于微软的数据库(如 access 等)不是用 Java 语言来编写的，因而不能直接通过 ODBC 方式访问数据库。如果需要用 Java 语言连接微软的数据库，就要求编写一个 JDBC-ODBC 桥进行连接，使 Java 语言编写的代码也可以操作数据库。但是，这种驱动方式需要本地安装了相关数据库的 ODBC 驱动程序接口，执行效率非常低下，而且还需要 Windows 操作系统平台，不能做到跨平台。因此，不主张采用通过 ODBC 方式访问数据库。

JDBC(Java Data Base Connectivity，Java 数据库连接)是一种用于执行 SQL 语句的 Java API，可以为多种关系数据库提供统一访问，它由一组用 Java 语言编写的类和接口组成。JDBC 为工具/数据库开发人员提供了一个标准的 API，据此可以构建更高级的工具和接口，使数据库开发人员能够用纯 Java API 编写数据库应用程序。

如图 17-2 所示，在 Java 语言中，访问数据库

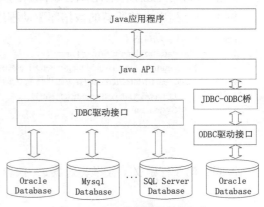

图 17-2 Java 访问数据库的方式

的方式有两种：①对于提供了 JDBC 驱动程序接口的数据库，主要采用 JDBC 驱动程序接口访问该数据库。②对于没有提供 JDBC 驱动程序接口的数据库，可以通过 JDBC-ODBC 桥来进行访问。

17.2.1 与数据连接相关的接口和类

在 Java 语言中，JDBC 提供了一个独立于各数据库的统一应用程序接口(API)，用于该执行 SQL 命令。在 JDBC 中，类主要有 DriverManager，接口主要有 Driver、Connection 等。

1. Driver 接口

每个驱动程序都应该提供一个实现 Driver 接口的类。在加载某一 Driver 类时，首先创建自己的实例并向 DriverManager 注册该实例。Java 虚拟机查询并装载驱动程序只需要调用 Class 类的 forName(…) 方法，就能够达到目的。

例如，如果想要使用 JDBC-ODBC 桥驱动程序，则可以用下列代码装载它。

```
Class.forName("sun.jdbc.odbc.JdbcOdbcDriver");
```

例如，如果想要使用名字为 DriverABC 的驱动程序访问相关数据库。例如，如果类名是 jdbc.DriverABC，将使用以下代码装载驱动程序。

```
Class.forName("jdbc.DriverABC");
```

2. DriverManager 类

DriverManager 类管理一组 JDBC 驱动程序的基本服务。作为初始化的一部分，DriverManager 类会尝试加载在"jdbc.drivers"系统属性中引用的驱动程序类，这样就可以允许用户自定义其使用的 JDBC Driver。

DriverManager 类中的常用方法如下。

static Connection getConnection(String url)：试图建立到给定数据库 URL 的连接。

static Connection getConnection(String url, Properties info)：试图建立到给定数据库 URL 的连接。

static Connection getConnection(String url, String user, String password)：试图建立到给定数据库 URL 的连接。

static Driver getDriver(String url)：试图查找能理解给定 URL 的驱动程序。

static Enumeration<Driver> getDrivers()：检索带有当前调用方可以访问的所有已加载 JDBC 驱动程序的 Enumeration。

static void registerDriver(Driver driver)：向 DriverManager 注册指定的驱动程序。

例 17-1 列出当前所有的数据库驱动程序，见 ListDrivers.java。

```
1 public class ListDrivers {
2     public static void main(String[] args) {
3         Enumeration   e=DriverManager.getDrivers();
4         while (e.hasMoreElements()){//如果还有驱动程序
5             Driver d=(Driver)e.nextElement();
6             System.out.println(d);
7         }
8     }
9 }
```

说明：第 3 行定义了枚举类对象 e，保存当前系统支持的数据库驱动程序。

3. Connection 接口

Connection 接口可以得到与特定数据库的连接(会话)，可以在连接上下文中执行 SQL 语句并返回结果。

Connection 接口中的主要方法如下。

void close()：立即释放此 Connection 对象的数据库和 JDBC 资源，而不是等待自动释放。

void commit()：使自从上一次提交/回滚以来进行的所有更改成为持久更改，并释放此 Connection 对象当前保存的所有数据库锁定。

Statement createStatement([int resultSetType, int resultSetConcurrency[, int resultSetHoldability]])：创建一个 Statement 对象，该对象将生成具有给定类型、并发性和可保存性的 ResultSet 对象。

boolean getAutoCommit()：检索此 Connection 对象的当前自动提交模式。

String nativeSQL(String sql)：将给定的 SQL 语句转换成系统本机 SQL 语法。

CallableStatement prepareCall([String sql, int resultSetType, int resultSetConcurrency[, int resultSetHoldability]])：创建一个 CallableStatement 对象，该对象将生成具有给定类型和并发性的 ResultSet 对象。

PreparedStatement prepareStatement(String sql[, int autoGeneratedKeys]))：创建一个默认 PreparedStatement 对象，该对象能检索自动生成的键。

PreparedStatement prepareStatement(String sql[, int[] columnIndexes]))：创建一个能够返回由给定数组指定的自动生成键的默认 PreparedStatement 对象。

PreparedStatement prepareStatement(String sql[, int resultSetType, int resultSetConcurrency[, int resultSetHoldability]])：创建一个 PreparedStatement 对象，该对象将生成具有给定类型、并发性和可保存性的 ResultSet 对象。

PreparedStatement prepareStatement(String sql[, String[] columnNames])：创建一个能够返回由给定数组指定的自动生成键的默认 PreparedStatement 对象。

void releaseSavepoint(Savepoint savepoint)：从当前事务中移除给定的 Savepoint 对象。

void rollback()：取消在当前事务中进行的所有更改，并释放此 Connection 对象当前保存的所有数据库锁定。

void rollback(Savepoint savepoint)：取消设置给定 Savepoint 对象之后进行的所有更改。

void setAutoCommit(boolean autoCommit)：将此连接的自动提交模式设置为给定状态。

Savepoint setSavepoint([String name])：在当前事务中创建一个具有给定名称的保存点，并返回表示它的新 Savepoint 对象。

参数说明：默认情况下，Connection 对象处于自动提交模式，这意味着它在执行每个语句后都会自动提交更改。如果禁用自动提交模式，为了提交更改，必须显式调用 commit 方法，否则无法保存数据库更改。

17.2.2 创建数据库连接方法

适当的驱动程序类与数据库管理系统(DBMS)建立一个数据库连接，编程人员可以通过下面语句得到数据连接。

```
Connection con = DriverManager.getConnection(url, loginName, password);
```

其中 url 是指定数据库系统，而 loginName、password 分别是登录该数据库系统的用户名和密码。创建数据库连接非常简单，最难的是怎么提供 url。如果正在使用 JDBC-ODBC 桥，JDBC URL 将以 jdbc:odbc 开始,余下 URL 通常是数据源名字或数据库系统。因此,假设你正在使用 ODBC 方式存取一个"studentDB"的 ODBC 数据源,其中 JDBC 的 URL 是 jdbc:odbc:studentDB,把 loginName 及 password 替换为登录相应数据库管理系统 DBMS 的用户名及口令(假设分别为"sysAdmin"、"abcde"),则下面语句可以得到相应数据库管理系统(DBMS)的连接。

```
String url ="jdbc:odbc:studentDB";
Connection con = DriverManager.getConnection(url, "sysAdmin", "abcde");
```

另外,使用 JDBC 方式时,URL 将以 jdbc 开始,如果使用的是第三方开发的 JDBC 驱动程序,则 JDBC URL 的格式表示如下。

```
jdbc:<subProtocol>:<databaseLocator>
```

其中 subProtocol 指示数据库驱动程序类型,databaseLocator 提供网络数据库的位置(包括主机名、端口和数据库名字)。

例 17-2 编写数据库连接类 DBConn。

```
1   public class DBCon {
2       private String typeDriver;              //数据库类型
3       private String driverName;              //数据库驱动名字
4       private String    dbURL;                //数据库的定位器
5       private String userName;                //用户登录名字
6       private String password;                //用户登录密码
7       private Connection con=null;            //数据库连接
8       DBCon(String typeDriver, String dbURL, String userName, String password){
9           switch (typeDriver)
10          {
11              case "odbc":
12                  this.driverName ="sun.jdbc.odbc.JdbcOdbcDriver";
13                  this.dbURL="jdbc:odbc:".concat(dbURL);
14                  break;
15              case "access":
16                  this.driverName ="sun.jdbc.odbc.JdbcOdbcDriver";
17                  this.dbURL="jdbc:odbc:Driver={Microsoft Access Driver (*.mdb)};DBQ=".concat(dbURL);
18                  break;
19              case "mysql":
20                  this.driverName ="com.mysql.jdbc.Driver";
21                  this.dbURL="jdbc:mysql://".concat(dbURL);
22          }
23          this.userName = userName;
24          this.password = password;
25          try {
26              con=this.getConnection();
27          } catch (Exception e) {
28              System.out.println("数据库连接异常! ");
29          }
30      }
31      public Connection getConnection() {
32          try{
33              if (con!=null&&!con.isClosed())       //如果 con 不是空,并且 con 没有关闭
34                  return con;
35              else
36                  if (driverName.equals(""))
37                      return null;
38              Class.forName(driverName);            //
39              Properties prop=new Properties();
```

```
40                prop.put("charSet", "gbk");        //解决汉字显示问题
41                prop.put("user", userName);
42                prop.put("password", password);
43                con=DriverManager.getConnection(dbURL,prop);
44                return con;
45           } catch(Exception e){
46                System.out.println("连接错误...");
47           }
48           return null;
49      }
50 }
```

说明：

(1) 当连接 access 时，dbURL 是数据文件(包括路径，如 E:\2018JavaBook\data\xs.mdb)。

(2) 当连接 mysql 数据库时，dbURL 是"IP地址：端口号/数据库名"，如 202.16.111.253:3306/myDB。

(3) 当通过数据源连接时，dbURL 是数据源名。

(4) 在 public Connection getConnection()方法中，该方法定义了 Properties 类型的对象 prop，并通过第 50 行代码解决了汉字显示乱码问题。Java 的默认编码格式是 utf-8，而 Access 等支持的字符集格式是 gbk，通过 Java 代码向它们读写数据时，会出现乱码。解决乱码的办法是：将字符格式指定为 gbk。

17.2.3 与执行 SQL 语句相关的接口

用于执行静态 SQL 语句的接口主要有 Statement、CallableStatement、reparedStatement，而执行 SQL 语句可能会产生记录集，就要用到接口 ResultSet 和记录集的 ResultSetMetaData。

1. Statement 接口

Statement 接口用于执行静态 SQL 语句并返回它所生成结果的对象。在默认情况下，同一时间每个 Statement 对象只能打开一个 ResultSet 对象。因此，如果读取一个 ResultSet 对象与读取另一个 ResultSet 相交叉，则这两个对象必须是由不同的 Statement 对象生成的。Statement 接口中定义的主要方法如下。

void addBatch(String sql)：将给定的 SQL 命令添加到此 Statement 对象的当前命令列表中。

void cancel()：如果 DBMS 和驱动程序都支持中止 SQL 语句，则取消此 Statement 对象。

void clearBatch()：清空此 Statement 对象的当前 SQL 命令列表。

void close()：立即释放此 Statement 对象的数据库和 JDBC 资源，而不是等待该对象自动关闭时发生此操作。

boolean execute(String sql)：执行给定的 SQL 语句，该语句可能返回多个结果。

boolean execute(String sql, int[] columnIndexes)：执行给定的 SQL 语句(该语句可能返回多个结果)，并通知驱动程序在给定数组中指示的自动生成的键应该可用于检索。

boolean execute(String sql, String[] columnNames)：执行给定的 SQL 语句(该语句可能返回多个结果)，并通知驱动程序在给定数组中指示的自动生成的键应该可用于检索。

int[] executeBatch()：将一批命令提交给数据库来执行，如果全部命令执行成功，则返回更新计数组成的数组。

ResultSet executeQuery(String sql)：执行给定的 SQL 语句，该语句返回单个 ResultSet 对象。

int executeUpdate(String sql)：执行给定为 SQL 语句，该语句可能为 INSERT、UPDATE 或 DELETE 语句，或者不返回任何内容的 SQL 语句。

int executeUpdate(String sql, int[] columnIndexes)：执行给定的 SQL 语句，并通知驱动程序在给定数组中指示的自动生成的键应该可用于检索。

int executeUpdate(String sql, String[] columnNames)：执行给定的 SQL 语句，并通知驱动程序在给定数组中指示的自动生成的键应该可用于检索。

Connection getConnection()：检索生成此 Statement 对象的 Connection 对象。

2. PreparedStatement 接口

PreparedStatement 接口的父接口是 Statement 接口，它表示预编译的 SQL 语句的对象。

SQL 语句被预编译并且存储在 PreparedStatement 对象中，然后可以使用此对象高效地多次执行该语句。

PreparedStatement 接口中定义的主要方法如下。

void addBatch()：将一组参数添加到此 PreparedStatement 对象的批处理命令中。

void clearParameters()：立即清除当前参数值。

boolean execute()：在此 PreparedStatement 对象中执行 SQL 语句，该语句可以是任何种类的 SQL 语句。

ResultSet executeQuery()：在此 PreparedStatement 对象中执行 SQL 查询，并返回该查询生成的 ResultSet 对象。

int executeUpdate()：在此 PreparedStatement 对象中执行 SQL 语句，该语句必须是一个 SQL INSERT、UPDATE 或 DELETE 语句；或者是一个什么都不返回的 SQL 语句，如 DDL 语句。

ResultSetMetaData getMetaData()：检索包含有关 ResultSet 对象的列消息的 ResultSetMetaData 对象，ResultSet 对象将在执行此 PreparedStatement 对象时返回。

ParameterMetaData getParameterMetaData()：检索此 PreparedStatement 对象的参数的编号、类型和属性。

void setXXX(int idx,XXX x)：将指定参数设置为给定 XXX 对象。其中 XXX 可以是 Array、ASCII 字符流(AsciiStream)、字符流(java.io.Reader)、二进制流(BinaryStream)、BigDecimal、java.sql.Blob、Boolean、byte、byte[]、Clob、Date、Double、Float、Int、Long、Object、Short、String、Time、Timestamp、URL、NULL 等。

例如，在下列程序中，假定 con 表示一个活动连接。

```
String sql="SELECT * FROM 商品销售 where?<进价 and 进价<?";
PreparedStatement pstmt = con.prepareStatement(sql);
    pstmt.setInt(1,10);
    pstmt.setInt(2, 200);
    ResultSet rs=pstmt.executeQuery();
```

说明：在 sql 变量串中，有多少个问号，编程人员就必须执行多少次 pstmt.setXXX(i,value)方法，以便设置相应参数的值，其中 XXX 是相对应的？的数据类型，而且 i 是从 1 开始的。

3. CallableStatement 接口

该接口的父接口是 PreparedStatement，CallableStatement 接口的作用是执行 SQL 存储过程。JDBC API 提供了一个存储过程 SQL 转义语法，该语法允许对所有关系数据库管理系统使用标准方式调用存储过程。参数是根据编号按顺序引用的，第一个参数的编号是 1，依次类推。该 SQL 表达式的内容格式如下：

```
{call <过程名字>(?,?,…,)}
```

SQL 表达式的参数值可通过 PreparedStatement 的 set(…)方法进行设置。

CallableStatement 可以返回一个 ResultSet 对象或多个 ResultSet 对象。多个 ResultSet 对象是使用从 Statement 中继承的操作处理的。

4. ResultSet 接口

该接口表示数据库结果集的数据表，通常通过执行查询数据库的语句生成。ResultSet 接口中的常量定义如表 17-3 所示。

表 17-3 ResultSet 接口中的常量定义

常量值类型	常量名字及意义
static int	CLOSE_CURSORS_AT_COMMIT 该常量指示调用 Connection.commit 方法时应该关闭 ResultSet 对象
static int	CONCUR_READ_ONLY 该常量指示不可以更新的 ResultSet 对象的并发模式
static int	CONCUR_UPDATABLE 该常量指示可以更新的 ResultSet 对象的并发模式
static int	FETCH_FORWARD 该常量指示将按正向(即从第一个到最后一个)处理结果集中的行
static int	FETCH_REVERSE 该常量指示将按反向(即从最后一个到第一个)处理结果集中的行处理
static int	FETCH_UNKNOWN 该常量指示结果集中的行的处理顺序未知
static int	HOLD_CURSORS_OVER_COMMIT 该常量指示调用 Connection.commit 方法时不应关闭 ResultSet 对象
static int	TYPE_FORWARD_ONLY 该常量指示指针只能向前移动的 ResultSet 对象的类型
static int	TYPE_SCROLL_INSENSITIVE 该常量指示可滚动但通常不受其他更改影响 ResultSet 对象的类型
static int	TYPE_SCROLL_SENSITIVE 该常量指示可滚动并且通常受其他更改影响的 ResultSet 对象的类型

默认的 ResultSet 对象不可更新，仅有一个向前移动的指针。此外，还可以生成可滚动并且可更新的 ResultSet 对象。

例如，定义如下代码。

```
Statement stmt = con.createStatement(ResultSet.TYPE_SCROLL_INSENSITIVE, ResultSet.CONCUR_UPDATABLE);
//rs 是可滚动而且可修改
ResultSet rs = stmt.executeQuery("SELECT * FROM 商品销售");
```

ResultSet 接口的主要方法如下。

void afterLast()：将指针移动到该 ResultSet 对象的末尾，正好位于最后一行之后。

void beforeFirst()：将指针移动到此 ResultSet 对象的开头，正好位于第一行之前。

boolean next()：将指针从当前位置下移一行。

boolean previous()：将指针移动到此 ResultSet 对象的上一行。

boolean absolute(int row)：将指针移动到该 ResultSet 对象的给定行编号。

boolean first()：将指针移动到此 ResultSet 对象的第一行。

void cancelRowUpdates()：取消对 ResultSet 对象中的当前行所做的更新。

void close()：立即释放此 ResultSet 对象的数据库和 JDBC 资源，而不是等待该对象自动关闭时发生此操作。

void deleteRow()：从 ResultSet 对象和底层数据库中删除当前行。

int findColumn(String columnName)：将给定的 ResultSet 列名称映射到其 ResultSet 列索引。

XXX getXXX (int columnIndex)：以 XXX 的形式检索此 ResultSet 对象的当前行中指定列的值。

XXX getXXX (String columnName)：以 XXX 的形式检索此 ResultSet 对象的当前行中指定列的值。

void updateXXX (String columnName, XXX x)：用 XXX 值更新指定列。

void updateXXX(int columnIndex, XXX x)：用 XXX 值更新指定列。

参数说明：其中 XXX 可以是 ASCII 字符流(AsciiStream)、字符流(java.io.Reader)、二进制流(BinaryStream)、BigDecimal、java.sql.Blob、Boolean、byte、byte[]、Clob、Date、Double、Float、Int、Long、Object、Short、String、Time、Timestamp、URL、NULL 等。

String getCursorName()：检索此 ResultSet 对象使用的 SQL 指针的名称。

int getRow()：检索当前行编号。

ResultSetMetaData getMetaData()：检索此 ResultSet 对象的列的编号、类型和属性。

Statement getStatement()：检索生成此 ResultSet 对象的 Statement 对象。

int getType()：检索此 ResultSet 对象的类型。

void insertRow()：将插入行的内容插入此 ResultSet 对象和数据库中。

void moveToCurrentRow()：将指针移动到记住的指针位置，通常为当前行。

void moveToInsertRow()：将指针移动到插入行。

void refreshRow()：用数据库中的最近值刷新当前行。

boolean relative(int rows)：按相对行数(或正或负)移动指针。

boolean rowDeleted()：检索是否已删除某行。

boolean rowInserted()：检索当前行是否已有插入。

boolean rowUpdated()：检索是否已更新当前行。

void updateRow()：用此 ResultSet 对象的当前行的新内容更新底层数据库。

5. ResultSetMetaData 接口

ResultSetMetaData 接口的主要作用是获取关于 ResultSet 对象中列的类型和属性信息。

ResultSetMetaData 接口的主要方法如下。

String getCatalogName(int colNo)：获取指定列的表目录名称。

String getcolNoClassName(int colNo)：如果调用方法 ResultSet.getObject 从列中检索值，则返回构造其实例的 Java 类的完全限定名称。

int getcolNoCount()：返回此 ResultSet 对象中的列数。

int getcolNoDisplaySize(int colNo)：指示指定列的最大标准宽度，以字符为单位。

String getcolNoLabel(int colNo)：获取用于打印输出和显示的指定列的建议标题。

String getcolNoName(int colNo)：获取指定列的名称。

int getcolNoType(int colNo)：检索指定列的 SQL 类型。

String getcolNoTypeName(int colNo)：检索指定列的数据库特定的类型名称。

int getPrecision(int colNo)：获取指定列的小数位数。

int getScale(int colNo)：获取指定列的小数点右边的位数。

String getSchemaName(int colNo)：获取指定列的表模式。

String getTableName(int colNo)：获取指定列的名称。

boolean isAutoIncrement(int colNo)：指示是否自动为指定列进行编号，这样这些列仍然是只读的。

int isNullable(int colNo)：指示指定列中的值是否可以为 null。

例 17-3　在类 DBCon 中定义输出记录集的表头方法。

```
1    public void printTableHeader(ResultSet rs) throws Exception    {
2        if (rs!=null){
3            //打印表头
4            ResultSetMetaData rsMD;
```

```
5          rsMD=rs.getMetaData();                  //
6          int i,count=rsMD.getColumnCount();
7          for (i=1;i<=count;i++){
8              String str;
9              str=rsMD.getColumnName(i);          //得到表头的第i列字段名
10             System.out.print(str+"\t");
11         }
12         System.out.println("");
13     }
14 }
```

说明：为了得到 ResultSet 对象的记录集合结构中的列相关信息，可以调用 ResultSet 接口中的 getMetaData()方法，返回 ResultSetMetaData 对象，该对象描述了 ResultSet 中列的类型和属性信息。

例 17-4 在类 DBCon 中定义输出记录集方法。

```
1  public void printRecords(ResultSet rs) throws Exception{
2      //打印表头
3      this.printTableHeader(rs);
4      int count,i;
5      ResultSetMetaData rsMD;
6      rsMD=rs.getMetaData();
7      count=rsMD.getColumnCount();         //得到记录集的列数量
8      if (rs!=null){
9          //输出记录集中的数据
10         while (rs.next()){
11             for (i=1;i<=count;i++){
12                 Object   ob;
13                 ob=rs.getObject(i);       //当前记录的第i个字段
14                 if (ob!=null)
15                     System.out.print(ob+ "\t");
16                 else
17                     System.out.print( "\t\t");
18             }
19             System.out.println("");       //输完一条记录后换行
20         }
21     }
22 }
```

说明：第 3 行语句是输出记录集的表头，第 10~20 行语句的作用是输出记录集中的记录信息。可以通过记录集得到其 ResultSetMetaData 信息，例如，此处通过 ResultSetMetaData 得到记录集的列数量。ResultSet 接口提供用于从当前记录行检索列值的获取方法(如 getBoolean、getLong、getObject 等)。可以使用列的索引编号或列的名称检索值。一般情况下，使用列索引较为高效。列从 1 开始编号。

例 17-5 在类 DBCon 中定义输出当前记录指针所指向的记录方法。

```
1  public void printCurrentRecord(ResultSet rs) throws Exception{
2      ResultSetMetaData rsmd = rs.getMetaData();   //
3      //得到记录集的字段个数
4      int numberOfColumns = rsmd.getColumnCount();
5      this.printTableHeader(rs);                   //输出表头
6      if (rs.getRow()>0)//
7      {
8          for (int i=1;i<=numberOfColumns;i++) {
9              Object   ob;
10             ob=rs.getObject(i);                  //当前记录的第i个字段
```

```
11              if (ob!=null)
12                  System.out.print(ob+ "\t");
13              else
14                  System.out.print( "\t\t");
15          }
16          System.out.println("\t");//换行
17      }
18 }
```

说明：当记录指针在不同位置时，rs.getRow()返回值如图 17-3 所示。当记录指针指向第一条记录前或者最后一条记录后，rs.getRow()方法返回 0，否则返回记录相应的位置值(即当记录指针指向第 i 条记录时，返回 i 值)。

例 17-6 在类 DBCon 中定义统计记录集中的记录个数方法。

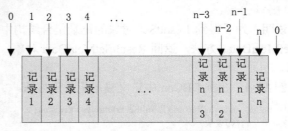

图 17-3 rs.getRow()返回值

```
1  public int getNumberOfRecords(ResultSet rs) throws SQLException{
2      if (rs==null)
3          return 0;
4      int num=0;
5      while (rs.next())    num=num+1;
6      return num;
7  }
```

17.3 访问常用数据库

常用数据库有 Access、mysql 等，下面主要讲解如何访问它们。

17.3.1 访问 Access 数据库

首先，利用 Access 2010 建立如图 17-4 所示的商品销售数据表，设计其表结构。

然后，输入如图 17-5 所示的数据。

字段名称	数据类型
ID	自动编号
供货商	文本
品名	文本
进价	数字
零售单价	数字
销量	数字
利润	数字
库存	数字

图 17-4 商品销售的表结构

ID	供货商	品名	进价	零售单价	销量	利润	库存
1	广发	健力宝	2.1	3	864		
2	广发	必是可乐	3.99	5.7	651		
3	广发	高钙高脂牛奶	4.886	6.98	990		
4	广发	金巢巧克力	16.359	23.37	525		
5	广发	川贵牛肉干	4.032	5.76	480		
6	扬子商行	吐鲁番干红葡	69.993	99.99	271		
7	扬子商行	酿造酱油	3.983	5.69	1038		
8	扬子商行	天府花生	2.275	3.25	367		
9	扬子商行	椰风果冻	1.519	2.17	665		
10	扬子商行	黄山云雾茶	699	998	163		

图 17-5 商品销售的部分数据

在建立数据源之前，首先要搞清楚操作系统 Windows 和 Access 2010 是 32 位还是 64 位。如果 Windows 操作系统和 Access 2010 都是 64 位或者都是 32 位，只需要点击管理工具中的数据源(ODBC)

项目，如图 17-6 所示，进入数据源配置界面。

但是，如果 Windows 是 64 位而 Access 2010 是 32 位，需要使用 WoW64 (Windows On Windows 64)，它是一个 Windows 操作系统的子系统，被设计用来处理在 32 位 Windows 和 64 位 Windows 之间的不同问题。有了 WoW64，则可以在 64 位 Windows 中运行 32 位 Windows 应用程序。只不过，建立 32 位 Access2010 的数据源的方法稍有不同。如图 17-7 所示，打开 Windows 的安装目录下的子文件夹 SysWow64，运行其中的 odbcad32.exe 应用程序，就可以出现类似如图 17-6 所示的设置数据源界面。

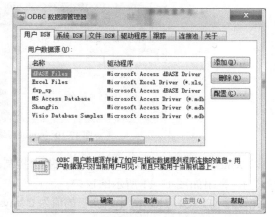

图 17-6　设置数据源(ODBC)

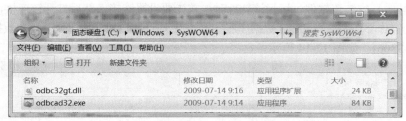

图 17-7　运行 WoW64 下的 odbcad32.exe

输入数据源名 ShangPin，并指定数据库位置是 E:\2016JavaBook\data\data1\xs.mdb，如图 17-8 所示。另外为了数据库安全，可以单击图 17-8 中的"高级"按钮，设置访问该数据源的用户名和密码(此处分别为 admin 和 admin)，如图 17-9 所示。

图 17-8　Access 的 ODBC 配置

图 17-9　在 ODBC 配置中设置登录名称和密码

17.3.2　访问 mysql 数据库

MySQL 是功能强大又小巧的数据库，当前非常流行。但是官网(http://www.mysql.com/downloads/)给出的安装包有两种格式，一种是 msi 格式，另一种是 zip 格式。前者只要按照安装向导安装就可以了；而后者解压得到一些文件，只要直接进行简单设置就可以。此处，下载 mysql 的安装包 mysql-5.6.30Winx64.zip，将该包解压到 C:\mysql-5.6.30-winx64，该文件夹内容如图 17-10 所示。

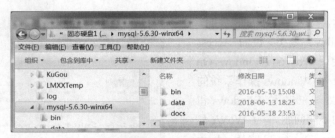

图 17-10 mysql 压缩包解压后的内容

以 Windows 7 为例，设置环境变量(选择"控制面板"→"系统和安全"→"系统"→"高级系统设置")，弹出如图 17-11 所示的窗口。

先设置 MYSQL_HOME 系统变量的值为 C:\mysql-5.6.30-winx64，如图 17-12 所示，然后修改系统变量 Path 的值，如图 17-13 所示。

但是，初学者操作 mysql 数据库可能非常不方便，可以从 www.mysqlfront.de/网站上下载 ms-front 软件，按照安装向导安装该软件。运行该软件时，首先要设置连接，然后打开该连接，就可以进入 ms-front 软件的操作界面，填写 mysql 数据库服务器的 IP 地址和端口号(注意：mysql 数据库服务器的默认端口号是 3306)，如图 17-14 所示。

图 17-11 设置环境变量界面

图 17-12 设置环境变量 MYSQL_HOME

图 17-13 修改系统变量 Path

图 17-14 设置连接到 mysql

然后，可以利用 MySQL-front 软件建立若干个数据库，如图 17-15 所示。

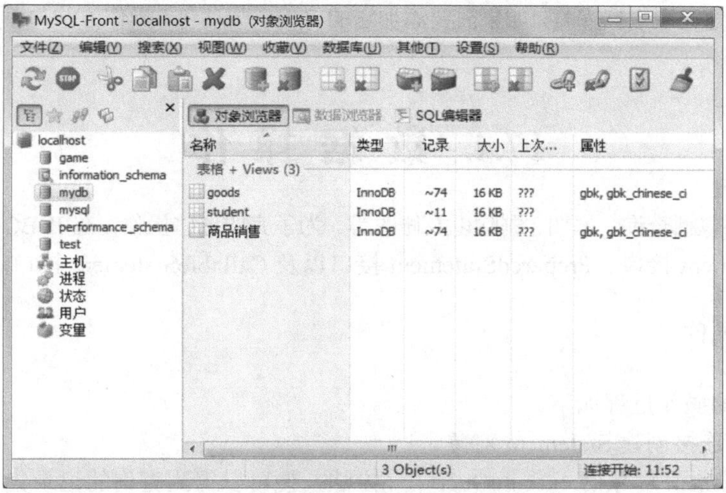

图 17-15　利用 MySQL-front 建立数据库

在 MySQL-front 操作界面下，先建立数据库 mydb，并在该数据库中建立 goods 数据表。goods 的表结构如图 17-16 所示。

名称	类型	空	默认值	属性	备注
字段 (7)					
GoodsNo	varchar(9)	no		utf8	
Producer	varchar(4)	no		utf8	
GoodsName	varchar(10)	no		utf8	
InPrice	double(20,1)	yes	0.0		
salePrice	double(20,1)	no	0.0		
vol	double(20,1)	no	0.0		
profit	double(20,0)	no	0		

图 17-16　goods 数据表的表结构

最后，从 mysql 官网上下载 JDBC 驱动包 mysql-connector-java-5.1.27-bin.jar，假设放在 E:\2016JavaBook\jar子文件夹下，在netbeans开发环境中，右击设计项目属性，在编译选项下添加jar包，如图17-17所示。

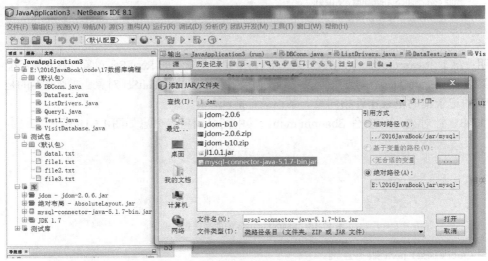

图 17-17　添加 mysql 的 JDBC 驱动包

至此，Java 程序才可以访问 mysql 数据库文件。

说明：访问其他类型数据库时，如果需要添加它的 JDBC 驱动包，操作方法与添加 mysql 的 JDBC 驱动包类似。

17.4 数 据 操 作

数据操作主要包括查询、添加、删除以及修改等。为了完成这些操作，在 JDBC 提供了 3 个接口，它们分别是 Statement 接口、PreparedStatement 接口以及 CallableStatement 接口。

17.4.1 查询操作

Statement 查询操作过程如下。

(1) 通过数据连接创建 Statement 对象。

(2) 执行 Statement 对象的 executeQuery(…)方法，便可以得到查询的记录集 ResultSet 对象。

利用 PreparedStatement、CallableStatement 查询操作过程与利用 Statement 语句查询类似。而且，PreparedStatement、CallableStatement 接口需要通过 setXXX(…)方法设置相应参数的值。

例 17-7　在 DBCon 类中，定义了两个 executeQuery(…)方法。

```
1    public ResultSet executeQuery(String sql) throws SQLException{
2        con=this.getConnection();
3        Statement stmt;
4        ResultSet rs;
5        stmt=con.createStatement();
6        rs = stmt.executeQuery(sql);
7        return rs;
8    }
9    public ResultSet   executeQuery(String sql,int type,int flag) throws SQLException{
10       con=this.getConnection();
11       Statement stmt;
12       ResultSet rs;
13       stmt=con.createStatement(type,flag);
14       rs = stmt.executeQuery(sql);
15       return rs;
16   }
```

说明：第 1 个 executeQuery(...)方法(第 1~8 行)得到的是默认的 ResultSet 对象，该对象不能够更新记录。第 2 个 executeQuery(…)方法(第 9~16 行)得到各种类型的 ResultSet 对象。需要注意的是，上面方法得到的记录集的记录指针指向第一条记录行前面。

例 17-8　针对 Access 文件 Shanpin.mdb，其中商品销售表信息如图 17-18 所示。

商品销售							
ID	供货商	品名	进价	零售单价	销量	利润	库存
1	广发	健力宝	2.1	3	864		
2	广发	必是可乐	3.99	5.7	651		
3	广发	高钙高脂牛奶	4.886	6.98	990		
4	广发百货	金巢巧克力	16.359	23.37	525		
5	广州百货	川贵牛肉干	4.032	5.76	480		

图 17-18　ShangPin.mdb 的商品销售数据表

编写 QueryTest1.java 如下查询。

(1) 查询全部商品信息。

(2) 查询所有供货商名单，除去重名。

(3) 统计各供货商商品数量。

(4) 查询供货商为"广发"而且进价在 2~20 元的商品。

(5) 查询出供货商为"广发"或"扬子江行"的品名、进价以及零售单价。

(6) 查询出所有以"广"开头的供货商名单。

```
1   public class QueryTest1 {
2       public static void main(String[] args) throws Exception {
3           ResultSet rs;
4           DBCon dbcon;
5           dbcon=new DBCon("access","E:\\2016JavaBook\\data\\ShangPin.mdb","","");
6           if (dbcon!=null){
7               System.out.println("---查询全部商品信息---");
8               rs=dbcon.executeQuery("select * from  商品销售");
9               dbcon.printRecords(rs);
10              System.out.println("---查询所有供货商名单，除去重名---");
11              rs=dbcon.executeQuery("select distinct 供货商 from 商品销售");
12              dbcon.printRecords(rs);
13              System.out.println("---统计各供货商商品数量---");
14              rs=dbcon.executeQuery("select 供货商,count(*) as 商品数量 from 商品销售 group by 供货商");
15              dbcon.printRecords(rs);
16              System.out.println("供货商为"广发"而且进价在 2~20 元的商品");
17              rs=dbcon.executeQuery("SELECT * FROM 商品销售 where 供货商='广发' and 2<进价 and 进价<20");
18              dbcon.printRecords(rs);
19              System.out.println("供货商为"广发"或"扬子江行"的商品货号和品名");
20                rs=dbcon.executeQuery("SELECT 品名,进价,供货商,零售单价 FROM 商品销售 where 供货商 in ('广发','扬子江行')");
21              dbcon.printRecords(rs);
22              System.out.println("---查询出所有以"广"开头的供货商名单---");
23              rs=dbcon.executeQuery("SELECT DISTINCT 供货商 FROM 商品销售 where 供货商 like '广%'");
24              dbcon.printRecords(rs);
25          }
26      }
27  }
```

说明：第 4、5 行是建立数据连接类 DBCon 的对象 dbcon，然后执行若干次 dbcon 对象的 executeQuery(…) 方法，并输出查询记录集。特别要注意的是，当 SQL 串中含有字符串常量时，则用直单引号括起来。

例 17-9 创建 QueryTest2.java 文件，针对商品销售表(该表在 mysql 的数据库 mydb 中)，输入进价区间(a,b)，查询商品进价在区间(a,b)的商品信息。

```
1   public class QueryTest2 {
2       public static void main(String[] args) throws Exception {
3           Connection con;
4           DBCon dbcon;
5           dbcon=new DBCon("mysql","127.0.0.1:3306/mydb","root","abc");
6           con=dbcon.getConnection();         //得到数据连接
7           String sql="select * from 商品销售 where 进价>? and 进价<?";
8           PreparedStatement pst=con.prepareStatement(sql);
9           Scanner sc=new Scanner(System.in);
10          float a,b;
11          System.out.println("输入进价在(a,b)之间的商品记录信息！");
12          System.out.print("输入 a 值:");
13          a=sc.nextFloat();
```

```
14          System.out.print("输入 b 值:");
15          b=sc.nextFloat();
16          pst.setFloat(1, a);
17          pst.setFloat(2, b);
18          ResultSet rs=pst.executeQuery();
19          dbcon.printRecords(rs);
20      }
21  }
```

说明：在第 7 行代码中，sql 的值中包含了两个问号"?"，表示进价范围边界值，所以第 16、17 行分别表示设置的值(即第 1 个问号与 a 值对应，第 2 个问号与 b 值对应)。

例如，在 mysql 的数据库 MyDB 中，创建一个存储过程 Query1，其定义如下。

```
CREATE DEFINER=`root`@`localhost` PROCEDURE `query1`(in price double)
BEGIN
select * from 商品销售  where 进价>price;
END;
```

在 MySQL-front 软件环境下，创建该存储过程如图 17-19 所示。

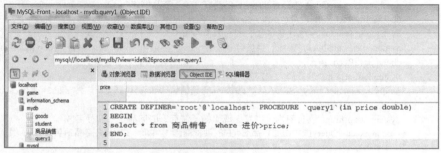

图 17-19 创建存储过程 query1

例 17-10   创建 QueryTest2.java 文件，执行上面的存储过程 Query1。

```
1   public class QueryTest3 {
2       public static void main(String[] args) throws Exception{
3           ResultSet rs=null;
4           DBCon dbcon;
5           dbcon=new DBCon("mysql","127.0.0.1:3306/mydb","root","abc");
6           if (dbcon!=null){
7               Connection con=dbcon.getConnection();
8               CallableStatement cst=con.prepareCall("{call query1(?)}");
9               cst.setDouble(1,100);
10              rs=cst.executeQuery();
11              dbcon.printRecords(rs);
12          }
13      }
14  }
```

说明：

(1) 在涉及修改、删除、插入等操作时，一般要关闭数据连接，否则，所做更新无法起作用。所以，在上面 executeSQL 方法和 executeUpdate 方法中调用 con.close()语句不可以省略。

(2) 在获取方法或设置方法中，列名称不区分大小写。用列名称调用获取方法或设置方法时，如果多个列具有这一名称，则返回第一个匹配列的值。列名称选项在生成结果集的 SQL 查询中使用列名称时使用。对于没有在查询中显式命名的列，最好使用列编号。如果使用列名称，程序员无法保证名称实际所指的就是预期的列。很多时候，不需要知道列的数据类型，可使用 getObject 方法。

17.4.2 更新记录集操作

更新记录集中的记录有以下两种方法。

1. 通过 ResultSet 对象更新当前行中的列值

在可滚动的 ResultSet 对象中，可以向前或向后移动指针，将其置于绝对位置或相对于当前行的位置，然后使用方法 updateRow 更新用于派生 rs 的数据源表。

例17-11 在 DBCon 类中定义 executeQueryWithUpdate(String sql)方法，该方法返回可更新的 ResultSet 对象。

```
1   public ResultSet executeQueryWithUpdate(String sql){
2       ResultSet rs=null;
3       try {
4           con=this.getConnection();
5           Statement st;
6           st=con.createStatement(ResultSet.TYPE_SCROLL_INSENSITIVE,ResultSet.CONCUR_UPDATABLE);
7           rs=statement.executeQuery(sql);
8       }
9       catch (Exception e) {
10          System.out.println(e);
11      }
12      return rs;
13  }
```

说明：默认的 ResultSet 对象不可更新，仅有一个向前移动的指针。此外，上面第 6、7 行的主要目的是创建可滚动并且可更新的 ResultSet 对象。

例17-12 针对 access 库文件 xs.mdb，创建 ODBC 数据源，该数据源名称是 ShangPin，创建 UpdateRecord1.java 文件，修改商品销售指定编号的记录，并移动记录指针位置以显示当前记录指针位置上的记录值。

```
1   public class UpdateRecord1 {
2       public static void main(String[] args) throws Exception {
3           ResultSet rs;
4           DBCon dbcon=new DBCon("odbc","ShangPin","","");
5           //指定输入字符集为 gb2312，否则输入汉字时，会出现乱码
6           Scanner sc=new Scanner(System.in,"gb2312");
7           String sql="select * from 商品销售";
8           //得到可以移动并可修改的记录集
9           rs=dbcon.executeQueryWithUpdate(sql);
10          dbcon.printRecords(rs);
11          System.out.println("输入需要修改的记录编号(注意不要超过记录集记录的个数):");
12          int recNo;
13          recNo=sc.nextInt();                    //输入记录编号
14          rs.absolute(recNo);                    //将记录指针移动到第 recNo 条记录
15          System.out.println("显示第"+recNo+"条记录");
16          dbcon.printCurrentRecord(rs);          //输出记录集中当前指针所指向的记录
17          String provider,no,name;
18          Double inPrice,salePrice,num,profit;
19          System.out.println("输入供货商：");
20          provider=sc.next();
21          System.out.println("输入品名：");
22          name=sc.next();
23          System.out.println("输入进价：");
```

```
24        inPrice=sc.nextDouble();
25        System.out.println("输入零售单价: ");
26        salePrice=sc.nextDouble();
27        System.out.println("输入销量: ");
28        num=sc.nextDouble();
29        profit=(salePrice-inPrice)*num;           //计算利润
30        //更新各字段值
31        rs.updateObject(2,provider);
32        rs.updateObject(3, name);
33        rs.updateObject(4,inPrice);
34        rs.updateObject(5, salePrice);
35        rs.updateObject(6, num);
36        rs.updateObject(7, profit);
37        rs.updateRow();                            //更新该行记录值到数据库中
38        rs=dbcon.executeQueryWithUpdate(sql);
39        System.out.println("--将记录指针移动到第 10 条记录--");
40        rs.absolute(10);                           //将记录指针移动到第 10 条记录
41        dbcon.printCurrentRecord(rs);              //打印当前记录
42        System.out.println("--记录指针从当前位置(第 10 条记录)向上移动一条记录--");
43        rs.previous();                             //记录指针从当前位置向上移动一条记录
44        dbcon.printCurrentRecord(rs);              //打印当前记录
45        System.out.println("--将记录指针移动到第 2 条记录--");
46        rs.absolute(2);
47        dbcon.printCurrentRecord(rs);;             //打印当前记录
48        System.out.println("--记录指针从当前位置(第 2 条记录)向下移动一条记录--");
49        rs.next();                                 //记录指针从当前位置向下移动一条记录
50        dbcon.printCurrentRecord(rs);              //打印当前记录
51      }
52 }
```

2. 通过 SQL 语句更新数据

有时需要直接操作数据库中的表格，完成此操作的最简单方法是执行 update 语句。

例 17-13 在 DBCon 类中定义更新操作方法 executeUpdate(String sql)。

```
1  public void executeUpdate(String sql) throws SQLException{
2      Statement stmt;
3      stmt=con.createStatement();
4      stmt.executeUpdate(sql);
5      stmt.close();
6  }
```

例 17-14 对 mysql 的数据库 mydb 中的商品销售表进行修改操作。

```
1  public class UpdateRecord2 {
2      public static void main(String []a) throws Exception{
3          DBCon dbcon=new DBCon("mysql","127.0.0.1:3306/mydb","root","abc");
4          String sql;
5          ResultSet rs,rs1;
6          if(dbcon!=null){
7              sql="select * from 商品销售;";
8              rs=dbcon.executeQuery(sql);
9              System.out.println("\t\t 商品销售信息表");
10             dbcon.printRecords(rs);
11             //修改所有记录的利润
12             sql="update 商品销售 set 利润=销量*(零售单价-进价)    where  true;";
13             dbcon.executeUpdate(sql);
14             System.out.print("输入要修改的商品 id: ");
```

```
15              Scanner sc=new Scanner(System.in,"gb2312");
16              String hh=sc.next().trim();//输入商品 id
17              if (!hh.equals(""))//为空串不处理
18              {
19                  sql="select * from 商品销售 where id="+hh+"";
20                  rs=dbcon.executeQuery(sql);
21                  //输出要修改之前的商品信息情况
22                  dbcon.printRecords(rs);
23                  String provider,name;
24                  System.out.println("输入供货商名字：");
25                  provider=sc.next();
26                  System.out.println("输入商品名字：");
27                  name=sc.next();
28                  float inPrice,salePrice,numbers;
29                  System.out.println("输入进价：");
30                  inPrice=sc.nextFloat();
31                  System.out.println("输入零售单价：");
32                  salePrice=sc.nextFloat();
33                  System.out.println("输入销量：");
34                  numbers=sc.nextFloat();
35                  sql="update 商品销售 set "
36                      +"供货商='"+provider+"',"
37                      +"品名='"+name+"',"
38                      +"进价='"+Float.toString(inPrice)+"',"
39                      +"零售单价='"+Float.toString(salePrice)+"',"
40                      +"销量='"+Float.toString(numbers)+"',"
41                      +"利润=销量*(零售单价-进价) where id="+hh;
42                  dbcon.executeUpdate(sql); //修改指定记录
43                  System.out.println("修改后，请注意记录值变化。");
44                  sql="select * from 商品销售 where id="+hh;
45                  rs=dbcon.executeQuery(sql);
46                  dbcon.printRecords(rs);
47              }
48              else
49                  System.out.println("货号不能为空！");
50          }
51      }
52 }
```

说明：在上述程序中，第 12、13 行语句的作用是修改商品销售表中的所有记录利润。第 35~42 行语句的作用是修改指定记录编号的记录数据。

17.4.3 插入记录操作

插入记录的方法主要有通过记录集 ResultSet 对象完成插入操作和使用 SQL insert 语句两种。

1. 通过记录集 ResultSet 对象完成插入操作

可更新的 ResultSet 对象具有一个与其关联的特殊行，该行用作构建要插入的行的暂存区域，可以通过 moveToInsertRow()方法移动到该行。

向 ResultSet 对象中插入记录值的思路是：首先，将记录指针移动到插入行(暂存区域)；其次，更新该插入行的各字段值；最后，使用 insertRow 方法将其插入 rs 和数据源表中；操作过程如图 17-20 所示。

例 17-15 访问 mysql 数据库系统，要求向 mydb 数据库中的 student 表插入记录。student 表的数据结构和数据分别如图 17-21 和图 17-22 所示。

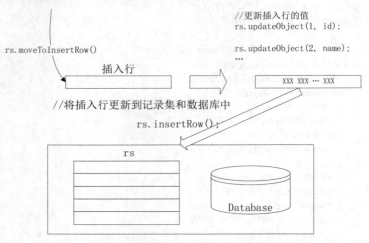

图 17-20　将记录值插入记录集中

名称	类型	空	默认值	属性	备注
索引 (1)					
主索引	id			unique	
字段 (8)					
id	varchar(10)	no	0		编号
name	varchar(50)	yes	<空>		姓名
sex	varchar(1)	yes	<空>		性别
birthday	datetime	yes	<空>		出生日期
score	smallint(5)	yes	<空>		分数
age	smallint(5)	yes	<空>		年龄
height	float	yes	<空>		身高
major	varchar(50)	yes	<空>		专业

图 17-21　student 表的数据结构

id	name	s	birthday	score	age	height	major
07170102	刘一	女	1989-06-27 0	80	17	1.60000	法学
07261130	杨二虎	男	1988-10-01 0	70	18	1.71999	财务管理
07341519	赵六	男	1987-12-27 0	68	18	1.80000	自动化
07582107	李四海	男	1989-09-15 0	48	18	1.78000	建筑学

图 17-22　student 表的部分数据

```
public class InsertRecord1 {
    public static void main(String s[]) throws Exception{
        DBCon dbcon=new DBCon("mysql","127.0.0.1:3306/mydb","root","abc");
        String sql;
        ResultSet rs,rs1;
        sql="select * from student";
        rs=dbcon.executeQueryWithUpdate(sql); //得到可以移动和修改的记录集
        rs.moveToInsertRow();                 //将记录指针移动到插入行
        int id,score,age;                     //注意，id 是 student 的关键字，不能重复
        float height;
        String name,sex,resume,dates;
        Date d;
        id=(int)(Math.random()*1000000.0);    //产生随机学号 id
        sql="select * from student where id='"+Integer.toString(id)+"'";
        rs1=dbcon.executeQuery(sql);
        //指定字符集为 gb2312，否则输入汉字时，会出现乱码
        Scanner sc=new Scanner(System.in,"gb2312");
        //rs1 记录集为空时，说明产生的 id 在 student 表中不存在
        if (!rs1.next()) {
```

```
20            System.out.print("输入姓名：");
21            name=sc.next();
22            sex="aa";
23            while (!(sex.equals("女")||sex.equals("男"))){
24                System.out.print("输入性别：");
25                sex=sc.next();
26            }
27            System.out.println("输入出生日期(日期格式为 YYYY-MM-DD)：");
28            String ds;
29            ds=sc.next();
30            int year,month,day;
31            year=Integer.parseInt(ds.substring(0,3));
32            month=Integer.parseInt(ds.substring(5,6));
33            day=Integer.parseInt(ds.substring(8,9));
34            d=new Date(year-1900,month,day);
35            Date now = new Date();
36            //下面是计算大致的年龄
37            age=now.getYear()-d.getYear();
38            int mm=now.getMonth()-d.getMonth();
39            if (mm<0)
40                age=age-1;
41            System.out.println("输入分数：");
42            score=sc.nextInt();
43            System.out.println("输入身高：");
44            height=sc.nextFloat();
45            System.out.println("输入爱好：");
46            resume=sc.next();
47            rs.moveToInsertRow();           //记录指针指向插入行
48            rs.updateObject(1, id);         //更新插入行的值
49            rs.updateObject(2, name);
50            rs.updateObject(3, sex);
51            rs.updateObject(4, d);
52            rs.updateObject(5, score);
53            rs.updateObject(6, age);
54            rs.updateObject(7,height);
55            rs.updateObject(8,resume);
56            rs.insertRow();                 //将插入行更新到记录集和数据库中
57            dbcon.printRecords(rs);         //输出记录集
58        }
59        else
60            System.out.println("在记录集中存在随机产生的学号，请重新开始。");
61    }
62 }
```

说明： 第 17 行的作用是设置输入时的字符集。当利用 Scanner 类输入汉字时，必须指定输入字符集为 gb2312 或者 gbk，否则输入的是乱码。即使用 Scanner sc=new Scanner(System.in,"gb2312")，而不使用 Scanner sc=new Scanner(System.in)。在更新插入行及各字段值时，主要利用 ResultSet 接口中的 updateObject 方法，这样可以不考虑各字段的数据类型。

2. 通过 SQL 语句插入数据

有时可以直接操作数据库中的表格，完成此操作的最简单方法是执行 SQL insert 语句。

例 17-16 访问 mysql 数据库系统，要求向 mydb 数据库中的商品销售表插入记录。

```
1  public class InsertRecord2 {
2      public static void main(String[] args) throws Exception {
```

```
3           DBCon dbcon=new DBCon("mysql","127.0.0.1:3306/mydb","root","abc");
4           ResultSet rs,rs1;
5           int id=(int)(Math.random()*1000000.0); //产生随机商品货号 id
6           System.out.println("随机商品货号:"+id);
7           String sql="select * from 商品销售 where id="+Integer.toString(id)+"'";
8           rs1=dbcon.executeQuery(sql);
9           if  (!rs1.next())
10          {
11              Scanner sc=new Scanner(System.in,"gb2312");
12              String provider,no,name;
13              Double inPrice,salePrice,num,profit;
14              System.out.println("输入供货商: ");
15              provider=sc.next();
16              System.out.println("输入品名: ");
17              name=sc.next();
18              System.out.println("输入进价: ");
19              inPrice=sc.nextDouble();
20              System.out.println("输入零售单价: ");
21              salePrice=sc.nextDouble();
22              System.out.println("输入销量: ");
23              num=sc.nextDouble();
24              profit=(salePrice−inPrice)*num;
25              //id,供货商,品名进价 零售单价,销量   利润
26              sql="insert into 商品销售 values('"
27                  +id+"','"
28                  +provider+"','"
29                  +name+"',"
30                  +Double.toString(inPrice)+","
31                  +Double.toString(salePrice)+","
32                  +Double.toString(num)+","
33                  +Double.toString(profit)+",0)";
34              dbcon.executeUpdate(sql);//执行更新
35              sql="select * from 商品销售 where id='"+id+"'";
36              rs=dbcon.executeQuery(sql);
37              dbcon.printRecords(rs);
38          }
39      }
40 }
```

说明：上面的程序功能是随机产生货号 ID，然后检查该货号 ID 是否在商品销售表中。如果不在，则输入供货商、品名、进价、零售单价、销量等信息，然后执行 insertSQL 语句，将新记录信息插入商品销售表；最后，查询输出新插入的记录信息。

17.4.4 删除记录操作

删除记录集中的记录有以下两种方法。

(1) 通过 SQL 的删除语句删除记录。

(2) 从 ResultSet 对象和底层数据库中删除记录行。

1. 通过调用 SQL 的删除语句删除记录

例 17-17 访问 mysql 数据库系统，对数据库 mydb 中的 student 表进行删除操作。

```
1   public class DeleteRecord1 {
2       public static void main(String[] args) throws Exception {
```

```
3       DBCon dbcon=new DBCon("mysql","127.0.0.1:3306/mydb","root","abc");
4       ResultSet rs,rs1;
5       String sql="select * from student";
6       rs= dbcon.executeQuery(sql);
7       dbcon.printRecords(rs);
8       Scanner sc=new Scanner(System.in);
9       System.out.println("输入学号: ");
10      String hh=sc.next().trim();
11      sql="delete from student where id='"+hh+"'";
12      dbcon.executeUpdate(sql);          //执行更新操作
13      System.out.println("记录删除成功！");
14      rs=dbcon.executeQuery("select * from student");
15      dbcon.printRecords(rs);
16  }
17 }
```

说明：第 7 行和 15 行的主要目的是对比删除记录前后情况，输出记录集。

2. 通过 ResultSet 对象删除记录行

通过此方法删除记录行时需要注意以下几点。

(1) ResultSet 对象必须支持可以更新和鼠标可移动。

(2) ResultSet 对象当前记录指针必须指向某条记录，否则就会出错。

(3) 该记录集只能从单个表查询得到。

例 17-18 访问 mysql 数据库系统，对数据库 mydb 中 student 表进行删除记录操作。注意，此处利用 ResultSet 对象进行删除操作。

```
1  public class DeleteRecord2 {
2      public static void main(String[] args) throws Exception {
3          DBCon dbcon=new DBCon("mysql","127.0.0.1:3306/mydb","root","abc");
4          ResultSet rs;
5          String sql="select * from student";
6          rs= dbcon.executeQuery(sql);
7          dbcon.printRecords(rs);
8          Scanner sc=new Scanner(System.in);
9          System.out.println("输入学号: ");
10         String hh=sc.next().trim();
11         sql="select * from student where id='"+hh+"'";
12         rs=dbcon.executeQueryWithUpdate(sql);
13         if (rs.next()){                    //当前记录行不空时
14             rs.deleteRow();                //删除记录行
15             System.out.println("记录删除成功！");
16         }
17         else
18             System.out.println("不存在指定学号"+hh+"的记录！");
19         rs=dbcon.executeQuery("select * from student");
20         dbcon.printRecords(rs);
21 }
22 }
```

注意：

第 6 行得到记录集和第 12 行得到记录集是有区别的，前者得到的记录集不支持更新操作，而第 12 行得到的记录集支持更新操作，所以，如果第 12 行的语句换成第 6 行的语句，则在第 14 行就会发生语法错误。另外，如果当前记录指针没有指向具体的记录行，则会导致第 14 行发生语法错误。

17.4.5　JDBC 事务

事务是为解决数据安全操作提出的，控制事务实际上就是控制数据的安全访问。例如，如图 17-23 所示，某银行要进行一笔转账业务，陆展元账户要将其账户上的 2000 元转到李莫愁账户名下，一般情况下，陆展元账户余额首先要减掉 2000 元，然后李莫愁账户要增加 2000 元。但是，如果网络中断，则这笔业务可能只进行到一半。账户陆展元减去 2000 元已结束，而李莫愁账户因网络中断而操作失败，那么必须对整个业务做出控制，要求将陆展元账户减掉 2000 元的业务撤销，这样才能保证业务

客户编号	客户姓名	资金余额
10001	周伯通	15660
10002	陆展元	31985
10003	李莫愁	14400
10004	风清扬	19240

图 17-23　Clients 表的数据

的正确性，完成这个操作就需要事务。将陆展元账户资金减少 2000 元和李莫愁账户资金增加 2000 元放到一个事务里面，要么全部执行成功，要么操作全部撤销，这样就保持了数据的安全性。

Java 事务的类型有 3 种：JDBC 事务、JTA(Java Transaction API)事务、容器事务。其中 JTA 是一种高层的、与实现及与协议无关的 API，应用程序和应用服务器可以使用 JTA 访问事务。JTA 允许应用程序执行分布式事务处理——在两个或多个网络计算机资源上访问并且更新数据，这些数据可以分布在多个数据库上。JDBC 驱动程序的 JTA 支持极大地增强了数据访问能力。而容器事务主要是 J2EE 应用服务器提供的，容器事务大多基于 JTA 完成。这是一个基于 JNDI 的、相当复杂的 API 实现。

此处主要讲解 JDBC 事务。

JDBC 事务用 Connection 对象来控制。JDBC Connection 类提供了两种事务模式：自动提交和手动提交。

编程人员控制事务的操作过程如下。

(1) 调用 Connection 类的 public void setAutoCommit(false)，将此连接的自动提交模式设置为手动模式。

(2) 通过预处理语句执行更新等操作。

(3) 执行提交操作，即调用 Connection 类的 public void commit()方法。在执行这步操作过程中，如果发生了异常，则可以调用 Connection 类的 public void rollback() 方法，执行回滚事务操作。

当然，有时候可能需要手动设置事务的回滚点，在 JDBC 事务操作中，可以使用如下语句设置事务回滚点。

```
savepoint sp = con.setSavepoint();    //con 是数据连接对象
```

然后调用 public void rollback(sp)方法回滚，其中 sp 就是上面定义的回滚点。最后，还要通知数据库提交事务，即再次调用 Connection 类的 public void commit()方法。

例 17-19　假定上述 Clients 表是 Access 2010 的数据库 clients.accdb 中的一个表，要进行一笔转账业务(即陆展元向李莫愁转 2000 元)，假设已经建立数据源 clients，如图 17-24 所示。

图 17-24　建立数据源 clients

方法一：不设置回滚点。

```
1    public class Transfer1 {
2        DBCon dbcon=new DBCon("odbc","clients","","");
3        public static void main(String[] args) {
4            ResultSet rs;
```

```
5        Scanner sc=new Scanner(System.in);
6        int num;
7        System.out.println("陆展元向李莫愁转账金额(≤2000):");
8        num=sc.nextInt();                      //输入转账金额
9        Transfer1 ts=new Transfer1();
10       Connection con=null ;
11       try
12       {
13           con =ts.dbcon.getConnection();
14           String sql;
15           PreparedStatement pst;
16           con.setAutoCommit(false);          //设置事务提交方式是手动模式
17           sql="update clients set  资金余额=资金余额-? where  客户姓名='陆展元'";
18           pst=con.prepareStatement(sql);     //预编译的 SQL 语句的对象
19           pst.setObject(1,num);              //设置参数
20           pst.executeUpdate();               //执行更新命令 1
21           sql="update clients set  资金余额=资金余额+? where  客户姓名='李莫愁'";
22           pst=con.prepareStatement(sql);     //预编译的 SQL 语句的对象
23           pst.setObject(1, num);             //设置参数
24           pst.executeUpdate();               //执行更新命令 2
25           con.commit();                      //提交事务
26           System.out.println("陆展元向李莫愁转"+num+"元");
27       } catch (Exception e){
28           try {
29               con.rollback();//回滚操作
30           } catch(SQLException ee){
31               ee.printStackTrace();
32           }
33       }
34   }
35 }
```

方法二：设置回滚点。

```
1  public class Transfer2 {
2      DBCon dbcon=new DBCon("odbc","clients","","");
3      public static void main(String[] args) {
4          ResultSet rs;
5          Scanner sc=new Scanner(System.in);
6          int num;
7          System.out.println("陆展元向李莫愁转账金额(≤2000):");
8          num=sc.nextInt();                      //输入转账金额
9          Transfer2 ts=new Transfer2();
10         Connection con=null ;
11         Savepoint savePoint = null;
12         try
13         {
14             con =ts.dbcon.getConnection();
15             String sql;
16             PreparedStatement pst;
17             con.setAutoCommit(false);          //设置事务提交方式是手动模式
18             savePoint=con.setSavepoint();      //设置事务回滚点
19             sql="update clients set  资金余额=资金余额-? where 客户姓名='陆展元'";
20             pst=con.prepareStatement(sql);     //预编译的 SQL 语句的对象
21             pst.setObject(1,num);              //设置参数
22             pst.executeUpdate();               //执行更新命令 1
23             int error=3/(num-1000);
```

```
24            sql="update clients set 资金余额=资金余额+? where 客户姓名='李莫愁'";
25            pst=con.prepareStatement(sql);              //预编译的 SQL 语句的对象
26            pst.setObject(1, num);                       //设置参数
27            pst.executeUpdate();                          //执行更新命令 2
28            con.commit();                                 //提交事务
29            System.out.println("陆展元向李莫愁转"+num+"元");
30        } catch (Exception e) {
31            try {
32                con.rollback(savePoint);                 //回滚到回滚点
33            } catch(SQLException ee){
34                ee.printStackTrace();
35            }
36        }
37    }
38 }
```

17.5　SQL 数据类型与 Java 数据类型相互转化

各种数据库管理系统(如 mysql、sqlserver 等)一般都支持 CHAR、VARCHAR、LONGVARCHAR、NUMERIC、DECIMAL、BIT、TINYINT、SMALLINT、INTEGER、BIGINT、REAL、FLOAT、DOUBLE、BINARY、VARBINARY、LONGVARBINARY、DATE、TIME、TIMESTAMP。而 Java 语言则定义了 String、java.math.BigDecimal、Boolean、Byte、Short、Int、Long、Float、Double、byte[]、java.sql.Date、java.sql.Time、java.sql.Timestamp。当从数据库读取数据时，需要将 SQL 数据类型数据转换成相应的 Java 数据类型数据，如表 17-4 所示。将 Java 数据保存到数据库中时，则需要将 Java 数据转换成相应的 SQL 数据类型数据之后，才能保存到数据库中，如表 17-5 所示。

表 17-4　SQL 数据类型到 Java 数据类型映射

SQL 数据类型	Java 数据类型
CHAR	String
VARCHAR	String
LONGVARCHAR	String
NUMERIC	java.math.BigDecimal
DECIMAL	java.math.BigDecimal
BIT	Boolean
TINYINT	Byte
SMALLINT	Short
INTEGER	Int
BIGINT	Long
REAL	Float
FLOAT	Double
DOUBLE	Double
BINARY	byte[]
VARBINARY	byte[]
LONGVARBINARY	byte[]
DATE	java.sql.Date
TIME	java.sql.Time
TIMESTAMP	java.sql.Timestamp

表 17-5　Java 数据类型到 SQL 数据类型映射表

JAVA 数据类型	SQL 数据类型
String	VARCHAR or LONGVARCHAR
java.math.BigDecimal	NUMERIC
Boolean	BIT
Byte	TINYINT
Short	SMALLINT
Int	INTEGER
Long	BIGINT
Float	REAL
Double	DOUBLE
byte[]	VARBINARY or LONGVARBINARY
java.sql.Date	DATE
java.sql.Time	TIME
java.sql.Timestamp	TIMESTAMP

注意：

并不是所有的数据类型在各种数据库管理系统中都被支持。下面，就几种常用的数据类型之间的转化进行说明。

1. CHAR、VARCHAR 和 LONGVARCHAR

在 SQL 语言中，有 3 种分别表示不同长度的字符类型 CHAR、VARCHAR 和 LONGVARCHAR，在 Java 语言中并没有相应的 3 种不同的数据类型与之一一对应，JDBC 的处理方法是将其与 String 或者 char[]对应起来。在实际编程中不必对 3 种 SQL 数据类型进行区分，全部将它们转化为 String 或者 char[]就可以了，而且通常使用应用非常普遍的 String 类型。还可以利用 String 类提供的方法将一个 String 对象转化为 char[]，或者用 char[]为参数构造一个 String 对象。

对于定长度的 SQL 数据类型 CHAR(n)，当从数据库管理系统中获得的结果集提取该类型的数据时，JDBC 会为其构造一个长度为 n 的 String 对象来代表，如果实际的字符个数不足规定的 n 值，系统会自动为 String 对象补上空格。当向数据库管理系统写入的数据类型是 CHAR(n)时，JDBC 也会将该 String 对象的末尾补上相应数量的空格。

一般情况下，CHAR、VARCHAR、LONGVARCHAR 和 String 之间可以无差错地进行转换。但非常值得注意的是 LONGVARCHAR，这种 SQL 的数据类型有时在数据库中代表的数据有几兆字节，超过了 String 对象的承受范围。JDBC 解决的办法是用 Java 的 InputStream 接受这种类型的数据。InputStream 不仅支持 ASCII，而且支持 Unicode，可以根据需要进行选择。

2. DECIMAL 和 NUMERIC

SQL 数据类型 DECIMAL 和 NUMERIC 通常用来表示需要一定精度的定点数。在 Java 的简单数据类型中，没有一种类型与之相对应。但从 JDK 1.1 开始，Sun 公司在 java.math.*包中加入了一个新的类 BigDecimal，该类的对象可以与 DECIMAL、NUMERIC 进行转换。

3. BINARY、VARBINARY 和 LONGVARBINARY

在编程时无须精确区分这 3 种 SQL 数据类型，JDBC 将它们统一映射为 byte[]。其中 LONGVARBINARY 和 LONGVARCHAR 相似，可以代表几兆字节的数据，超出数组的承受范围。解决的办法依然是用 InputStream 来接收数据。

4. BIT

代表一个二进制位的 BIT 类型被 JDBC 映射为 boolean 型。

5. TINYINT、SMALLINT、INTEGER 和 BIGINT

SQL 语言的 TINYINT、SMALLINT、INTEGER 和 BIGINT 分别代表 8 位、16 位、32 位、64 位的数据。它们分别被映射为 Java 的 byte、short、int 和 long。

6. REAL、FLOAT 和 DOUBLE

SQL 定义了 REAL、FLOAT、DOUBLE 来支持浮点数。JDBC 将 REAL 映射到 Java 的 float，将 FLOAT 及 DOUBLE 映射到 Java 的 double。

7. DATE、TIME 和 TIMESTAMP

SQL 定义了 3 种和日期相关的数据类型。DATE 代表年、月、日，TIME 代表时、分、秒，TIMESTAMP 结合了 DATE 和 TIME 的全部信息，而且增加了更加精确的时间计量单位。

在 Java 的标准类库中，java.util.*包中的 Date 类用来表示日期和时间。但是该类和 SQL 中的 DATE、TIME 和 TIMESTAMP 直接映射关系并不清晰。并且该类也不支持 TIMESTAMP 的精确时间计量单位。因此，Sun 公司在 java.sql.*中为 java.util.Date 增加了 3 个子类：java.sql.Date、java.sql.Time、java.sql.Timestamp，分别与 SQL 中的 3 个日期数据类型对应。

17.6　应 用 举 例

题目要求：设计教师选课登录窗体程序，单击“登录”按钮后，如果密码正确，则进入选择任课窗体程序。注意，任何教师可以添加自己在指定学期任教的课程。

(1) 任意两条记录的教师编号、课程编号以及选课时段编号不同。

(2) 要保证教师编号、课程编号都必须存在。

17.6.1　数据表及其表结构

在本例和本章习题中，需要用到的数据表及其数据结构如图 17-25~图 17-36 所示。

教师编号	姓名	性别	职称	出生日期	研究方向	所在学院	密码
T0001	周伯通	男	教授	1965-10-4	武术杂耍	体育学院	
T0002	陆展元	男	讲师	1980-12-24	计算机应用	计算机学院	
T0003	李莫愁	女	教授	1980-4-3	法律	法学院	
T0004	风清扬	男	副教授	1983-6-16	武术	体育学院	

图 17-25　teacher 表的数据

Teacher

字段名称	数据类型	
教师编号	文本	长度是5
教师姓名	文本	长度是20
性别	文本	长度是2
职称	文本	长度是10
出生日期	日期/时间	
研究方向	文本	长度是20
所在学院	文本	长度是20
密码	文本	长度50

图 17-26　teacher 表的表结构

课程编号	课程名称	所属专业	开课学院	课时	学分
C0001	经济法	国际金融	商学院	64	4
C0002	面向对象程序设计	计算机	数计学院	48	3
C0003	大学英语	英语	外语学院	48	3
C0004	大学计算机基础	计算机	数计学院	48	3
C0005	高等数学	数学	数计学院	48	4

图 17-27　course 表的数据

字段名称	数据类型
课程编号	文本
课程名称	文本
所属专业	文本
开课学院	文本
课时	数字
学分	数字

图 17-28　course 表的表结构

学生学号	姓名	性别	身高	入学成绩	出生日期	专业	自主招生否	简介
20170101	夏琳	女	1.6	530	2000-4-25	法学	TRUE	爱唱歌
20170102	向南	男	1.72	670	2000-7-6	财务管理	FALSE	喜欢跳舞
20170103	露露	男	1.69	540	1999-6-17	生物工程	FALSE	爱逛街
20170104	司马懿	男	1.78	601	2000-3-8	建筑学	TRUE	好研究美食
20170105	张春华	女	1.73	470	2000-3-9	建筑学	FALSE	好搭积木
20170106	柏灵	男	1.8	630	2000-3-10	自动化	FALSE	喜欢摆DIY
20170107	灵珊	女	1.59	645	2000-9-28	财务管理	FALSE	好打篮球

图 17-29　student 表的数据

字段名称	数据类型	
学生学号	文本	长度是8
姓名	文本	长度是20
性别	文本	长度是2
身高	数字	单位是米
入学成绩	数字	整数
出生日期	日期/时间	
专业	文本	长度是20
自主招生否	是/否	逻辑型
简介	文本	长度是50
密码	文本	长度50

图 17-30　student 表的表结构

ID	教师编号	课程编号	时段编号
1	T0001	C0001	1
2	T0002	C0001	1
3	T0003	C0002	1
4	T0004	C0002	2
5	T0005	C0003	2

图 17-31　teachCourse 表的数据

字段名称	数据类型	
ID	自动编号	
教师编号	文本	长度是5
课程编号	文本	长度是5
时段编号	数字	整型

图 17-32　teachCourse 表的表结构

ID	学生学号	教师编号	课程编号	时段编号	平时成绩	期末成绩	综合成绩
1	20170101	T0001	C0001	1	67	89	
2	20170102	T0002	C0001	1	98	78	
3	20170103	T0003	C0002	1	90	69	
4	20170101	T0004	C0002	2	78	89	
5	20170102	T0005	C0003	2	80	67	

图 17-33　selectCourse 表的数据

字段名称	数据类型	
ID	自动编号	
学生学号	文本	长度是8
教师编号	文本	长度是5
课程编号	文本	长度是5
时段编号	数字	整型
平时成绩	数字	双精度型
期末成绩	数字	双精度型
综合成绩	数字	双精度型

图 17-34　selectCourse 表的表结构

时段编号	时段名称
1	2015-2016学年第1学期
2	2015-2016学年第2学期
3	2016-2017学年第1学期
4	2016-2017学年第2学期
5	2017-2018学年第1学期
6	2017-2018学年第2学期

图 17-35　terms 表的数据

字段名称	数据类型	
时段编号	数字	整型
时段名称	文本	长度是50

图 17-36　terms 表的表结构

假定上述表在 Access 2010 类型文件 selectCourse.accdb 中，为访问这些数据，需先建立系统数据源名 selectCourse-2010access。

17.6.2　程序界面设计

创建教师登录窗体程序，其界面如图 17-37 所示。创建教师选择任课窗体程序，其界面如图 17-38 所示。

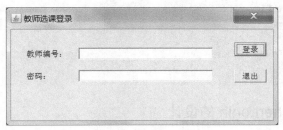

图 17-37　教师登录

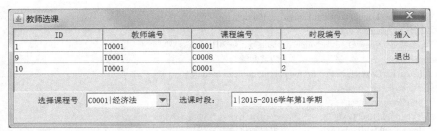

图 17-38　选择任课窗体程序

17.6.3　在 DBCon 类中新创建的方法

listDataOnTableFromRS(…)方法的功能是将记录集显示在指定的表格控件上。

```java
1   public static void listDataOnTableFromRS(JTable table,ResultSet rs,String titles,String fields,String noEditStr){
2       table.removeAll();
3       table.setRowHeight(25);
4       String title []=titles.split(",");
5       String field []=fields.split(",");
6       final String noEdit[]=noEditStr.split(",");
7       DefaultTableModel dtm = new DefaultTableModel(title,0){
8           //第一项是关键字
9           public boolean isCellEditable(int row, int column)          {
10              int i;
11              if (noEdit.length>0)
12                  for (i=0;i<noEdit.length;i++) {
13                      int t=0;//Integer.parseInt(noEdit[i]);
14                      if (column==t)
15                          return false;
16                  }
17              return true;
18          }
19      };
20      int j;
21      Object ob[]=new Object[title.length];
22      try {
23          while (rs.next()) {
24              for   (j=0;j<field.length;j++)
25                  ob[j]=rs.getObject(field[j]);
26              dtm.addRow(ob);
27          }
28          table.setModel(dtm);
29          table.repaint();
30          table.updateUI();
31      } catch (Exception e)
32      {
33          System.out.println(e);
34      }
35  }
```

17.6.4 登录类 teacherLogin 的设计

(1) 登录类 teacherLogin 的类定义如下。

```java
1   public class teacherLogin extends javax.swing.JDialog {
2       //数据连接 teacherLogin
3       DBCon dbcon=new DBCon("odbc","selectCourse-2010access","","");
4       String tNo;                          //教师编号
5       public teacherLogin(java.awt.Frame parent, boolean modal) {
6           super(parent, modal);
7           initComponents();
8           jTextField1.setText("");         //初始化输入教师编号框
9           jPasswordField1.setText("");     //初始化输入密码框
10      }
11      …
12  }
```

(2) 在登录类 teacherLogin 中,登录按钮的 ActionPerformed 事件处理方法如下。

```java
1   private void jButton1ActionPerformed(java.awt.event.ActionEvent evt) {
2       String tno,password;
```

```
3       tno=jTextField1.getText();                    //得到教师编号输入框的内容
4       password=jPasswordField1.getText();           //得到密码输入框的内容
5       ResultSet rs;
6       String sql="select * from teacher where  教师编号=?";
7       PreparedStatement pst;
8       try {
9           pst=dbcon.getConnection().prepareStatement(sql);
10          pst.setObject(1, tno);
11          rs=pst.executeQuery();
12          if (rs.next()){
13              Object pwd=(Object) rs.getObject("密码");
14              if (pwd==null)
15                  JOptionPane.showMessageDialog(null, "您输入的密码不对,请重新输入! ");
16              else{
17                  String pwds=(String)pwd;
18                  if (pwds.compareTo(password)!=0)       //
19                      JOptionPane.showMessageDialog(null, "您输入的密码不对,请重新输入! ");
20                  else{
21                      this.setVisible(false);           //将当前登录窗口隐藏起来
22                      //定义教师选课类的对象
23                      teacherSelectCourse dialog = new teacherSelectCourse(new JFrame(), true,tno);
24                       dialog.addWindowListener(new WindowAdapter() {
25                          @Override
26                          public void windowClosing(WindowEvent e) {
27                              System.exit(0);
28                          }
29                      });
30                      dialog.setVisible(true);          //将选课窗口设为可见
31                      this.dispose();//退出时,释放所有资源
32                  }
33              }
34          }
35          else
36              JOptionPane.showMessageDialog(null, "您输入的教师编号不存在,请重新输入! ");
37      } catch (Exception e){
38          e.printStackTrace();
39      }
40  }
```

17.6.5　teacherSelectCourse 类

(1) teacherSelectCourse 类的类定义如下。

```
public class teacherSelectCourse extends javax.swing.JDialog {
    String tNo;                  //教师编号
    DBCon dbcon=new DBCon("odbc","selectCourse-2010access","","");
    //rs0 保存指定教师的选课记录集
    ResultSet rs0,rs1,rs2;
    public teacherSelectCourse(java.awt.Frame parent, boolean modal,String tNo) {
        super(parent, modal);
        initComponents();        //系统自定义的初始化界面方法
        this.tNo=tNo;            //初始化教师编号
        initForm();              //初始化登录界面(包括表格显示数据、组合框数据项的添加等)
    }
    ...
}
```

(2) teacherSelectCourse 类的登录按钮 jButton1 的 ActionPerformed 事件处理方法如下。

```
1   private void jButton1ActionPerformed(java.awt.event.ActionEvent evt) {
2       String course,term;              //保存当前值课程和时段信息
3       ResultSet rs5;
4       course=(String)jComboBox1.getSelectedItem().toString();
5       String cs[]=course.split("\\|");
6       term=(String)jComboBox2.getSelectedItem().toString();
7       String terms[]=term.split("\\|");
8       String sql="select * from selectCourse where 教师编号=? and 课程编号=? and 时段编号=?";
9       PreparedStatement pst;
10      try {
11          pst=dbcon.getConnection().prepareStatement(sql);
12          pst.setObject(1, tNo);       //tNo
13          pst.setObject(2, cs[0]);     //其中 cs[0]保存课程编号
14          pst.setObject(3, Integer.parseInt(terms[0]));
15          rs5=pst.executeQuery();
16          if (dbcon.getNumberOfRecords(rs5)>0)    //如果查找到了记录集有多条记录时
17              JOptionPane.showMessageDialog(null, terms[1]+",您[教师编号"+tNo+"]"+"已经选教了"+cs[1]+"!");
18          else {                       //如果记录集无指定条件的记录,则将该记录插入 teachCourse 表中
19              sql="insert  into teachCourse(教师编号,课程编号,时段编号)"+
20              " values(?,?,?)";
21              pst=dbcon.getConnection().prepareStatement(sql);
22              pst.setObject(1,tNo);
23              pst.setObject(2, cs[0]);
24              pst.setObject(3, Integer.parseInt(terms[0]));
25              pst.execute();           //执行 sql 命令
26              //更新 table 控件上的数据
27              this.updateDataOfTable();
28          }
29      } catch (SQLException ex) {
30          ex.printStackTrace();
31      }
32  }
```

(3) teacherSelectCourse 类的退出按钮 jButton2 的 ActionPerformed 事件处理方法如下。

```
private void jButton2ActionPerformed(java.awt.event.ActionEvent evt) {
    System.exit(0);
}
```

习题 17

(1) 编写 Java 程序，列出 mysql 数据库 MyDB 的所有表格。

(2) 假定上面所有表保存在 Access 2010 库文件中，并建立了数据源名 selectCourse-2010access 与之关联，请编写 Java 程序，输出指定数据表的表结构。

(3) 查询如下操作。

① 查询指定职称的教师信息。

② 输入分数 a 和性别 s，查询入学成绩大于 a 和性别为 s 的学生记录。

③ 输入任课老师编号，查询指定教师的任课情况。

④ 输入学生编号，查询指定学生的选课情况。

⑤ 输入教师编号和选课时段编号，查询指定教师在规定时段的任课情况。

⑥ 查询指定专业的课程列表信息。
⑦ 统计各职称人数。
⑧ 统计各专业学生人数信息。
⑨ 统计男女学生平均入学成绩。
⑩ 输入学生学号，统计指定学生的所选选课信息(并且按时段顺序排列)。

(4) 计算 selectCourse 表中的综合成绩，综合成绩计算方法为：综合成绩=平时成绩×30%+期末成绩×70%。

(5) 输入书号，修改指定书号的记录信息。

(6) 向 teacher 表插入一条记录信息，其中密码是教师生日的后 6 位。例如，某教师出生日期是 1963-4-23，则默认密码是 630423。

(7) 设计学生选课登录窗体程序。

(8) 创建学生选课窗体应用程序，向 selectCourse 表中增加一条记录。注意：①任意两条记录的学生编号、教师编号、课程编号以及选课时段编号不同；②要保证学生编号、教师编号、课程编号都必须存在。

参考文献

[1] 耿详义,张跃平. Java 大学实用教程[M]. 3 版. 北京:电子工业出版社,2012.
[2] 张跃平,耿祥义,雷金娥. Java 大学实用教程学习指导[M]. 3 版. 北京:电子工业出版社,2012.
[3] 耿祥义,张跃平. Java 设计模式[M]. 北京:清华大学出版社,2009.
[4] Y. Daniel Liang. Java 语言程序设计:基础篇[M]. 英文版·8 版. 北京:机械工业出版社,2012.
[5] Y. Daniel Liang. Java 语言程序设计:进阶篇[M]. 英文版·8 版. 北京:机械工业出版社,2012.
[6] 辛运玮,饶一梅. Java 语言程序设计[M]. 北京:清华大学出版社,2013.
[7] 丁振凡. Java 语言程序设计[M]. 北京:清华大学出版社,2014.
[8] 桂佳荣,马建红,腾振宇. Java 网络编程技术与实践[M]. 北京:清华大学出版社,2008.
[9] 潘浩. Java 程序设计教程[M]. 北京:北京邮电大学出版社,2017.